# 煤矿液压支架检修及发展趋势

张 取 著

吉林科学技术出版社

图书在版编目（CIP）数据

煤矿液压支架检修及发展趋势 / 张取著. -- 长春：吉林科学技术出版社，2019.12

ISBN 978-7-5578-6350-0

Ⅰ. ①煤… Ⅱ. ①张… Ⅲ. ①煤矿－液压支架－检修 Ⅳ. ① TD355 ② TD420.7

中国版本图书馆 CIP 数据核字（2019）第 244435 号

# 煤矿液压支架检修及发展趋势

著　　者　张　取
出 版 人　李　梁
责任编辑　端金香
封面设计　刘　华
制　　版　王　朋
开　　本　185mm×260mm
字　　数　430 千字
印　　张　19
版　　次　2019 年 12 月第 1 版
印　　次　2019 年 12 月第 1 次印刷

出　　版　吉林科学技术出版社
发　　行　吉林科学技术出版社
地　　址　长春市福祉大路 5788 号出版集团 A 座
邮　　编　130118
发行部电话 / 传真　0431—81629529　81629530　81629531
81629532　81629533　81629534
储运部电话　0431—86059116
编辑部电话　0431—81629517
网　　址　www.jlstp.net
印　　刷　北京宝莲鸿图科技有限公司

书　　号　ISBN 978-7-5578-6350-0
定　　价　80.00 元

# 前言

随着煤炭企业不断发展壮大，综采工作面和综放工作面不断得到普及和推广，液压支架从掩护式、支撑掩护式、放顶煤式、垛式等不同型号的支架得以应用，进口支架在煤炭企业中应用也屡见不鲜，液压支架是现代化矿井必备的设备之一。由于液压支架是井下工作面的主要支护设备，它受力大，而且肩负推拉前后刮板运输机和采煤机组的重任，因此结构件受力损坏现象极为普遍。由于工作面支架数量多、吨位大，一旦损坏会直接造成停产，而且井下处理极为困难。

为适应煤炭工业新形势对煤炭职业教育和职工培训工作的要求，加快煤炭职业教育教材建设步伐，坚持“改革创新、突出特色、提高质量、适应发展”的指导思想，完成“创新结构、配套专业、完善内容、提高质量”的工作任务，中国煤炭教育协会职业教育教材编审委员会召开的第一次全体会议，对煤炭行业职业教育教材建设工作提出了具体意见和要求。

经过几年的工作，煤炭行业职业教育教材建设工作进展顺利，煤炭行业职业教育教材建设“十三五”规划已经完成，新的教学方法研究和新的教材开发都取得了可喜成绩。一套“结构科学、特色突出、专业配套、质量优良”的煤炭技工学校通用教材正在陆续出版发行，将为煤炭职业教育的不断发展提供有力的技术支持。

我国煤炭资源的赋存条件决定了适合露天开采的资源少。井工煤矿是我国煤炭生产的主体，推动井工煤矿智能化开采是煤炭技术升级的关键环节。

21 世纪，国内部分大型煤炭企业，通过建立产学研用相结合的科技创新机制，与科研机构、大专院校和煤机装备企业开展联合攻关，研制了具有自主知识产权的综采成套装备智能化生产系统，提出了“无人跟机作业，有人安全巡视”的智能化开采生产模式，实现了综采工作面顺槽和地面控制中心远程操控采煤，引领了我国煤炭科技进步发展方向。

智能化无人开采技术的成功实践，填补了煤炭智能化开采技术空白，推动我国智能化无人开采技术达到了国际领先水平。但也必须看到，目前我国智能化无人开采技术尚处于起步阶段。在技术、工艺、管理上还存在许多未解的难题，还需要在传感、监测、控制、物联网等方面继续加大研发力度，提高智能化开采技术的系统性、稳定性和协调性，以推动我国煤炭安全高效智能化开采水平再上一个台阶，为促进煤炭产业转型升级做出新的贡献。

# 目　录

# 第一章　液压支架概述

## 第一节　液压支架的分类及工作原理

### 一、液压支架的分类

按液压支架在采煤工作面的安装位置来划分，有端头液压支架和中间液压支架。端头液压支架简称端头支架，专门安装在每个采煤工作面的两端。中间液压支架是安装在除工作面端头以外的采煤工作面上所有位置的支架。

中间液压支架按其结构形式来划分，可分为四种基本类型，即支撑式、掩护式、掩护支撑式和支撑掩护式液压支架。

支撑式支架又有垛式和节式之分。图 1-1 所示为垛式支架，图 1-2 为节式支架。

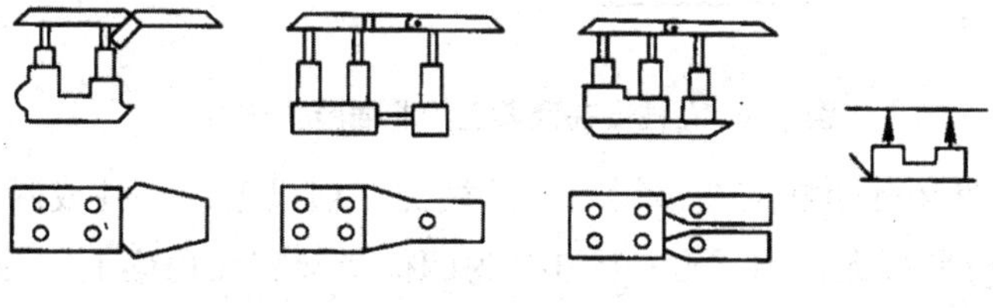

**图 1-1　垛式支架**

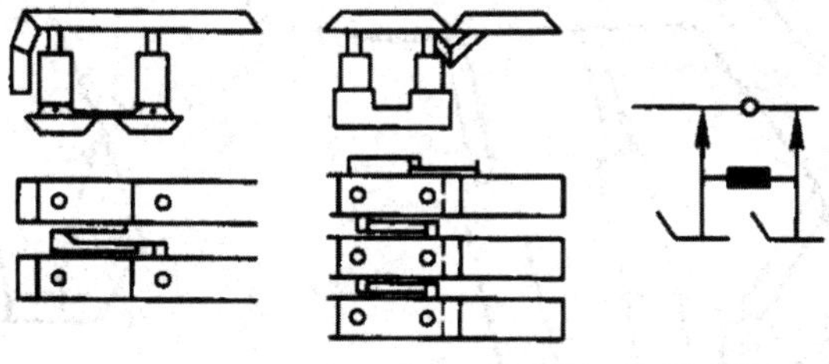

**图 1-2　节式支架**

掩护式液压支架又有插腿式和非插腿式之分，如图 1-3 所示为插腿式支架，图 1-4 所示为立柱支在掩护梁上的非插腿式支架，图 1-5 所示为立柱支在顶梁上的非插腿式支架。

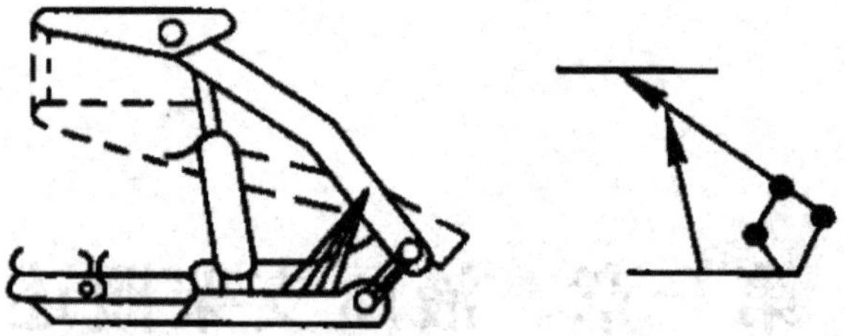

图 1-3　插腿式支架

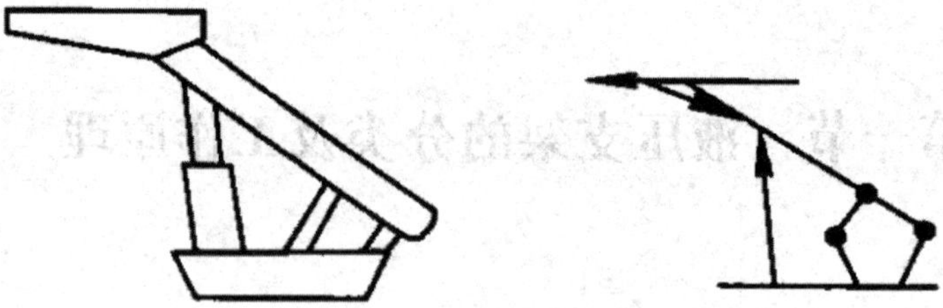

图 1-4　立柱支在掩护梁上的非插腿式支架

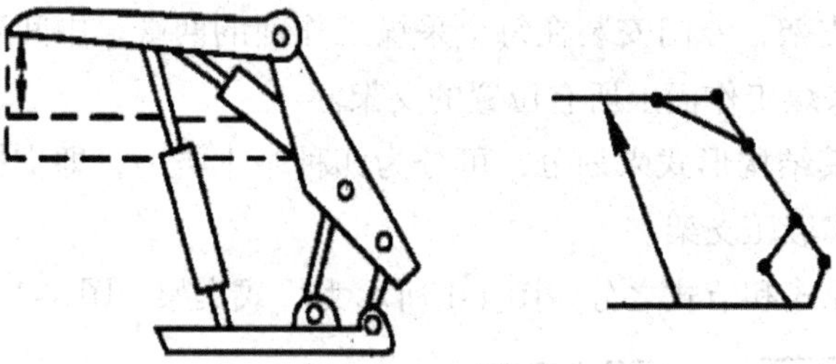

图 1-5　立柱支在顶梁上的非插腿式支架

支撑掩护式支架又有四柱支在顶梁上和两柱支在顶梁上，一柱或两柱支在掩护梁上之分。图 1-6 为四柱平行支在顶梁上；图 1-7 为四柱交叉支在顶梁上；图 1-8 为两柱支在顶梁上、两柱支在掩护梁上。

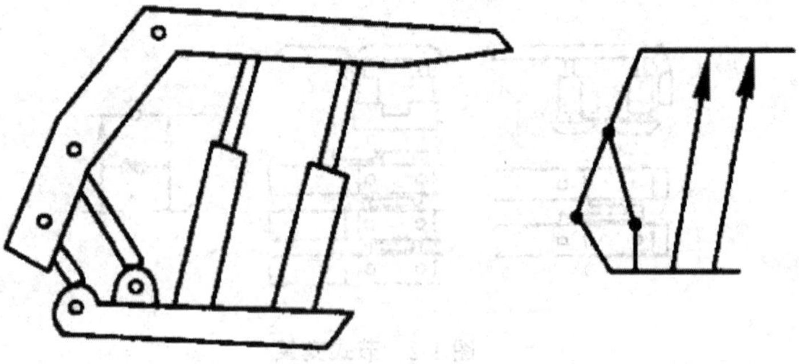

图 1-6　四柱平行支在顶梁上的支架

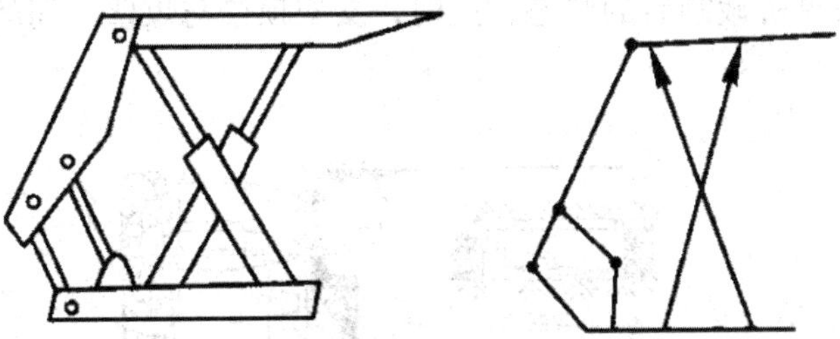

图 1-7　四柱交叉支在顶梁上的支架

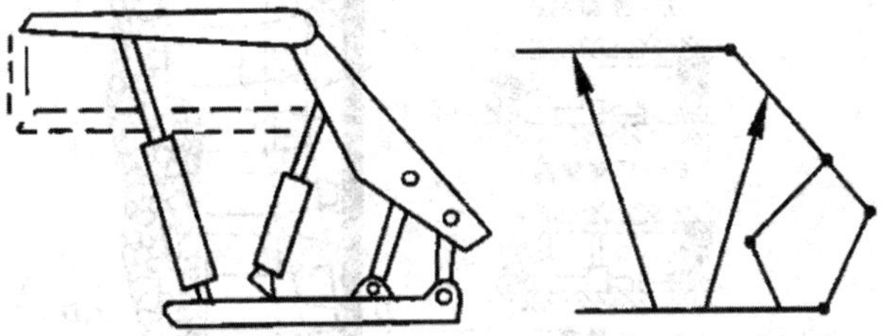

图 1-8　两柱支在顶梁上、两柱支在掩护梁上的支架

## 二、液压支架的工作原理

只有在全面了解液压支架的用途和工作原理的情况下，才能正确使用、维护和操作液压支架，保证液压支架的工作安全和设备完好，从而延长液压支架的使用寿命。

### （一）液压支架的用途

在采煤工作面的煤炭生产过程中，为了防止冒落，维持一定空间，保证工人安全和各项工作正常进行，必须对顶板进行支护。而液压支架是以高压液体为动力，由液压元件与金属构件组成的支护和控制顶板的设备，它能实现支撑、切顶、移架和推移输送机等一整套工序。实践表明，液压支架具有支护性好、强度大、移架速度快、安全可靠等优点。液压支架与可弯曲输送机和采煤机组成综合机械化采煤设备，它的应用对增加采煤工作面产量，提高劳动生产率，降低成本，减轻工人的体力劳动和保证安全生产是不可缺少的有效措施。因此，液压支架技术上先进，经济上合理，安全上可靠，是实现采煤综合机械化和自动化不可缺少的主要设备。

### （二）液压支架在工作面的工作情况

液压支架在工作面的布置如图 1-9 所示，为了及时支护采用先移后推溜的工作方式。一个循环包括降柱、移架、升柱、推溜 4 个动作。随着采煤面的前进，按次序搬动操纵阀，使顶梁下降，支架前移，到达预定位置后，顶梁升起支护顶板，再通过支架的推移千斤顶，将输送机推向煤壁。

*A—A* 断面是采煤机还未截割时的状态，此时，输送机紧靠煤壁，推移千斤顶处于活塞杆伸出状态，支架底座前端与输送机槽帮之间的距离为 600mm。

*B—B* 断面是采煤机截割后的状态，此时，支架顶梁与煤壁之间的距离为 600mm，是采煤机的截深。

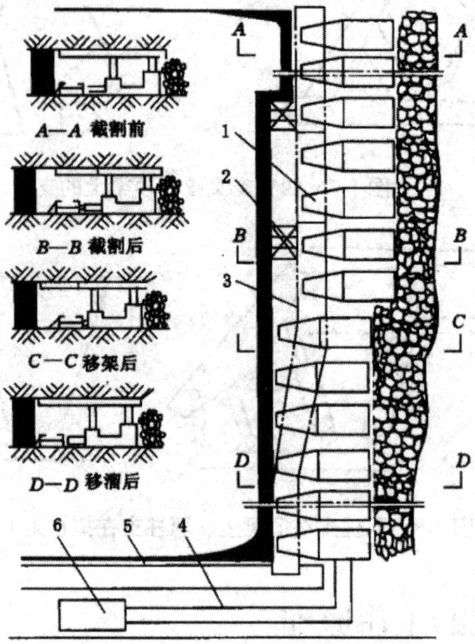


图 1-9 液压支架在工作面的布置

1- 液压支架；2- 滚筒采煤机；3- 输送机；4- 管道；5- 转载机；6- 泵站

*C—C* 断面是移架后的状态，它是在采煤机截割后，支架经降柱卸载，并以输送机为支点，支架前移到靠近输送机的位置，然后升柱，支护好新暴露的顶板。

*D—D* 断面是推溜后的状态，在支架支撑顶底板后，以支架为支点，把输送机推向煤壁的情况。

至此，支架完成了一个工作循环。

## （三）液压支架的动作原理及其特性曲线形式

液压支架在工作过程中，必须具备升、降、推、移动 4 个基本动作，这些动作是利用泵站供给的高压乳化液通过工作性质不同的几个液缸来完成的。其工作原理如图 1-10 所示。

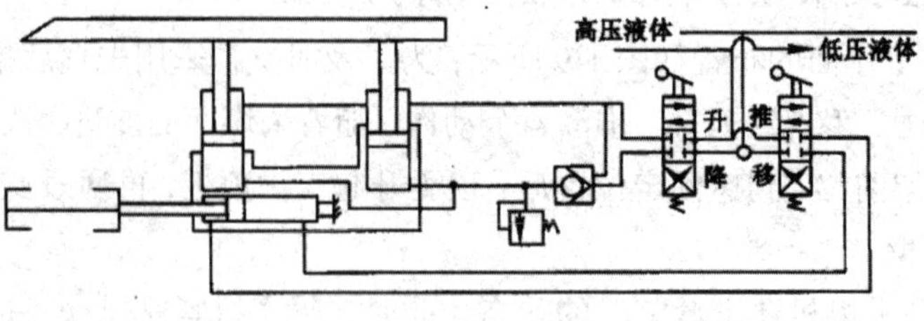


图 1-10 液压支架工作原理

（1）升柱

当需要支架上升支护时，高压乳化液进入立柱的活塞腔，另一腔回液，推动活塞上升，使与活塞杆相连接的顶梁紧密接触顶板。

（2）降柱

当需要降柱时，高压液进入立柱的活塞腔，另一腔回液，迫使活塞杆下降，于是顶梁脱离顶板。

（3）支架和输送机前移

支架和输送机的前移，都是由底座上的推移千斤顶来完成的，当需要支架前移时，先降柱卸载，然后高压液进入推移千斤顶的活塞杆腔，另一腔回液，以输送机为支点，缸体前移，把整个支架拉向煤壁；当需要推移输送机时，支架支撑顶板后，高压液进入推移千斤顶的活塞腔，另一腔回液，以支架为支点，使活塞杆伸出，把输送机推向煤壁。

支架的支撑力与时间的曲线，称为支架的工作特性曲线，如图 1-11 所示。

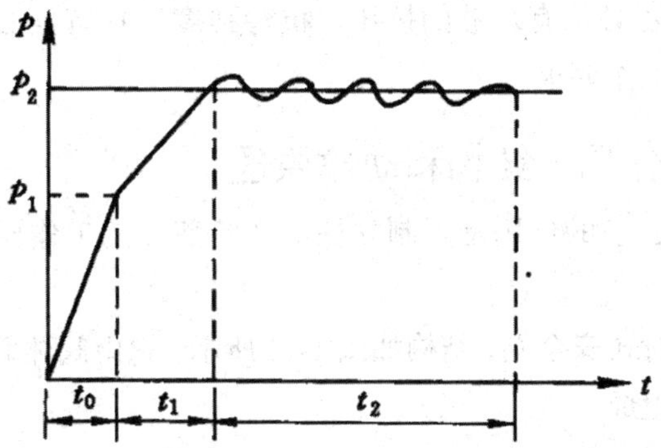


**图 1-11　液压支架工作特性曲线**

支架立柱工作时，其支撑力随时间的变化过程可分为 3 个阶段，支架在升柱时，高压液进入立柱下腔，立柱升起使顶梁接触顶板，立柱下腔压力增加，当增加到泵站工作压力时，泵站自动卸载，支架的液控单向阀关闭，立柱下腔压力达到初撑力时，此阶段为初撑阶段 $t_0$；支架初撑后，随顶板下沉，立柱下腔压力增加，直至增加到支架的安全阀调整压力；立柱下腔压力达到工作阻力，此阶段为增阻阶段 $t_1$；随顶板压力继续增加，立柱下腔压力超过支架的安全阀调整压力，安全阀打开而溢流，立柱下缩，使顶板压力缩小，立柱下腔压力降低，当低于安全阀压力调整值后，安全阀停止溢流，这样在安全阀调整压力的限制下，压力曲线随时间呈波浪变化，此阶段为恒阻阶段处 $t_2$。

## （四）移架力大于推溜力的原因及实现方法

由于移动液压支架所需的力大于推输送机所需的力，又因为如果推输送机的力过大，有可能把输送机的槽帮推坏，所以移架力要大于推溜力。

要实现移架力大于推溜力，有两类方法：第一类是用推移千斤顶的结构来实现；第二类是用两种不同等级的工作压力，移架时用较高的工作压力，推溜时用较低的工作压力。

## （五）作用在顶梁和底座上的摩擦力的产生原因及方向

顶梁和底座上摩擦力的产生有两种情况：第一种情况是，当支架前移时，顶板对顶梁和底板对底座之间产生摩擦，从而产生摩擦力。它的大小与顶板对顶梁的作用力和支架底座对底板的作用力及它们的摩擦系数有关，它们的方向与支架的运动方向相反。第二种情况是，由于掩护式液压支架和支撑掩护式液压支架有四连杆机构，使顶梁前端的运动轨迹呈双纽线，所以当支架在承载让压过程中，顶梁产生水平移动，顶板载荷作用在顶梁上产生摩擦力，摩擦力的大小与顶板载荷和顶板与顶梁的摩擦系数有关，它们的方向与双纽线的轨迹有关。当双纽线轨迹向前时，顶板在承载让压过程中，向前运动，摩擦力方向向后；反之则向前。

## （六）立柱在支架工作过程中的作用及对性能的要求

立柱是支架的承压构件，它长期处于高压受力状态，因而除应具有合理的工作阻力和可靠的工作特性外，还必须有足够的抗压、抗弯强度，具有良好的密封性能，结构要简单，并能适应支架的工作要求。

## （七）安全阀的作用、结构和动作原理

安全阀也称定压阀，它的作用是限制立柱活塞腔液体的工作压力，使立柱或支架具有恒阻性和可靠性。

YF1 型平面橡胶密封式安全阀，结构如图 1-12 所示，它由阀体阀座、阀针、橡胶阀垫、阀芯、导向套和弹簧等组成。

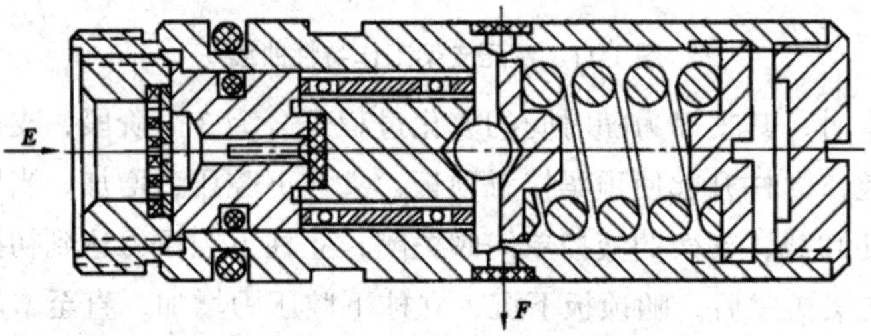


图 1-12　YF1 型平面橡胶密封式安全阀结构

动作原理：当顶板压力超过安全阀调整压力时，立柱下腔高压液进入阀内，打开阀芯经溢流孔溢出。

安全阀出厂或检修后，必须在试验台上进行试验。把安全阀装在试验台上，高压液进入阀体，让压力渐渐增高，当压力增加到安全阀额定压力时，由于有惯性摩擦等因素，安全阀不能立即开启，当超过一定值时，安全阀才打开，使压力很快下降，直到低于额定值时，安全阀关闭，形成波浪形的压力变化曲线，如图 1-13 所示。按规定，压力波动值不大于安全阀额定压力的 10% 为合格，即：

$$\frac{\Delta p}{p_H} \leqslant 10\%$$

式中：$\Delta p$——上、下波动压力，MPa；

$p_H$——安全阀额定压力，MPa。

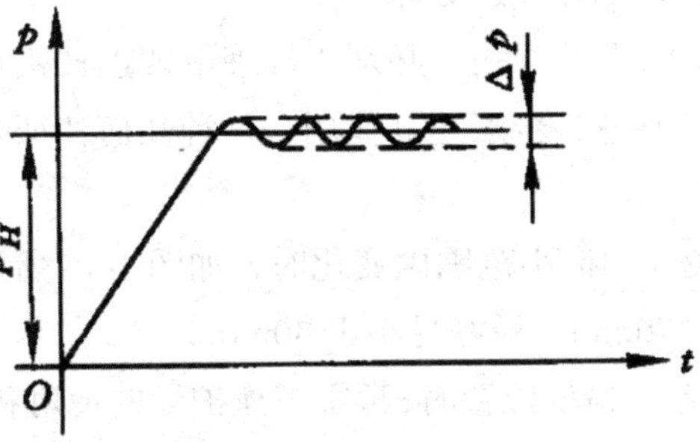


图 1-13　压力变化曲线

## （八）液压单向阀在立柱和推移千斤顶上的工作原理

（1）液压单向阀在立柱上的工作原理

立柱上的液压单向阀，利用该阀的闭锁原理来控制立柱下腔的工作状态。立柱初撑时，它可以使工作液进入立柱下腔产生初撑力；立柱承载时，它可以封闭下腔的工作液，产生与工作阻力相应的压力；立柱卸载时，它可以使下腔液排出。

（2）液压单向阀在推移千斤顶上的工作原理

推移千斤顶上的液控单向阀，也是利用该阀的闭锁原理，来控制推移千斤顶活塞腔的工作状态。以直接推移方式为例，如图 1-14 所示。缸体与支架底座铰接，活塞杆与输送机铰接，当推输送机时，它可以使工作液进入活塞腔，产生推输送机力，当推移千斤顶液压系统不操作，采煤机在输送机上工作时，它可以封闭活塞腔的工作液体，防止输送机与液压支架产生相对运动。在移架时，高压液体进入活塞杆腔，同时打开液控单向阀，使活塞腔液体排出，但由于左右邻架液压系统没有操作，使左右邻架保持锁紧状态，防止输送机被支架拉回。

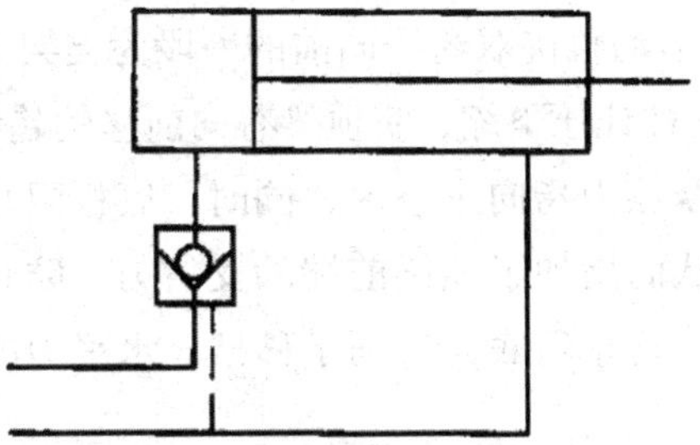

图 1-14　直接推移方式示意图

## （九）液压支架四连杆机构的作用、原理和几何特征

四连杆机构是掩护式液压支架和支撑掩护式液压支架的重要部件之一，其作用概括

起来主要有两个：其一是当支架由高到低变化时，借助四连杆机构使支架顶梁前端点的运动轨迹呈近似双纽线，从而使支架顶梁前端点与煤壁间距离的变化大大减少，提高管理顶板的性能；其二是使支架能承受较大的水平力。

为了掌握四连杆机构的设计方法，必须正确理解四连杆机构的作用，下面通过四连杆机构动作过程的几何特征进一步阐述其作用，这种几何特征是四连杆机构过程的必然结果。

第一，支架高度在最大和最小范围内变化时，如图 1-15 所示。顶梁端点运动轨迹的最大宽度，应小于或等于 70mm，最好是小于 30mm。

第二，支架在最高位置和最低位置时，顶梁与掩护梁的夹角和后连杆与底平面的夹角，如图 1-15 所示，应满足如下要求：

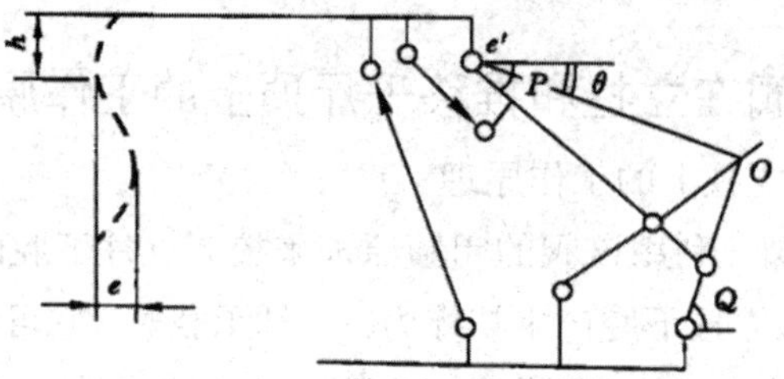


**图 1-15　顶梁与掩护梁的夹角和后连杆与底平面的夹角示意图**

支架在最高位置 $P \leqslant 52° \sim 62°$，$Q \leqslant 75° \sim 85°$，支架在最低位置时，为了有利于矸石下滑，防止矸石停留在掩护梁上，根据物理学摩擦理论可知要求 $\tan P > W$，如果钢和矸石的摩擦系数 $W$=0.3，则 $P$=16.7°。为了安全可靠，最低工作位置应使 $P \geqslant 25°$ 为宜，而 $Q$ 角主要考虑后连杆底部距底板要有一定的距离，防止支架后部冒落岩石卡住后。连杆，使支架不能下降，一般取 $Q \geqslant 25° \sim 30°$，在特殊情况下需要较小角度时，可提高后连杆下钗点的高度。

第三，从图 1-15 可知，掩护梁与顶梁交点和瞬时中心点 $O$ 之间的连线与水平夹角为 $\theta$。设计时要使 $\theta$ 满足 $\tan\theta \leqslant 0.35$ 的范围，其范围是 $\theta$ 直接影响支架承受附加力的数值大小。

第四，应取顶梁前端点运动轨迹双纽线向前的一段为支架工作段，如图 1-15 所示的段，其原因是当顶板来压时，立柱让压下缩，使顶梁有向前移的趋势，可防止岩石向后移动，又可以使作用在顶梁上的摩擦力指向采空区，同时，底板阻止底座向后移，使整个支架产生顺时针转动的趋势，从而增加了顶梁前端的支护力，防止顶梁前端上方顶板冒落，并且使底座前端比压减少，防止啃底，有利于移架，水平力的合力也相应减少，所以减轻了掩护梁的外负荷。

从以上分析得知，为使液压支架受力合理和工作可靠，在设计四连杆机构的运动轨迹时，应尽量使值减小，取双纽线向前的一段为支架工作段，所以，当已知掩护梁和后连杆的长度后，从这个观点出发，在设计时只要把掩护梁和后连杆简化成曲柄滑块机构，运用作图法就可以了，如图 1-16 所示。

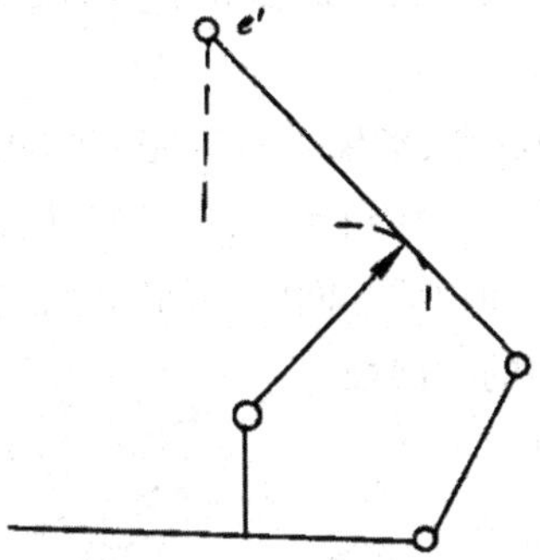


图 1-16　掩护梁和后连杆简化成曲柄滑块机构

### （十）液压支架四连杆机构的优缺点

液压支架四连杆机构的优点为支架顶梁前端点与煤壁间距离变化大大减少和能承受较大的水平力。四连杆机构的缺点是使支架产生附加力，降低了支架的承载能力。

## 第二节　液压支架的结构

### 一、液压支架的组成

液压支架一般由承载结构件、执行元件、控制元件和辅助装置组成。

**1. 承载结构件**

承载结构件包括顶梁、底座、掩护梁、连杆和侧护板等金属构件。

1）顶梁

直接与顶板相接触并承受顶板载荷的支架部件叫顶梁。支架通过顶梁实现支撑、管理顶板的功能。

2）掩护梁

阻挡采空区冒落的碎石窜入工作面并承受采空区冒落碎石的载荷和承受顶板通过顶梁传递的水平推力的部件叫掩护梁。掩护梁是掩护式和支撑掩护式支架的特征部件之一。

3）前、后连杆

前、后连杆只有掩护式和支撑掩护式支架才安设。前、后连杆与掩护梁、底座组成的四连杆机构，既可承受支架的水平分力，又可使顶梁与掩护梁的铰接点在支架调高范围内做近似的直线运动，使支架的梁端距基本保持不变，从而提高了支架控制顶板的可靠性。

4）底座

直接与底板相接触，承受立柱传来的顶板压力并将其传递至底板的部件叫底座。支架通过底座与推移装置相连，以实现自身前移和推移输送机前移。

5）侧护板

目前生产的掩护式和支撑掩护式支架都有较完善的侧护装置，不仅掩护梁两侧有侧护板，而且主梁或整体顶梁从前排立柱到顶梁后端的两侧也有侧护板。侧护板的作用是：

第一，消除相邻支架掩护梁和顶梁之间的架间间隙，防止冒落碎石进入支护空间。

第二，作为支架移架过程中的导向板。

第三，防止支架降落后倾倒。

第四，调整支架的间距。

支架工作时，一侧的侧护板是固定的，另一侧为活动的。制造时，通常两侧侧护板做成对称的；安装时，可按需要将一侧侧护板用螺栓或销子固定在顶梁和掩护梁上。

### 2. 执行元件

执行元件包括立柱和各种千斤顶。

1）立柱

支架上凡是支撑在顶梁（或掩护梁）和底座之间直接或间接承受顶板载荷、调节支护高度的液压缸称为立柱。立柱是液压支架的主要动力元件，可分为单伸缩立柱和双伸缩立柱2种。单伸缩立柱调高范围比较小，但结构简单、成本低；双伸缩立柱则与之相反。有的立柱还带有机械加长段。立柱两端一般采用球面结合形式与顶梁和底座铰接。

2）千斤顶

液压支架中除立柱以外的液压缸均称为千斤顶，依其功能分别为前梁千斤顶、推移千斤顶、侧推千斤顶、平衡千斤顶、护帮千斤顶和复位千斤顶等。由于前梁千斤顶也承受由铰接前梁传递的部分顶板载荷，所以结构上与立柱基本相同，只是长度和行程较短，也有人称其为短柱。平衡千斤顶是掩护式支架独有的，其两端分别与掩护梁和顶梁铰接，主要用于改善顶梁的接顶状况，改变顶梁的载荷分布。

当支架设置防倒防滑装置时，还设有各种防倒、防滑千斤顶和调架千斤顶。

### 3. 控制元件

液压支架的液压系统中所使用的控制元件主要有两大类：压力控制阀和方向控制阀。压力控制阀主要有安全阀，方向控制阀主要有液控单向阀、操纵阀等。

1）安全阀

安全阀是支架液压控制系统中限定液体压力的元件，它的作用是保证液压支架具有可缩性和恒阻性。立柱和千斤顶用的安全阀可按照立柱和千斤顶的额定工作阻力来调整开启压力。当立柱和千斤顶工作腔内的液体压力在外载荷作用下超过额定工作阻力，即超过安全阀的调定压力时，工作腔内的压力液可通过安全阀释放，达到卸压的目的。卸载以后，工作腔内的压力低于调定压力时，安全阀自动关闭。在此过程中，可使立柱和千斤顶保持恒定的工作阻力，避免立柱、千斤顶过载损坏。

2）液控单向阀

液控单向阀是支架的重要液压元件之一，它的作用是闭锁立柱或千斤顶的某一腔中的液体，使之承受外载产生的增加阻力，使立柱或千斤顶获得额定工作阻力。液控单向阀往往和安全阀组合在一起，组成控制阀。

3）操纵阀

在支架液压控制系统中用来使液压缸换向，实现支架各个动作的换向（分配）阀，习惯上称为操纵阀。操纵阀有转阀和滑阀两种类型。

**4. 辅助装置**

辅助装置包括推移装置、挡矸装置、复位装置、护帮装置、防滑防倒装置等。

1）推移装置

推移装置是实现支架自身前移和刮板输送机前移的装置，由连接头、框架、推移千斤顶组成。推移千斤顶一端与支架底座相连，另一端通过框架、连接头与刮板输送机相连。

推移装置按结构和推移方式的不同，可分为直接推移装置和间接推移装置两种类型。

（1）直接推移装置。直接推移装置由推移千斤顶1和连接头3等组成，如图1-17所示。图1-17a为正装方式，图b为倒装方式。这种推移装置在工作中推溜力明显的大于拉架力，而液压支架的质量大，移设阻力也较大，而推溜阻力比移架力小得多，用较大的力去推移刮板输送机，用较小的力去移架，这种力的分配显然是不合理的。直接推移装置要按拉架力设计千斤顶，即千斤顶的拉力必须满足移架的要求，这样，推力过大容易推坏溜槽。为解决这个问题，有的推移装置采用了移步横梁结构，如图1-17b所示，使溜槽受力均匀，不致推坏，但增加了结构的复杂程度。实际使用中发现维修、维护工作量加大，材料消耗也很大，现已很少使用。

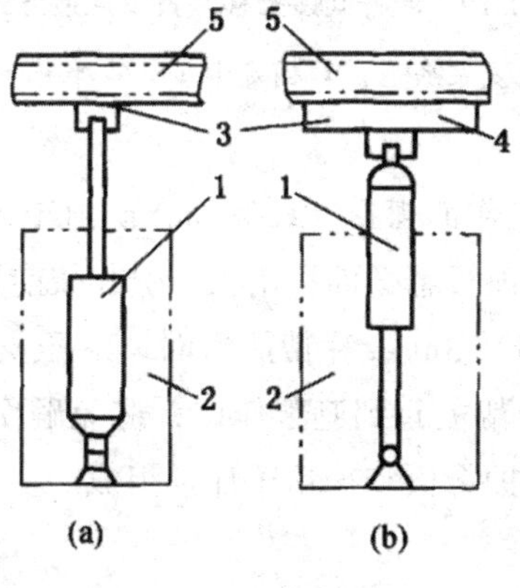


**图1-17　直接推移装置及其连接方式**

1-推移千斤顶；2-支架底座；3-连接头；4-移步横梁；5-输送机

为了正确解决推拉力分配不合理的问题，实现拉架力大于推溜力，一般采用4种方法：①采用不同的供液压力，即供液时为千斤顶活塞杆腔提供较大的液压力，活塞腔提供较小的液压力；②采用差动供液方式（在后面的液压基本回路中介绍）；③采用浮动活塞结构（在后面液压元件液压缸中介绍）；④采用千斤顶倒拉架装置，即间接推移装置。

（2）间接推移装置。将千斤顶伸出的推力作为移架力，缩回时的拉力作为推溜力，即实现拉架力大于推溜力。间接推移装置有 2 种结构，一种是长框架间接推移装置，一种是连杆间接推移装置，如图 1-18 和图 1-19 所示。

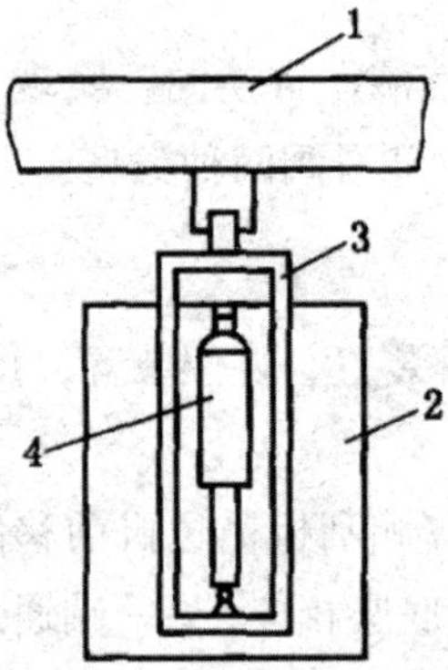


图 1-18　长框架间接推移装置及其连接方式

1- 溜槽；2- 支架底座；3- 长框架；4- 推移千斤顶

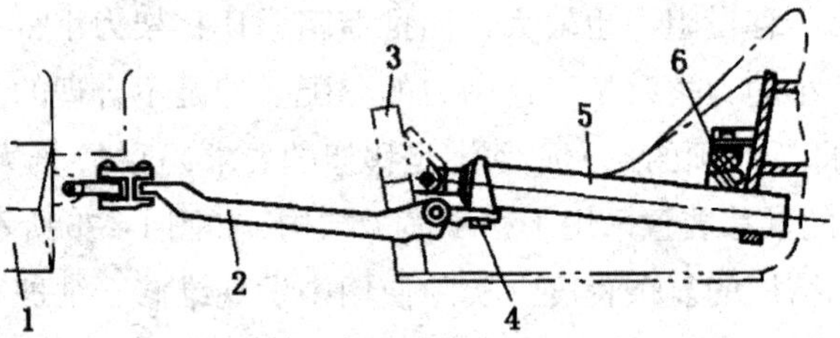


图 1-19　连杆间接推移装置及连接方式

1- 溜槽；2- 连杆；3- 支架底座；4- 固定卡轴；5- 推移千斤顶；6- 限位橡胶

2）护帮装置

煤层较厚或煤质松软时，工作面煤帮（壁）容易在矿山压力下崩落，这种现象称为片帮。工作面片帮使支架顶梁前端的顶板悬露面积增大，引起架前冒顶。《煤矿安全规程》（简称《规程》）规定，当采高超过 3m 或片帮严重时，液压支架必须有护帮板。其目的在于防止煤壁片帮或在片帮时护帮板起到遮蔽作用，避免砸伤工作人员或损坏设备。护帮装置安设在支架顶梁前端，由护帮板和护帮千斤顶组成。

3）防滑防倒装置

《规程》规定，在煤层倾角大于 15° 时，液压支架必须采取防倒、防滑措施，以免支架降落或前移时倾倒或下滑。防滑装置一般安设在两相邻支架的底座侧面，防倒装置一般安设在两相邻支架的顶梁侧面。

## 二、液压支架的结构

根据我国煤矿目前大量使用的支架和支架的发展方向，本书主要介绍具有代表性的两类支架——掩护式邮支架和支撑掩护式液压支架的结构，其他形式的支架只作概就的介绍。

## （一）支撑式液压支架

ZD4800/18.5/2.9 型液压支架的结构如图 1-20 所示。顶梁是刚性钗接式结构，主梁 1 和前梁 2 用销轴 8 校接，4 根立柱支撑着主梁，前梁梁端插入加长梁 11，前梁千斤顶 16 可使前梁向上摆动 24.3°，向下摆动 20.6°。这种结构能使顶梁较好地适应顶板的起伏不平，改善其接顶性能。主梁 1 和尾梁 3 用销轴 12 和保险销 13 连接。当冒落的大块岩石砸在尾梁上并超过保险销的强度时，将其剪断，尾梁绕销轴 12 下落，压缩橡胶块（图中未画出）以缓和冲击，避免因作用力过大而使支架向前倾倒和损坏立柱。顶梁为锰钢板焊接的箱形结构。

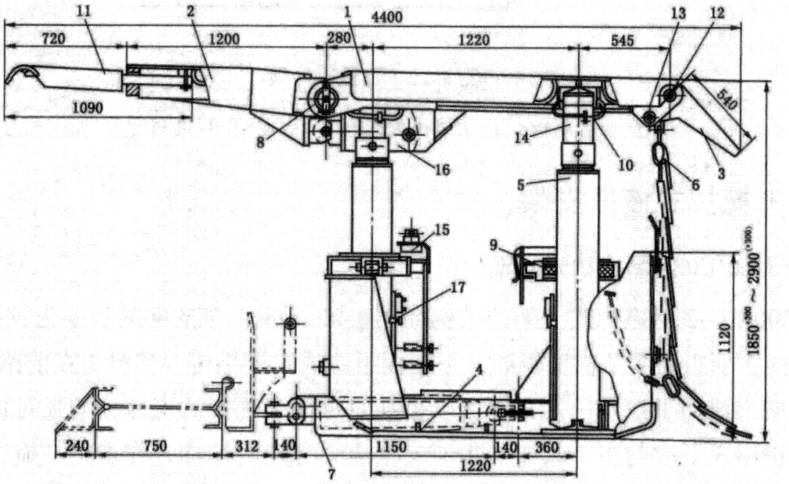


**图 1-20　ZD4800/18.5/2.9 型垛式支架**

1- 主梁；2- 前梁；3- 尾梁；4- 底座；5- 立柱；6- 挡开帘；7- 推移千斤顶；8-12 销轴；9- 复位橡胶；10- 钢丝绳；11- 加长梁；13- 保险销；14- 加长杆；15- 操纵阀；16- 前梁千斤顶；17- 控制阀

底座 4 由左、右座箱组成，两者用连接板连成一体，成为半刚性结构，既可适应底板的起伏，又有较大的强度和刚度。底座前端为滑橇形，以减小移架阻力。推移千斤顶 7 安装在底座中部，底座也为箱形结构。

立柱 5 与主梁、底座接触处为球面钗，以改善立柱的受力。为防止立柱与上下球窝脱节，上部用钢丝绳 10、下部用挡块限位。立柱为双作用单伸缩液压缸。为适当增大支架的支撑高度，扩大使用范围，可在立柱上端加接 300mm 长的加长杆 14。

为了防止移架时顶板对顶梁的摩擦力使立柱绕其下支点后倾，在底座上部装有复位橡胶 9，依靠移架时的受压、移架后的弹性恢复力将立柱扶正，使之垂直地支撑在顶梁与底座间。有的垛式支架还设有复位千斤顶（图 1-21）。其活塞杆与底座后端板 1 皎接，缸体与复位横梁 2 相连。移架时，复位千斤顶 4 的活塞杆伸出，复位横梁将后排立柱 3 推直，使之不向后倾。

挂在支架后部的挡砰帘由 6 条链子和若干片钢板焊接而成，用来阻挡采空区的砰石窜入作业空间。

该型支架的液压元件包括立柱、千斤顶、操纵阀、安全阀和液控单向阀。采用单向邻架控制，以便观察顶板并保证操作者的安全。

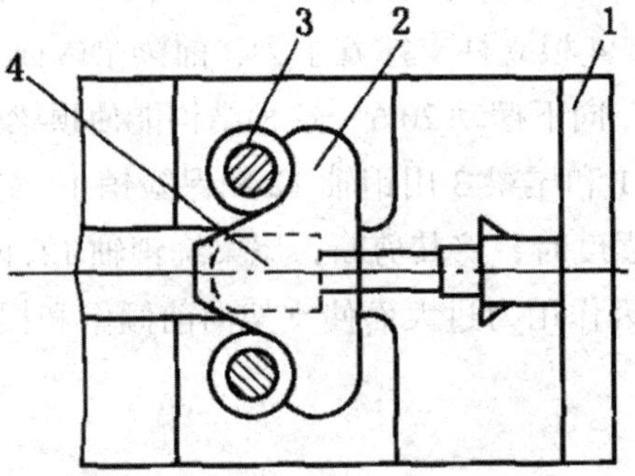


**图 1-21　复位千斤顶**

1- 底座后端板；2- 复位横梁；3- 后排立柱；4- 复位千斤顶

## （二）掩护式液压支架

### 1. ZY3200/13/32 型掩护式支架

ZY3200/13/32 型掩护式支架的结构如图 1-22 所示。该支架的顶梁为皎接梁，主梁 2 由 4 条纵向主筋板、多条横筋板和上下盖板组焊成箱形结构。前梁 1 在前梁千斤顶 14 的作用下可向上或向下摆动一定角度，以加强对近煤壁顶板的支撑，增强对顶板起伏的适应性。掩护梁 3 上端与主梁铰接。为使支架成为稳定的结构，在主梁与掩护梁间设有平衡千斤顶 13。掩护梁的下端用连杆 5，6 与底座相连，构成四连杆机构，能承受纵向水平载荷，使支架在调高范围内的梁端距变化量仅为 70mm。主梁、掩护梁和后连杆的两侧都有侧护板，上装 4 个侧推千斤顶 15。支架正常工作时，6 个弹簧筒 19 的总推力使相邻支架的侧护板靠紧，防止砰石漏入工作面及支架倾倒。侧推千斤顶仅用于调架。一般在工作面倾斜方向上方的侧护板是固定的，下方侧护板是活动的。

2 根立柱 11 直接撑在顶梁上，对顶板的支撑作用较强。采用带机械加长杆的单伸缩双作用立柱，可满足调高要求。

底座 4 为焊接的整体箱形结构，底面积较大，对底板的比压较小。底座后畿有排砰口，以便移架时将窜入的砰石排在采空区。

推移千斤顶 12 缸体上的支轴 6（图 1-23）安装在中央凹槽两侧的耳座 18 上，活塞杆端与推杆 10 铰接。推杆的另一端通过接头 5 与输送机溜槽铰接。推移千斤顶的活塞 1 在活塞杆靠缸口侧轴向不固定，可在活塞杆上浮动，以保证移架力大于推溜力。

护帮装置 17 装在前梁端部，防止片帮伤人。锁块 3（图 1-24）钗接在前梁上，压缩弹簧使锁块具有绕销轴顺时针摆动的力矩，将收回的护帮板 2 锁住。在千斤顶伸出时，护帮板端部的斜面推动锁块退让，使护帮板离开锁块。

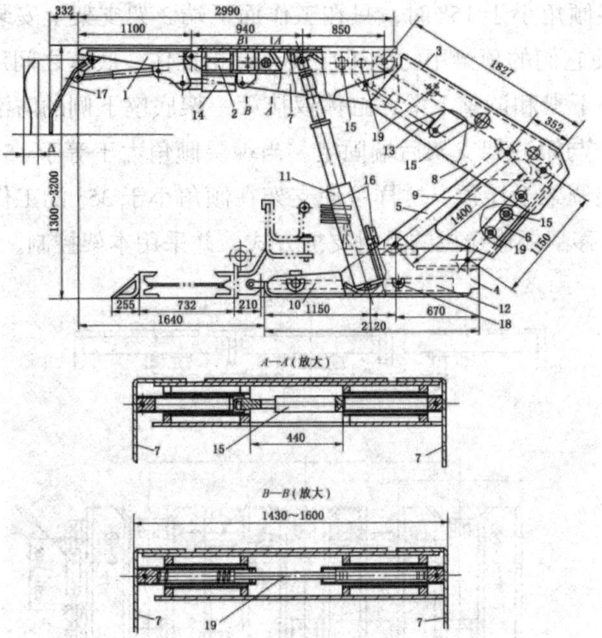

图 1-22 ZY 3200/13/32 型掩护式液压支架

1- 前梁；2- 主梁；3- 掩护梁；4- 底座；5，6- 连杆；7，8，9- 侧护板；10- 推杆；11- 立柱；12- 推移千斤顶；13，14，15- 平衡、前梁和侧推千斤顶；16- 操纵阀和控制阀；17- 护帮装置；18- 耳座；19- 弹簧筒组件

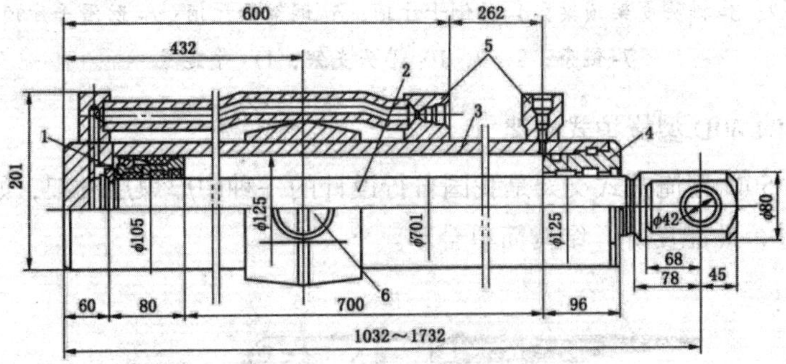

图 1-23 浮动活塞式推千斤顶

1- 活塞；2- 活塞杆；3- 缸体；4- 端盖；5- 接头；6- 支轴

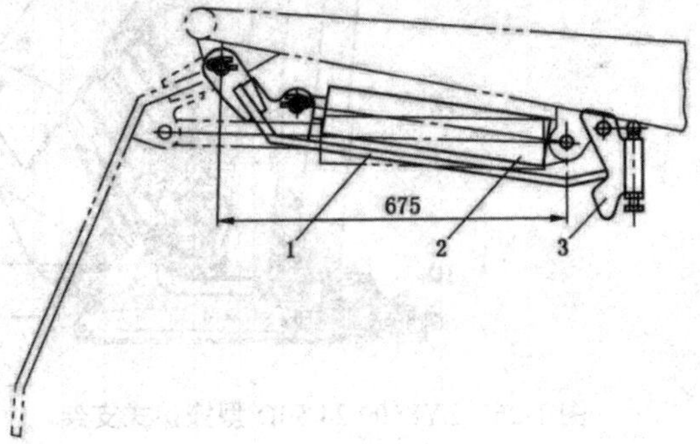

图 1-24 护帮装置

1- 护帮千斤顶；2- 护帮板；3- 锁块

当工作面煤层倾角小于 15° 时，只在工作面下端 3 架支架上安装防滑、防倒装置，如图 1-25 所示，使它们的顶梁用防倒千斤顶 4 互相拉住，底座之间用调架千斤顶 5 相互拉住。为防止底座下滑和调整下滑，缸体铰接第一架底座下侧的防滑千斤顶 6 通过链条 7 并绕过导链器 11 与第三架支架后端固定。当竦层倾角大于等于 15° 时，工作面全部支架的底座间都要装调架千斤顶，这样可使支架在倾角小于 35° 的工作面可靠的工作。该支架为先移架后推移刮板输送机的及时支护方式，并采用本架控制。

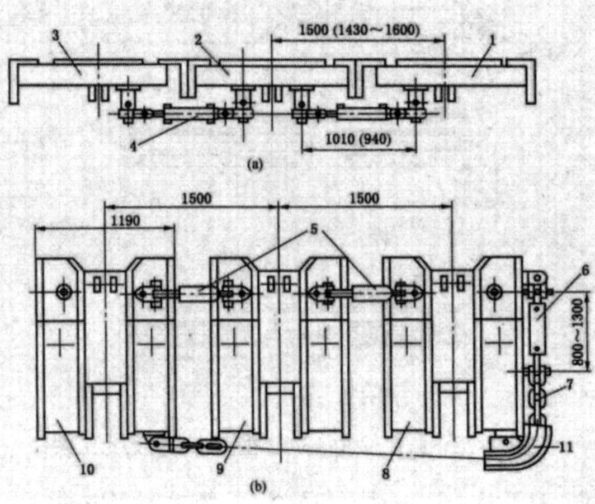


**图 1-25　防滑防倒装置**

1，2，3- 排头支架顶梁；4- 防倒千斤顶；5- 调架千斤顶；6- 防滑千斤顶；7- 链条；8，9，10- 排头支架；11- 导链器

**2. ZY8600/24/50D 型掩护式支架**

ZY8600/24/50D 型掩护式支架是我国自行设计的一种中厚煤层支架，如图 1-26 所示。该支架技术先进，性能良好，结构简单合理。

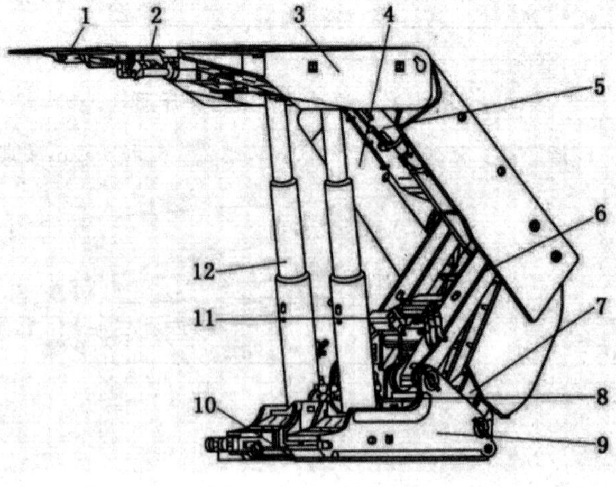


**图 1-26　ZY8600/24/50D 型掩护式支架**

1- 二级护帮；2- 一级护帮；3- 顶梁；4- 掩护梁；5- 平衡千斤顶；6- 前连杆；7- 后连杆；8- 推移千斤顶；9- 底座；10- 推杆；11- 阀组；12- 立柱

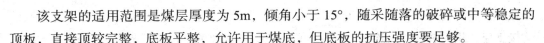

该支架的适用范围是煤层厚度为 5m，倾角小于 15°，随采随落的破碎或中等稳定的顶板，直接顶较完整，底板平整，允许用于煤底，但底板的抗压强度要足够。

该支架的结构特点如下：

第一，液压支架配备 1 个整体底座，底座的 2 个相互连接的座箱被底座中间的过桥分开。

第二，掩护梁是 1 个整体钢结构件，通过四连杆与底座相连。

第三，支架立柱的支撑载荷通过顶梁传播到顶板，顶梁通过销轴和 1 个平衡千斤顶与掩护梁连接，所有顶梁都配备有护帮板。

第四，程序化的计算方法保证了支架最佳的承载能力和垂直高度的调整范围。

第五，采用双伸缩双作用立柱，在一级缸活塞上装有单向阀，使一级缸和二级缸所承受的载荷相同。

第六，掩护梁与底座的连接采用四连杆机构，四连杆是一种机械结构，其作用是在支架升降过程中使顶梁前端至煤壁的距离近似恒定值。

第七，液压支架配备使用 PM3 电液控制器来控制邻架电液控制系统所需要的所有液压元件。

## （三）支撑掩护式液压支架

### 1. ZZ4000/17/35 型（原型号为 ZY35 型）支撑掩护式液压支架

ZZ4000/17/35 型液压支架适用于采高为 2~3.2m，煤层倾角小于 25°，顶板中等稳定且较平整的煤层，要求移架后的顶板能自动垮落，且地质构造简单，煤层赋存稳定，没有影响支架通过的断层。这种支架可在采用全部垮落法管理顶板的走向长壁式工作面内使用。

ZZ4000/17/35 型支撑掩护式液压支架的结构如图 1-27 所示，主要由顶梁（前梁、主顶梁）、立柱、掩护梁、前后连杆、底座、推移装置、防滑装置、护帮装置和操纵控制元件等组成。该支架有以下主要结构特点：

第一，顶梁为铰接结构，由前梁和主梁组成。前梁以主梁为支点，通过前梁千斤顶的伸缩，前梁可向上摆动 15°，向下摆动 19°，从而不仅改善了接顶状况，也使靠近煤壁的顶板得到有效的支撑和防止工作面前端顶板产生切顶及窜矸现象。在前梁下盖板前端设置有起吊耳环，用于维修工作面设备，允许起吊质量为 5t。前梁梁端耳座连接有护帮装置，提高了生产的安全性。主顶梁为焊接箱形结构，其前端与前梁铰接，后端与掩护梁铰接，并起着切顶作用。在主顶梁腹板上焊有 4 个与立柱的球形柱头连接的柱窝。在主梁两侧装有侧护板。

第二，掩护梁为中空等截面焊接梁，其顶端通过销轴与主梁铰接，下端通过前、后连杆与底座铰接。掩护梁两侧装有侧护板。

第三，底座为焊接箱形整体结构。在底座前端两侧焊有千斤顶转供安装防滑装置用。前端中间焊有供安装推移千斤顶的耳座。底座两侧箱体上布置有 4 个球形柱窝，供连接立柱用。中部有一平台，可以安装阀组框架，人员在平台上进行操作。后部焊有较高的连接支座，供安装前、后连杆。底座前端下部为圆弧过渡，以利于减小移架阻力。

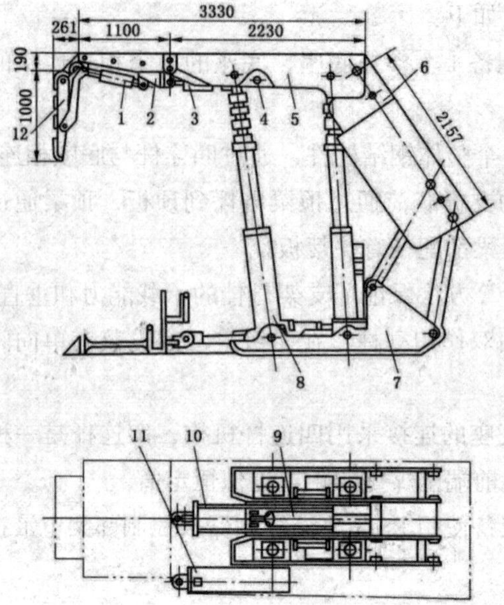


**图 1-27　ZZ4000/17/35 型支撑掩护式支架**

1- 护帮千斤顶；2- 前梁；3- 前梁千斤顶；4- 侧推千斤顶；5- 主梁；6- 掩护梁；
7- 底座；8- 立柱；9- 推移千斤顶；10- 框架；11- 导向梁；12- 护帮装置

第四，推移装置采用长框架的形式，它主要由连接头、圆杆、连接耳和销轴等构成，如图 1-28 所示。该框架各主要构件间用销轴和固定卡连接，从而使拆卸和安装都很方便。框架连接耳 10 通过 $\phi$40mm 的立装销轴与推移千斤顶的活塞杆连接，框架座 1 则通过 $\phi$40mm 的横装销轴与输送机连接。

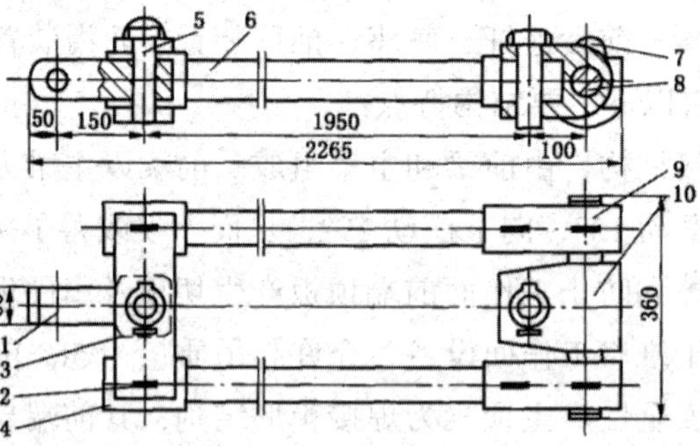


**图 1-28　推移框架**

1- 框架座；2- 长固定卡；3- 开口销；4- 连接头；5- 销轴；6- 圆杆；
7- 短固定卡；8- 连接轴；9- 长连接块；10- 连接耳

第五，该支架在顶梁和掩护梁的两侧均装有可伸缩的活动侧护板。使用时，根据需要用销轴将一侧活动侧护板固定，而另一侧保持活动，以起到挡矸和调架的作用。支架在运输过程中，将其两侧的活动侧护板收回到最小尺寸并用销轴固定。该支架的侧推装置主要由顶梁和掩护梁两侧的侧护板，以及梁内的侧推千斤顶和推出弹簧组成。正常情况下，靠推出弹簧使活动侧护板向外伸出；需要调架时，可通过侧推千斤顶使侧护板伸缩。

第六，护帮装置由护帮千斤顶和护帮板等组成。护帮板为钢板压制，在其与煤壁接触面加焊了加强板，以提高强度。护帮千斤顶缸体与前梁焊接耳座连接，活塞杆与连杆连接。活塞杆伸出时，经连杆使护帮板贴紧煤壁；缩回时，将护帮板摆回到前梁下面。护帮千斤顶采用双向液压锁锁紧，省去了机械锁。在护帮千斤顶活塞腔设有安全阀，用来限压，以防护帮板超载损坏。

第七，该支架设置了 3 种形式的防滑装置，如图 1-25 所示。

第八，立柱为双作用液压缸，结构如图 1-29 所示。立柱的缸口结构为螺纹连接式，活塞头结构为卡键式。为了适应顶底板的变化和改善其受力状况，立柱两端均采用球面结构，以便更好地承受顶板压力。为了补充立柱液压行程的不足，立柱带有机械加长杆。在煤层变化不大的工作面，可在立柱安装时一次将加长杆调节到所需要的高度，在回采工作中不再调节加长杆长度。加长杆调节长度为 750mm，分 5 挡，每挡 150mm。

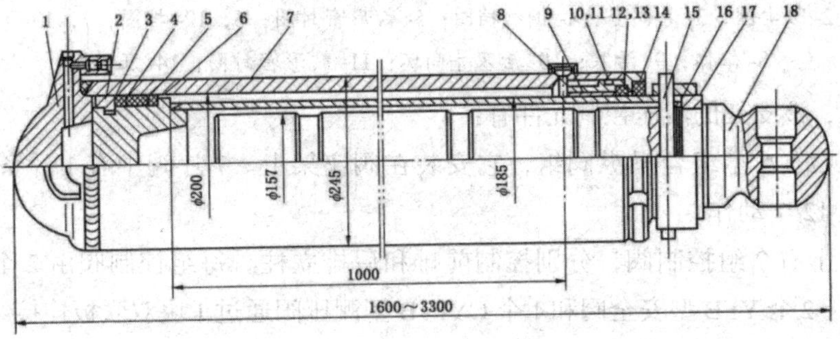


**图 1-29　立柱**

1- 缸体；2 箍；3- 外卡键；4- 支承环；5- 鼓形密封圈；6- 活塞导向环；7- 活柱；8- 导向套；9- 导向环；10-O 形密封圈；11，13- 挡圈；12- 蕾形密封圈；14- 防尘圈；15- 销轴；16- 挡套；17- 卡环；18- 加长杆

拉出加长杆的方法：①根据采高的要求，首先确定加长杆所需伸出的长度，然后升柱，伸出长度稍大于所需长度；②用单体支柱或木支柱撑住顶梁；③按顺序拆卸开口销、销轴、挡套和卡环；④使立柱下降，加长杆即可从活柱中伸出，直到所需要的高度为止；⑤按顺序装上卡环、挡套、销轴和开口销。

缩短加长杆的方法：①决定了缩短加长杆的长度后，使立柱降下，降下高度稍大于所需长度；②用单体支柱或木支柱撑住顶梁；③按顺序拆除开口销、销轴、挡套和卡环；④伸出活柱，使加长杆缩进活柱套筒内，直至所需长度；⑤按顺序装上卡环、挡套、销轴及开口销。

第九，前梁千斤顶为活塞式双作用外供液式结构，如图 1-30 所示。千斤顶的导向套与缸体之间使用钢丝挡圈固定，活塞与活塞杆之间利用压紧帽通过螺纹连接。

第十，推移千斤顶在支架内采用倒置方式，即缸体与支架底座前端连接，而活塞杆与长框架后端连接，长框架另一端与输送机相连接，其内部结构与前梁千斤顶相同。

第十一，侧推、护帮和防倒千斤顶结构相同，均采用活塞式双作用外供液式结构。

千斤顶导向套与缸体之间使用钢丝挡圈固定，活塞与活塞杆之间利用压紧帽通过螺纹连接。

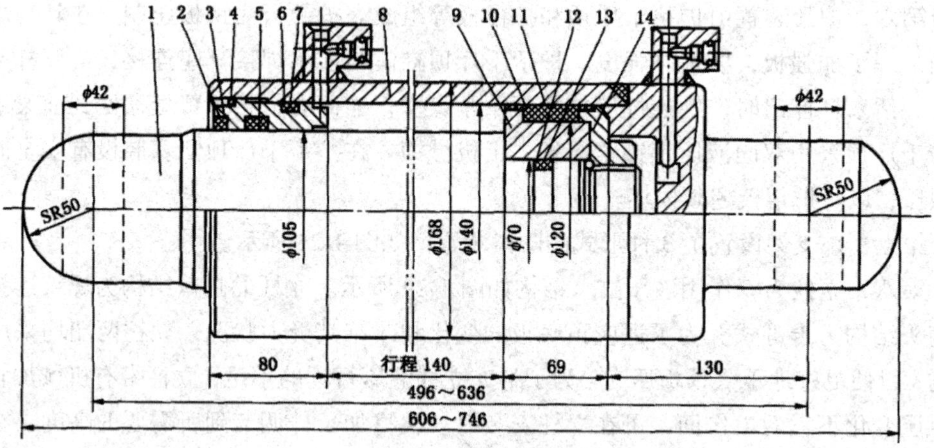


图 1-30　前梁千斤顶

1- 活塞杆；2- 防尘圈；3- 导向套；4- 钢丝挡圈；5- 蕾形密封圈；6，12- 挡圈；7，13-O 形密封圈；8- 缸体；9- 活塞；10- 活塞导向环；11- 鼓形密封圈；14- 压紧帽

第十二，该支架的液压控制元件有：

① ZC（7）A 型组合操纵阀组，它安装在阀座架上。7 片阀中有 1 片备用，另外 6 片阀可实现 12 个动作。

②立柱上有 2 组控制阀，分别控制前排和后排立柱。每组控制阀由 2 个 KDF1B 型液控单向阀、2 个 YFB 型安全阀和 1 个 CYF1B 型测压阀通过 1 块双联板连接组合在一起。

③在推移千斤顶液路中设置了 1 个 DSF 型单向锁。

④前梁千斤顶控制阀由 1 个 KDF1B 型液控单向阀和 1 个 YF5A 型大流量安全阀通过连接板组合而成。

⑤在护帮千斤顶液路中设置了 SSF 型双向锁和 1 个 YF1B 型安全阀。

⑥ 1 组过滤器和 2 个 DJF13/25 型平面截止阀。

**2. ZZ5200/25/47（原型号 BC520/25/47）型厚煤层液压支架**

ZZ5200/25/47 型液压支架是厚煤层一次采全高的支撑掩护式液压支架，如图 1-31 所示。它适用于采高 2.8~4.4m，煤层倾角小于等于 15°，直接顶中等稳定和基本顶有明显周期来压的工作面；要求底板平整，其抗压强度不低于 10MPa。其主要特点为：

第一，支撑高度、工作阻力及支护强度均较大。

第二，前梁为伸缩式结构，在采煤机截割过后、支架还未前移之前，伸缩梁伸出立即支护新暴露的顶板，它配合护帮装置可有效地管理厚煤层片帮和近煤壁顶板的冒落。伸缩梁和护帮装置均是靠相应的千斤顶来控制的。

用于厚煤层或煤质松软的中厚煤层支架，为防止片帮伤人和引起冒顶，必须设置护帮装置。在正常情况下，护帮板（图 1-31）应能伸进煤壁内 20~40mm，以便支护已片帮的煤壁，且当移架步距不足时，也能支护煤壁。

第三，顶梁、掩护梁和后连杆都设有单侧活动的侧护板。为了调架方便，在底座上也设有侧推千斤顶 14。

第四，推移千斤顶为浮动活塞式结构，采用双伸缩立柱，配充气式支架安全阀。

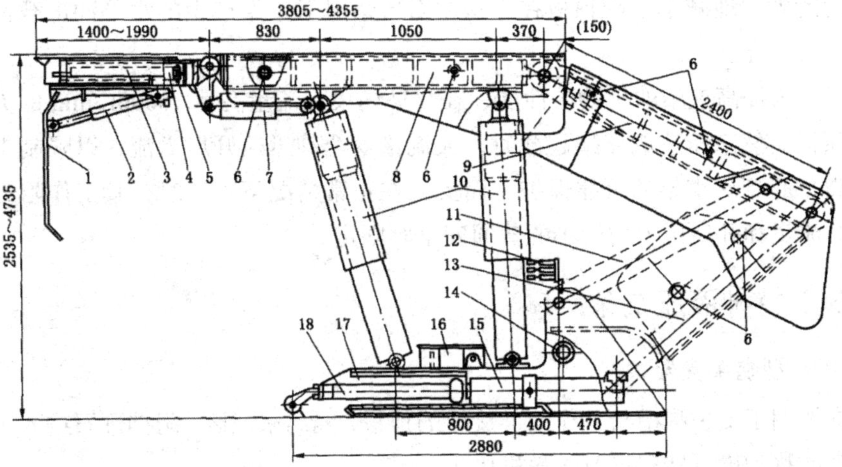

图 1-31　ZZ5200/25/47 型液压支架

1- 护帮板；2- 护帮千斤顶；3- 伸缩梁；4- 伸缩梁千斤顶；5- 前梁；6- 侧推；7- 前梁千斤顶；8- 顶梁；9- 掩护梁；10- 立柱；11，13- 前后连杆；12- 操纵阀；14- 底座侧推千斤顶；15- 推移千斤顶；16- 脚踏板；17- 底座；18- 推拉杆

3. ZZ7200/20.5/32（原型号 TZ720/20.5/32）型强力液压支架

ZZ7200/20.5/32 型强力支架（图 1-32）适用于直接顶坚硬、基本顶周期来压强烈的条件。其主要特点是：

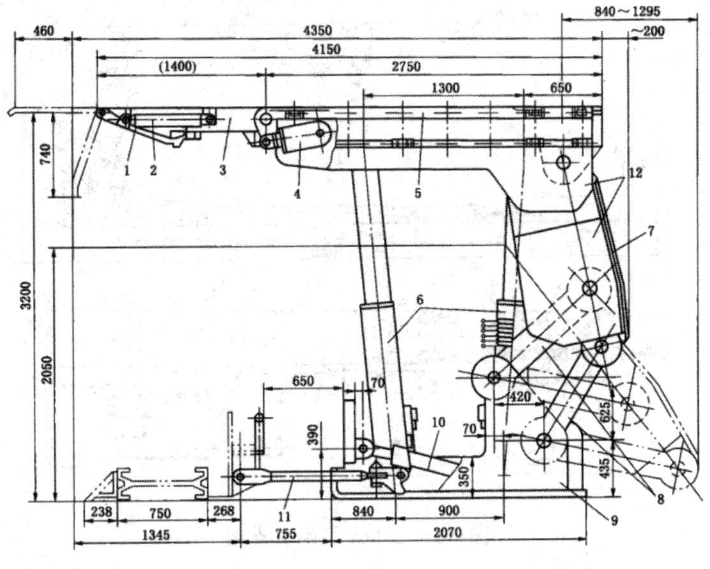

图 1-32　ZZ7200/20.5/32 型强力液压支架

1- 挑梁；2- 挑梁千斤顶；3- 前梁；4- 前梁千斤顶；5- 顶梁；6- 立柱；7- 掩护梁；8- 前后连杆；9- 底座；10- 推移千斤顶；11- 推移杆；12- 侧护板

第一，工作阻力高（7200kN），支护强度大（1MPa）。

第二，掩护梁和连杆的长度设计较短，掩护梁倾斜角度比一般支架大得多，使得掩护梁在支架工作高度时伸出顶梁后端的水平长度很小（支架在最大高度时约200mm）。这种结构能大大地减小坚硬顶板在大块岩石冒落时对支架产生的水平冲击载荷，改善了支架的受力状况。

第三，为提高支架的抗冲击性能，在立柱内设有流量高达10000L/min的大流量安全阀。当顶板突然来压造成支架超载时，大流量安全阀迅速开启溢流，以限制支架载荷的继续升高，起到对支架的可靠保护。而支架在正常情况下工作时，其工作阻力由立柱下腔安装的流量和开启压力均较小的普通安全阀限定。

## （四）特种液压支架

### 1. SDA型端头支架

该支架用于支护顺槽与工作面连接处的顶板，隔离采空区，阻挡矸石进入工作空间，并能自身前移和推进转载机及输送机机头。

SDA型端头支架如图1-33所示，主要由顶梁、掩护梁、前后底座、立柱、推移梁、推移千斤顶、连接板等组成。主、副架的4个推移千斤顶5的一端与推移梁4铰接，另一端分别与主架Ⅰ、副架Ⅱ的前底座6，7铰接。转载机放置在主架Ⅰ的底座上宽度为940mm的凹槽中，并用销轴将其与推移梁4、连接板3联为一体。刮板输送机的机头架、导轨与转载机相连。4个推移千斤顶同时动作，通过推移梁将转载机、刮板输送机机头一起向前推进。移架时，先撑紧副架，主架降架前移；随后撑紧主架，副架降架前移并支撑。

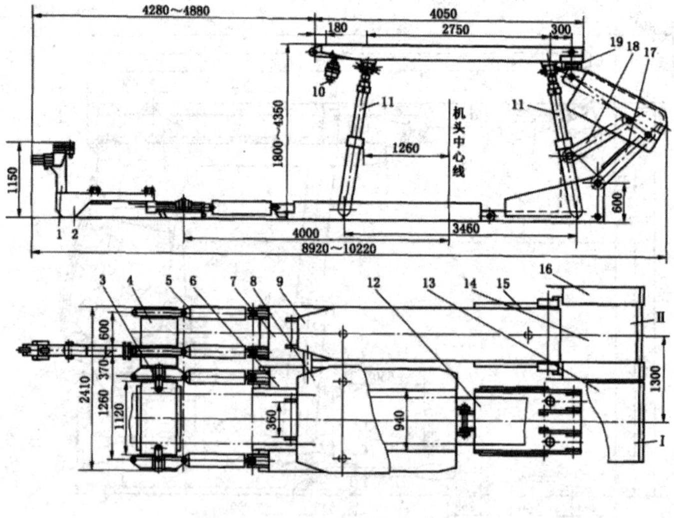


图1-33　SDA型端头支架

1-操纵台；2-加长腿；3-连接板；4-推移梁；5-推移千斤顶；6，7-主、副架前底座；8，9-主、副架顶梁；10-调架千斤顶；11-立柱；12，15-主、副架底座；13，14-主、副架掩护梁；16-掩护梁侧护板；17，18-前、后连杆；19-连接头

SDA 型端头支架的工作阻力 4500kN，初撑力 1810kN，支架高度 1.8~3.45m。该端头支架的最大特点是能与国内主要的输送机、转载机、各种架型及不同高度的工作面支架相配套。2 架组成一套（即两架一组），主架靠近下帮。

**2. ZZP4000/17/35（原型号 BC7A400-17/35）型铺联网支架**

该支架除具有普通液压支架所具有的支撑和管理采煤工作面顶板、隔离采空区、自动移架和推移输送机等功能外，还可用于厚煤层分层开采的上分层支护，实现机械化铺底网及联网。它适用于煤层倾角小于等于 15°，顶板压力不大于 0.7MPa，底板平整且抗压强度不低于 1.95MPa 的工作面。其工作阻力 3900kN，初撑力 3078kN，支护强度 0.72MPa，支撑高度 1.7~3.5m。

ZZP4000/17/35 型支架结构如图 1-34 所示。前梁及挑梁、顶梁、掩护梁和侧推装置的结构基本同于 ZZP4000/17/35 型支架，许多部件可互相通用。尾梁主要用来形成和维持足够的铺、设网工作空间，在尾梁的两侧装有活动侧护板。

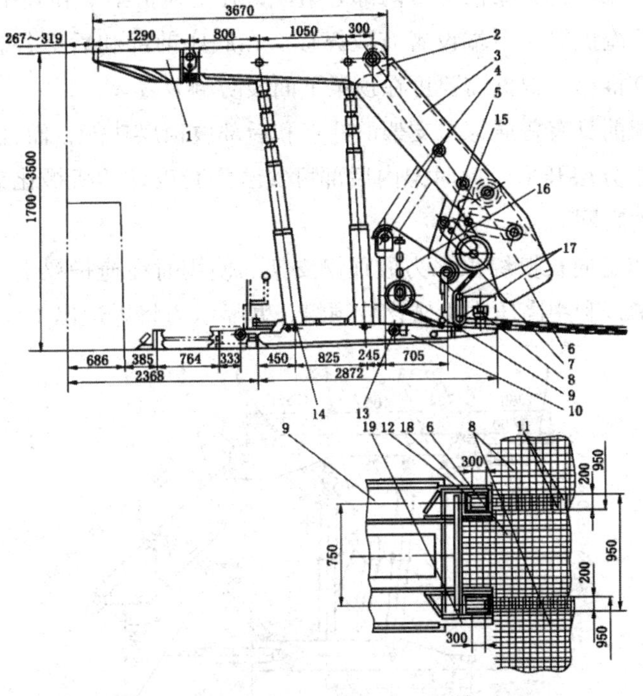

**图 1-34　ZZP4000/17/35 型铺联网支架**

1- 前梁及挑梁；2- 顶梁；3- 掩护梁；4，5- 前、后连杆；6- 尾梁；7- 架中网；8- 联网机；9- 架间网；10- 底座；11- 联网卡；12- 成网座；13- 调架千斤顶；14- 立柱；15- 网托；16- 挂网链；17- 网辐；18- 右托架；19- 左托架

支架的铺网装置在支架的尾部。架中网由活动网托 15 悬挂于后连杆上，并由底座后部可旋转的 2 组网辐 17 导向，移架时即从联网机 8 下部自动展向采空区，铺设于底板上。架间网由固定在底座两侧上的挂网链 16 悬挂在两支架之间，经网辐导向在联网机下部的左、右托板上与架中网搭接，移架时可自动展向采空区，铺设于底板上，并由联网机在

网的搭接区自动联网。架间网由于采用柔性链条悬挂，故能随移架而作正常的扭斜，以补偿移架时产生的相邻两支架间的步距差，从而保证了铺网的顺利进行。

联网装置由联网机、左右托架和成型座等组成。联网机由安装于箱体内的联网千斤顶工作机构联网器、连杆传动机构和横连杆以及连接销轴等组成。联网器的动作有压网和联网。左、右托架铰接于底座尾部的联网机下面，其上安装有使联网卡成型的成网座。成网座与联网机的相对位置，可以在托架内实现前后、左右和上下调节。

ZZP4000/17/35 支架是架后铺网。近年我国还研制成功架前铺底网的铺网支架。

**3. ZZF3000/15/30 型放顶煤支架**

该支架适用于厚度 5~12m，倾角小于等于 30°。的煤层，要求顶板中等稳定以下，底板抗压强度不低于 10MPa。

ZZF3000/15/30 型支架（图 1-35）为四柱支撑掩护式结构。反向四连杆安装在支架中部，以承受顶煤垮落时向前的水平推力。顶梁前端铰接有前梁，在前梁端部装有护帮板；顶梁后端铰接有掩护梁。掩护梁由上下两部分组成，在上掩护梁 6 和底座 10 之间装有刚性支撑薄板 8，在下掩护梁 7 下端设置有放煤板。在底座前部和后部各装 1 部输送机，分别靠千斤顶 12，9 推移。根据需要可在顶梁下面装防倒装置。

该支架不但架前具有普通综采支架的特点和后部放顶煤功能，而且还有以下用途：

第一，可用于分层开采。此时架内后部可安装配套设计的机械化铺底网装置，实现架后机械化自动铺底网。

第二，可用作走向长壁综采水力放顶煤支架。使用时在掩护梁上可安装高压水枪，下面设置煤水溜槽，利用高压水机械化放顶煤，并靠水力将煤运出工作面。

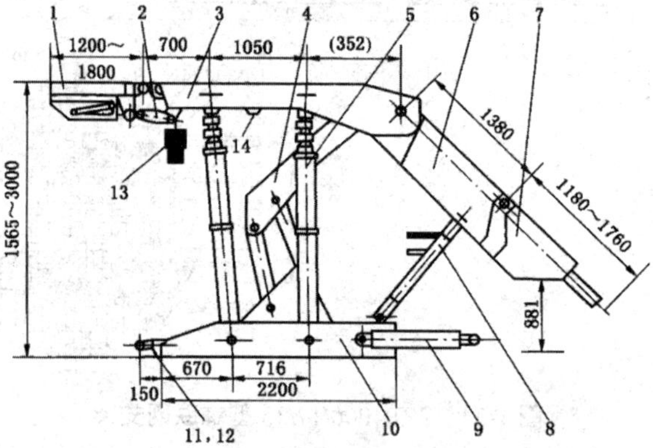


**图 1-35　ZZF3000/15/30 型放顶煤支架**

1- 前梁；2- 前梁千斤顶；3- 顶梁；4- 上连杆；5- 立柱；6- 上掩护梁；7- 下掩护梁；8- 支撑薄板；9- 移后部输送机千斤顶；10- 底座；11- 推杆；12- 推移千斤顶；13- 操纵装置；14- 防倒装置座

# 第二章　液压支架的液压系统

## 第一节　液压支架的液压控制系统

### 一、液压支架的液压系统及其特点

液压支架不仅需要有良好的结构以适应所工作的煤层地质条件，而且还应配备完善而可靠的液压系统来实现支架的优良工作性能。

液压支架的液压系统属于液压传动中的泵—缸开式系统。动力源是乳化液泵，执行组件是各种液压缸。乳化液泵从乳化液箱内吸入乳化液并增压，经各种控制元件供给各个液压缸，支架各液压缸回液流入乳化液箱。乳化液泵、乳化液箱、控制元件及辅助元件组成乳化液泵站，通常安装在工作面运输巷，可随工作面一起向前推进。泵站通过沿工作面全长敷设的主供液管和主回液管，向各架支架供给高压乳化液，接收低压回液。工作面中每架支架的液压控制回路多数完全相同，通过截止阀连接于主管路，相对独立。其中任何一架支架发生故障进行检修时，可关闭该架支架与主管路连接的截止阀，不会影响其他支架工作。

液压支架的液压系统具有下列特点：

第一，液压系统庞大，元件多。液压支架沿采煤工作面全长铺设，铺设长度长（可达 300m）。液压系统中有大量的立柱（80~1000 根）和千斤顶（80~1500 根），还有数量很多的安全阀、液控单向阀、操纵阀以及大量的高压软管、管接头等，因而整个系统错综复杂。系统中各部件的密封性和可靠性对支架工作影响很大。

第二，工作压力高。液压支架在工作面支护顶板，要求有较大的支撑力，与初撑力有关的是泵站的工作压力，一般为 10~35MPa。初撑以后，立柱活塞腔被封闭，达到工作阻力时的液压力可达 40~80MPa。因此，要求液压元件有足够的耐高压强度。

第三，供液路程长，压力损失大。液压支架的立柱和千斤顶的工作液体是由设在工作面运输巷的泵站供应，液压能需要长距离输送，压力损失较大；尤其是移架和推移输送机时，支架液压系统中有很大容量的工作液体进行循环流动，所以要求主管路有足够的过流断面。

第四，工作环境恶劣、潮湿、粉尘多，工作空间有限，采场条件经常变化。因井下检修不方便，所以要求液压元件可靠，工作时间长。

第五，对液压元件要求高。液压支架的工作液体采用乳化液，水占 95% 左右，故黏度低，润滑性能和防锈性能都不如矿物液压油，因此，要求液压元件的材料好、精度高，具有较好的防锈、防腐蚀能力。

## 二、立柱的控制原理

立柱有单伸缩立柱和双伸缩立柱之分，因此其控制原理有所区别，下面分别叙述。

### 1. 单伸缩立柱

单伸缩立柱的控制原理如图 2-1 所示。单伸缩立柱有 2 个供液口 A 和 B，供液口 A 为立柱活塞腔（又称下腔）供液，供液口 B 为立柱活塞杆腔（又称上腔）供液。立柱下腔设置液控单向阀和安全阀。立柱 A，B 两口的供液由操纵阀控制。

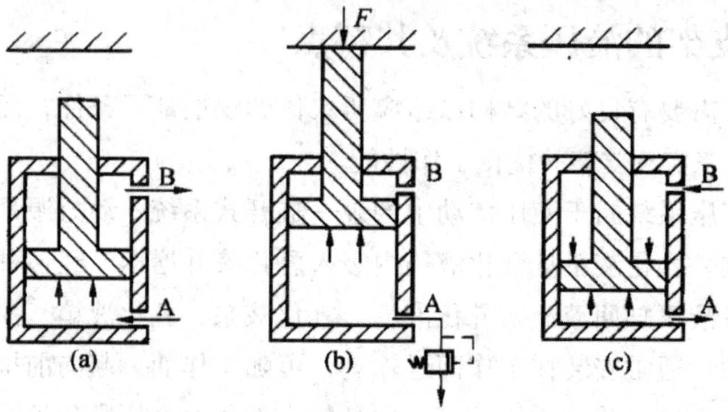


图 2-1　单伸缩立柱控制原理示意图

1）立柱的升柱过程

立柱的升柱过程指立柱从升柱开始一直到升起顶梁接触顶板、支撑顶板的这一全过程，如图 2-la 所示。升柱过程中，操纵阀为 A 口提供压力液，则 B 口为回液。进入 A 腔的压力液作用于立柱活塞上，当其作用力大于或等于由顶梁和活柱产生的外载荷时，立柱开始升起。这时的升柱力较小，可视为空载升柱。当立柱升至顶梁与顶板相接触时，外载荷开始增大，即进入 A 口的液体压力不断增大，一直增大到泵站工作压力为止。这时，由于泵站卸载不再继续为立柱供液，立柱升柱完毕，液控单向阀关闭。立柱在整个升柱过程中的最小升柱液压力为克服顶梁、活柱产生的外载荷，最大升柱液压力为泵站的工作压力。达到泵站工作压力时，立柱对顶板的支撑力称为立柱的初撑力。

2）立柱的承载过程

立柱升柱完毕达到初撑力后，顶板压力通过顶梁传到立柱。由于在进液管路上装有液控单向阀和安全阀，立柱活塞腔的压力液被单向阀封闭。随着采煤机截煤后新顶板的暴露，顶板产生的作用力不断增大，引起立柱活塞腔压力升高。当压力升高至安全阀调定压力时，安全阀开启卸压，即安全阀开启释放一部分液体，立柱活柱下降。这里应注意，安全阀释放液体的过程中，立柱仍然保持最大支撑力，在立柱活柱下降过程中顶板压力若下降（由于分担给周围支架立柱），使得立柱活塞腔压力下降；当下降至安全阀关闭压力（安全阀关闭压力比开启压力要小一些）时，安全阀关闭，立柱停止下降，如图 2-lb 所示。在顶梁与顶板脱开接触以前，压力的传递和安全阀的动作总是这样反复进行。

3）立柱的降柱过程

当支架需要前移时，就需降柱，降柱过程指从立柱卸压到顶梁完全脱离顶板的这一过程，如图 2-lc 所示。降柱过程中，操纵阀为 B 口供压力液，同时将封闭 A 口的液控单向阀打开，使其回液。进入 B 口的压力液作用于活柱与缸体之间的环形面积上，强迫立柱下降。强迫下降的目的是加快活塞腔回液速度，使立柱快速下降。

**2. 双伸缩立柱**

双伸缩立柱的控制原理如图 2-2 所示。立柱的供液口设置方式有 3 种：

第一种为 3 个供液口。其一设置在一级缸底部，通一级缸活塞腔；其二设置在外缸口处或导向套上，通一级缸活塞杆腔；其三设置在活柱上端，通二级缸活塞杆腔。

第二种为 2 个供液口。其一接通一级缸活塞腔，另一接通一级缸活塞杆腔。在二级缸缸壁上端（处于最低位置时，在导向套之下）有一横向小孔，接通一级缸和二级缸的活塞杆控。当升柱时，二级缸活塞杆腔的液体通过该横向孔直接流到立柱外面。降柱时，二级缸降到最低位置后，横向小孔将一、二级缸的活塞杆腔连通，实现活柱的追降。

第三种也为 2 个供液口。其一接通一级缸活塞腔，另一接通一级缸的活塞杆腔。在二级缸缸壁上打有一个纵向长孔，孔的 2 个出口使一、二级两缸的活塞杆腔相通。在升、降柱时，除液体不排出立柱以外，其他与第二种相同。

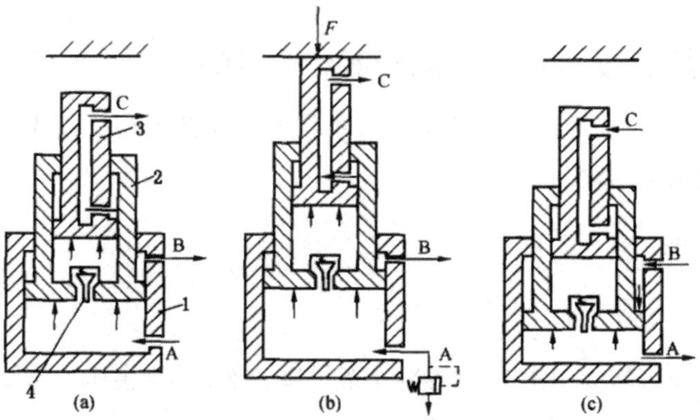


图 2-2　双伸缩立柱的控制原理示意图

1- 一级缸；2- 二级缸；3- 活柱；4- 底阀

1）立柱的升柱过程

立柱的升柱过程如图 2-2a 所示，由操纵阀为 A 口提供压力液，B，C 口为回液。进入 A 口的压力液首先作用于一级缸（大缸）的活塞上，这时由于空载升柱，所需液压力较小，故在未打开底阀的情况下二级缸（中柱）首先升起；当二级缸升至极限位置时，即二级缸的活塞碰到导向套，一级缸活塞腔内的液体压力增高，打开底阀（单向阀）使压力液进入二级缸（小缸）的活塞腔，活柱升起，即先升二级缸（中柱）再升活柱。在这种状态下支撑顶板，立柱的初撑力等于二级缸的活塞面积乘以泵站工作压力。如需较大的初撑力，则可稍加降柱，然后再次升柱到接触顶板，初撑力可达到一级缸的初撑力（即一级缸的活塞面积乘以泵站工作压力）。

2）立柱的承载过程

立柱升柱完毕达到初撑力后，顶板压力由顶梁传递到活柱上，如图 2-2b 所示。由于压力液被底阀封闭，活柱不能相对二级缸回缩，只能将压力传递到一级缸活塞腔。随着采煤机截煤后新顶板的暴露，顶板产生的作用力不断增大，一级缸活塞腔压力相应增高，直至达到安全阀调定压力，安全阀开启卸压，二级缸回缩。当二级缸降到最低位置时，底阀的阀杆接触缸底，底阀被顶开，二级缸活塞腔的压力液进入到一级缸活塞腔（实际使用过程中很少达到这种地步），这部分压力液可将二级缸升起一定距离，使底阀离开缸底关闭。若顶板压力又超过安全阀调定压力，安全阀又动作，二级缸又降到最低位置，底阀又被顶开。这样的反复动作，保证了立柱在工作阻力范围内承载。

3）立柱的降柱过程

立柱的降柱过程如图 2-2c 所示，由操纵阀为 B，C 两供液口同时供压力液，进入 B，C 两口的压力液分别作用于一级缸活塞杆腔环形面和二级缸活塞杆腔环形面上，强迫立柱下降；同时压力液打开控制一级缸活塞腔的液控单向阀，使一级缸活塞腔回液。立柱下降首先是二级缸下降，当二级缸降到最低位置时，底阀的顶杆接触缸底，底阀被顶开，二级缸活塞腔的压力液通过底阀流入一级缸活塞腔，再通过液口 A 回液，活柱迅速下降，即先降二级缸再降一级缸（活柱）。

## 三、液压支架液压控制系统的基本回路

液压支架的液压控制系统由主管路和基本控制回路两大部分组成。下面着重分析支架内的液压控制系统的基本组成单元。

### （一）主管路

#### 1. 两线主管路

通常，由泵站向工作面引出 2 条管路：1 条供压力液，称为主压力管路，用字母 P 表示；另 1 条接收低压回液，称为主回液管路，用字母 O 表示。

如果所有支架都直接与主管路并联，称为整段供液，如图 2-3a 所示。整段供液时，主管路一段由各架支架间的短管串接而成。如果将工作面所有支架分为若干组，每组 8~12 架，各组内的支架并联于该组的分管路，然后各分管路再并联于主管路，称为分段供液，如图 2-3b 所示。分段供液时，主管路仅由几根较长的大断面软管串接而成，可降低管路液压损失。

每架支架的压力支路上都有截止阀 2，截止阀后面还装有过滤器 1，保持进入支架液

压系统的液体清洁。回液支路上可设回液逆止阀 3，以便在支架检修时，防止其他支架回液返向到检修支架液压系统内，影响其他支架正常工作。主压力管 P 每隔一段距离还装有截止阀 4，当主压力管某处断裂时，可立即关闭截止阀，防止泵站排出的乳化液大量泄漏。为减小回液阻力，回液管路上一般不设截止阀。为了防止主回液管路因堵塞引起回液背压升高，在主回液管路上安装有低压安全阀 5。通常，低压安全阀的开启压力为 2MPa 左右。

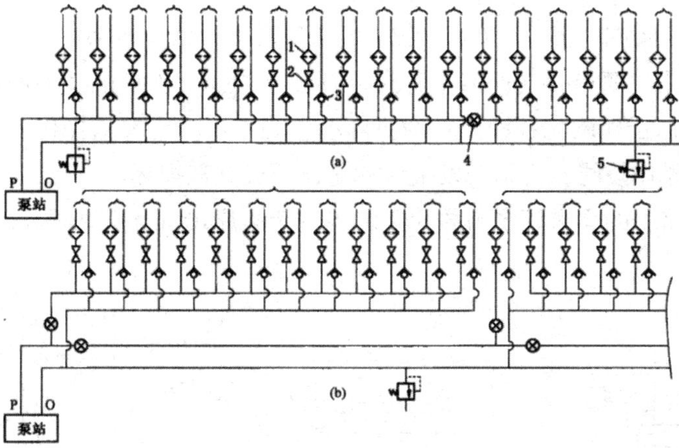


**图 2-3　两线主管路**

1- 过滤器；2，4- 截止阀；3- 回液逆止阀；5- 低压安全阀

## 2. 多线主管路

目前，有些支架采用了多线主管路。图 2-4 所示为三线主管路，除了主压力管路 P 和主回液管路 O 以外，或是增设 1 条高压管路 HP，来满足立柱对较高供液压力的要求，提高支架的初撑力；或是增设 1 条低压管路 LP，以满足个别液压缸对较低供液压力的要求；或是增设 O1 条回液管路。来降低回液背压。

个别支架甚至采用四线主管路，即 4 条主管路 HP，P，LP 和 O，可以向支架提供 3 种不同压力的液体。

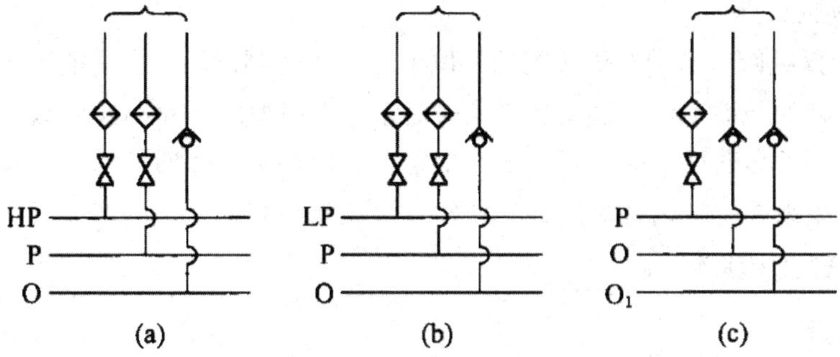


**图 2-4　三线主管路**

HP- 高压管路；P- 主压力管路；LP- 低压管路；O- 主回液管路；$O_1$- 回液管路

## （二）基本控制回路

### 1. 换向回路

换向回路用来实现支架各液压缸工作腔液流换向，完成液压缸伸出或缩回动作，控制元件是操纵阀，如图 2-5 所示。

1）简单换向回路

图 2-5a 中操纵阀 1 由数个三位四通阀组成，图 2-5b 中操纵阀 3 由数组二位三通阀组成。每个三位四通阀或每组（2 个）二位三通阀实现 1 个液压缸换向，用 1 个手把操作，这是简单换向回路。简单换向回路中各阀可以独立操作，不影响其他液压缸的工作；可以根据具体情况，合理调配各液压缸的协同动作。不过，它要求操作人员具有较高的操作水平和熟练的操作技能，否则会发生误动作，造成支架损坏。

简单换向回路中的操纵阀多为数片集装在一起的片式组合操纵阀。

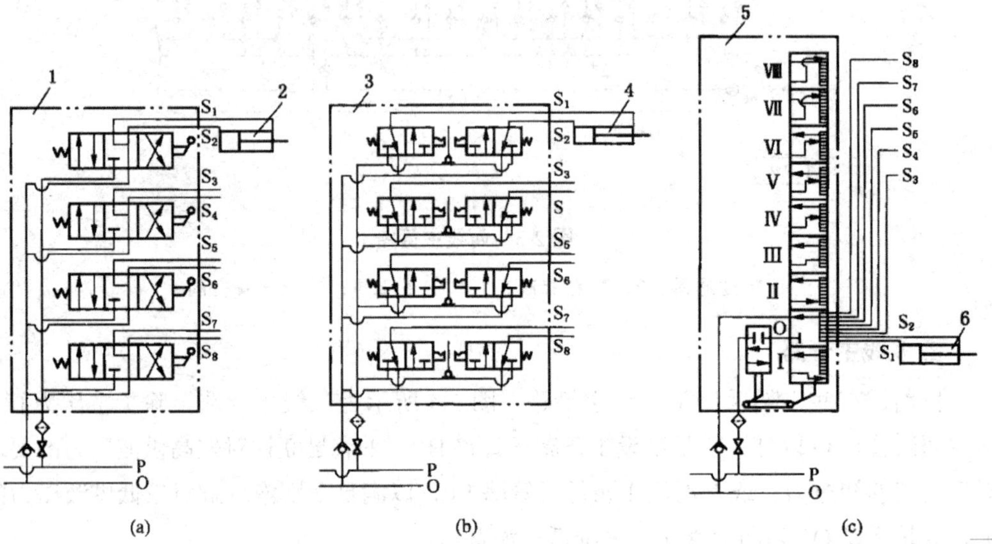


图 2-5　换向回路

HP- 高压管路；P- 主压力管路；LP- 低压管路；O- 主回液管路；$O_1$- 回液管路

2）多路换向回路

图 2-5c 中操纵阀 5 为带有供液阀的九位十通平面转阀，用 1 个手把操作，能够依次实现数个液压缸的伸缩动作，这是多路换向回路。多路换向回路的操纵阀也可采用凸轮回转组合操纵阀。多路换向回路每个工作位置只能使一个工作通道的相应液压缸动作，因而它不会发生由于支架内各液压缸的动作不协调而引起的支架损坏，对操作人员的操作水平和熟练程度要求不太高。

### 2. 阻尼回路

阻尼回路可以使液压缸的动作较为平稳，可以使浮动状态下的液压缸具有一定的抗冲击负荷能力。该回路是在液压缸的工作支路上设置节流阀或节流孔而成，如图 2-6 所示。

若液压缸两侧都设置有节流阀，称为双侧节流；只有一侧有节流阀，称为单侧节流。图中液压缸前腔支路设置的节流阀2起双向节流作用，即无论进液还是回液均起节流作用，它可使液压缸的伸出或缩回动作都比较平稳。图中液压缸后腔支路上设置的节流阀并联一单向阀，起单向节流作用，即进液时，液流主要通过单向阀，故不起节流作用；只有在回液时起节流作用，它使得液压缸的缩回动作比较平稳，能承受一定的推力冲击。在液压支架中，阻尼回路多用于对调架千斤顶、侧推千斤顶或防倒千斤顶等的控制。

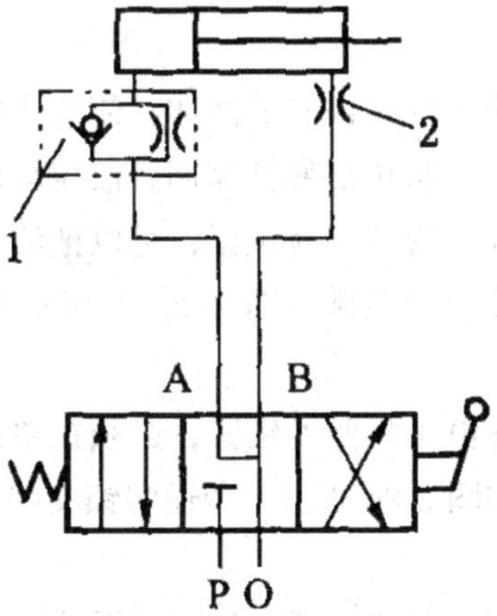


图 2-6 阻尼回路

1- 单向节流阀；2- 双向节流阀

3. 差动回路

差动回路如图 2-7 所示，它采用交替逆止阀作为控制元件。差动回路能减小液压缸的推力，提高推出速度。

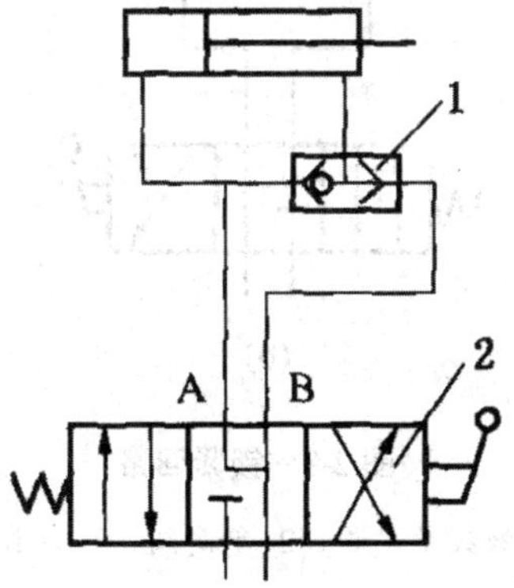


图 2-7 差动回路

1- 交替逆止阀；2- 操纵阀

操纵阀 2 置于左位，在压力液进入液压缸后腔的同时，使交替逆止阀 1 的 B 口断开，把 A 口与前腔连通。这样，液压缸前腔向回液管回液的通道被堵死，前、后腔同时供压力液。若忽略交替逆止阀的流动阻力，液压缸两腔液压力相等。由于后腔活塞作用面积大于前腔环形作用面积，故活塞及活塞杆还是向右运动伸出，但其推力减小。在液压缸活塞杆伸出过程中，由于前腔的回液通道被堵死，前腔液体只能返回到后腔，增加了后腔的供液量（供液量大于泵站所提供的流量），使得推出速度加快。

操纵阀 2 置于右位时，压力液从交替逆止阀 1 的 B 口进入液压缸前腔，液压缸后腔回液压力小于供液压力，因而不能打开交替逆止阀 A 口，只能通过操纵阀回液。所以，采用差动回路时，液压缸的拉力和缩回速度均不改变。

差动回路一般用于推移千斤顶的控制，实现移架力大于推移输送机力。

**4. 锁紧回路**

锁紧回路用来闭锁进入液压缸工作腔的液体，使液压缸在不操作时也能承载。液压缸后腔锁紧，能承受推力负载，防止活塞杆缩回。液压缸前腔锁紧，能承受拉力负载，防止活塞杆被拉出。液压缸前、后腔同时锁紧，可以把活塞杆保持在需要的任意位置，既能承受推力负载，也能承受拉力负载。图 2-8a，b 所示为单向锁紧回路，图 2-8c 为双向锁紧回路。

使用普通单向阀实现液压缸工作腔的锁紧，必须在单向阀两端并联一条旁通解锁支路，以保障液压缸的缩回，如图 2-8c 所示。旁通解锁支路上的控制元件为手动或液控二位二通阀，俗称卸载阀 3。

使用液控单向阀构成的锁紧回路如图 2-8a，c 所示，可以在需要时解锁卸载，不需设额外的专门用于解锁的控制阀。

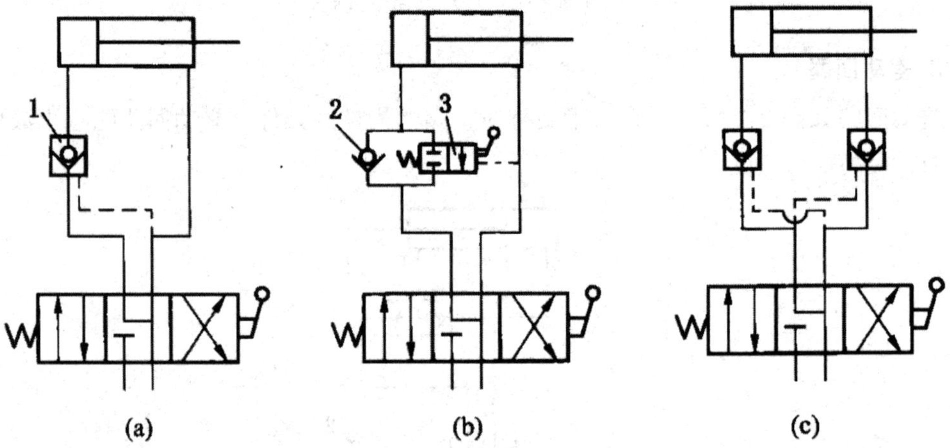


**图 2-8　锁紧回路**

1- 液控单向阀；2- 单向阀；3- 卸载阀

液压支架中，单向锁紧回路可用于控制推移千斤顶，防止拉架时拖回刮板输送机；也可以用于侧推千斤顶，为支架提供防滑、防倒等能力。双向锁紧回路多用于控制护帮千斤顶。

**5. 锁紧限压回路**

在锁紧回路中增设限压支路就构成锁紧限压回路，如图 2-9 所示。限压支路的控制元件是安全阀，它能限制被锁紧的工作腔的最大工作压力，保证液压缸及其承载构件不致过负荷。安全阀 4 既是一个限压元件，也是一个解锁元件，如图 2-9c 所示。安全阀的溢流液可以直接排入大气中，如图 2-9e 所示；也可以直接导入回液管，如图 2-9b 所示；还可以通过操作阀回液，如图 2-9a，d 所示。

图 2-9a, b 和 c 是单向锁紧限压回路，锁紧和限压为液压缸的一个腔，可用来控制立柱、前梁千斤顶、支撑千斤顶等，为支架提供恒定的工作阻力。图 2-9d 为双向锁紧限压回路，锁紧和限压为液压缸的两个腔，可作为平衡千斤顶的控制回路，保证直接撑顶掩护式支架的结构刚度。图 2-9e 为双向锁紧单侧限压回路，锁紧液压缸两腔，但限压为液压缸一个腔，可用于控制护帮千斤顶。护帮千斤顶伸出后被锁紧，千斤顶承受煤壁载荷，安全阀防止煤壁载荷过大而损坏护帮装置；护帮千斤顶缩回后被锁，防止护帮板落下伤人，因为缩回后负荷较小，故不设置安全阀限压。

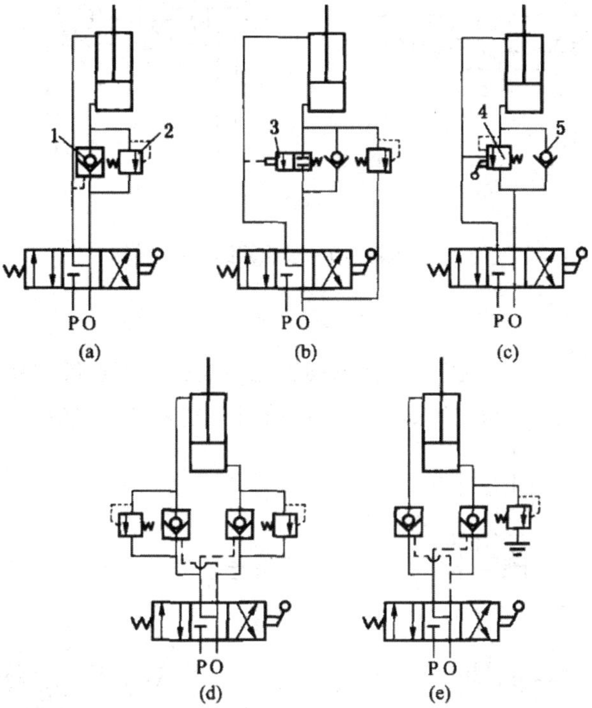


**图 2-9 锁紧限压回路**

1- 液控单向阀；2- 安全阀；3- 卸载阀；4- 可解锁的安全阀；5- 单向阀

### 6. 双压回路

双压回路如图 2-10 所示，它能对液压缸的伸出和缩回动作提供不同的供液压力。它需要 2 个二位三通阀分别与不同压力的管路连接。2 个阀可以共用 1 个操作手把，也可以分别有各自的操作手把，视阀的具体结构而定。

图 2-10a 表示对 1 根立柱的双压控制。降柱时，使用普通压力 P；升柱时，使用较高的压力 HP。因此，它可以提高立柱的初撑力。连接于 P 和 HP2 条压力管路之间的单向阀允许 P 管液体流到 HP 管，但不允许 HP 管路液体流入 P 管路。这样，在支架升架过程中顶梁未接顶时，因负载较小，HP 管路的压力不高，P 管路的压力液可以打开单向阀，

和 HP 管路压力液一起供入立柱下腔，提高升柱速度。顶梁接顶后，负载急剧变大，HP 管路的压力高于 P 管路压力时，单向阀就被关闭，由 HP 管路单独供液，使支架获得较大初撑力。

图 2-10b 表示对 1 个推移千斤顶的双压控制。它提供普通压力 P 使千斤顶缩回，提供较低压力 LP 使千斤顶伸出，使得千斤顶的推移输送机力小于拉架力。

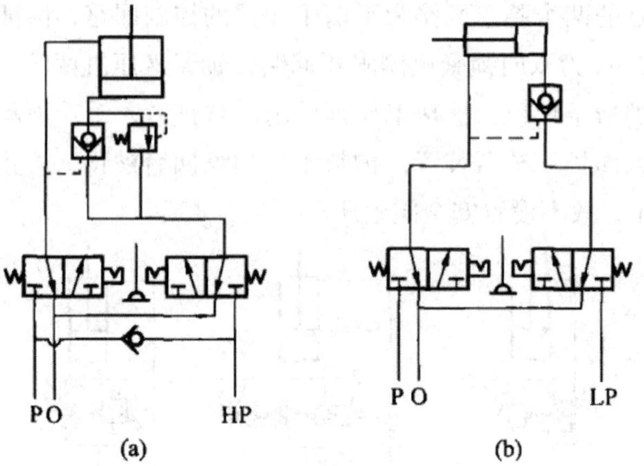


图 2-10　双压回路

7. 自保回路

自保回路如图 2-11 所示，在扳动操纵阀手把向液压缸工作腔供压力液开始后，尽管将手把放开，仍可以通过工作腔的液压自保保持对工作腔继续供液。

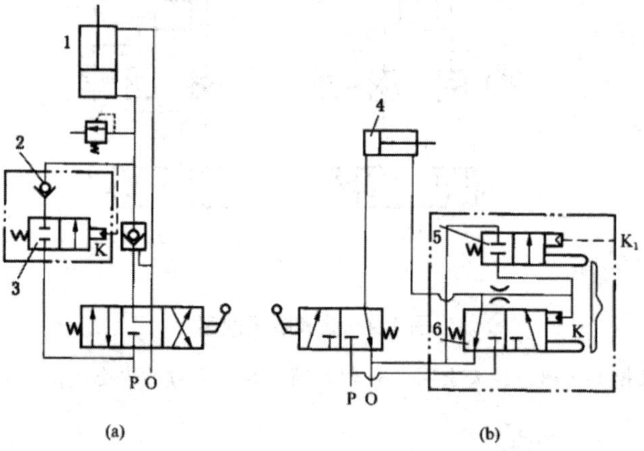


图 2-11　自保回路

1- 立柱；2- 单向阀；3- 二位二通自保阀；4- 推移千斤顶；5- 二位二通解锁阀；6- 二位三通自保操纵阀

图 2-1la 所示的自保回路可实现对立柱 1 的下腔自保供液，自保控制元件是二位二通自保阀 3。操纵阀置于左位（升柱）时，立柱下腔液压力升高，二位二通自保阀 3 在液控口 K 的作用下开启（右位），压力液直接从压力管路 P 通过单向阀 2 进入立柱下腔。因而，即使操纵阀手把已回到零位，仍然能保持向立柱下腔供液。操纵阀置于右位（降柱）时，立柱下腔卸载回液，压力降低，二位二通自保阀 3 在弹簧作用下复位关闭（左位）。

对立柱下腔设置自保供液回路，可以保证立柱支撑力达到额定初撑力而不受操作人员操作因素的影响，大大改善支架的实际支护能力，有利于维护好顶板。可以把二位二通自保阀 3 和单向阀 2 做成一体，按其用途，称为定压升柱阀。

图 2-11b 所示自保回路使用了二位三通自保操纵阀 6，实现推移千斤顶 4 的前腔自保供液。按压二位三通操纵阀 6 的手把，在操纵阀开启向液压缸前腔供液的同时，部分压力液通过一节流阀返回操纵阀 6 的液控口 K，代替操作手把保持操纵阀 6 的开启供液状态。液控口 $K_1$ 有压或操作手把都可以使二位二通解锁阀 5 开启，使操纵阀 6 液控口 K 和回液管 O 连通而卸压；操纵阀 6 则在弹簧作用下复位，停止向推移千斤顶前腔供液。节流阀的作用是防止压力管路 P 与回液管路 O 在解除液压自保时短路。

采用自保回路控制推移输送机动作。操作人员只需在走动中依次按一下各个支架的推溜手把，不必停留在支架跟前操作，推移千斤顶就能自动把刮板输送机推到煤壁前，从而节省操作时间。可以把图中二位二通解锁阀和二位三通自保操纵阀以及节流阀做成一体，用来推移输送机，称为推溜阀组。

**8. 背压回路**

背压回路如图 2-12 所示，它能使液压缸工作腔在回液时保持一定的压力——背压。支架立柱下腔的背压可以实现支架擦顶带压移架。

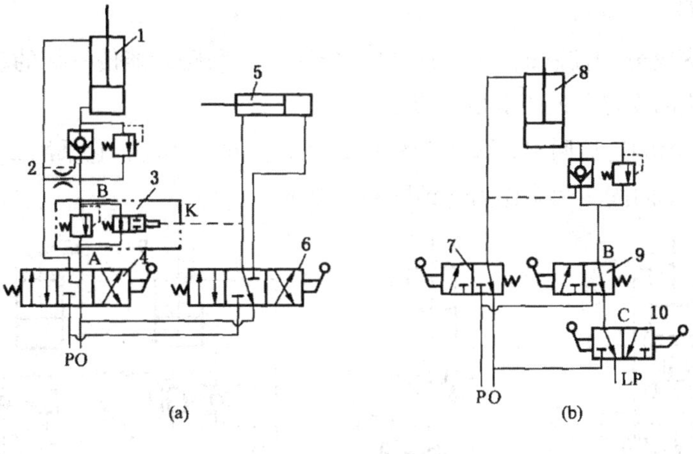


**图 2-12　背压回路**

1，8- 立柱；2- 节流阀；3- 背压阀；4，6，7，9- 操纵阀；5- 推移千斤顶；10- 二位三通阀

图 2-12a 中立柱下腔的回液背压是由 1 个特殊的背压阀 3 建立起来的。该背压阀是由溢流阀和液控常开式二位二通阀组成。将操纵阀 6 置于左位，向推移千斤顶 5 前腔供给压力液准备移架，但因支架未卸载还撑紧于顶、底板之间，此时支架并不移动。然而压力管路 P 的液压力已经传至背压阀 3 的液控口 K，使二位二通阀关闭。然后，再将操纵阀 4 置于左位（降柱），虽然液控单向阀在立柱上腔液压力作用下开启，但由于背压阀 3 中的二位二通阀早已关闭，所以立柱下腔液体压力必须大于背压阀中溢流阀的开启压力才能回液。这样，立柱下腔就保持了一定的压力，即背压。通常将该溢流阀的开启压力，即立柱下腔的回液背压调整到恰好使立柱能保持对顶板产生 39~49kN 的作用力，

所以实际上支架并不脱离顶板。如果推移千斤顶移架力大于支撑力所引起的摩擦阻力，支架将紧贴顶板向前移动。

如果只将操纵阀 4 置于左位降柱位置而操纵阀 6 仍在零位，由于此时背压阀液控口 K 无压，背压阀中二位二通阀是开启的，因此立柱可以降下来。只将操纵阀 4 置于右位（升柱位置）而操纵阀 6 仍在零位，则此时液控口 K 无压，立柱升柱动作也能顺利实现。

这个特殊的背压阀 3，在支架中的用途是保证移架时撑顶，所以也称为支撑保持阀。

连接于立柱上、下腔液路之间的节流阀 2 的作用是，在带压移架中通过它将压力液补入立柱下腔，从而保证支架在前移过程中无论煤层厚度是否变大，都能贴紧顶板；而在降、升柱的过程中，又可防止压力管路和回液管路之间短路，减小泄漏。

图 2-12b 所示背压回路是利用低压管路 LP 的压力来保持立柱下腔的回液背压。在该回路中，立柱下腔操纵阀 9 的回液管路串接有 1 个手动二位三通阀 10。当二位三通阀 10 位于图示左边位置时，扳动操纵阀 7 降柱时，立柱下腔通过已开启的液控单向阀、操纵阀 9 和二位三通阀 10 与低压管路 LP 连通，因而立柱下腔的压力等于低压管路的压力。低压管路的压力数值应使得立柱还能对顶板产生 39~49kN 的支撑力。如果二位三通阀 10 被置于右边位置，使操纵阀 9 的回液孔与回液管连通，则立柱可以顺利降下来。二位三通阀 10 按其在支架中的用途也称为擦顶移架阀或移架方式选择阀。

### 9. 连锁回路

由不同操纵阀分别控制的几个液压缸，应用连锁回路，能使它们的动作相互联系或相互制约，防止因误操作所引起的不良后果。

图 2-13a 所示的连锁回路，可用于防止 2 个立柱同时降柱，它采用 2 个单向顺序阀 2 和 6，以及 2 个单向阀 3 和 7 作为连锁回路控制元件。

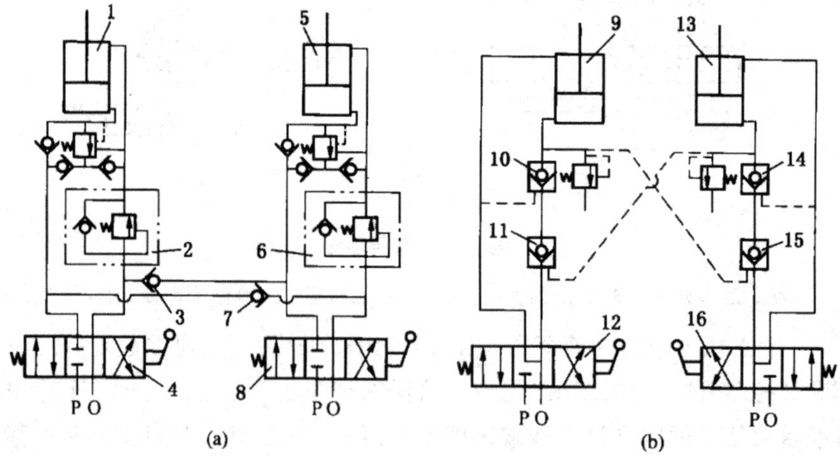


**图 2-13　连锁回路**

1，5，9，13- 立柱；2，6- 单向顺序阀；3，7- 单向阀；

4，8，12，16- 操纵阀；10，11，14，15- 液控单向阀

将操纵阀 4 置于右位（降立柱 1）时，从压力管路 P 到达单向顺序阀 2 前的液体将受到顺序阀的阻挡，于是打开单向阀 3 进入立柱 5 的下腔液路。如果此时立柱 5 处于支

撑承载状态，则单向顺序阀 2 前的液压力就会很快建立起来将该阀开启，使压力液进入立柱 1 的下腔并使下腔液路解锁，实现立柱 1 的降柱。如果此时立柱 5 也正在进行降柱操作，即操纵阀 8 亦在右位，则单向顺序阀 2 前的液体就会经单向阀 3 和操纵阀 8 直接短路回液，打不开单向顺序阀 2，因而立柱 1 不能降下。如果此时立柱 5 已经降柱，操纵阀 8 已回到零位，则压力液经操纵阀 4 和单向阀 3 进入立柱 5 的下腔，使立柱 5 升柱接顶。待立柱 5 下腔压力达到一定数值后，单向顺序阀 2 才能开启，从而实现立柱 1 降柱。简单地说，只有立柱 5 处于支撑承载状态，立柱 1 才能降下，反过来也是一样。两柱同时进行降柱操作，两柱都不会下降。降下一根立柱后再接着降另一根立柱，则前一根立柱又会自动升柱接顶承载。

单向顺序阀开启压力的整定值，依我们对未降立柱所要求的最小支撑力而定。

图 2-13b 所示连锁回路的连锁控制元件是液控单向阀 11 和 15，它也能使 2 根立柱 9 和 13 不能同时降柱。这是由于每根立柱下腔液路都有 2 个液控单向阀，形成两道阻止下腔回液的关卡，因此，只有立柱 13 处于支撑承载状态，液控单向阀 11 被解锁后，才能操作操纵阀 12 使立柱 9 降下；反之亦然。

对立柱下腔液路上串联的 2 个液控单向阀 10（或 14）和 11（或 15）液控压力的要求是不同的。液控单向阀 1。（或 14）是立柱下腔锁紧元件，要求在不大的压力下就能开启。而液控单向阀 11（或 15）是连锁控制元件，开启它的液控压力应能保证对未降立柱最小支撑力的要求。连锁控制元件也可以用 1 个常闭式液控二位二通阀和 1 个单向阀的并联组合来代替。

**10. 先导控制回路**

先导控制回路如图 2-14 所示，它的主要控制元件是先导液压操纵阀和液控分配阀。先导液压操纵阀发出先导液压指令，液压分配阀接到指令后立即动作，向相应液压缸工作腔供液。先导控制可以减少液压损失，减少采用邻架控制方式时的过架管路（因为先导液压控制管路的流量极小，可以采用多芯管传输多路液压指令），便于向集中控制、遥控和自动控制方式发展。

图 2-14a 所示先导控制回路的液控分配阀 2 是由 4 个液控二位二通阀组成的，它不仅可以根据先导液压指令实现液压缸的换向动作，还可以实现闭锁功能。图中，液压缸 3 为支架立柱。液控分配阀 2 中，右边 2 个常闭式二位二通阀 E 和 F 组合控制立柱 3 下腔的进液和回液，左边 1 个常闭式和 1 个常开式二位二通阀 C 和 D 组合控制立柱 3 上腔的进液和回液。操作先导液压操纵阀 1 中 B 阀动作，则先导液压指令将传至 E 阀液控口使之开启，压力液从压力管路 P 经 E 阀进入立柱 3 的下腔，使之升柱接顶。松开 B 阀手把，E 阀则在弹簧作用下复位关闭，立柱下腔被锁紧。操作先导液压操纵阀中 A 阀，使之发出液压指令，则 C 阀开启，D 阀关闭，F 阀开启，压力液从压力管路 P 经 C 阀进入立柱 3 的上腔，立柱 3 的下腔经 F 阀与回液管路 O 连通，所以立柱 3 降柱。

图 2-14b 中所示先导控制回路中液控分配阀 5 为三位三通阀，它具有闭锁功能，控制立柱 6 的下腔液路；液控分配阀 7 为二位三通阀，控制立柱 6 的上腔液路，无先导液

压时将立柱上腔与回液管 O 接通。若先导液压操纵阀 4 被置于Ⅱ位发出液压指令，则液控分配阀 5 的液控口 $K_1$ 有压，使三位三通阀位于图中左边位置，压力液从压力管路 P 直接通过液控分配阀 5 进入立柱下腔；而此时立柱上腔可通过液控分配阀 7 回液，立柱 6 将升起。当先导液压操纵阀置于Ⅰ位发出先导液压指令时，液控分配阀 5 的液控口 $K_2$ 有压，使立柱下腔与回液管连通；同时液控分配阀 7 的液控口 $K_3$ 有压，压力液经液控分配阀 7 进入立柱上腔，立柱降下。先导液压操纵阀位于零位时，液控口 $K_1$ 和 $K_2$ 都无压，液控分配阀 5 位于中位置，立柱下腔被闭锁承载。

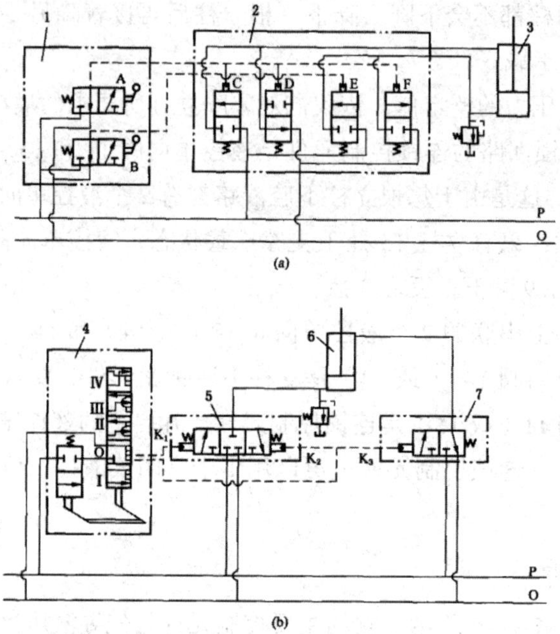


图 2-14　先导控制回路

1，4- 先导液压操纵阀；2，5，7- 液控分配阀；3，6- 立柱

## 第二节　液压支架的控制方式

液压支架的控制方式有本架控制、单向邻架控制、双向邻架控制等手动控制方式和分组程序控制、先导式程序控制、遥控等自动化控制方式两大类。从本架控制到自动化遥控，它的选取主要取决于操作安全、动作可靠、操纵迅速和维修方便等因素。

从安全角度出发，当工作面条件和支架通道良好时，只要操作速度不是关键问题，采用手动本架控制是可行的。但是，当工作面顶板条件不好，倾角较大，本架操作有困难时，为保证操作人员的安全，即可采用邻架控制方式。对于薄煤层支架、大采高支架、大倾角支架、放顶煤支架一般均采用邻架控制方式。当对支架动作速度或自动化程度要求较高时，可采用半自动控制系统、程序控制系统或遥控系统。

## 一、手动控制方式

手动控制方式有本架控制、单向邻架控制和双向邻架控制 3 种。

### 1. 本架控制

图 2-15 所示液压控制系统是较简单的本架手动控制系统。执行机构是立柱 3、推移千斤顶 4 和前梁千斤顶 7。其动作由回转式操纵阀 1 和三列卸载安全阀 2 控制。立柱和前梁千斤顶为单作用液压缸，可以通过回转式操纵阀控制其全降，也可以通过三列卸载安全阀控制前柱、后柱、前梁千斤顶分别单独降。升柱动作可由回转式操纵阀配合三列卸载安全阀控制全升或前柱、后柱、前梁千斤顶分别单独升。

例如，当回转式操纵阀 1 置于 $S_4$ 位时，打开供液阀后，压力液供至卸载阀，再同时或分别操作卸载阀就可向立柱和前梁千斤顶活塞腔供液，使其升起。当操纵阀置于 $S_3$ 位时，打开供液阀后，压力液推动卸载阀阀芯移动，使立柱和前梁千斤顶活塞腔同时回液，立柱和前梁千斤顶在顶梁和前梁自重作用下降下。当回转式操纵阀不供液时，可通过操作卸载阀实现单独降柱。立柱升起后，三列卸载阀恢复其关闭位置，由高压安全阀限制立柱活塞腔的最大工作压力。单向阀的作用是防止回液背压进入卸载阀液控腔，引起立柱误动作。节流阀的作用是减小卸载阀承受的液控力。

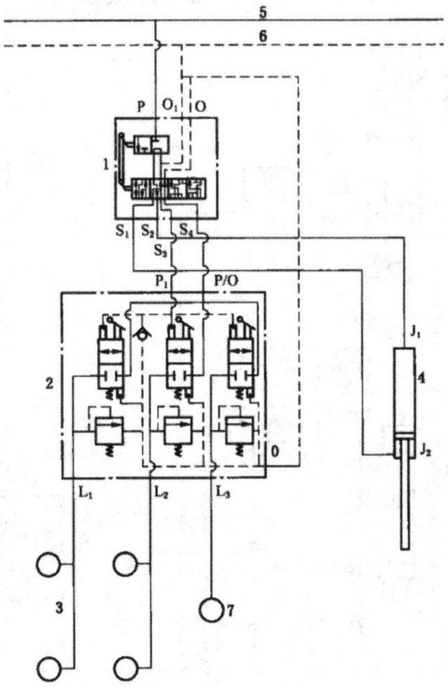


**图 2-15　本架手动控制液压系统**

1- 操纵阀；2- 三列卸载安全阀；3- 立柱；4- 推移千斤顶；5- 主进液管；6- 主回液管；7- 前梁千斤顶

### 2. 单向邻架控制

图 2-16 所示为单向邻架控制系统原理图。在倾斜煤层中，使用单向邻架控制方式是非常合理的，因为它能使支架操作工在被操纵支架的上方（安全侧）操作，避免降架后发生顶板碎石落下造成伤人事故。

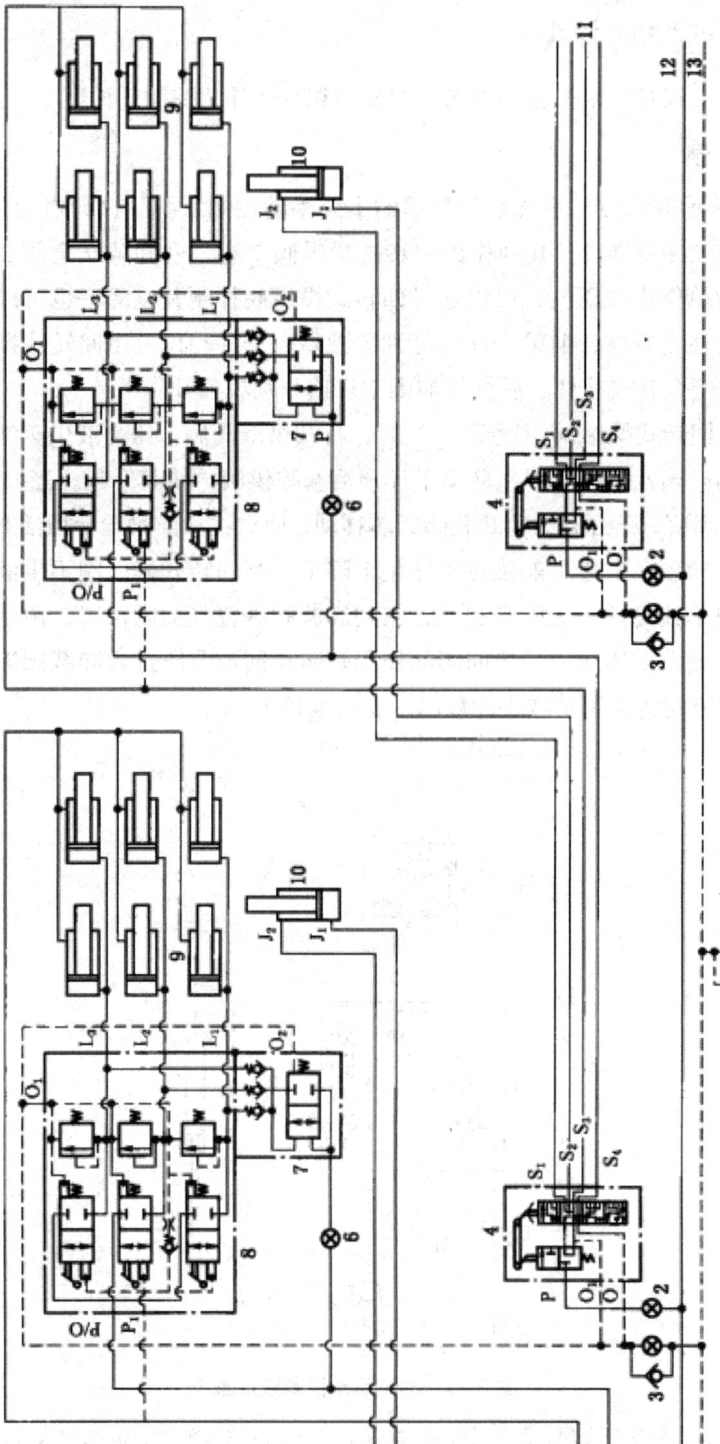

图 2-16　单向邻架控制系统

1- 低压安全阀；2- 主进液管隔高阀；3- 主回液属离阀；4- 操纵网：5- 从邻架操纵网来的管路：6- 新路网；7- 隔离单向网组；8- 三列卸载安全阀：9- 立柱；10- 推移千斤顶；12- 主进液管；13- 主回液管

### 3. 双向邻架控制

在水平或近水平煤层中，为便于双向采煤，可采用先导控制的双向邻架控制方式，以简化管路系统，加快移设速度。这个系统的降柱、移架、升柱 3 个动作是邻架操作的，推移输送机是本架操作的。因为在推移输送机时，支架处于承载状态，没有必要邻架操作。

## 二、自动控制方式

### （一）程序控制

#### 1. 全流量分组程序控制

在全流量控制系统中，如果以合适的先导控制阀来取代回转式操纵阀，可以实现邻架程序控制和分组程序控制。

支架的动作程序是：将上一组主架的邻架主控阀 3 打到左位，压力液经邻架主控阀的 P6 孔到右边支架执行控制阀 11 的 P2 孔，并从该阀的 P1 孔流到卸载安全阀 9 的 P/O 和自动主控阀 6 的 P1 孔。进入卸载安全阀 P1 孔处的压力液使 3 个卸载阀导通，6 根立柱 10 的活塞腔内液体经被导通的 3 个卸载阀由卸载安全阀 9 的 P/O。孔流至自动主控阀 6 的 P/O 孔，再经自动主控阀 6 的阀 C 流到主回液管 1，6 根单作用立柱便在自重的作用下降落。进入自动主控阀 6 的 A 孔处的压力液使阀 b 导通，来自主进液管 2 的压力液经被导通的阀 b 后分两路：一路进入推移千斤顶 7 的活塞杆腔；另一路推动阀 a 的左阀上移，使推移千斤顶活塞腔的液体经阀 a 的左阀流到主回液管 1，推移千斤顶活塞杆收缩进行移架。当推移千斤顶收缩至 d 位（即有较小的回缩余隙）时，升柱先导阀 8 受机械作用而被导通，进入推移千斤顶活塞杆腔的压力液经被导通的升柱先导阀 8 流到自动主控阀 6 的 P8 孔，然后分两路：一路压力液推动控制阀 C 上移，使主进液管 2 的压力液经被导通的阀 C、卸载安全阀（由于卸载安全阀受 P1 压力的作用而继续保持导通状态）进入 6 根立柱的活塞腔，立柱同时升起支撑顶板；另一路压力液从自动主控阀 6 的右端 P8 孔流出，经一节流阀流至执行控制阀 11 的 P8 孔，同时经一单向阀流至卸载安全阀的 P/O 孔，与升柱的压力液汇合进入立柱，这样可保证进入执行控制阀 HP8 孔的液体压力与进入立柱活塞腔的液体压力相等，执行控制阀不动作。只有当立柱支撑顶板达到初撑力后，P8 孔的液体压力增大，才能推动执行控制阀向左移动（工作在右位）。这时，来自邻架主控阀 3 并由旦孔进入执行控制阀的压力液经执行控制阀右位同时流向 P5 孔和 P9 孔。流向 P9 孔的压力液流至左边的邻架主控阀的 P5 孔后被截止（由于邻架主控阀右边先导式二通阀处于断开状态），流向旦孔的压力液流至右边执行控制阀的 P2 孔，使右边支架以同样方式进行动作。依此类推，压力液一直流至该组内最后一架支架（主架）的邻架主控阀的 P3，P4 孔，然后由 P4 孔流至 P1 孔（由于邻架主控阀 3 左边先导式二通阀处于导通状态），使该主架动作，这样一组支架就移设完毕。不操作本组邻架主控阀的手把，下一组支架就不会动作。

刮板输送机移设时，在自动控制阀 P9 孔处供给先导压力液，使阀 a 的右阀动作，主进液管 2 来的压力液经阀 a 的右阀进入推移千斤顶的活塞腔，活塞杆腔的液体经自动主控阀 6 的阀 b 到回液管，推移千斤顶活塞杆伸出推移输送机。推移输送机同样可以分组程序控制。

## 2. 先导控制式程序控制

先导控制系统也适用于程序控制，它综合了全流量控制方式的邻架程序控制和分组程序控制系统的全部优点。图 2-17 所示为先导式程序控制液压系统。该图所示的阀块包括了前面所述的降柱、移架、升柱、推溜等主要的先导控制阀组，并增设了升柱先导阀 G、降柱先导阀 E、正确支撑阀 F 和棘爪解锁阀 H 等。自动程序控制阀 1、紧急停止阀 12 和棘爪定位装置 4 等的功能是提供先导控制信号，使支架按程序动作。先导控制压力液是通过先导供液管提供的。选择先导控制液流的方向与按程序移架的方向一致，因为移架程序是由工作面端部的方向控制阀控制的。

假如支架从左向右按 1，2，3，…排列，移架也从左向右进行。首先操作方向控制阀 5 的先导阀向左移动，向上面的二位四通阀提供先导控制压力，使二位四通阀右移（工作在左边的位置），主进液管 7 的压力液通过此阀到达自动程序控制阀 1 的 A 阀和 B 阀。当移 1 号支架时，应把 2 号支架上的自动程序控制阀手把扳向 1 号支架的方向，并在操作的位置上用棘爪锁住。此时，2 号支架上自动程序控制阀的 A 阀关闭了先导控制供液路，使先导压力液不能到第 3 架。B 阀接通先导控制压力液（C，D 阀在反向操作时用），压力液通过多芯软管 11 的 2 号管到第一架支架的 2 号管，推开交替逆止阀 J 后分两路：一路到正确支撑阀 F，使该阀动作并工作在左位，压力液到此截止；另一路往下经 8 号管、紧急停止阀 12、7 号管往上，又分两路：一路经降柱先导阀 E，使 3 个立柱卸载阀 13 右移，立柱卸载降下，并使推溜阀 16 解锁；另一路使移架阀 15 右移，压力液管 7 来的压力液经移架阀 15 进入推移千斤顶 9 的活塞杆腔和前梁千斤顶 8 的活塞杆腔。推移千斤顶活塞腔液体经推溜阀 16 到主回液管路，推移千斤顶活塞杆缩回移架。前梁千斤顶活塞腔液体经伸前梁阀 14 到主回液管路，前梁千斤顶缩回，使前梁收回。在此动作过程中，如果有必要，可利用紧急停止阀 12（向左移动）停止支架动作。另一个安全措施是在支架系统中设有一个正确支撑阀 F，此阀由立柱内压控制，正常工作时处于左位。如果立柱出现故障不能支撑顶板时，其内压降低，阀 F 在弹簧力的作用下左移，处于右位。此时，如果上架支架传来指令信号，阀 F 将先导控制压力液从旁路返回回液管，控制程序中断；待该支架修好后，或手动控制信号越过该支架传给下一支架后，才能继续往下程序移架。随着推移千斤顶的缩回，开启推移千斤顶的碰撞阀接通压力液，使阀 G、阀 E 同时左移，立柱卸载阀左侧先导控制压力液经降柱先导阀 E 通回液管，先导压力液经升柱先导阀 G 到卸载阀 13 右侧，使立柱卸载阀左移，主进液管的压力液经立柱卸载阀进入立柱的活塞腔，立柱升起。当立柱压力达到一定值时，作用于棘爪解锁阀 H 和正确支撑阀 F 左端控制口的压力使两阀均向右移。此时，压力液经 H 阀到多芯软管往右，从 6 号管到 2 号支架的 6 号管，再经交替逆止阀 K 向下进入棘爪定位装置 4 油缸的活塞腔，使棘爪定位装置自动恢复到 68 中间位置。这时，先导控制压力液接通到 3 号支架上的自动程序控制阀。

如果第 1 架支架正在动作时，3 号支架上的自动程序控制阀被操作，第 2 架将在第 1 架的程序完成之后立即动作。因此，只要按移架的要求，把所有的阀都选择好，各支架就会接着动作。支架操作工可以沿着工作面一直往前走，操作在前，移架在后，直到全工作面支架移设完为止。

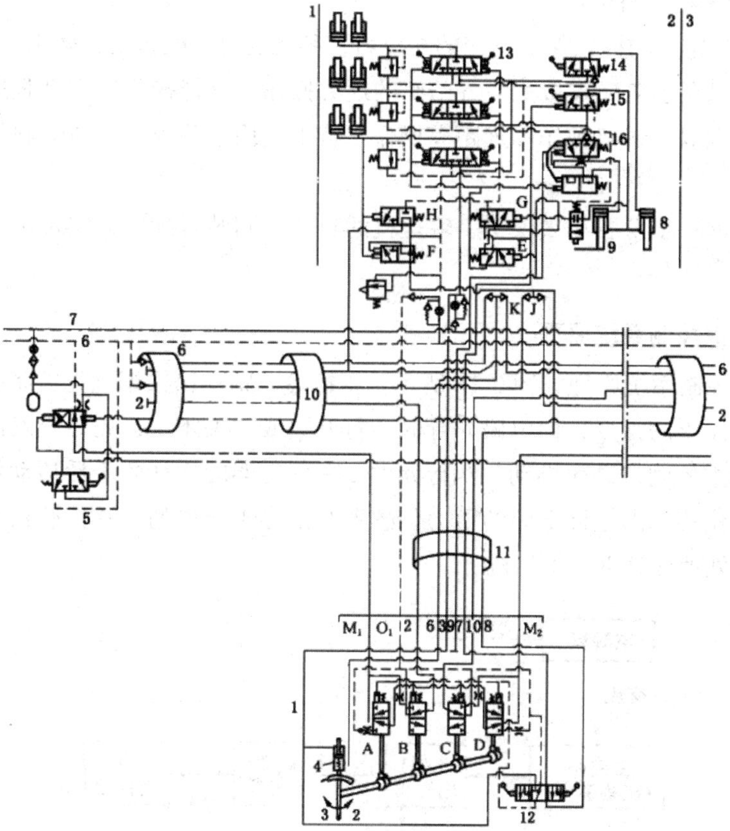


**图 2-17　先导式程序控制系统**

1- 自动程序控制阀；2- 工作方向从右至左；3- 工作方向从左至右；4- 棘爪定位装置；5- 方向控制阀组；6- 主回液管；7- 主进液管；8- 前梁千斤顶；9- 推移千斤顶；10- 多芯软管；11- 先导控制信号管路；12- 紧急停止阀；13- 卸载安全阀；14- 伸前梁阀；15- 移架阀；16- 推溜阀组；H- 棘爪解锁阀；F- 正确支撑阀；E- 降柱先导阀；G- 升柱先导阀

程序控制的优点是减少支架的操作时间，提高支架的移设速度。特别是在薄煤层条件下，人员行动困难，分组程序控制的优越性更为显著。此外，程序控制还可以使支架达到规定的初撑力，有利于更好地控制顶板的下沉。但程序控制系统比手动控制系统复杂得多，使用的液压元件也多，维护方面的工作量较大。

## （二）液压支架电液控制系统

目前的液压支架都是由操作者人工扳动手动操纵阀来实现支架的操作与控制的，无法实现采煤过程的自动化。支架的电液控制系统就是把电子技术应用在支架上，采用单板机、单片机的集成电路来实现按采煤工艺对液压支架进行程序控制和自动操作的，它是当今液压支架世界先进水平的重要标志。

**1. 支架电液控制系统的优点**

第一，支架的工作过程可以自动循环进行，加快了支架的推进速度，以适应高产高效综采工作面快速推进的要求。

第二，实现定压初撑，保证支架的初撑力，移架及时，改善支护效果。

第三，可以在远离采煤机的空气新鲜的地方操作，降低操作工劳动强度，改善劳动条件。易于实现双向邻架操作和远距离操作，特别适用于薄煤层、急倾斜等难开采煤层的液压支架。

第四，可进一步发展与采煤机、输送机的自动控制装置配套，实现工作面的完全自动化。

**2. 支架电液控制系统原理**

支架电液控制系统原理如图 2-18 所示。主控箱、副控箱根据预先编制的程序或支架工操作键盘而发出的指令，使电磁先导阀“打开”或“关闭”，先导阀发出的指令——控制压力驱动主控阀，进而推动“执行元件”——支架的立柱和千斤顶动作；而支架的状态（压力、位移）由立柱下腔的压力传感器和推移千斤顶的位移传感器测出，反馈到副控箱的“微处理计算机（单片机）”中。

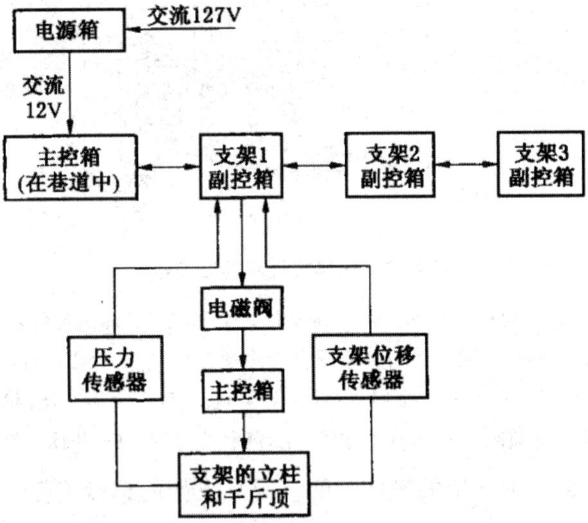


图 2-18　支架电液控制系统方框图

在全自动化综采工作面的控制系统中，采煤机位置信号输入到主控箱，经计算机处理后，发出指令，传输到副控箱，操作各台支架按一定程序动作，实现支架与采煤机联动的全工作面自动化控制系统。工作面工作情况可以传输到地面中央控制室，如图 2-19 所示。

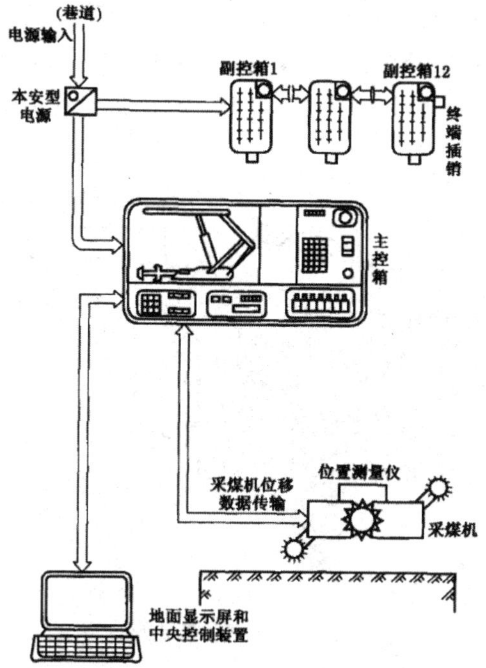


图 2-19　支架与采煤机联动的工作面全自动化控制系统示意

### 3. 支架电液控制系统中的主要液压元件

电液控制系统中最基本的液压元件是电磁先导阀和主控阀（液控换向阀）。辅助液控元件有压力传感器和位移传感器。

1）手动先导阀

先导阀和液控换向阀（主控阀）是支架自动控制中最基本的液压元件。液控换向阀所需压力指令由先导阀完成发出，因此先导阀输出的是压力和极小的流量，所以先导阀可以做得很小。

手动先导阀和液控换向阀可以分开布置，中间用多芯管连接，如图 2-20 所示；也可以集成布置，如图 2-20 所示。

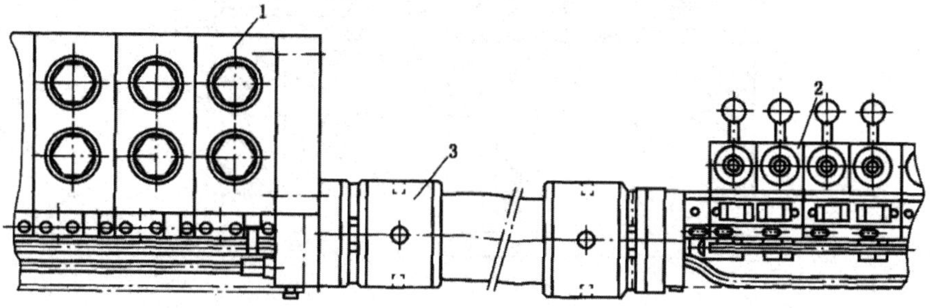


图 2-20　手动先导阀和液控换向阀连接示意

1- 液控换向阀；2- 手动先导阀；3- 多芯管

手动先导阀有 2 种形式，即转阀和组合阀，常用的是组合阀。

（1）转动先导阀。转动先导阀如图 2-21 所示。该阀组装在先导控制分路块上（图 2-21，件号 V8），压力液路和回液路由主供液块（图 2-21，件号 V4）接入。用手把 12 转动选择阀 6 到所需位置，先导压力液（压力指令）由先导供液块（图 2-21，件号 V9）经多芯管送到邻架。

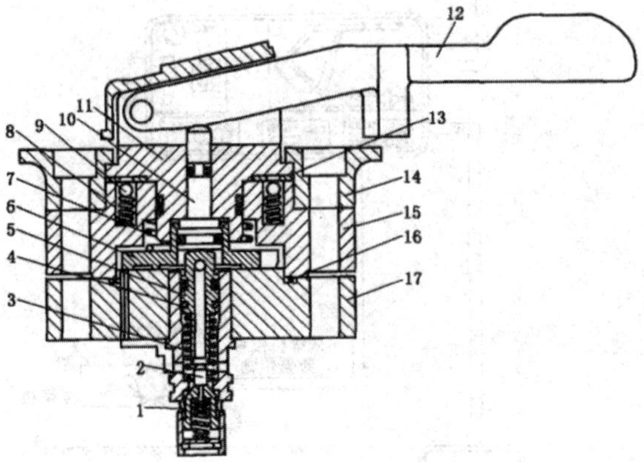


**图 2-21　转动先导阀**

1，3，7，8- 弹簧；2- 锥阀；4- 导向环；5- 空心柱塞；6- 选择阀；9- 钢球；10- 顶杆；11- 促动器；12- 手把；13- 定位板；14- 压盖；15- 上阀体；16- O 形圈；17- 阀体

第二，组合式先导阀。组合式先导阀如图 2-22 所示。该阀由 2 个球阀组成了 1 个二位三通阀，用手把 11 操作。先导控制压力由 A 孔送到液控换向阀的液控口。

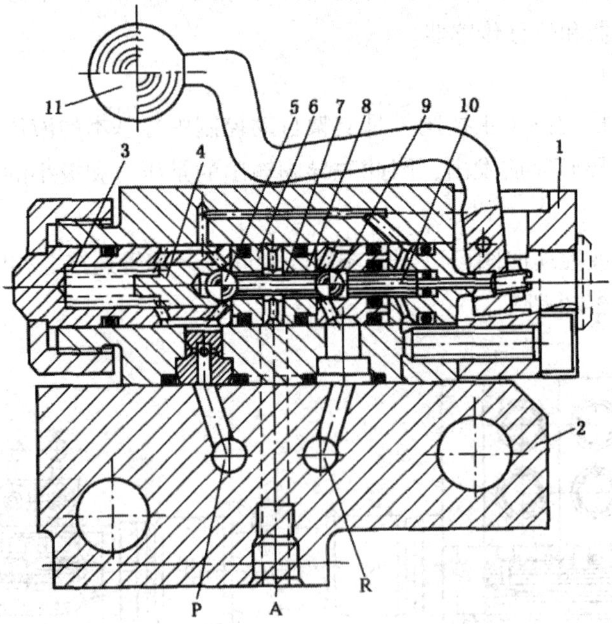


**图 2-22　组合式先导阀**

1- 先导阀；2- 分配阀；3- 弹簧；4- 弹簧座；5，9- 钢球；6，8- 阀座；7- 中间顶杆；10- 顶杆；11- 手把；P- 压力液进液孔；R- 回液孔；A- 先导压力输出孔

2）液控换向阀

液控换向阀一般都是组合阀。在支架电液控制系统中，液控换向阀（主控阀）一般都采用二位三通阀。液控二位三通换向阀如图 2-23 所示。该阀由 2 个锥阀组成。先导控制压力由 S 孔进入，A 孔与立柱或千斤顶的一个工作腔连接。

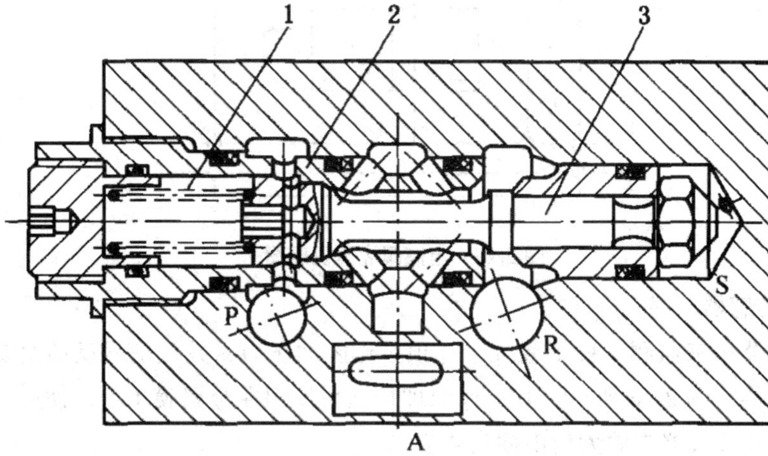


图 2-23　液控二位三通换向阀（主控阀）

1- 弹簧；2- 阀座；3- 双锥阀

3）电液阀

电液阀实际上就是把手动先导阀改为电力驱动的先导阀并与液控换向阀组合而成的阀组。先导阀的电力驱动形式有 2 种：一种是微电机式；另一种是电磁式。由于微电机驱动要有齿轮—凸轮传动机构，结构复杂，所以现代先导阀都以电磁驱动为主。

电磁铁驱动的电磁先导阀如图 2-24 所示。其中先导阀结构原理与图 2-25 基本相同。电磁铁由电气控制系统控制，当电气发生故障时，可以手动直接操作电磁铁尾部的按钮。

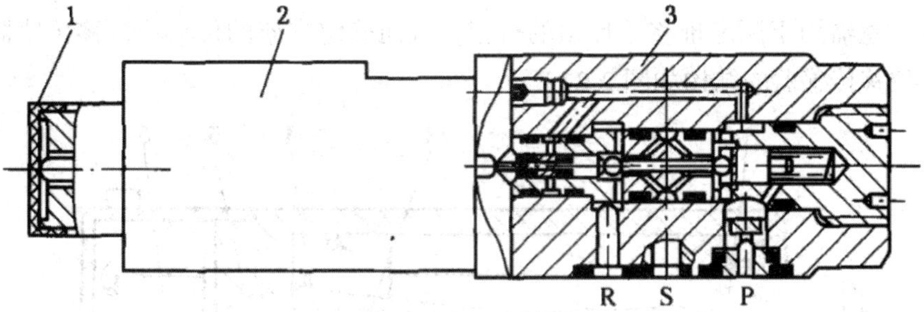


图 2-24　电磁先导阀

1- 按钮；2- 电磁铁；3- 先导阀

电液阀的液压机能图如图 2-25 所示。

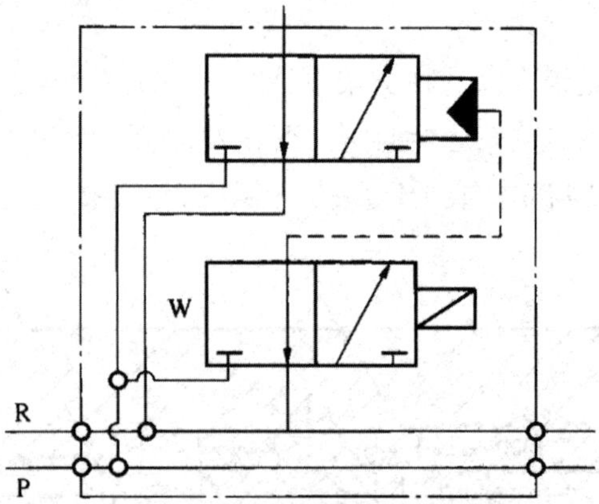


图 2-25　电液阀液压机能图

4）压力传感器

压力传感器用来监测立柱下腔或千斤顶工作腔的压力，并把信号反馈给支架控制回路。压力传感器如图 2-26 所示。其工作原理是压力作用在金属膜 1 上，使应变片 2 产生信号电流，再经放大器 3 放大后由插头 4 输出。

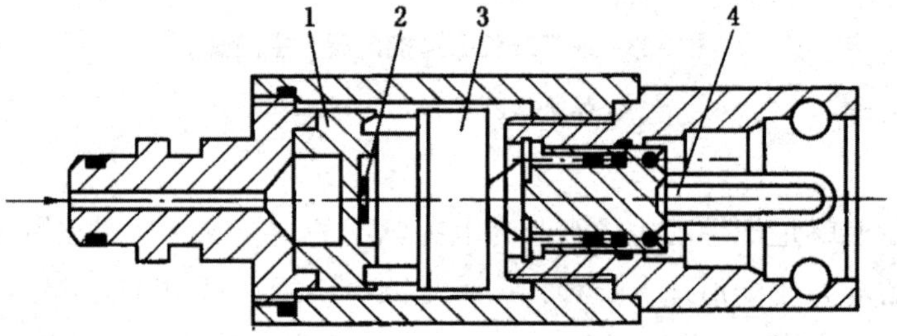


图 2-26　压力传感器

1- 金属膜；2- 应变片；3- 放大器；4- 输出插头

5）位移传感器

位移传感器用于测定推移千斤顶的行程，进而确定支架的位移。位移传感器有多种形式，角位移传感器的结构如图 2-27 所示。

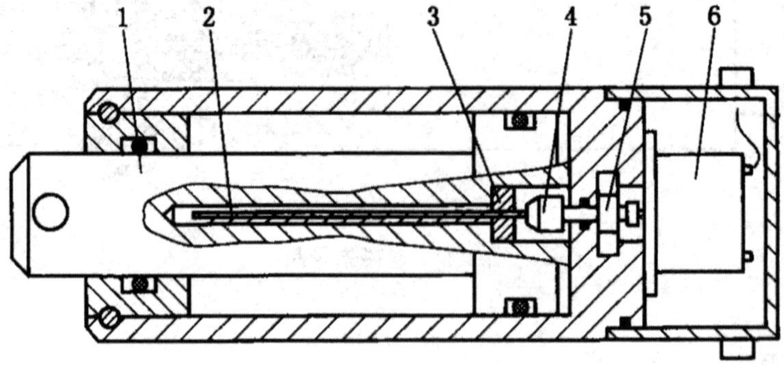


图 2-27　角位移传感器

1- 活塞杆；2- 螺杆；3- 螺母；4- 角位移信号转换器；5- 计数器；6- 输出插头

### 4. 液压支架电液控制系统

BMJ-Ⅱ型电液控制系统如图 2-28 所示。支架的 8 个主要动作，即前立柱升降、后立柱升降、推移输送机和移架、护帮板伸缩，均用电液阀组控制，并通过主、副控箱的计算机实现成组程序控制。为了节约成本，侧护板伸缩由手动电液阀组控制。

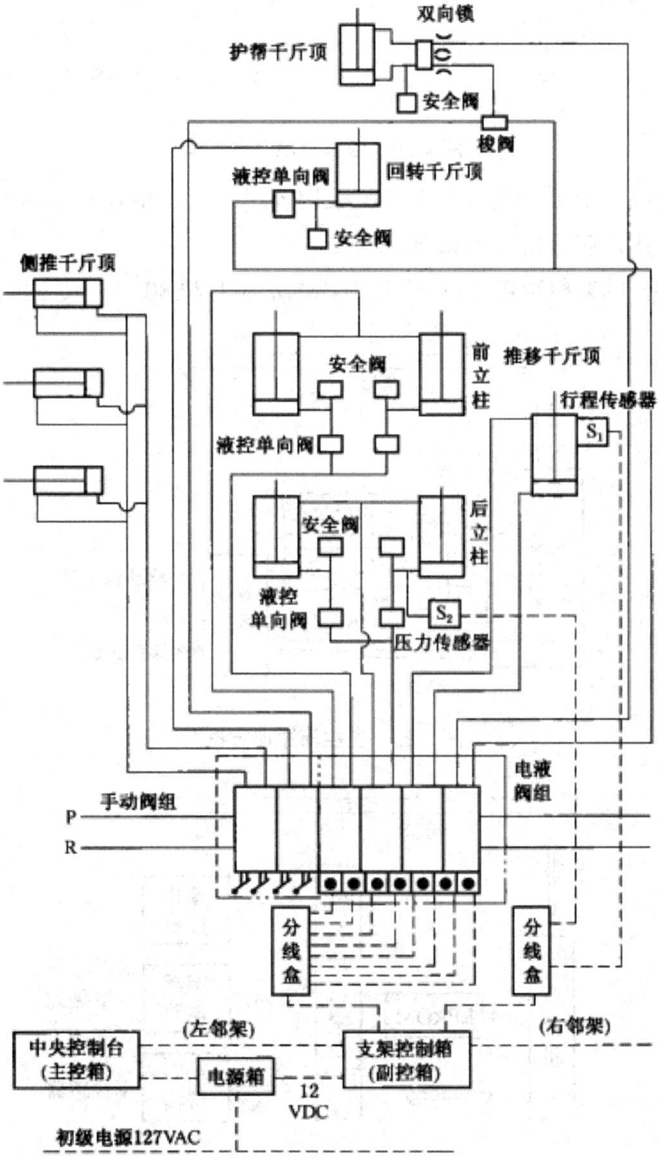


图 2-28　BMJ-Ⅱ型电液控制系统

1）主要电气和液压元件的主要技术参数

第一，电源箱电源芯体由两部分组成，一部分为降压稳压部件，为隔爆型；另一部分为安全火花保护器，为本质安全型，原理如图 2-29 所示。其主要参数为：输入交流电 127V；两路输出直流 12V，1.45A。在工作面每 20-50 台支架用 1 个电源箱。

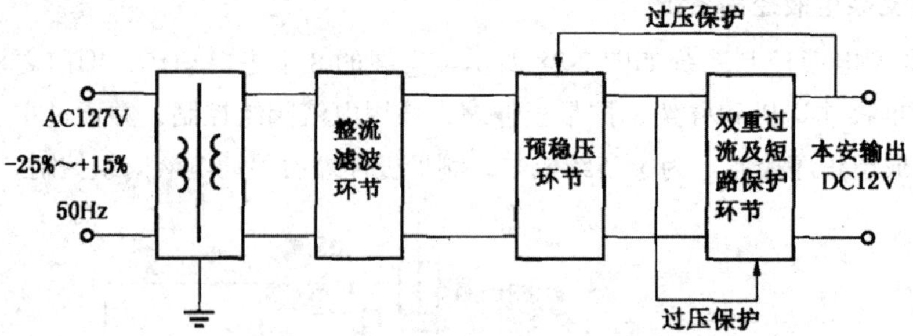


图 2-29　电源箱电气原理图

第二，主控箱（中央控制台）主控箱采用容量较大的单片机控制电路，具有操作键盘和显示屏幕，其方框图如图 2-30 所示。

第三，副控箱（单架控制箱）副控箱采用CMOS单片机80C31，其方框图如图2-31所示。

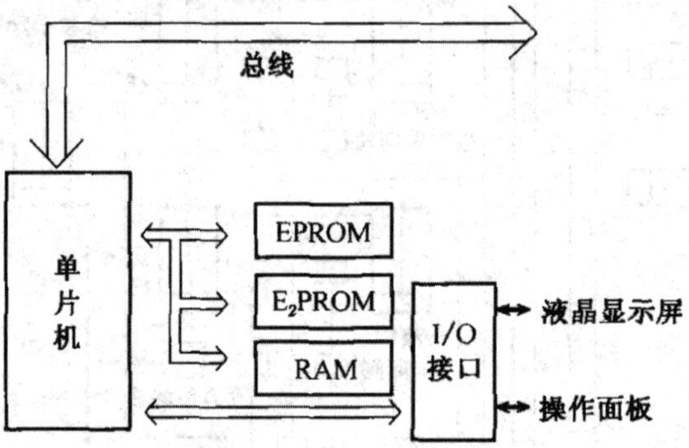


图 2-30　主控箱原理方框图

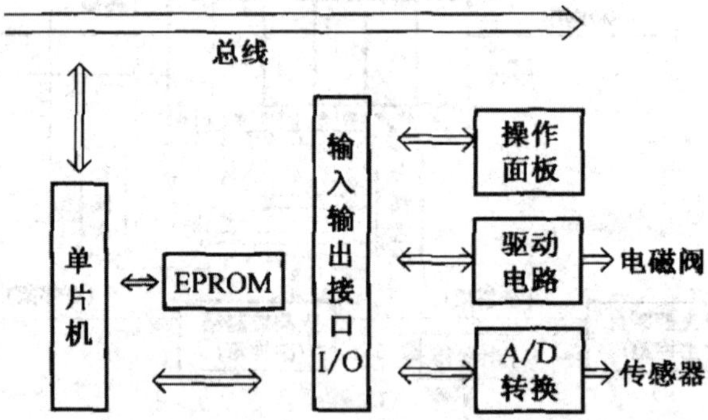


图 2-31　副控箱原理方框图

第四，电磁先导阀工作电压：12V，DC；启动电流：80mA；保持电流：25mA；液压工作压力：35MPa。

第五，主控阀流量：200L/min；液压工作压力：31.5MPa。

2）电液控制系统的功能

由于支架架型的不同和自动化程度的差别，其功能有所不同。

BMJ-Ⅱ型支架电液控制系统可实现以下控制功能：

第一，左、右邻架单架单动作电液控制，可以控制支架 8～16 个动作；

第二，左、右邻架单架“降柱——移架——升柱”循环动作的程序控制；

第三，成组支架的自动程序控制；

第四，跟机操作的成组支架程序控制；

第五，采煤机运行红外线定位的成组支架程序控制。

3）主、副控制箱的面板及其功能

主、副控制箱的面板如图 2-32 和图 2-33 所示。在主、副控制箱面板上可以实现上述各控制功能操作，选择支架组的方向，设置各种动作流程。在主控箱面板上可以显示正在进行的支架动作，出错的支架架号，错误类别判断。在副控箱上有安全设施，蜂鸣器报警，急停，处理故障时的自锁措施。

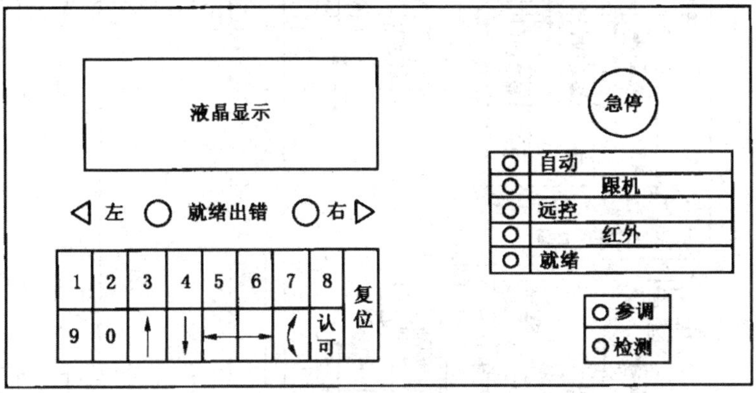


图 2-32　主控箱操作面板

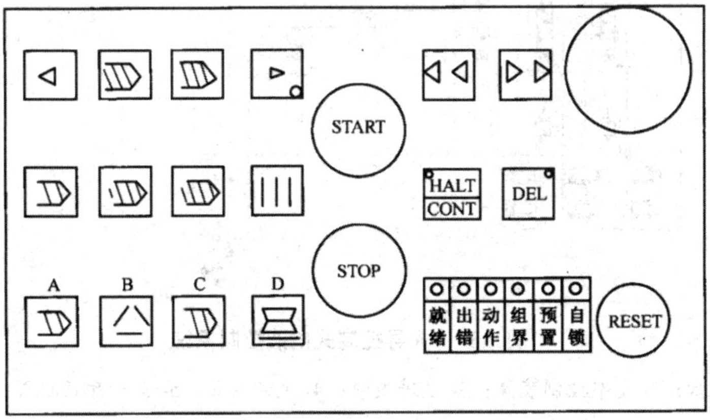


图 2-33　副控箱操作面板

## （三）先导控制式电液控制系统

电液控制的程序控制系统是目前应用较为广泛的自动控制系统，它的控制较先进，控制系统范围不受限制。图 2-34 所示为先导控制式电液控制系统。在这个系统中，用安全火花型电磁阀来控制传导先导阀的先导控制回路，所有程序都用电子回路控制。本系统中除了设有卸载安全阀 14、移架阀 13、推溜阀组 12 和伸前梁阀 15 等主要阀组外，还增加了升柱、卸载、移架、推溜和伸前梁等电磁阀。这个系统的特点是：立柱活塞杆腔始终通压力液，立柱以差动液压缸原理动作，如果关闭或卸下立柱活塞杆腔液路上的断路阀，立柱就按单作用液压缸的原理动作。

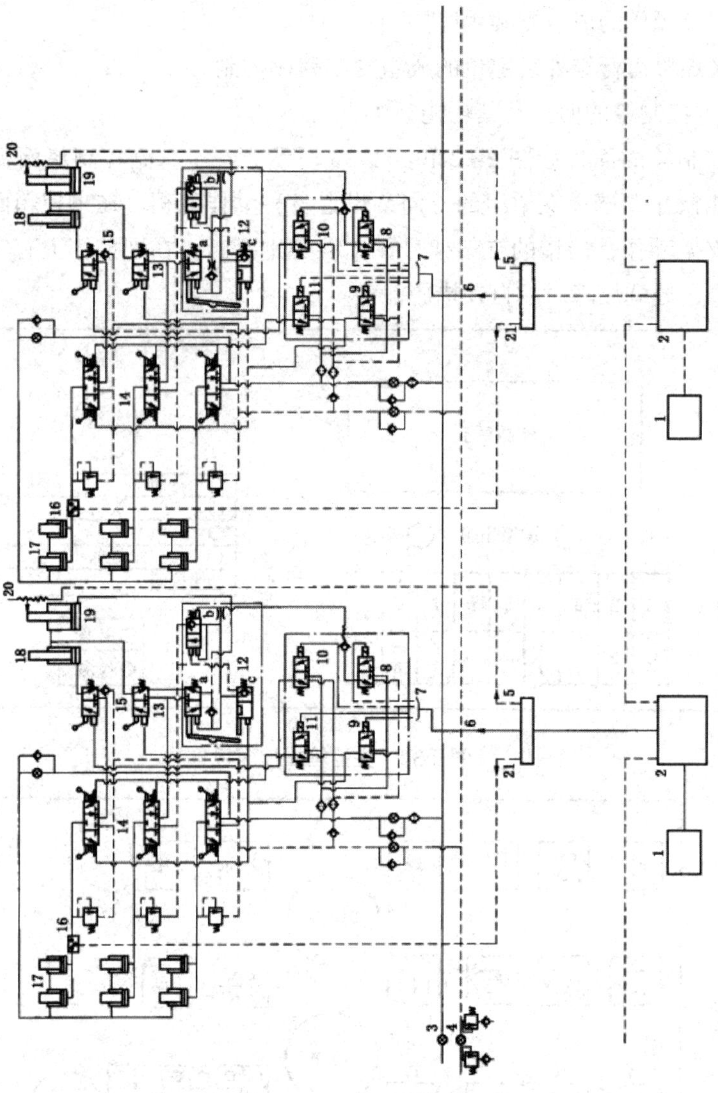

图 2-37　先导控制式电液控制系统

1- 按钮盒；2- 支架控制装置；3- 主进液管；4- 主回液管；5- 至千斤顶位置传感器；6- 电磁阀控制回路；7- 电磁阀组；8- 推溜电磁阀；9- 卸载、移架电磁阀；10- 伸前梁电磁阀；11- 升柱电磁阀；12- 推溜阀组；13- 移架阀；14- 卸载安全阀；15- 伸前梁阀；16- 压力开关；17- 立柱；18- 前梁千斤顶；19- 推移千斤顶；20- 千斤顶位置传感器；21- 至立柱压力开关

设支架的动作过程是从左向右移架。首先按动按钮盒 1 上相应按钮，使卸载、移架电磁阀 9 动作，工作在右位，主进液管 3 来的先导压力液经阀 9 出来分为三路：一路去 3 个立柱卸载阀 14 左侧，使卸载阀右移工作在左边位置，立柱活塞腔液体经卸载阀到主

回液管，立柱卸载降柱；第二路去推溜阀 12 使之解锁，推移千斤顶活塞腔的油液经推溜阀组回到主回液管路 4、；第三路去移架阀 13 使其工作在左位，压力液经移架阀 13 分别进入推移千斤顶 19 和前梁千斤顶 18 的活塞杆腔。进入推移千斤顶的压力液迫使其活塞杆缩回移架；进入前梁千斤顶的压力液迫使前梁千斤顶活塞杆缩回，前梁千斤顶活塞腔的液体经伸前梁阀 15 回到主回液管，前梁收回。当移架结束时，千斤顶位置传感器 20 发出信号，然后控制升柱按钮和伸前梁按钮动作。升柱按钮动作使升柱电磁阀 11 带电动作（工作在右位），主进液管 3 来的先导压力液经升柱电磁阀到立柱卸载阀 14 右侧，控制其工作在右位，压力液分别经 3 个卸载阀进入立柱活塞腔，立柱升起；伸前梁按钮动作使伸前梁电磁阀 10 带电动作（工作在右位），主进液管 3 来的先导压力液经伸前梁电磁阀到伸前梁阀 15，控制其工作在左位，使主进液管 3 的压力液经伸前梁阀 15 进入前梁千斤顶 18 的活塞腔，推动前梁千斤顶伸出。当立柱和前梁千斤顶达到初撑力时，压力开关 16 动作，发出信号，再控制推溜按钮动作，使推溜电磁阀 8 带电动作（工作在右位）。这时，先导压力液经推溜电磁阀 8 到推溜阀 12，使阀 a 工作在左位（并且自保），压力液经阀 a 进入推移千斤顶活塞腔；推移千斤顶活塞杆腔油液经移架阀 18 回到主回液管，推移千斤顶活塞杆伸出推溜。推溜阀组中 b 阀的作用是保证 a 阀的先导压力不致过大。若压力过大时，阀 b 右移工作在左位，使先导压力液与主回液管接通降压。推移输送机完毕后，千斤顶位置传感器 20 发出信号，说明前一架支架操作完毕，信号传至下一架支架，然后控制下一架支架动作。

该系统的电控部分按照相应的线路布置，可以分别控制，也可以集中控制（按一次按钮）；可以本架控制，也可以邻架控制；可以邻架程序控制，也可以分组程序控制。

自动控制方式中除程序控制外，还有电液遥控和全液压遥控等。自动控制是今后液压支架控制的主要发展方向。

## 第三节　液压支架的液压系统分析

液压支架的液压系统是根据前述的控制原理，利用各种液压元件组合起来的一套控制液路系统，以达到控制液压支架的目的。所以，熟悉液压系统，对管理好液压支架起着很重要的作用。

### 一、看液压系统图的方法与步骤

看液压系统图时要有一定的规律，即按一定的顺序一个单元一个单元逐步地去看。具体步骤如下：

第一，首先在图上看清各液压缸，即立柱和各种千斤顶。

第二，看清各立柱和千斤顶的动作要求，根据动作要求找到立柱的控制阀（液控单向阀和安全阀）和各种千斤顶的控制阀。

第三，看清操纵阀，找到主进液路和主回液路。

第四，从操纵阀出发，弄清各液压缸的动作液路，先弄清立柱，再弄清各千斤顶。如果从操纵阀开始不容易看懂，可以从立柱或千斤顶返回寻找液路。

## 二、液压支架液压系统分析

### （一）一般液压支架的液压系统

以 ZZ4000/17/35 型液压支架、液压系统为例说明支架的液压系统分析的方法和步骤。该支架的液压系统如图 2-35 所示。

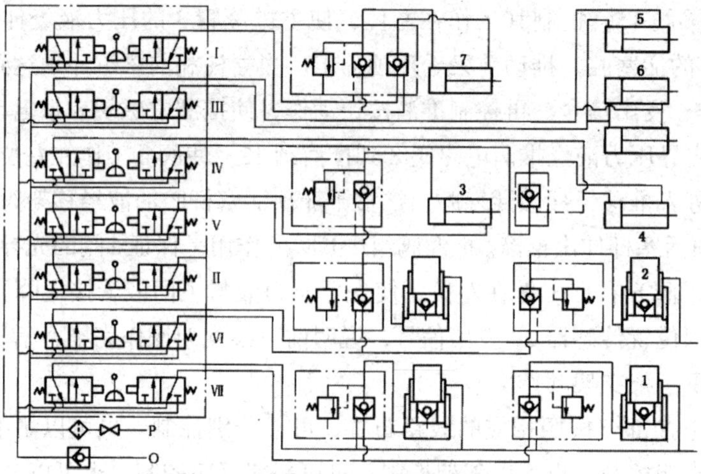


**图 2-35 ZZ4000/17/35 型支架液压系统**

1- 前柱；2- 后柱；3- 前梁千斤顶；4- 推移千斤顶；
5- 掩护梁侧推千斤顶；6- 顶梁侧推千斤顶；7- 护帮千斤顶

#### 1. 液压系统的特点

第一，控制方式为手动全流量本架控制。

第二，液压主管路采用二线整段供液，供液压力管路 P 的压力为 14.7MPa。

第三，各立柱和千斤顶由片式组合操纵阀构成简单换向回路。

第四，立柱和前梁千斤顶采用单向锁紧限压回路，推移千斤顶采用单向锁紧回路，护帮千斤顶采用双向锁紧单侧限压回路。

#### 2. 支架的各个动作及其液路

该系统可完成立柱升降，前梁升降，推移输送机，移架，侧护板推出和收回，护帮板推出和收回等动作。

1）升柱

升柱可分别升前柱和升后柱。

第一，升前柱：扳动前柱操纵阀Ⅶ的手把，使图示右阀接通压力液。这时，P 管的压力液直接打开两前柱液控单向阀，进入两前柱下腔，使两前柱升起；两前柱上腔的液体经操纵阀Ⅶ的左阀回液。

第二，升后柱：扳动后柱操纵阀Ⅵ的手把，使右阀接通压力液。这时，P管的压力液打开两后柱液控单向阀，进入两后柱下腔，使两后柱升起；两后柱上腔的液体经操纵阀Ⅲ的左阀回液。

若要使前、后柱同时升起，则可同时扳动操纵阀Ⅵ、Ⅶ的手把，使两右阀同时接通压力液即可。

2）降柱

降柱也可分降前柱和降后柱。

（1）降前柱：扳动前柱操纵阀Ⅵ的手把，使左阀接通压力液。这时，P管的压力液到前柱液控单向阀后分两路：一路直接进入两前柱的上腔，强迫两前柱下降；另一路打开闭锁前柱下腔液路上的液控单向阀，使下腔液体经操纵阀的右阀回液，两前柱同时下降。

（2）降后柱：扳动后柱操纵阀Ⅵ的手把，使左阀接通压力液。这时，P管的压液到后柱液控单向阀后分两路：一路进入两后柱的上腔，强迫两后柱下降；另一路打开闭锁后柱下腔液路上的液控单向阀，使下腔液体经操纵阀Ⅵ的右阀回液，两后柱同时下降。

若要使前、后柱同时下降，则可同时扳动操纵阀Ⅴ、Ⅵ的手把，使两左阀同时接通压力液即可。

3）升前梁

扳动前梁操纵阀Ⅴ的手把，使右阀接通压力液。这时，P管压力液直接打开液控单向阀进入前梁千斤顶的活塞腔，前梁千斤顶活塞杆腔的液体经操纵阀Ⅴ的左阀回液，前梁千斤顶伸出，使前梁升起。

4）降前梁

扳动前梁操纵阀Ⅴ的手把，使左阀接通压力液。这时，P管的压力液到前梁液控单向阀后分两路：一路进入前梁千斤顶活塞杆腔，强迫前梁千斤顶缩回；另一路打开闭锁前梁千斤顶活塞腔的液控单向阀，使活塞腔液体经操纵阀Ⅴ的右阀回液，前梁千斤顶缩回，带动前梁下降。

5）推移输送机

扳动推移千斤顶操纵阀田的手把，使右阀接通压力液。这时，P管压力液打开液控单向阀进入推移千斤顶的活塞杆腔，推移千斤顶活塞腔的液体经左阀回液，推移千斤顶缩回，通过推移长框架将刮板输送机推向煤壁。

6）移架

扳动推移千斤顶操纵阀Ⅳ的手把，使左阀接通压力液。这时，P管压力液到液控单向阀后分两路：一路进入推移千斤顶的活塞腔；另一路打开闭锁活塞杆腔的液控单向阀，使活塞杆腔的液体经操纵阀田的右阀回液，推移千斤顶伸出，通过长框架拉动支架前移。

7）推出侧护板

扳动侧护千斤顶操纵阀Ⅳ的手把，使右阀接通压力液。这时，P管压力液同时进入3个侧推千斤顶的活塞腔，侧推千斤顶活塞杆的液体经左阀回液，侧推千斤顶伸出，将侧护板推出。

8）收回侧护板

扳动侧推千斤顶操纵阀Ⅲ的手把，使左阀接通压力液。这时，P管压力液进入侧推千斤顶活塞杆腔，侧推千斤顶活塞腔的液体经右阀回液，3个侧推千斤顶同时缩回，收回侧护板。

9）推出护帮板

扳动护帮千斤顶操纵阀Ⅰ的手把，使右阀接通压力液。这时，P管压力液到护帮千斤顶液控双向锁，打开锁紧护帮千斤顶活塞腔的单向阀，进入护帮千斤顶活塞腔；同时，压力液还将锁紧护帮千斤顶活塞杆腔的液控单向阀打开，接通活塞杆腔回液路，使活塞杆腔的液体经左阀回液，护帮千斤顶伸出，将护帮板推出贴紧煤壁。

10）收回护帮板

扳动护帮千斤顶操纵阀Ⅰ的手把，使左阀接通压力液。这时，P管压力液到护帮千斤顶液控双向锁，打开锁紧护帮千斤顶活塞杆腔的单向阀，进入护帮千斤顶活塞杆腔；同时，压力液还将锁紧护帮千斤顶活塞腔的液控单向阀打开，接通活塞腔回液路，使活塞腔的液体经右阀回液，护帮千斤顶缩回，收回护帮板。

## （二）液压支架电液控制系统

以ZY8600/24/50D型掩护式支架液压系统为例说明液压支架电液控制系统。

图2-36所示为ZY8600/24/50D型掩护式支架液压系统。

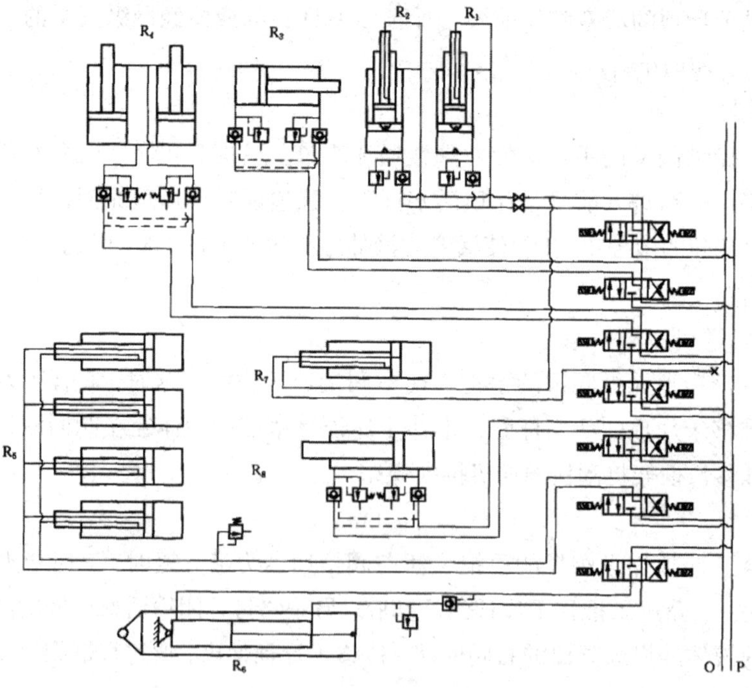


**图2-36　ZY8600/24/50D型掩护式支架液压系统**

$R_1$，$R_2$-立柱，$R_3$-一级护帮千斤顶；$R_4$-二级护帮千斤顶；$R_5$-侧推千斤顶；$R_6$-推移千斤顶；$R_7$-抬底千斤顶；$R_8$-平衡千斤顶

1. **液压系统工作原理**

本液压系统由立柱 $R_1$、立柱 $R_2$、一级护帮千斤顶 $R_3$、2 个二级护帮千斤顶 $R_4$、4 个侧推千斤顶 $R_5$、推移千斤顶 $R_6$、抬底千斤顶 $R_7$、平衡千斤顶 $R_8$ 等组成，分别由各自的电液动换向阀操纵。

2. **操作键**

控制器的操作均通过按键实现。操作键的用途是发出命令、选择功能、选择显示、功能设置及参数输入等，共设有 25 个键，其中字母键 14 个，数字键 9 个，启动键 1 个，停止键 1 个，如图 2-37 所示。各键用途如下（以下简称单架单动作控制为“单控”，成组自动控制为“自动”）：

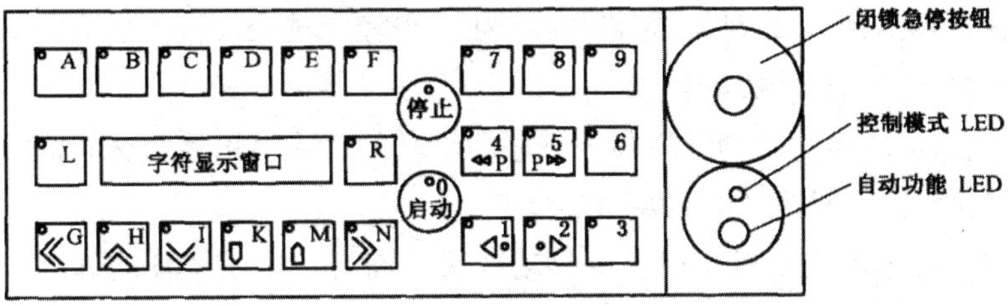


图 2-37　支架控制器前面板

A——直接选定菜单“服务”列，在“单控”选架键按下后为降柱操作。

B——直接选定菜单“总体参数”列，在“单控”选架键按下后为移架操作。

C——在“单控”选架键按下后为升柱操作。

D——在“单控”选架键按下后为降柱 + 移架操作。

E——在“单控”选架键按下后为降柱 + 移架 + 抬底座操作。

L——本架推溜启动及停止按钮，在“单控”选架键按下后为推溜操作。

R——又称 Enter 键，在进行参数或口令的设置输入时，在参数项调出后按下为进入输入状态；在输入完毕后按下为确认输入并退出输入状态。

G——向左移动菜单列，在用数字键输入参数时可按该键回格删除字符；在用增减键输入参数时按该键为取消本次输入，维持原值并退出输入状态。

H——向上移动菜单列。

I——向下移动菜单列。

K——称为“程序键”或“软键”，在不同的操作项目和操作条件下，软件赋予它不同的功能。

M——同上。

N——向右移动菜单列。

START——“自动”控制功能在完成必要的选定键操作后，启动该功能的动作；在参数输入时为“0”数字输入键。

STOP——在该键的有效作用范围内，使所有支架控制器退出被控状态，停止正在进行的动作，终止正在运行的自动功能程序。

1——“单控”选择左邻架为被控制架，在参数输入时为“1”数字输入键。

2——“单控”选择右邻架为被控制架，在参数输入时为“2”数字输入键。

3——PSA 自动功能的开关键，在参数输入时为“3”数字输入键。

4——成组“自动”功能选定后，该键选择成组位置在左方，还可改变组内动作顺序；在参数输入时为“4”数字输入键。

5——成组“自动”功能选定后，该键选择成组位置在右方，还可改变组内动作顺序；在参数输入时为“5”数字输入键。

6——直接选定成组“自动”拉溜功能，在参数输入时为“6”数字输入键。

7——直接选定成组“自动”伸缩护帮板和伸缩梁功能，在“单控”选架键按下后为伸平衡千斤顶；在参数输入时为“7”数字输入键。

8——直接选定成组“自动”推溜功能，在“单控”选架键按下后为收护帮板操作；在参数输入时为“8”数字输入键。

9——直接选定成组“自动”降移升顺序联动功能，在“单控”选架键按下后为伸护帮板操作；在参数输入时为“9”数字输入键。

以上所谓直接选定是相对于用菜单移动键操作而言，用菜单移动键也可选定要选的菜单项目，但可能要多次按键；而直接选定只需按一次该专用键，一步到位。

# 第四节　液压支架的主要液压元件

液压支架中的液压元件主要包括执行元件和控制元件两大部分。执行元件担负着液压支架各个动作的完成，由立柱和各种千斤顶组成。控制元件担负着液压支架各个动作的操作、控制任务，由操纵阀、控制阀等各种液压阀组成。液压元件的结构和性能的好坏直接影响到液压支架的工作性能的好坏和使用寿命的长短，所以，液压元件是液压支架极其重要的关键部件。

## 一、执行元件的结构

### （一）立柱

立柱是液压支架的主要执行元件，用于承受顶板载荷，调节支护高度。

在国产液压支架中，立柱根据结构的不同大致可分为：单伸缩立柱和双伸缩立柱 2 种。单伸缩立柱有不带机械加长杆和带机械加长杆的 2 种形式。当要求支架调高范围较大时，可选用带机械加长杆的单伸缩立柱，也可选用双伸缩立柱。单伸缩立柱结构简单、成本低，但不如双伸缩立柱使用方便。

#### 1. 单伸缩立柱

单伸缩立柱有单作用和双作用之分，单作用立柱目前应用较少。双作用立柱靠液压力实现升柱和降柱，提高了立柱工作的可靠性，也为支架的遥控和自动控制提供了可能性，因此目前应用较多。

单伸缩立柱主要由缸体、活柱、加长杆（不带机械加长杆的单伸缩立柱则没有加长杆）、导向套、密封件和连接件组成。

图 2-38 所示为带机械加长杆的单伸缩立柱。该立柱缸体 1 位于立柱的最外层，一端为缸口，另一端为焊有凸球面的缸底。缸底端焊有与活塞腔相通的管接头，供装接输液软管用。缸底凸球面在组装支架时与底座柱窝相接触。

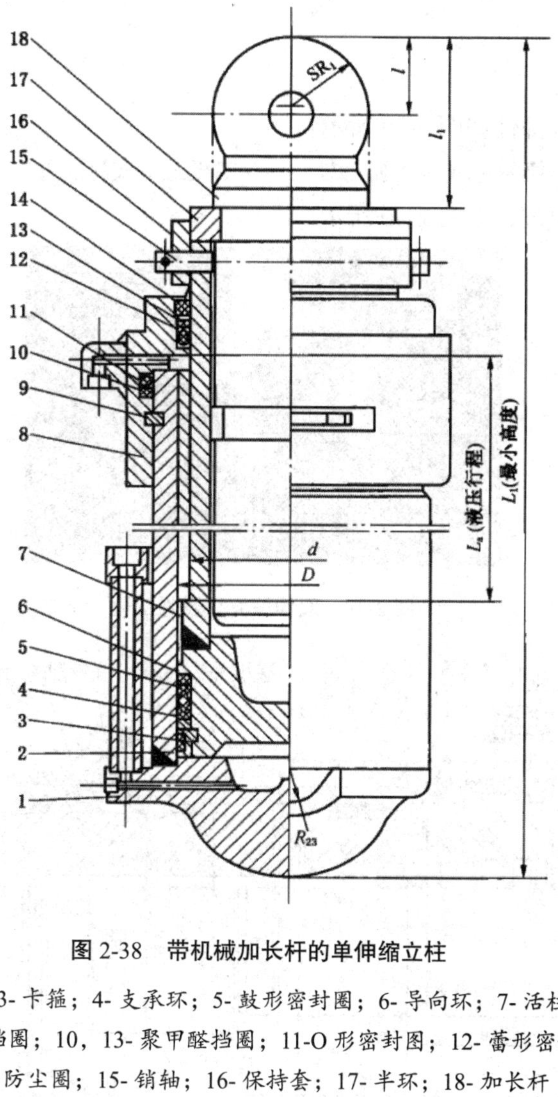


**图 2-38　带机械加长杆的单伸缩立柱**

1- 缸体；2- 卡键；3- 卡箍；4- 支承环；5- 鼓形密封圈；6- 导向环；7- 活柱；8- 导向套；9- 方钢丝挡圈；10，13- 聚甲醛挡圈；11-O 形密封图；12- 蕾形密封圈；14- 防尘圈；15- 销轴；16- 保持套；17- 半环；18- 加长杆

活柱 7 通过销轴 15、保持套 16、半环 17 与带有柱头的加长杆 18 连接在一起装入缸体中，并可相对缸体上下运动，成为液压缸中传递力的重要组件。活柱体由柱管和焊接活塞头构成。柱体表面为先镀锡青铜（或乳白铬）再镀硬铬的双层重合镀层，以防止磨损和锈蚀。活塞上装有鼓形密封圈 5，以实现活塞和活塞杆两腔双向密封。为保护密封圈，在其两侧装有聚甲醛导向环 6，以减少活塞与缸壁的磨损，提高滑动性能。下部导向环 6

靠支承环 4 支承。2 个半环形卡键 2 将整个密封组件连接在活塞头上，通过有开口的卡箍 3 箍住卡键，以防其脱落。加长杆 18 上的柱头也为凸球面形，与顶梁（也有的与掩护梁）上的柱帽相连。导向套 8 是活柱在往复运动时起导向作用的部件。导向套与缸体间通过方钢丝挡圈 9 相连接，并用 O 形密封圈 11 密封。导向套与活柱表面用蕾形密封圈 12 密封，并用防尘圈 14 防止外部煤尘进入立柱内。在导向套上也焊有一个管接头，供装接输液软管用。在一些立柱的导向套上还装有聚甲醛导向环，以减少导向套与柱体间的磨损。不带机械加长杆的单伸缩立柱，其柱头直接焊在柱管端部。单作用立柱，在导向套上不设置密封元件。

### 2. 双伸缩立柱

双伸缩立柱及零部件如图 2-39 所示。

双伸缩立柱由一级缸（或称大缸、外缸）、二级缸（或称中缸、小缸）、活柱、导向套、连接件、密封件等组成，如图 2-40 所示。

图 2-39　双伸缩立柱及零部件

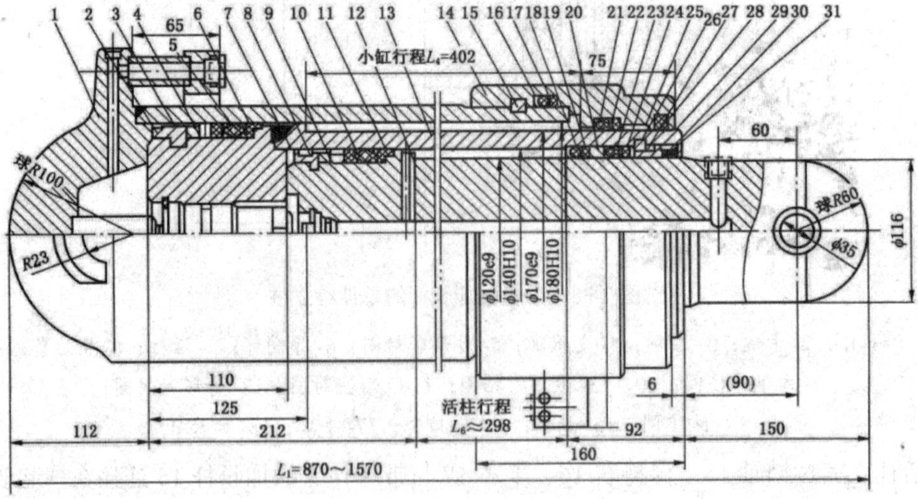


图 2-40　双伸缩立柱

1- 级倒 1；2，7- 键；3，8- 箍；4，9- 支承环；5，10- 彭形密封圈；6，11，25- 导向环；12- 活柱；13- 二级缸；14，20- 导向套；15- 方钢丝挡圈；16，18-O 形密封圈；17，19，22，24- 挡圈；21，23- 蕾形密封圈；26- 卡环；27-O 形防尘圈；28，31- 防尘圈；29- 钮盖；30- 弹性挡圈

一级缸的形状、结构及所处位置均与前面所述的单伸缩立柱的缸体相同。

二级缸 13 可在一级缸内上下运动，为液压缸中的主要传力部件。二级缸由缸筒和活塞头焊接而成。缸筒外表面为镀锡青铜（或乳白铬）和镀硬铬的双层复合镀层，以减少磨损和锈蚀。活塞头为卡键式结构（见单伸缩立柱活塞头），在其内部装有一底阀（底阀的结构见其他液压元件的结构）。

活柱 12 装入二级缸内，并可在二级缸内上下运动，也为液压缸的主要传力部件。活柱由柱体和活塞头两部分组成。柱体表面也镀有与二级缸筒表面相同的镀层。球头部位有进液口，可安装管接头。该进液口通过活柱体中心与二级缸内的环形腔相通。活塞头结构同二级缸活塞头。

导向套 14 为外导向套，通过方钢丝挡圈 15 与一级缸缸体连接。导向套与一级缸间用 O 形密封圈 16 加聚四氟乙烯挡圈 17 密封，与二级缸缸筒间用蕾形密封圈 21 加挡圈 22 密封，并装有导向环 25 和防尘圈 28。聚甲醛导向环 25 可防止二级缸缸筒受力膨胀时与导向套“抱住”。导向套上还焊有供装接输液软管的接头，该接头上的进液口与二级缸和外缸间的环形腔接通。

导向套 20 与二级缸缸口通过卡环 26 相连接。为防止卡环锈住影响拆卸，在其外侧装有防尘 O 形圈 27。导向套与二级缸通过 O 形密封圈 18 加挡圈 19 密封。导向套与活柱间通过蕾形密封圈 23 加挡圈 24 密封。导向套外端为缸盖 29。缸盖通过弹性挡圈 30 限位，其作用是防止卡环 26 自动脱落。缸盖与活柱之间安有防尘圈 31。

## （二）千斤顶

液压支架用的千斤顶种类很多，按其结构的不同有柱塞式和活塞式千斤顶，活塞式千斤顶可分为固定活塞式和浮动活塞式；按其进液方式的不同，可分为内进液式和外进液式；按其在支架中的用途不同，又可分为推移千斤顶、前梁千斤顶、护帮千斤顶、侧推千斤顶、平衡千斤顶、限位千斤顶、防倒千斤顶、防滑千斤顶等。随着支架的功能越来越多，不同用途千斤顶的种类也越来越多。支架中的千斤顶如图 2-41 所示。

**图 2-41　液压支架用的千斤顶**

### 1. 柱塞式千斤顶

柱塞式千斤顶主要由缸体、柱塞、导向套、连接件和密封件组成，如图 2-42 所示。

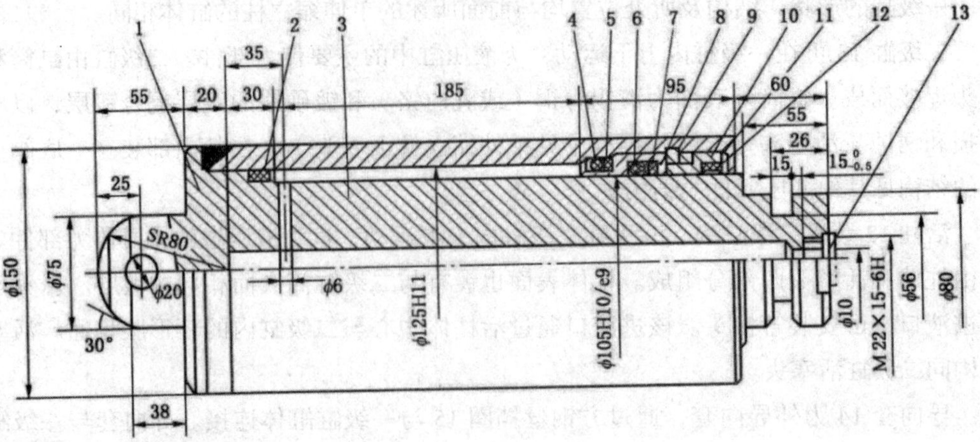


图 2-42　柱塞式千斤顶

1- 缸体；2- 导向环；3- 柱塞；4-O 形密封圈；5- 挡圈；6- 蕾形密封圈；7- 挡圈；8- 导向套；9- 卡环；10- 缸盖；11- 弹性挡圈；12- 防尘圈；13- 塑料帽

固定活塞式千斤顶主要由缸体、活塞杆、活塞头、导向套、连接件和密封件几部分组成，如图 2-43 所示。

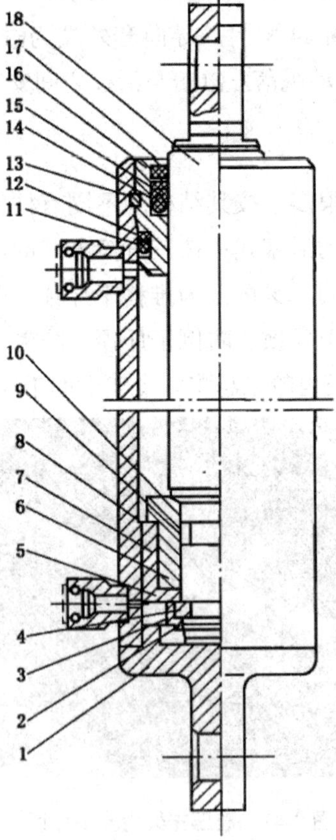


图 2-43　固定活塞式千斤顶

1- 缸体；2，10，12，13，15- 挡圈；3- 保持套；4- 半环；5- 支承环；6- 活塞头；7- 鼓形密封圈；8- 导向环；9，11-O 形密封圈；14- 蕾形密封圈；16- 导向套；17- 防尘圈；18- 活塞杆

缸体 1 由带有连接耳座的缸底和缸筒焊接而成。缸筒上隔 2 个管接头口，供装接球软管。

活塞杆 18 的一端为连接耳，另一端装有活塞头 6。活塞杆表面为乳白铬和硬铬复合镀层，以防止磨损和锈蚀。

活塞通过半环 4 固定在活塞杆上。为防止半环自动脱落，在其外套有保持套 3，并由弹簧挡圈 2 进行轴向固定。活塞与缸壁之间通过鼓形密封圈 7 密封。为保护鼓形密封圈和减少活塞与缸体的磨损，提高滑动性能，在鼓形密封圈两侧装有聚甲醛活塞导向环 8。靠活塞腔端导向环由支承环 5 支承。活塞与活塞杆之间是通过两侧带挡圈 10 的 O 形密封圈 9 密封。两侧的挡圈是为防止两侧压力液破坏 O 形密封圈。

导向套 16 位于缸口部位，即缸体与活塞杆之间。导向套与缸体之间通过方钢丝挡圈 13 连接，并通过 O 形密封圈 11 和聚四氟乙烯挡圈 12 密封。导向套与活塞杆之间通过蕾形密封圈 14 加聚甲醛挡圈 15 密封，并通过防尘圈 17 防止外部煤尘进入液压缸内。

### 3. 浮动活塞式千斤顶

浮动活塞式千斤顶也是由缸体、活塞杆、活塞头、导向套、连接件和密封件等组成，如图 2-44 所示。

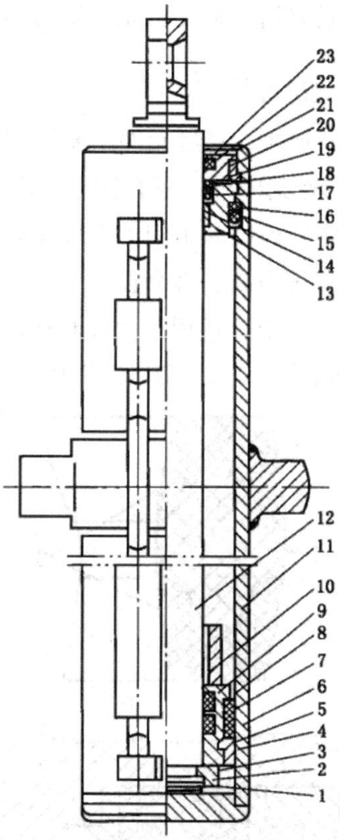


图 2-44　浮动活塞式千斤顶

1，21- 弹性挡圈；2- 保持套；3- 半环；4- 卡箍；卡键；6 支承环；7- 鼓形密封圈；8，14- 导向环；9- 活塞头；10- 距离套；5，11- 缸体；12- 活塞杆；13- 导向套；15-O 形密封圈；16，18- 挡圈；17- 蕾形密封圈；19- 卡环；20-O 形防尘圈；22- 缸盖；23- 防尘环

缸体 11 也是由缸底和缸筒两部分焊接而成。由于这类千斤顶主要用作推移千斤顶，因而在缸筒两侧均焊有连接耳轴，以便和底座相连。缸筒的两端也焊有 2 个管接头，供装接输液软管。活塞杆 12 的一端有连接耳，杆表面为乳白铬和硬铬复合镀层。活塞头 9 和距离套 10 可在活塞杆上来回滑动。为了保证滑动部位的密封可靠，在活塞头与活塞杆之间装有 2 组位置相对的蕾形密封圈加聚甲醛挡圈（蕾形密封圈与聚甲醛挡圈的结构与导向套上的件号 17、18 相同），这是由于活塞腔进液和活塞杆腔进液时的液体压力方向不同。活塞头与缸壁之间装有 2 片聚甲醛的活塞导向环 8，在 2 片导向环 8 之间装有鼓形密封圈 7。导向环和鼓形密封圈通过卡键 5 与卡箍 4 固定在活塞头上。

当活塞腔进液时，活塞头与距离套滑动，当滑动至缸口处时被导向套 13 所限位。当活塞杆腔进液时，活塞头与距离套的滑动被半环 3 所限位。半环 3 通过保持套 2 和弹性挡圈 1 进行径向和轴向固定。

导向套 13 位于缸口部位的缸筒与活塞杆之间。导向套与缸体通过卡环 19 连接。紧靠卡环放置的是防尘 O 形圈 20。导向套与缸壁通过 O 形密封圈 15 加挡圈 16 密封，与活塞杆通过蕾形密封圈 17 加挡圈 18 密封。为减少导向套与活塞杆间的磨损，在导向套与活塞杆间还装有导向环 14。

缸盖位于缸口最外端，通过弹性挡圈 21 固定。缸盖与活塞杆间装有防尘圈 23。

## （三）立柱和千斤顶的密封件

立柱和千斤顶上安装有密封元件，密封元件主要是密封圈。密封圈除在液压传动中介绍的 O 形、Y 形、U 形、V 形密封圈外，还有鼓形和蕾形密封圈。

鼓形密封圈是由 2 个夹布 U 形橡胶圈中间夹 1 块橡胶压制而成的整体实心密封圈，如图 2-45 所示。这种密封圈密封压力高、寿命长、耐磨、结构紧凑，与 L 形防挤圈配合使用时，密封压力可高达 60MPa 以上，适用于立柱和作用力较大的千斤顶活塞上的双向密封。其缺点是摩擦阻力大，制造成本高，所以，在压力较小的液压缸中使用较少。

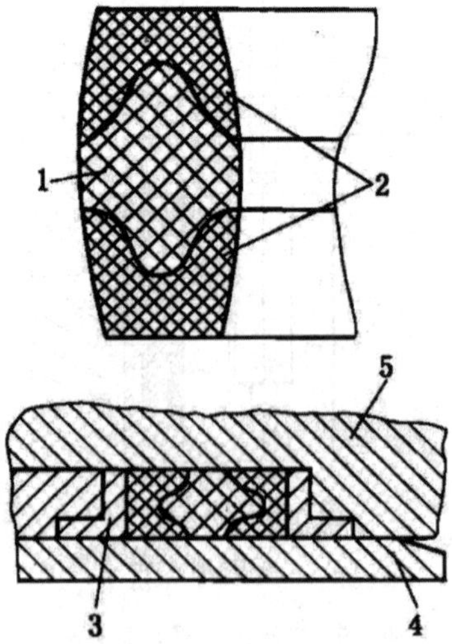


W

**图 2-45　鼓形密封圈**

1- 橡胶；2- 夹布胶；3-L 形防挤圈；4- 缸体；5- 活塞头

蕾形密封圈是由 1 个夹布 U 形橡胶圈和唇内夹橡胶压制而成的单向实心密封圈，如图 2-46 所示。这种密封圈的特点与鼓形密封圈相同，它适合装于立柱和作用力较大的千顶活塞上和导向套上，为单向密封。

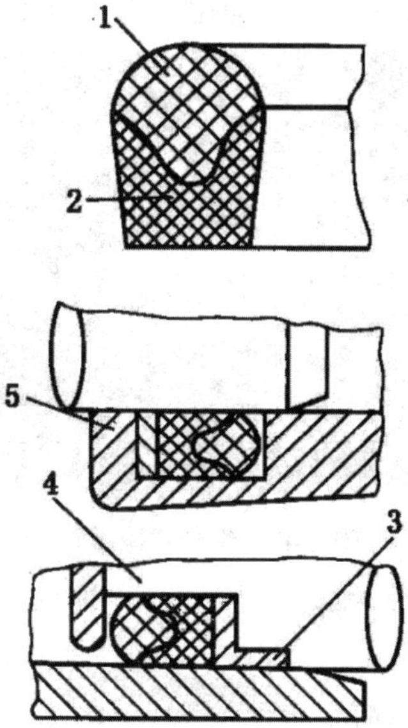


图 2-46 蕾形密封圈

1- 橡胶；2- 夹布胶；3-L 形防挤圈；4- 活塞头；5- 导向套

## 二、控制元件的结构

液压支架的控制元件主要有操纵阀、安全阀、液控单向阀和液力双向锁等。

### （一）操纵阀

操纵阀是控制支架各立柱和千斤顶进出油液，完成支架预定动作的操作阀。因此，要求其密封性能好、操纵力小、工作可靠、操作方便。按阀芯动作原理的不同，液压支架的操纵阀分为往复式和回转式两大类；按控制方法的不同，分手控、液控、电控和电液控等。

#### 1. 往复式操纵阀

往复式操纵阀的阀芯元件是沿轴向做往复运动，以开闭进出口油路，实现换向作用。往复式操纵阀种类较多，按阀芯密封部分的形状不同，可分为球阀式、锥阀式、平面密封式和圆柱面密封式 4 种。圆柱面密封式由于靠圆柱面的配合间隙密封，配合间隙完全由加工控制，故密封性较差，易引起渗漏，不适应低黏度的工作液体，在支架上应用较少。

球阀式和锥阀式对液路的开闭动作相当于单向阀，故又称为“活门式”操纵阀，在支架上应用较多。平面密封式有平面密封好的优点，操纵方便，并易于实现遥控和程序控制。

由于液压支架的液压缸较多，动作较多，相应地要求操纵阀的通路和位数亦较多，1

个往复式阀芯难于满足通路和位数的要求，故均采用几个结构基本相同的往复式阀芯（每个阀芯相当于 1 个单向阀或二位三通阀）构成组合式结构。组合的数量可根据支架动作的多少而定，组合后的阀称为组合阀。组合阀一般采用杠杆或凸轮闭锁的控制装置，也可用电控或电液控，有利于实现遥控和自动化控制。图 2-47 所示为 3 组组合式操纵阀。

图 2-47　组合式操纵阀

下面介绍几个典型的往复式操纵阀。

1）球面式组合操纵阀

球面式组合操纵阀如图 2-48 所示。

图 2-48　操纵阀及其零部件

1- 压紧螺丝；2- 端套；3，4- 弹簧、弹簧座；5- 钢球；6- 阀座；7- 中阀套；8，9- 上阀套、垫圈；10- 阀柱；11，12- 阀杆、阀垫；13- 定位套；14- 手把；15- 中片阀阀体

ZC（6）A 型组合操纵阀的结构原理如图 2-49 所示，它由首片阀、中片阀和尾片阀组合而成。首片阀上装有总进、回液管接头，尾片阀具有端板的作用，中片阀可根据动作的多少而增减。图示为 4 片中片阀（加上首片阀和尾片阀共 6 片阀），每片阀内装有 2 个结构完全相同的二位三通阀，均由 1 个手把操纵，构成闭锁动作。2 个二位三通阀合在一起，相当于 1 个“Y”型机能的三位四通阀，控制 1 个液压缸的伸、缩 2 个动作。

ZC（6）A 型组合阀的动作过程如下：由泵站供来的高压液经首片上的进液管接头进入阀体内的高压腔（图中左边腔室）。在操纵手把未动作时，钢球 5 在弹簧 1 的作用下与阀座 7 接触，高压液体不能进入支架各管路，而支架各管路则经工作液管接头、空心阀柱径向孔、中心孔、阀杆 13 与阀柱之间的间隙最后与总回液管接头相通。当操纵手把动作，使压块 15 推动阀杆 13 时，阀柱 11 左移，顶开钢球 5，同时关闭回液通道（阀杆 13 上的阀垫 12 将阀柱 11 上的中心孔堵塞），于是高压腔的高压液体经工作液管接头（中间的管接头）进入立柱（或千斤顶）的工作腔，使其产生相应的动作。供液完毕，手把回零位后，阀杆 13 复位，使阀柱 11 与阀垫 12 脱开而泄压，同时弹簧 1 使钢球 5 复位封住压力液体。

这种操纵阀由于只有 1 个阀芯元件，故可有效地避免操作过程中高低压腔的串通现象；同时，操作省力，适用于工作压力较高的系统。

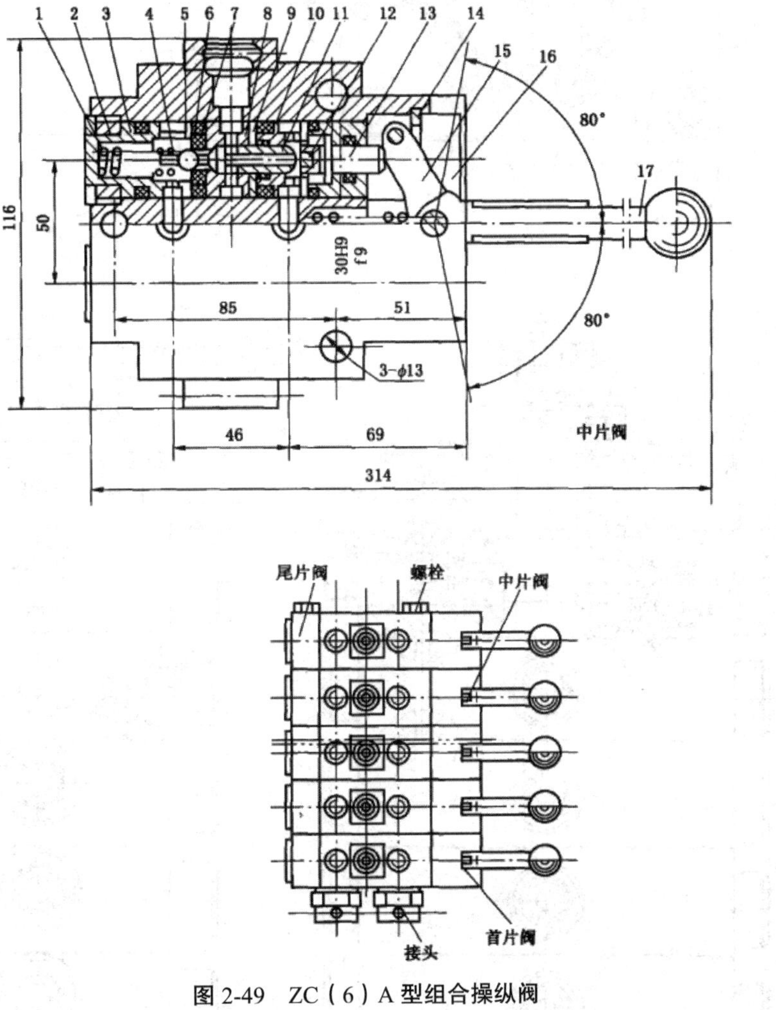


图 2-49　ZC（6）A 型组合操纵阀

1- 弹簧；2- 压紧螺钉；3- 端套；4- 弹簧座；5- 钢球；6-O 形密封圈；7- 阀座；8- 中阀套；9- 垫圈；10- 上阀套；11- 阀柱；12- 阀垫；13- 阀杆；14- 半环；15- 压块；16- 阀体；17- 手柄

2）锥阀式组合操纵阀

锥阀式组合操纵阀如图 2-50 所示。图中所示的阀是由五片往复式锥阀组成的组合阀，每片由 2 组锥阀组成，其中 1 组是高压锥阀，用以控制高压进液；另 1 组是低压锥阀，用以控制低压回液。每组锥阀相当于 1 个单向阀。

由于操作上的需要，5 片锥阀中的阀体有 4 片相同，1 片不同。这 4 片相同阀体的高压液体由后端盖 1 上的高压接头 P 供给，并经阀体内部的通道流入高压锥阀的后部。另一片阀体的高压液体则由前端盖 2 上的高压接头 P 供给，并进入该片高压锥阀的后部。5 组低压锥阀的前端均经内部通道与后端盖上的总回液口 O 相通。

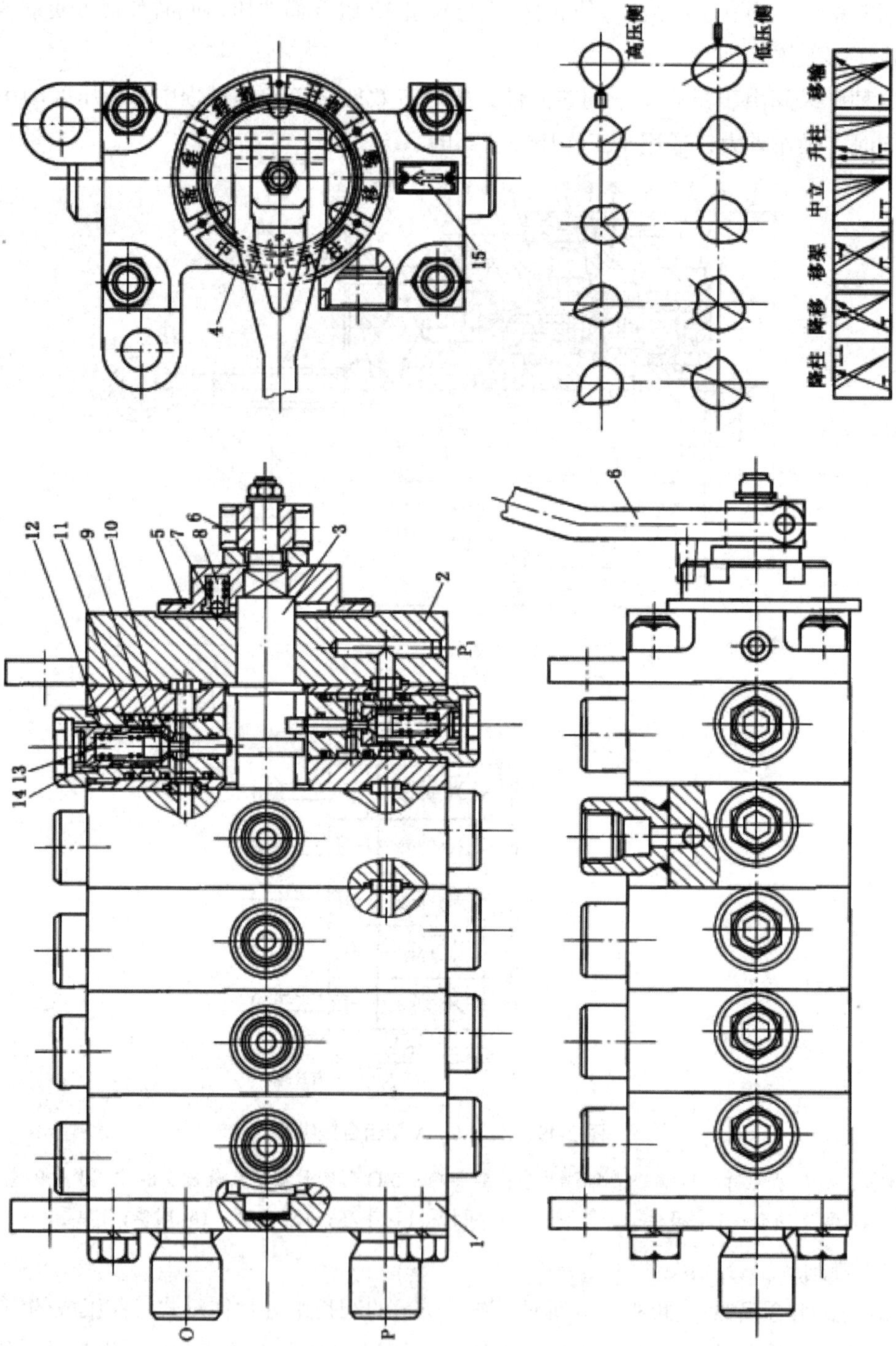


图 2-50　凸轮回转组合操纵阀

1- 后端盖；2- 前端盖；3- 凸轮轴；4- 示位牌；5- 小盖；6- 操作手把；7- 定位钢球；8- 弹簧；9- 阀芯；10- 阀垫；11- 阀套；12- 阀壳；13- 弹簧；14- 弹簧套；15- 指示牌

凸轮轴 3 通装在 5 片锥阀阀体的中心孔内，并用前后端盖支承定位。凸轮轴上装有 5 组形状和安装角度不同的凸轮，通过手把 6 带动凸轮旋转。前端盖上装有指示盘 15，以指示操作位置。凸轮轴前端装有小盖 5 和操作手把 6。小盖上钉有示位牌 4，小盖内装有定位钢球 7 和弹簧 8 进行定位。

5 片锥阀的高压锥阀和低压锥阀结构完全相同，主要由阀芯 9、阀垫 10、阀套 11、阀壳 12、弹簧 13 和弹簧套 14 等组成。当手把在中立位置时，由 P 和巴接头输入的高压液体经阀体通道进入高压锥阀后被密封在锥阀底部。当操作手把时，手把带动凸轮轴一起转动，由于凸轮轴不同角度和位置上装有不同形状的凸轮，致使转动某个角度的凸轮克服弹簧的作用力将相应的阀芯顶开，高压液体便经阀芯与阀垫的间隙和内部通道从阀体中部接头流向相应的工作腔，完成某一动作。同时，高压液体也经内部通道流向该组低压锥阀后部，但这时低压锥阀未被顶开，压力液被封闭在低压锥阀后部。

当一组阀的高压锥阀在凸轮的作用下开启时，该组的低压锥阀被封闭；其余阀组上的高压锥阀也被封闭，低压锥阀有的被封闭，有的被开启。有时同时开启 2 组高压锥阀，封闭 2 组低压锥阀。被开启的低压锥阀，将相应的工作腔通过阀体内部通道、低压锥阀开启间隙与回液管 D 相通，进行卸压。这种通过凸轮实现锥阀往复运动的组合阀，只要根据需要改变凸轮形状和安装角度就能获得不同的功能。但凸轮的设计加工比较麻烦，凸轮和顶杆的接触应力较大，易磨损，并且在回转操作过程中有短暂的窜液现象。

3）平面密封式滑阀

平面密封式滑阀如图 2-51 所示。该阀的配液元件是阀板 4。阀板的上、下两面均为平面，其上加工有进液孔 e 和回液孔 k。阀板上面放置有滑套 3，并通过弹簧给其一预压力，以保证两平面间具有较好的密封性能。阀板的左、右往复运动是由拉杆 5 控制，拉杆 5 可手动，也可液动。当拉杆在中立位置时，由 P 口供入的压力液封闭在阀套与阀板间，A，B 工作孔既不供液又不回液，相当于“O”形机能。当拉杆 5 在液控或手控作用下左、右移动时，就使 A、B 工作孔分别与 e 或 k 相通，实现供、回液换向。控制液口可分别供入控制液，对阀板进行液控。

这种阀具有操纵省力、方便、易于遥控等优点，但加工工艺要求高。

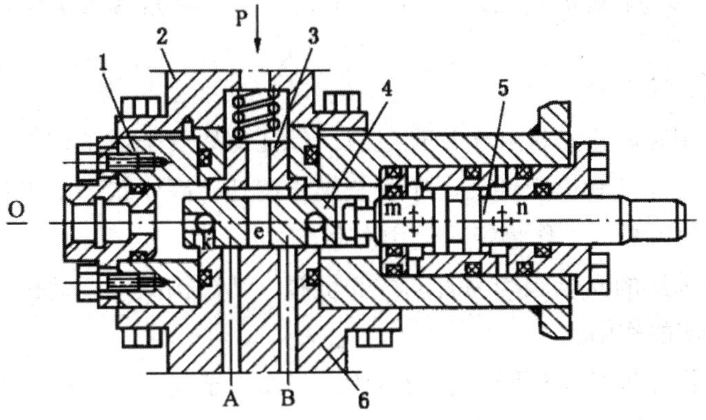


**图 2-51　平面密封式滑阀**

1- 阀体；2- 阀盖；3- 滑套；4- 阀板；5- 拉杆；6- 阀座

### 2. 回转式操纵阀

回转式操纵阀的配液元件绕一定的轴线转动，靠配液元件的端面来接通或断开各个液口，实现配液换向作用。

这类阀的配液元件与被配液元件之间是平面接触，如图 2-52 所示。图 a 所示的配液元件为选择阀片 1，被配液元件为配液盘 2；图 b 所示的配液元件为选择盘 4，被配液元件为配液盘 2。在配液盘 2 上分布若干个工作通孔 3，其数量视操作动作的多少而定。选择阀片或选择盘可绕配液盘中心回转，使选择阀片中的孔或选择盘的缺口对准所需工作通孔，高压液体经选择阀片的中心孔或选择盘的缺口流向与该工作通孔连接的液压缸工作腔。由于配液元件与被配液元件可实现多位配液，故操纵阀可操作多个液压缸的动作，从而使操纵阀体积减小，有利于集中操作支架。但这类阀只具有单一动作，一般不能复合操作，难于实现自动控制。由于选择阀片或选择盘通过回转选择位置，为了减小回转阻力，即减小选择阀片或选择盘对配液盘的初始压紧力，在选择阀片或选择盘与高压腔之间均装有断流阀（供液阀），避免不操作时的漏损和在转至工作位置过程中发生窜液现象。这样就使操作动作变为 2 个步骤，即首先根据动作需要选择工作位置，然后打开断流阀供液。

回转式操纵阀已基本不再使用，这里不再赘述。

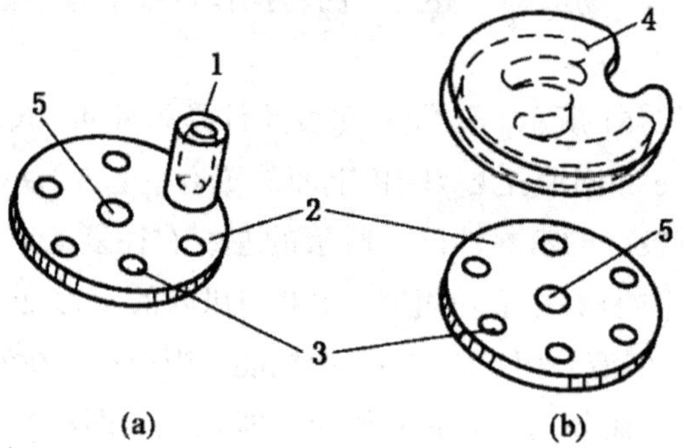


图 2-52　配液元件与被配液元件

1- 选择阀片；2- 配液盘；3- 工作通孔；4- 选择盘；5- 回液通孔

## （二）安全阀

安全阀的作用是防止立柱和千斤顶过载，保证支架安全地工作。通过安全阀的动作可以实现支架的可缩性和恒阻性。由于安全阀长期处于高压状态下工作，因此要求安全阀动作灵敏、密封可靠、工作稳定、使用寿命长。

液压支架上采用的安全阀均为直动式安全阀，其结构简单、动作灵敏，过载时能迅速地起到卸载溢流的作用。

安全阀的工作原理是通过阀口前的液压力与作用于阀芯上的弹性元件作用力的相互作用，实现阀的开启溢流和关闭定压的作用。根据弹性元件的不同，有弹簧式和充气式两类；根据安全阀密封副的结构形式不同，有阀座式和滑阀式两类。

### 1. 弹簧式阀座安全阀

弹簧式阀座安全阀按密封元件几何形状的不同，有球面密封式、锥面密封式和平面密封式 3 种。这 3 种阀的动作原理均相同，结构也基本相似。图 2-53 所示为平面密封式安全阀。该安全阀的密封元件是阀垫 4，将其装入阀垫座内，并由导杆 6 拧入阀垫座内压紧。通过弹簧 9 的作用使阀垫压在阀座 1 的凸台上，形成硬接触软密封。软密封（橡胶制成的阀垫的弹性）补偿了密封副平面接触的不精确度，从而保证了关阀时密封的可靠性。硬接触（阀垫座与阀座的接触）可以限制橡胶阀垫的最大变形量，延长使用寿命。为了防止橡胶阀垫在弹簧作用下嵌入阀座的中心孔内，阀座中心孔内装有带平头的阀针 3。当液口的作用力超过由调整盖 10 调定的弹簧弹力时，液压力克服弹簧力而把阀垫连同阀垫座顶开，高压液经阀垫与阀座之间的间隙，再经过泄液孔挤开胶套 7 溢出阀外。

长弹簧座 8 起导向作用，以使阀垫与阀座准确复位。

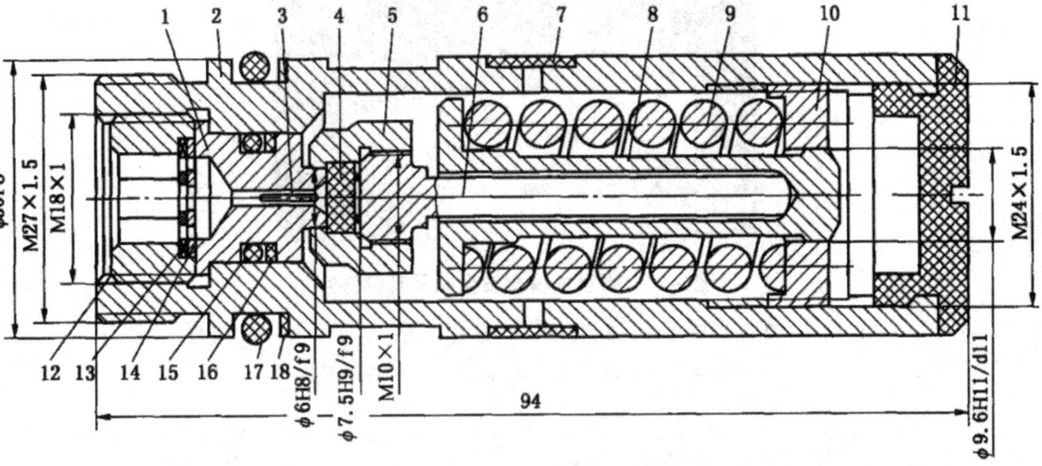


**图 2-53　弹簧式阀座安全阀（平面密封式）**

1- 阀座；2- 阀冗；3- 阀针；4- 阀垫；5- 阀垫座；6- 导杆；7- 胶套；8- 弹簧座；9- 弹簧；10- 调整盖；11- 保护盖；12- 固定螺钉；13- 过滤网；14- 过液板；15、17-O 形密封圈；16、18- 挡圈

弹簧式阀座安全阀的优点是结构简单、稳定性较好；缺点有以下几点。

第一，工作时容易产生震动，引起溢流压力波动，所以，一般都须采取减震措施，常用的方法是在阀口前或阀口后设置节流阻尼元件。图 2-53 中的阀针 3 就是用来减震的阀前节流阻尼元件。

第二，对工作液体的污染敏感性强。工作液体中的污物颗粒容易沉积在阀芯和阀座之间，使阀失效。所以，支架安全阀中均装有阀前过滤器，如图 2-53 中过滤网 13。

第三，安全阀溢流时，阀口流速很大，甚至高达 100m/s，容易冲蚀密封元件，缩短工作寿命。

第四，对于图 2-53 中的顺流型阀，随着阀前液压力增高，弹簧力逐渐被液压力所平衡，密封副的接触压力越来越小，直至即将开启前为零，所以阀在即将开启前会有微小的泄漏。

2. 弹簧式滑阀安全阀

弹簧式滑阀安全阀及其零部件如图2-54所示。其结构原理如图2-55所示，它的密封副结构与普通矿物油作为工作介质的滑阀不同，它不是靠阀芯柱塞4与其阀孔内壁的配合间隙密封，而是靠柱塞4与特制O形密封圈6的紧密接触来密封。因此，它适应在低黏度乳化液中工作并保证满足完全密封要求。柱塞中心有轴向盲孔与其头部的径向孔相通。特制O形密封圈6嵌在阀体3中。当A口液压力对柱塞4的作用力小于由空心调整螺钉10所调定的弹簧9的作用力时，弹簧通过弹簧座7把柱塞压入阀体，使柱塞径向孔位于特制O形密封圈的左侧，安全阀处于关闭状态。若A口产生的液压力大于弹簧力，则柱塞右移使其径向孔越过特制O形密封圈，安全阀开启溢流卸压。

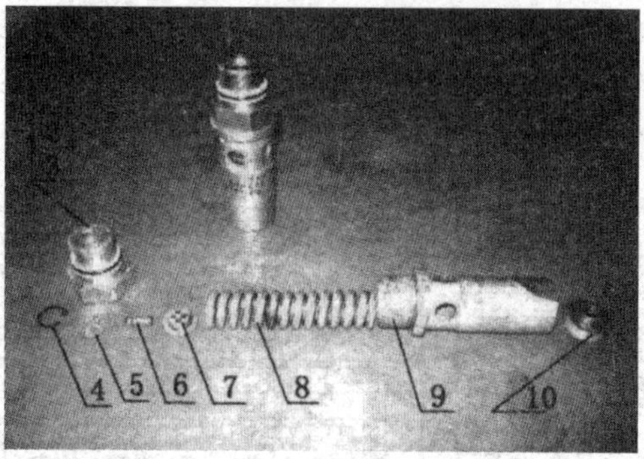


图3-54 弹簧式滑阀安全阀及其零部件

1-阀座；2-O形密封圈；3-挡圈；4-弹簧挡圈；5-过滤器；6-阀芯；
7-弹簧座；8-弹簧；9-阀壳；10-调压螺钉

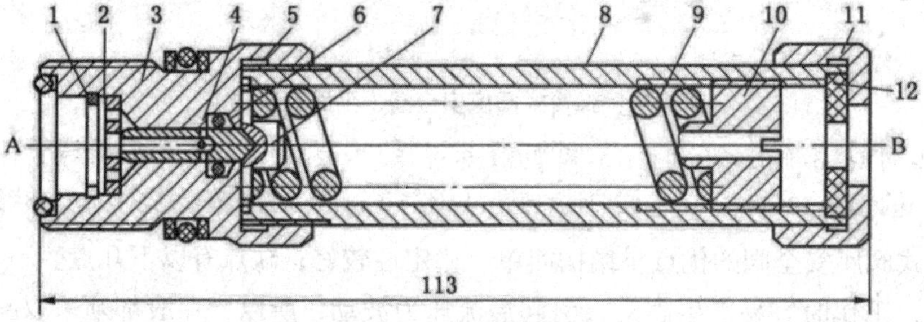


图2-55 弹簧式滑阀安全阀

1-弹簧挡圈；2-过滤网；3-阀体；4-柱塞；5-尼龙垫；6-特制O形密封圈；
7-弹簧座；8-阀壳；9-弹簧；10-调压螺钉；11-螺母；12-橡胶垫

柱塞的动作过程可分为4个阶段：

第一，柱塞径向孔位于密封圈下侧，如图2-56a所示，阀处于关闭状态。

第二，柱塞上升到其径向孔正对密封圈，如图2-56b所示，阀仍处于关闭状态。由于径向孔内的液压力将密封圈向外推，故密封圈不会被挤入孔中，所以当柱塞继续向上移动时，密封圈也不致被孔缘擦伤。

第三，柱塞继续上升至刚刚越过密封圈，如图2-56c所示，阀开始溢流卸压。由于溢出的液体尚需经过一段柱塞与阀体之间的配合间隙长度，缝隙小，从而流动阻力很大，所以此时的溢流量很小，起到节流阻尼作用。

第四，柱塞径向孔全部位于阀体孔上部，如图 2-56d 所示，溢流量达最大值。

由上述结构和动作过程的分析可以看出，滑阀安全阀具有下列优点：

第一，能够稳定工作的溢流范围大。在顶板缓慢下沉时，它可以工作在图 2-56c 所示位置，溢流量很小。在顶板急剧下沉时，柱塞径向孔又能很快达到顶端，使溢流量达最大值。

第二，高速溢流液不流经橡胶密封元件，因而对橡胶密封元件无冲蚀破坏作用，延长了使用寿命。

第三，特制 O 形密封圈与柱塞之间的摩擦阻力可以起减震阻尼作用，阀的震动较小。

第四，密封接触压力不会随阀前液压力升高而减小，因而消除了顺流型安全阀在即将达到调定压力时的渗漏现象。

滑阀式安全阀的缺点是：

第一，柱塞行程长，要求弹簧的长度相应增加，因而滑阀式安全阀的尺寸较大。

第二，密封圈与柱塞间的摩擦阻力可能增大启闭压力差。

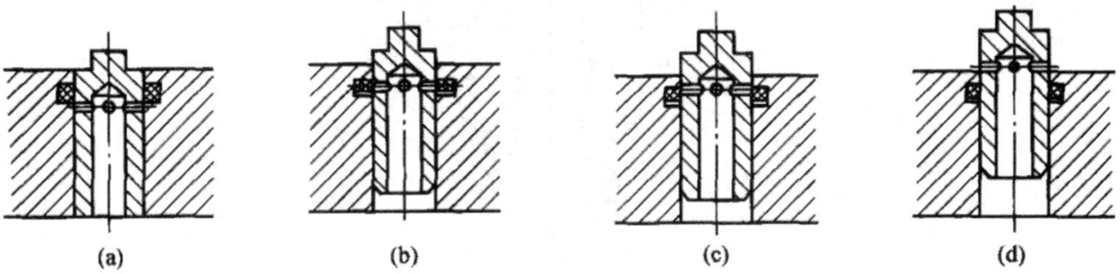


图 2-56　柱塞动作过程

### 3. 充气式安全阀

近年来，充气式安全阀的使用越来越多，它的特点是以压缩气体代替弹簧，因此充气式安全阀都有一个储存压缩气体的气室，如图 2-57 和图 2-58 所示。气室中压缩气体多为氮气，预充气压力由安全阀开启压力决定。

图 2-57 所示为充气式滑阀安全阀，它的气室 5 和液室 6 对柱塞 4 的作用面积相等，因此气室压力大于液室压力时，柱塞被压入柱塞套 2 内，柱塞径向孔 8 在 O 形密封圈 7 的下侧，阀关闭。若液室压力增高，超过气室中的预充氮气压力，则柱塞上升，其径向孔 8 越过 O 形密封圈，阀开启，溢流液体由溢流口 9 排出；10 为充氮孔，有密封圈 11 堵住此孔，防止充入的氮气向外泄漏。

图 2-58 所示为充气式阀座安全阀。阀芯由螺钉 2、密封垫 3 和活塞 4 组成。在气室预充氮气压力的作用下，阀芯压在阀体 1 内凸肩的锥面上，阀处于关闭状态。当从进液口 A 来的压力液的压力超过调定的开启压力时，散室对活塞的作用力大于气室中预充氮气压力所产生的作用力，阀开启，溢流液体从溢流口直接排出。弹簧 6 的作用是使单向阀 7 关闭，防止充入的氮气从充气孔 C 泄漏出去。

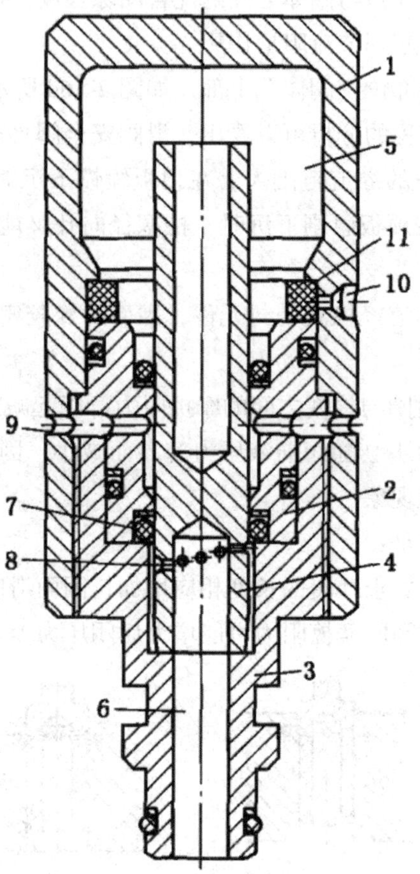


图 2-57　充气式滑阀安全阀

1- 阀壳；2- 柱塞套；3- 接头；4- 柱塞；5- 气室；6- 液室；7- 密封圈；
8- 柱塞径向孔；9- 溢流口；10- 充气孔；11- 密封圈

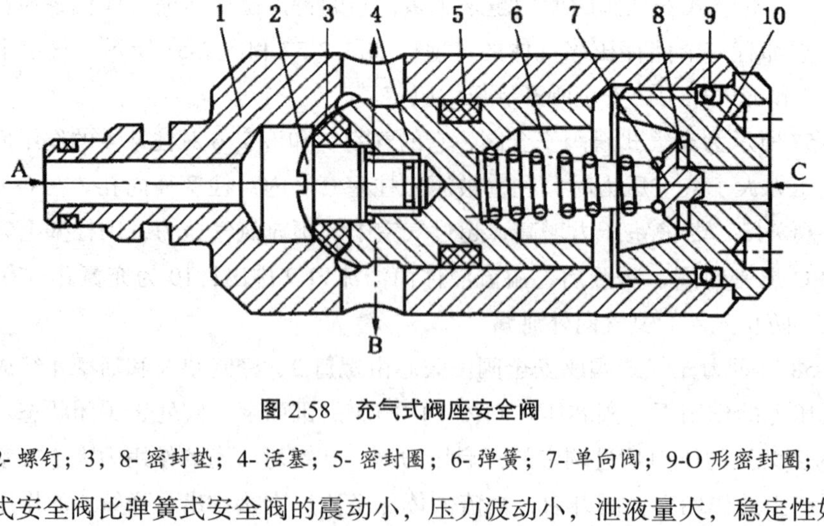


图 2-58　充气式阀座安全阀

1- 阀体；2- 螺钉；3，8- 密封垫；4- 活塞；5- 密封圈；6- 弹簧；7- 单向阀；9-O 形密封圈；10- 旋塞

充气式安全阀比弹簧式安全阀的震动小，压力波动小，泄液量大，稳定性好。影响阀震动大小的一个重要因素是阀弹性元件的刚度，即弹性元件作用力随阀芯行程的变化

率，刚度越大，震动越大。而充气式安全阀用压缩气体作为弹性元件，所以可获得很小的刚度。

充气式安全阀的缺点是气体容易泄漏，造成阀开启压力下降，因此需定期补入压缩气体，调到正确的开启压力。此外，它对温度比较敏感，因为气体压力会随环境温度变化而波动。不过，矿井下的环境温度变化不大，充气式安全阀用于液压支架的液压系统，这个缺点并不显著。只是在地面充气时，应考虑温度的影响。

## （三）液控单向阀

液控单向阀是支架控制元件的主要组成部分之一，用来闭锁立柱或千斤顶工作腔的液体，使之保持一定的压力；当立柱或千斤顶另一腔进液时，同时给该阀的控制腔供液，将阀打开，以保证立柱或千斤顶工作腔中的液体回液。液控单向阀质量的好坏，直接影响支架动作的可靠性，如果单向阀的密封性能不好，锁不住立柱活塞腔的工作液体，当顶板来压时，支架就会出现自动下降的现象。因此，要求液控单向阀必须密封可靠，并有较长的使用寿命。

目前，液压支架上采用的液控单向阀的结构原理均基本相同，主要由单向阀芯和液控顶杆两部分组成。图 2-59 所示为液控单向阀及其零部件。

**图 2-59　液控单向阀及其零部件**

1- 阀体；2- 螺堵；3，4- 活塞、O 形密封圈；5- 挡圈；6- 顶杆；7- 弹簧；8- 隔离套；9，10- 阀座、O 形密封圈；11- 挡圈；12- 阀芯；13- 弹簧；14- 阀套；15，16，17- 螺套、O 形密封圈、挡圈

第一，按单向阀密封副形式的不同，液控单向阀有平面密封式、锥面密封式、球面密封式和圆柱面密封式 4 种类型。

球面密封式和锥面密封式液控单向阀的优点是结构简单，制造方便，但缺点是磨损快，对污物的敏感性强。因此，在高压系统中使用时，这两种液控单向阀常采用阀套导向和塑料阀座，以提高其可靠性和密封性，图 2-60 所示为 KDF2 型液控单向阀。

KDF2 型液控单向阀增加了 1 个减震阀 10，目的是在卸载时减少液压冲击。其动作过程是：当压力液从阀体 2 中间孔供入时，直接推开钢球 8，并使减震阀 10 右移，压力液便从右侧孔道进入立柱下腔（或相应千斤顶工作腔）。中间孔停止供液后，钢球和减震阀复位封闭来液口。当需泄压时，压力液从左侧孔进入，推动顶杆 3 打开钢球。在钢球被打开的极短时间内，立柱下腔的压力液由减震阀上直径为 1.4mm 小孔首先泄压。由于 2 孔的阻尼作用，减少了液压冲击。随着减震阀的右移，压套 9 上的大孔打开，立柱可以大量回液。

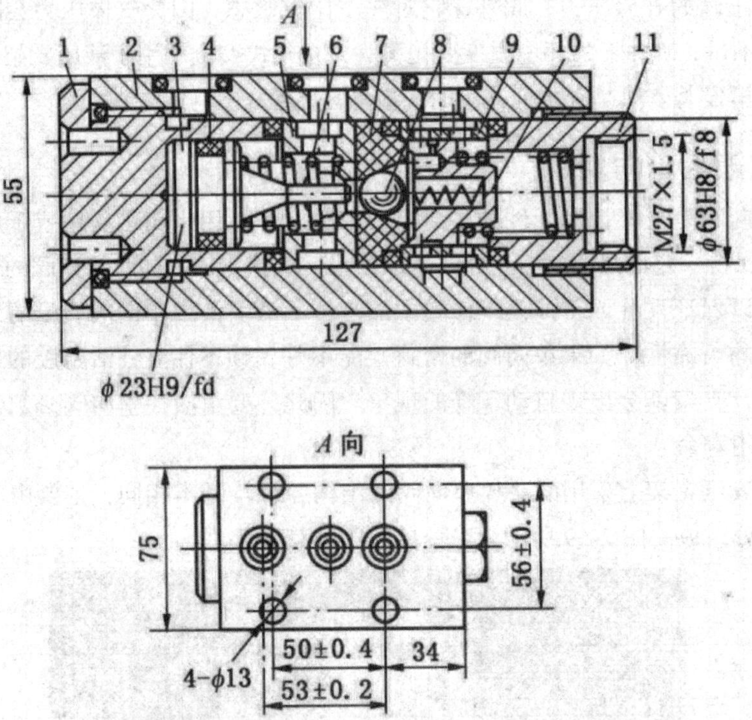


图 2-60　KDF2 型液控单向阀

1- 杆套；2- 阀体；3- 顶杆；4-O 形密封圈；5- 套；6- 弹簧；
7- 阀座；8- 钢球；9- 压套；10- 减震阀；11- 端盖

平面密封式液控单向阀采用橡胶阀垫，具有较宽的密封带；同时，利用阀座的限位作用，可使阀芯与阀垫之间既保持足够的接触压力，又可避免压力太大而损坏阀垫，故工作可靠，密封性较好。图 2-61 所示为 KDF2 型液控单向阀。

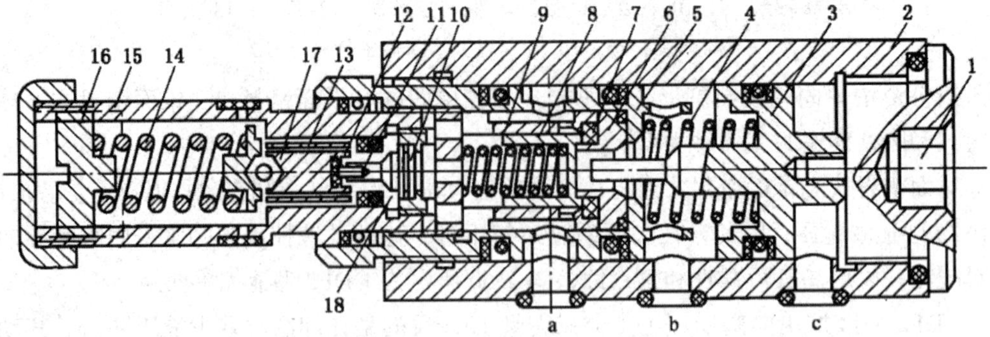


图 2-61　控制阀（KDF1 型液控单向阀）

1- 丝堵；2- 单向阀阀壳；3- 顶杆；4，14- 弹簧 O 形密封圈；5- 阀体；6，18- 阀座；7，12- 阀垫；8- 阀芯；9- 阀套；10- 过滤网；11- 阀针；13- 导向套；15- 安全阀阀壳；16- 调压螺钉；17- 阀芯

KDF1 是平面密封式的，由阀壳 2、顶杆 3、阀体 5、阀座 6、阀垫 7 和阀芯 8 等组成。该阀的特点是利用阀垫 7 和阀芯 8 之间的平面接触起到密封作用。为了改善阀垫的受力状况，延长其使用寿命，当阀垫达到一定变形（0.1~0.35mm）时，阀芯 8 就与阀座 6 的端面相接触，以防阀垫继续受压而过度变形。液控单向阀阀壳上有 3 个液孔 a，b，c。b 孔接操纵阀升柱液路，a 孔接立柱活塞腔，c 孔与操纵阀降柱液路并联。升柱时，从操纵阀来的高压液体由孔 b 进入，顶开阀芯 8，从孔 a 到达立柱下腔；降柱时，通过操纵阀使立柱上腔进液，同时高压液体也从孔 c 进入顶杆后腔，迫使顶杆打开阀芯，使 a，b 孔连通，立柱下腔实现回液。

柱面密封式液控单向阀的优点是磨损小，对污物的敏感性较小，工作可靠；缺点是易于渗漏，密封性能差，特别在采用低黏度的工作液体时尤为严重，故使用时常在圆柱面加 O 形密封圈，以增强密封性。

图 2-62 所示为液控单向阀和安全阀的组装图。左面是液控单向阀，它的主要部件是柱塞 16、柱塞套 17 和活塞顶杆 7。在柱塞上有 O 形圆柱密封圈 18，密封下部空间，下部空间经孔Ⅲ通立柱下腔。因此当柱塞密封圈在柱塞套 17 里面时，由于密封圈的密封作用就闭锁住立柱下腔液路。当要升柱时，压力液由Ⅰ孔进入安全阀上部，通过孔 14 到达柱塞的上部，迫使柱塞下移，使密封圈进入弹簧套 19 内，并推动弹簧克服弹簧阻力继续下移，直至柱塞上的径向孔露出柱塞套 17 外。这时压力液就由柱塞的轴向孔和径向孔到达柱塞下部空间，再由孔Ⅲ进入立柱下腔，立柱升起。停止供液后，弹簧套和柱塞在弹簧 15 的弹力作用下向上移动，直到弹簧套端面与柱塞端面相碰后，下腔的压力液就通过弹簧套底部的小孔推动柱塞继续向上移动，直到把密封圈推入柱塞套内闭锁下腔液路为止。当要降柱时，压力液从Ⅱ孔进入活塞顶杆 7 的上端，同时压力液也由接头 5 进入立柱上腔，进入活塞顶杆上端的压力液迫使活塞顶杆、柱塞、弹簧套一起下移，一直到柱塞上的径向孔露出柱塞套外，于是下腔液体就由柱塞径向孔和轴向孔经孔 14 到安全阀上部，由孔Ⅰ回液。

第二，按单向阀液控动作的不同，液控单向阀有单液控和双液控 2 种。

单液控只有 1 个液控口、1 个顶杆。上述几种液控单向阀均为单液控，在支架上应用较多。双液控在支架中应用较少。

第三，按单向阀卸载动作的不同，液控单向阀有单级卸载和双级卸载 2 种。

单级卸载是靠顶杆推开阀芯而实现一次卸载。目前，大多数液控单向阀均属于这种形式。但单级卸载有一个缺点，即当立柱活塞腔封闭液体的压力高达 60~70MPa 时，打开单向阀所需的推力较大，以致使阀的结构尺寸加大。

双级卸载液控单向阀如图 2-63 所示，该阀具有 2 个套在一起的大阀芯 4 和小阀芯 3。降柱时，高压液体从液控口 C 进入，推动顶杆 6 左移，先打开小阀芯 3，溢出部分液体而实现一级卸载；继而在顶开大阀芯 4，溢出大量液体而实现二级卸载。这种双级卸载的液控单向阀在结构上虽然复杂，但由于小阀芯的作用面积小，所需的顶杆推力也小；大阀芯的作用面积虽较大，但已被小阀芯开启卸载，压力降低，顶杆所需推力也相应减少，因此可适应高压系统。

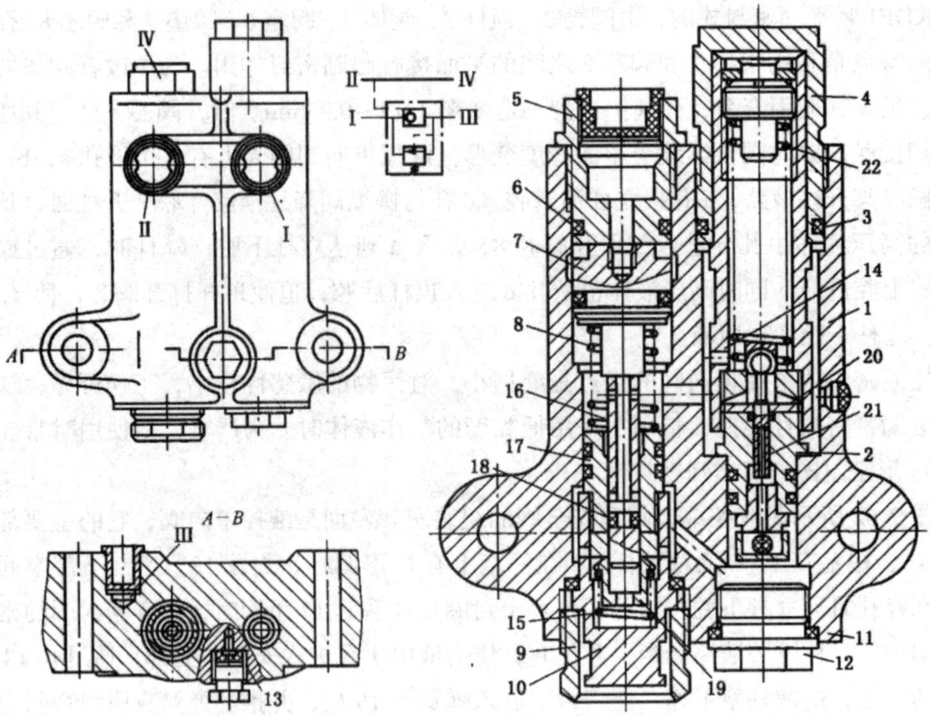


图 2-62 圆柱面密封式液控单向阀和安全阀

1- 阀壳；2- 安全阀；3，6，18- 密封圈；4- 端盖；5- 管接头；7- 顶杆；8，5，22- 弹簧；9- 螺母；10- 液控单向阀；11，13- 垫圈；12- 螺纹盖；14- 孔；16，21- 柱塞；17- 柱塞套；19- 弹簧套；20-O 形密封圈

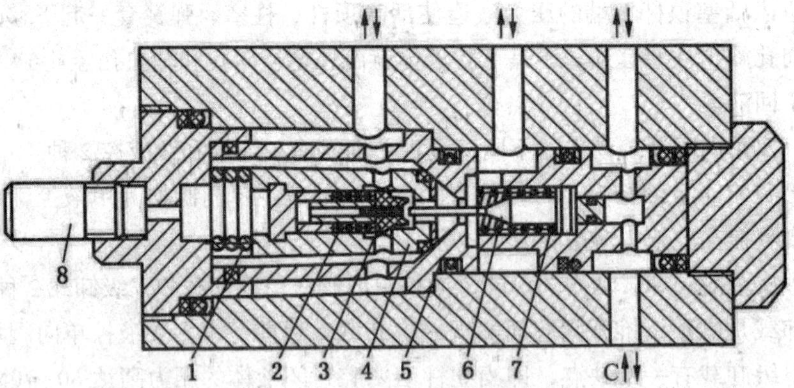


图 2-63 双级卸载液控单向阀

1，2，7- 弹簧；3- 小阀芯；4- 大阀芯；5- 阀座；6- 顶杆；8- 安全阀

## （四）双向液压锁

液压支架中，有些千斤顶的前后两腔均需锁紧，即需要设置 2 个液控单向阀。为了简化结构，往往将 2 个液控单向阀装入 1 个阀壳内，并通过 1 个双头顶杆双向分别控制

2 个液控单向阀的开启。这种结构的阀称为双向液压锁。图 2-64 所示为双向液压锁及其零部件。

图 2-64　双向液压锁及其零部件

1- 阀壳；2- 接头套；3，4-O 形密封圈、挡圈；5- 弹簧；6- 阀芯；7- 座套；8- 弹簧；9，10，11- 顶杆、O 形密封圈、挡圈；12- 导向套

双向液压锁的结构原理如图 2-65 所示，2 个结构完全相同的液控单向阀分别设置在阀壳 2 中心孔的两端，由双头顶杆 8 分别控制。当 A 口供压力液时，一方面打开左侧钢球 4，从 C 口供入千斤顶的一腔；另一方面通过顶杆将右侧钢球顶开，使千斤顶另一腔回液。反之，从 B 口供压力液时，压力液将右侧钢球打开，从 D 口供给千斤顶；而顶杆将左侧钢球顶开，使 C 口回液。A、B 口均不供液时，两钢球分别在弹簧作用下压紧在自己的阀座 5 ±，液口 C、D 连接的千斤顶两腔压力被封闭。

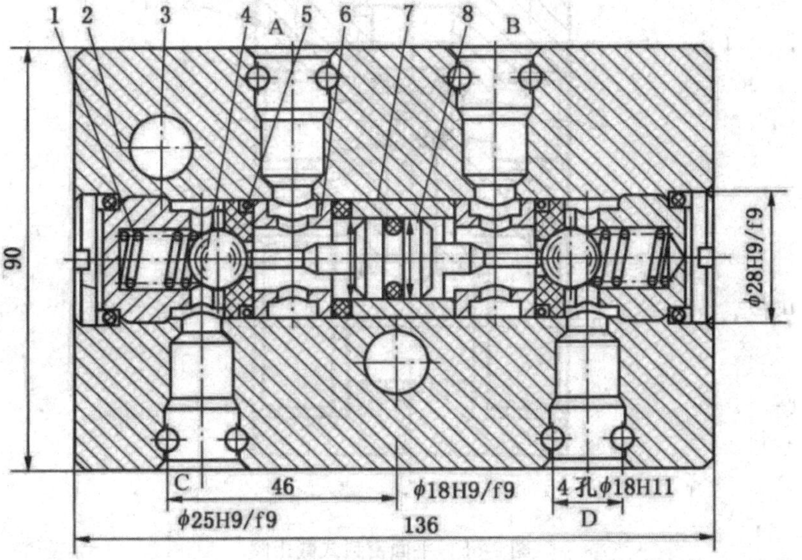


图 2-65　双向液压锁

1- 弹簧；2- 阀壳；3- 端赛；4- 钢球；5- 阀座；6- 进液套；7- 导向套；8- 双头顶杆

## （五）其他液压元件简介

### 1. 截止阀

截止阀的作用是当工作面上某一支架的液压系统发生故障而需要检修时，它能够使该支架的液压系统与主管路断开，而不影响其他支架的正常工作。

截止阀有平面密封式和球面密封式 2 种形式。

平面密封式截止阀如图 2-66 所示，它由端盖 2、阀杆 3、阀垫 6、螺钉 7、阀体 8 等零件组成。阀体上 A 孔和 B 孔通过快速接头与邻架支架的主管路连接；C，D 孔可任选一端接操纵阀的高压软管，另一端则可用堵头堵住。截止阀正常工作状态是常开的，由泵站来的压力液从 A，B 孔的一端进入后，一方面流向另一端，为下一架支架供液；另一方面经截止阀由 C（或 D）孔供给操纵阀。当支架的液压系统出现故障需要检修而停止向操纵阀供液时，用专用工具转动阀杆的方形头，使阀杆向里拧紧，直到阀杆上的阀垫 6 压紧在阀体 8 的内孔平面上，使 C，D 孔和 A，B 孔断开，阀处于关闭状态，压力液无法进入操纵阀，但不影响主管路的供液。检修完毕，反方向旋转阀杆，使阀杆向外松开，截止阀重新恢复正常工作状态。

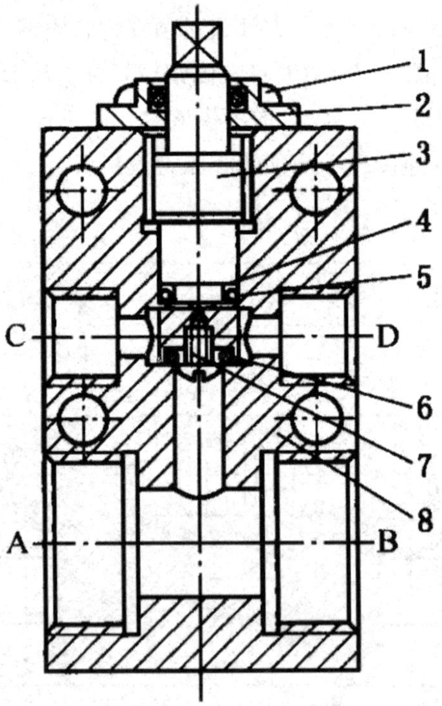


**图 2-66　平面密封式截止阀**

1- 螺钉；2- 端盖；3- 阀杆；4- 挡圈；5-O 形密封圈；6- 阀垫；7- 阀垫压紧螺钉；8- 阀体

球面密封式截止阀如图 2-67 所示。该阀是 1 个二位二通阀，在接往支架操纵阀时，需在主进液管上连接 1 个三通。正常工作时，阀处于常开状态，如图示位置。在球阀 14 的中心有一通孔，手把 8 可带动球阀转动。当手把 8 转动到与阀体中液体流动的方向平行时，球阀上的孔正好可以使液体通过。当支架液压系统出现故障需要检修时，只需将手把旋转 90°，则压力液无法通过。该阀的压力液进出口方向不能接反，这是由于阀处于断开状态时，碟形弹簧 16 和压力液作用于阀座垫 15 上，使阀座 11 与球阀之间紧密接触，从而提高球阀的密封性能。若接反，压力液就会使球阀压缩碟形弹簧而离开阀座，造成阀关闭后仍然出现漏液的现象。该阀也可用于主管路中，当主管路出现故障时，通过其切断主液路。

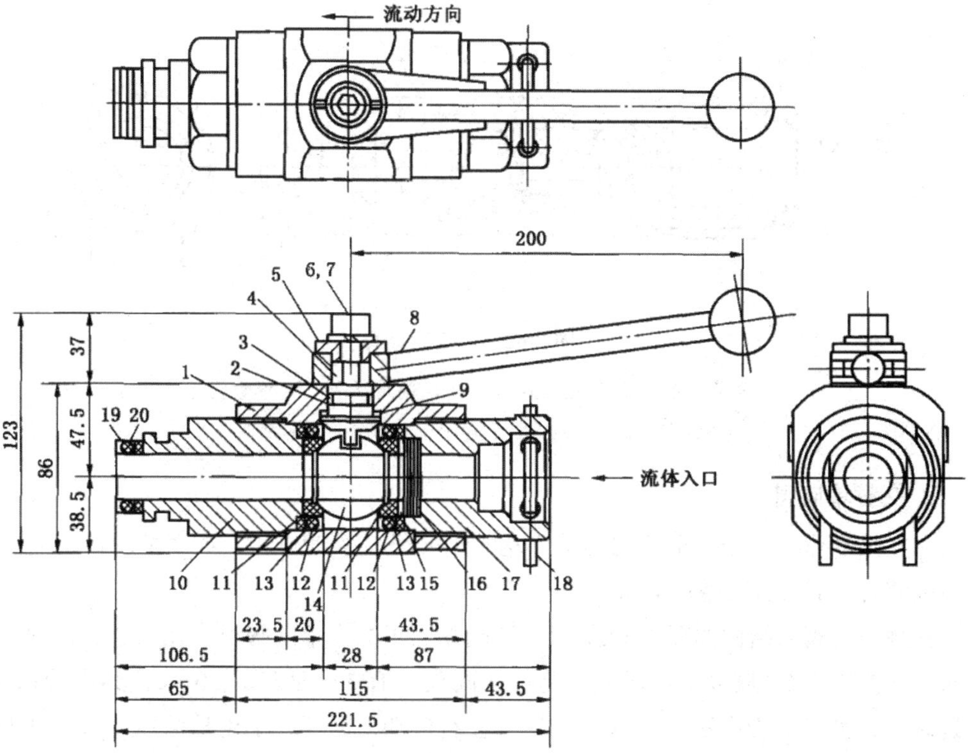


**图 2-67　球面密封式截止阀**

1- 阀体；2，12，19-O 形密封圈；3，13，20- 挡圈；4- 阀杆；5- 方向指示盘；6- 螺钉；7- 弹簧垫圈；8- 操作手把；9- 衬垫；10- 螺纹接头；11- 阀座；14- 球阀；15- 阀座垫；16- 碟形弹簧；17- 管座；18- 销子

### 2. 回液断路阀

回液断路阀实际是一个单向阀，安装在操纵阀的回液管路上。其作用主要有 2 个：一是防止主回液管由于相邻支架动作而产生较高的背压液体进入支架的液压系统，引起千斤顶误动作；二是支架液压系统检修时，不影响工作面主回液管的液流流回液箱。

回液断路阀的结构如图 2-68 所示。该阀由阀体 1、弹簧压座 2、阀座 3、阀芯 5、阀座压套 4 等主要零件组成。正常工作时，支架回液管的液体可以打开阀芯 5 进入主回液管。检修支架时，该阀自动关闭，主回路管的液体不会返回支架液压系统中。

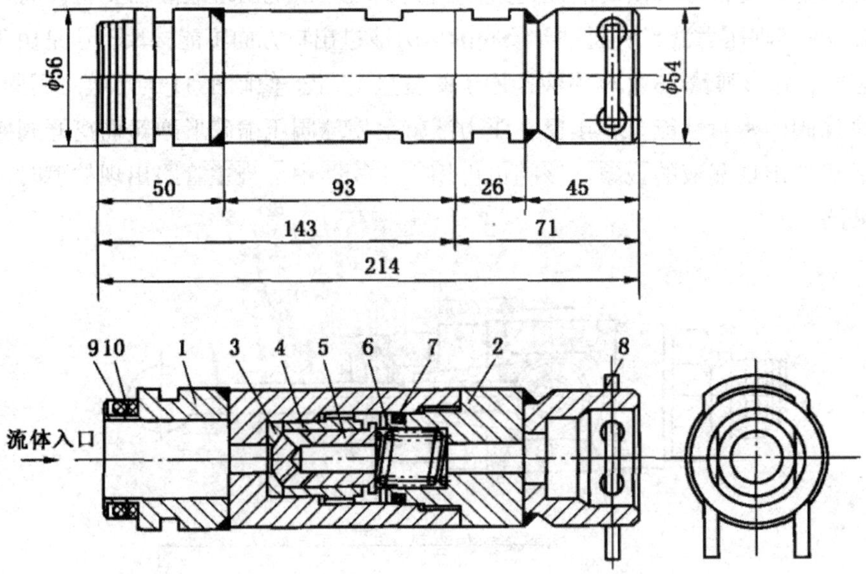


图 2-68　回液断路阀

1- 阀体；2- 弹簧压座；3- 阀座；4- 阀座压套；5- 锥形阀芯；

6- 弹簧；7，9-O 形密封圈；8- 销子；10- 挡圈

### 3. 交替单向阀

在支架动作中，若 2 个不同的动作均需携带另一个动作时，或 2 个动作均需向某一液腔供液时，需设置交替单向阀。

交替单向阀的结构如图 2-69 所示。该阀相当于 2 个单向阀组合在 1 个阀壳内，主要由阀芯 3、阀座 4、阀套 2 和阀壳 5 组成。阀壳上有 3 个液口 a、b、c，其中液口 a 和 c 为进液口，液口 b 为出液口。由于阀芯可左右移动，因此，不论从液口 a 或 c 进液，均可保持从 b 口出液。

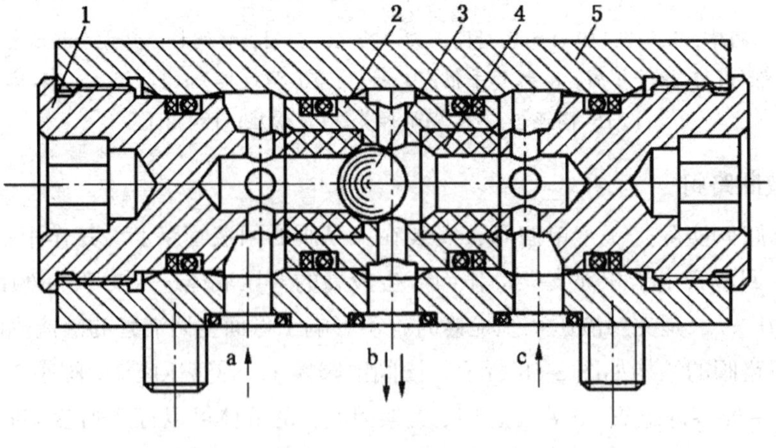


图 2-69　交替单向阀

1- 螺母；2- 阀套；3- 阀芯；4- 阀座；5- 阀壳

4. **双伸缩立柱底阀**

双伸缩立柱底阀实际是一个由机械控制的单向阀，其结构如图 2-70 所示。该阀装入二级缸活塞内，由密封圈 11 和挡圈 12 将一级缸和二级缸活塞腔隔开。上阀体 1 和下阀体 9 通过螺纹连接在一起，并由尼龙稳钉 7 防止其松动。在下阀体上装有带 O 形密封圈 2 的阀垫 6，通过弹簧 4 的作用使阀杆 5 的锥面与其紧接触，形成锥面密封。在密封副两侧装有上部过滤网和下部过滤网 3，实现阀的进、回液双向过滤。底盘 13 上有 8 个均布的小孔，一级缸活塞腔的压力液可通过这 8 个小孔进入阀体内，再经过滤网到达Ⅰ腔；然后经阀杆上的径向孔和横向孔到达Ⅱ腔。此时，如果二级缸完全升起，则一级缸的活塞腔液体压力不断增加。当一级缸活塞腔液体压力大于弹簧力时，压力液打开阀杆与阀垫的密封进入Ⅲ腔；经滤网和上阀体的径向孔进入二级缸的活塞腔，使活柱上升。停止供液后，在弹簧力的作用下使锥阀关闭。二级缸活塞腔的液体被封闭，立柱承载不会自动回缩。降柱时，一级缸活塞腔先回液，当二级缸降到底之后，阀杆碰到一级缸缸底而使阀开启，二级缸活塞腔才能回液，从而活柱下降。

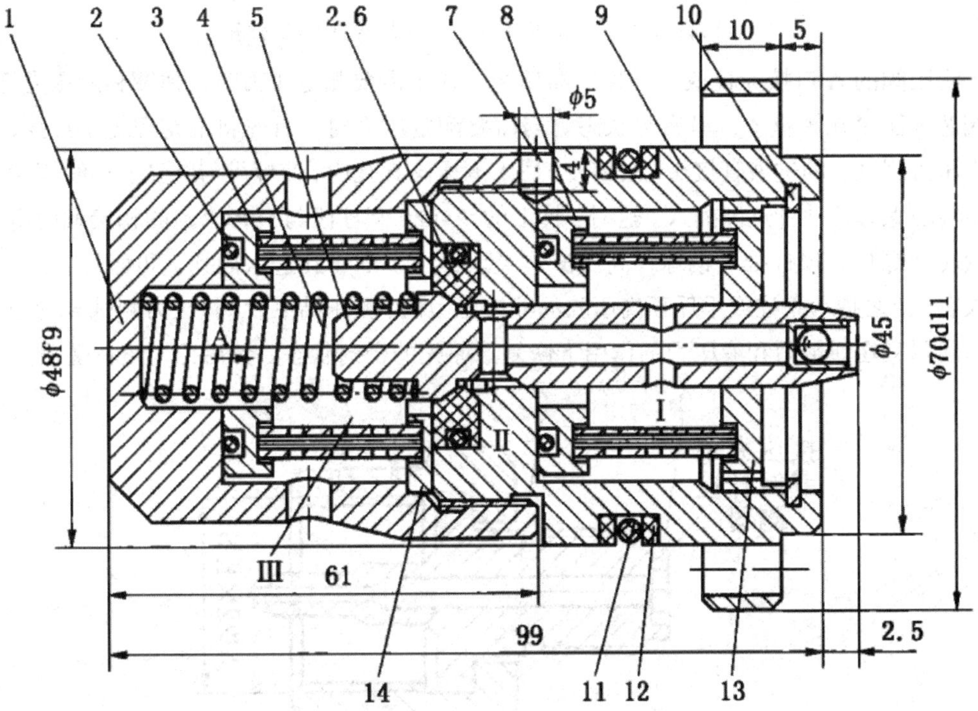


**图 2-70　双伸缩立柱底阀**

1- 上阀体；2，11-O 形密封圈；3- 过滤网；4- 弹簧；5- 阀杆；6- 阀垫；7- 尼龙稳钉；8- 上盘；9- 下阀体；10- 弹簧卡环；12- 挡圈；13，14- 底盘

5. **测压阀**

为了测定立柱和千斤顶高压腔压力的大小，以定期检查安全阀的开启压力是否符合要求，可在立柱和千斤顶液路中设置测压阀，使之与压力测试仪表配合使用。

图 2-71 所示为 CYF1 型测压阀，该阀主要由滚花螺盖 1、压紧螺塞 3、阀壳 4、阀座 7、球形阀芯 8 和弹簧 10 组成。

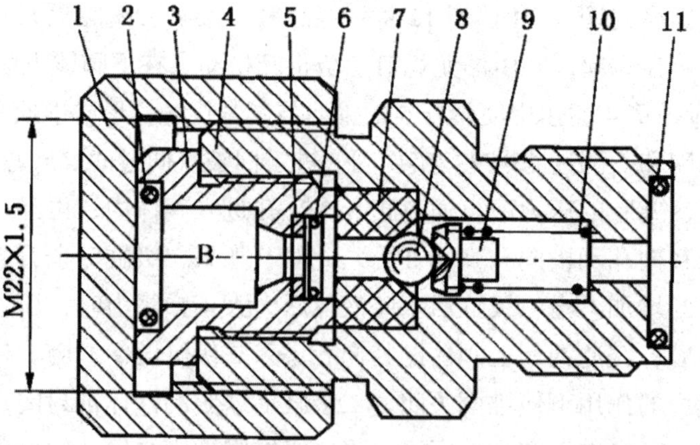


图 2-71 CYF1 型测压阀

1- 滚花螺盖；2，6，11-O 形密封圈；3- 压紧螺塞；4- 阀壳；
5- 挡圈；7- 阀座；8- 球形阀芯；9- 弹簧座；10- 弹簧

测压阀的 A 口接立柱或千斤顶的高压腔。在不需要测定压力时，弹簧和液压力把球形阀芯 8 压紧在阀座上，呈密封状态。当需要测定压力时，首先将滚花螺盖 1 拧掉，然后把压力测试表的进液管接头（图 2-72）插入测压阀 B 孔内，使螺母与阀壳上螺纹相啮合，最后转动螺母使顶针逐渐插入。这时，针上的 $\phi$4mm 圆柱段与 O 形密封圈相接触而密封。继续转动螺母，顶针推开钢球，高压液体经顶针端部的小孔进入内孔，再经导管进入压力仪表，使之指示立柱或千斤顶高压腔的液体压力值。测压结束后，将压力测试装置卸掉，球形阀芯又在弹簧力和液压力的作用下恢复到原先的密封状态，然后拧上滚花螺盖。

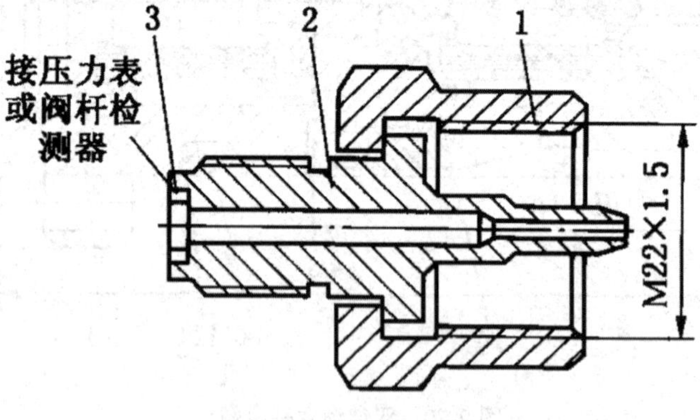


图 2-72 压力表进液管接头

1- 螺母；2- 顶针；3-O 形密封圈

### 6. 压力指示器

立柱和千斤顶高压腔压力大小的测定，除采用压力表测定外，还有一种采用压力指示器测定的方法。

图 2-73 所示为支架上的压力指示器。该压力指示器主要由壳体 1、管接头 2、弹簧 3 和移动指示杆 4 组成。管接头 2 接至立柱下腔，使高压液体经管接头中心孔进入指示器内，作用于移动指示杆上，推动移动指示杆伸出，通过观察伸出长度来判定立柱下腔高压液体的液压力大小。指示杆上加工有刻度。

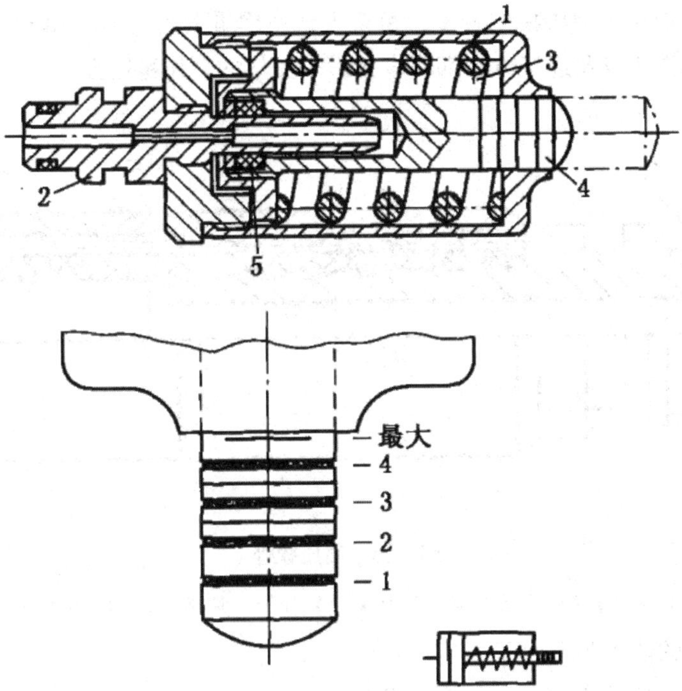


图 2-73　压力指示器

1- 壳体；2- 管接头；3- 压力弹簧；4- 移动指示杆；5- 密封圈

## 7. 过滤器

为了保证支架液压系统的正常工作，一般在主进液管至支架操纵阀的液路中均需设过滤器。常采用过滤器的类型有网式和烧结式 2 种，以网式最多，如图 2-74 所示。该过滤器由滤芯 3、滤体 4、接头 8 和密封件等组成。当液体通过过滤器时，滤芯将液体中的脏物过滤在外圈上。为了清洗过滤器方便，不允许将过滤器的进、出液口接反。

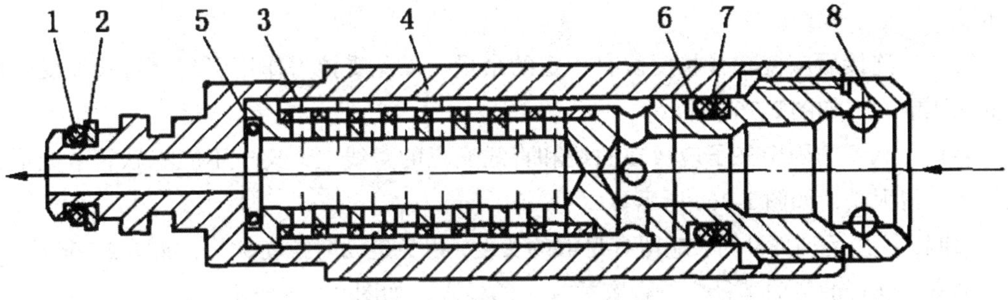


图 2-74　过滤器

1，5，6-O 形密封圈；2，7- 挡圈；3- 网式滤芯；4- 滤体；8- 接头

8. **软管**

液压支架所使用的供液管以软管为多。根据软管的连接方式不同，有快速接头和螺纹接头 2 种形式。

图 2-75 所示的高压软管主要由管芯 1、外套 4、橡胶层 5 和钢丝层 6 等组成。

高压软管在液压支架中使用较多，每架支架使用量大约为 10~30 根，因此，高压软管的结构、使用方法以及连接方法都将直接影响支架的工作稳定性。

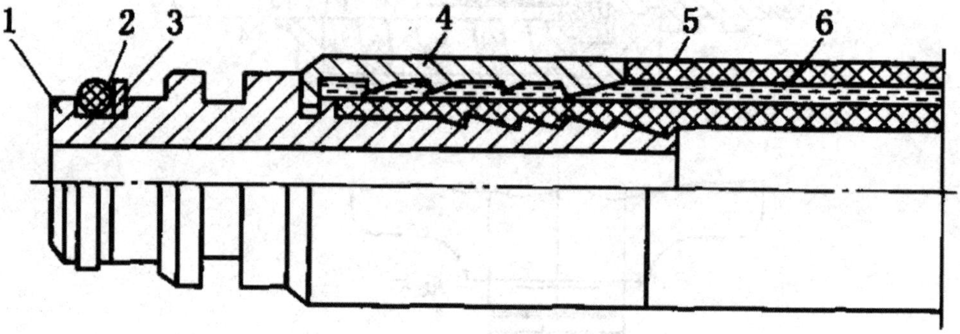


**图 2-75　高压软管**

1- 管芯；2-O 形密封圈；3- 挡圈；4- 外套；5- 橡胶层；6- 钢丝层

对高压软管的使用要求如下：

第一，使用前应检查型号、长度是否符合规定要求，并做抽样压力试验，合格后方可使用。

第二，检查管接头和胶管连接处有无裸露钢丝，外胶层是否出现离层，如有上述现象不得使用。

第三，管接头端部的连接处镀层不得有损坏和脱落，出现脱落不得使用，以免密封不严而产生漏液。

第四，新安装的软管应对管内壁进行清洗，以免胶末和杂物进入液压系统。

对高压软管的连接要求如下：

第一，连接时应防止软管扭转，以免造成骨架层角度改变而使其早期破坏，如图 2-76 所示。

第二，连接后应使软管长度留有一定的余量，以免受拉力作用引起软管长度变化而降低承压能力，如图 2-76b 所示。

第三，软管的固定夹子应放在曲线和直线交点的直线上，夹子不能将软管卡变形，也不能卡得太松，如图 2-76c 所示。

第四，连接运动部件时，应留有足够的长度，以免运动时拉伤软管，如图 2-76d 所示。

第五，连接的弯曲半径应符合有关规定的要求，如图 2-76e 所示。

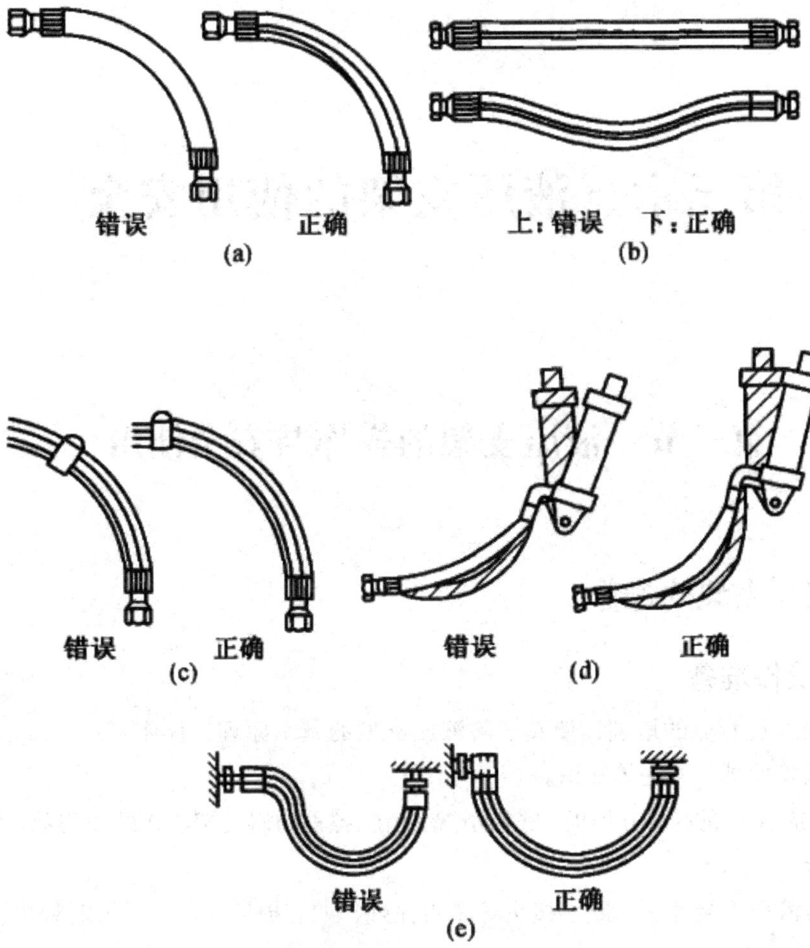


图 2-76　高压胶管的连接方法

# 第三章　液压支架的使用安全

## 第一节　液压支架的操作与安全使用

### 一、液压支架的操作

#### （一）操作准备

支架工要经过专业的培训，使其了解液压支架的基本原理、操作要点，各部件的功能以及主要故障的排除方法等知识。

操作前，应首先观察前方顶板、底板情况，清除各种妨碍支架动作的障碍物，如浮煤、杂物、台阶等。

主要检查液压连接件、管路、接头等是否完好，如有损坏等现象应及时处理。

#### （二）降架移架的操作

要降架移架时，降柱量尽可能少，当支架顶梁与顶板间稍有松动后，立即开始移架。在顶板比较破碎的情况下，尽量采用擦顶移架的方法，边降边移，或者卸载前移。有条件时，应采用带压移架方法。

降柱移架要及时，一般采用及时支护方式的支架，当采煤机后通过后，就可降柱移架，当顶板较好时，滞后距离一般不超过 3~5m，在顶板较破碎时，则应当在采煤机前滚筒割下顶煤后立即进行，以便及时支护新暴露出的顶板，防止局部冒顶。在采用后一种移架方式时，支架工与采煤机司机要密切配合，防止挤伤人或采煤机割支架顶梁等事故。

移架时，速度要快，要及时调整支架，不得歪斜，保持支架中心距，保持与输送机垂直。移架应移到位，移架后，应使工作面支架保持平直。

为避免空顶距离过大，造成冒顶，相邻两架不得同时进行降柱移架。

在有地质构造和断层落差较大的地方，严格控制支架的降柱，不可降得太多，以防止钻入邻架。

工作面支架一般采用顺序移架方式，避免在一个工作面内有多处进行降柱移架的操作，根据防倒防滑的要求，可先移排头第二架，工作面支架可选择工作面下方向上方或相反的移架顺序，特殊条件下个别支架可不按顺序移架。

## （三）升柱的操作

移架到位后应及时升柱。为了保证支架有足够的初撑力，在没有装有初撑力保证系统时，支架升柱动作应保持足够长的时间（立柱应装设压力表，升至达到规定初撑力为宜），也可以将手把停留升柱位置 1~2min 后扳回。

支架顶梁上的碎石、切眼内有障碍的棚梁等应清除后再升柱，以保证支架与顶板接触严密。支架要调整时，应调后再升柱，多排立柱支架升柱时，要使前后排立柱的动作协调，使顶梁平直、接顶良好。

## （四）推溜的操作

推移输送机必须在采煤机后的后面 10m 以外进行（或按作业规程要求执行）。

根据工作面情况，可采用逐架推溜、间隔椎溜、几架同时推溜等方式，避免使输送机推成“急弯”。在推溜时，根据步距必须推够进步，除了移动段有弯曲外，输送机其他部分应保持平直，以利于采煤机工作。

工作面输送机停止运输时，一般严禁进行推溜。推溜完毕后，必须将操作手把及时复位，以免发生误操作。

## （五）平衡千斤顶的操作

在一般情况下，即顶板变化不大，降架又很少时，可不必操作平衡千斤顶。

如果顶板较破碎，在升柱后可伸出平衡千斤顶，以增加顶梁前端支撑力。

若顶板比较稳定，可在升柱后，收缩平衡千斤顶，使支架合力作用点后移，提高切顶能力。

要避免由于平衡千斤顶伸出太多，而造成支架顶梁只在前端接顶的现象。

## （六）侧护板的操作

一般情况下，不必伸出或收回活动侧护板。只有当支架歪侧、需要扶正时，才在支架卸载状态下将活动侧护板伸出，顶在固定住的下部支架上，可使支架调剂所需位置。尽量不要收回活动侧护板，以免架间漏矸。

## （七）护帮装置的操作

采煤机快要割到护帮装置位置时，应及时收回护帮装置，以防止采煤机割护帮板。

采煤机割煤并移完支架后，要及时将护帮装置推出，支撑住煤壁，操作护帮装置时，动作要平衡，防止伤人。

## （八）防倒、调架、防滑装置的操作

支架歪倒、下滑或歪斜时，要及时操作调整。注意操作顺序以及与正常操作之间的配合关系。在调整支架时要在卸载状态下进行，动作要缓慢，边操作，边观察支架的调整状况以及顶板情况，推溜时，防滑千斤顶不得松开，以防止在推溜过程中支架下滑。

## 二、工作面支架的事故及处理方法

工作面支架的事故及处理方法如表 3-1 至表 3-5 所列。

**表 3-1 倒架事故及处理**

| 原因 | 操作及处理方法 |
|---|---|
| 1. 采高过大、伪顶冒落，或者有大面积；冒顶，使支架贴不上顶板<br>2. 顶板破碎，起伏不平，或者顶板局部冒落<br>3. 煤层倾角较大<br>4. 底板起伏不平、有台阶或底板过于松软<br>5. 支架稳定性差，或没有较完善的防倒、稳定装置 | 1. 掌握好采高，防止顶空。若伪顶容易冒落，则应考虑支架支撑住顶板<br>2. 采煤机割煤时要切割平整，防止切成凹凸不平或人为的坡度<br>3. 降架不能太多，降架时严密观察，防止钻入邻架<br>4. 用活动侧护板千斤顶扶正支架<br>5. 用顶梁与顶梁之间的平拉式或顶梁与隔架底座之间的斜柱等防倒千斤顶来扶正支架<br>6. 可以增设临时调架千斤顶或单体液压支柱，将歪倒支架向上拉或推顶，调架时应将歪倒支架卸载<br>7. 若歪倒架数多，歪倒严重，则可以分几次扶正。先从顶梁间隙较大的地方开始，使支架撑紧顶板，然后再扶下一架<br>8. 必要时，可将钢丝绳一端固定在采煤机上，另一端拴在倾倒的支架上，采煤机行走将支架扶正，也可用绞车调整 |

**表 3-2 支架下滑事故及处理**

| 原因 | 操作及处理方法 |
|---|---|
| 1. 液压支架质量大，在一定倾角的煤层中有下滑的趋势，尤其在支架前移时，与底板之间由静摩擦转变为动摩擦，摩擦系数变小，容易下滑<br>2. 由于输送机自重，也有下滑趋势，加上煤炭下运和采煤机向下牵引，所以推移时输送机易下滑，因而带动推移时输送机易下滑，因而带动推移输送机时，又加大了输送机的下滑，如此反复积累促使支架下滑<br>3. 由上向下推移输送机时，容易使输送机和支架下滑 | 1. 将工作面调成倾斜，即是使工作面下部超前，上部落后；当煤层倾角小于 15° 时，工作面的倾斜角大体为煤层倾角的一半；这是预防下滑事故的简便有效的措施<br>2. 工作面倾角较大时，可采用上行推移法，即从下至上推移输送机和液压支架<br>3. 当工作面倾角大于 15° 时，除了使工作面倾斜推进外，液压支架和输送机之间还应增加防滑千斤顶；其间可用锚链相连接；在推溜过程中，防滑千斤顶应始终起有效作用，保持拉紧力；防滑千斤顶的拉力和数量则由工作面倾角、输送机和采煤机的总质量等来确定<br>4. 液压支架的推移机构要有导向装置，防止歪斜太大，加快下滑<br>5. 液压支架底座之间可设置调架千斤顶，防止支架下滑或支架与输送机的歪斜<br>6. 必要时，更换或拆除输送机的调节槽，以保证输送机与转载机的正常配套关系 |

**表 3-3　压架事故及处理**

| 原因 | 操作及处理方法 |
|---|---|
| 1. 采高偏低，支架伸缩值留得较小<br>2. 支架支撑能力不足，尤其在初次来压或周期来压时更可能发生压架<br>3. 工作面推进太慢或停产时间过长 | 1. 用一根或几根备用立柱支在被压死支架的顶梁下，同时向备用立柱和压死的立柱供液，反复升柱，使顶板逐渐松动，以便降柱前移；用备用立柱时，要在立柱与顶梁间垫木板，以确保安全<br>2. 用辅助立柱或千斤顶与压死支架的立柱液压柱液压系统构成增压回路，反复升柱，使顶板松动，以便移架；增压大小应考虑系统的承压能力<br>3. 顶板条件允许时，可用放小炮挑顶的办法处理，爆破要分次进行，每次装药量不宜过大，只要能使顶板松动，可以移架就行，严禁在支架与顶板空隙中爆破崩顶<br>4. 若顶板条件不好，可打用卧底法；向底座下的底板打浅炮眼，装小药量，爆破后掏出崩碎的岩块，使底座下降，就可以移架 |

**表 3-4　煤壁片布事故及处理**

| 原因 | 操作及处理方法 |
|---|---|
| 1. 煤质松软，节理发育，采高过大，顶板压力大<br>2. 支架的支撑能力不足<br>3. 工作面推进速度过慢<br>4. 工作面与煤层节理方向平行或夹角太小<br>5. 护帮装置不完善 | 1. 工作面尽量与煤层节理垂直或斜交面布置<br>2. 提高液压支架的初撑力和支护强度<br>3. 支架设护帮装置，防止片帮事故；还可以设置伸缩梁、翻梁等装置，防止因片帮造成冒顶事故<br>4. 加快工作面推进度，减少顶板压力对煤壁的过大影响<br>5. 加固煤壁，如采用木锚杆、各种化学加固等措施<br>6. 及时移架，伸出伸缩梁、护帮装置或者超前移架，以便支护新裸露的顶板，防止冒顶；必要时还可采用临时支护 |

**表 3-5　顶板冒顶事故及处理**

| 原因 | 操作及处理方法 |
|---|---|
| 1. 顶板破碎，支架接顶差，或由于伪顶冒落而无法接顶<br>2. 支架支撑能力不足<br>3. 工作面推进慢，促使顶板更加破碎<br>4. 支架倒架严重，形成无支护区<br>5. 支护滞后时间长，梁端距过大 | 1. 及时移架，减少支护滞后时间，缩小梁端距<br>2. 保证支架接顶良好，可采用擦顶或带压移架法<br>3. 倒架后要及时调整，避免架间空隙过大<br>4. 控制合理的采高；对容易冒落的伪顶，支架要留有伸缩余量<br>5. 架设临时棚梁和辅助支柱，使相邻支架或前方煤壁能支托住棚梁，以便通过冒落区<br>6. 顶板出现冒落空洞后，应及时用坑木或板皮填塞，使支架顶梁能支撑住顶板<br>7. 除在局部冒顶区采取安全措施外，要加快工作面后推进度<br>8. 不得已时，可用充填或化学加固的方法，充填空洞，加固顶板 |

## 三、液压支架在困难条件下的使用

### （一）采煤工作面过断层时支架的使用

当采煤工作面内有落差大于采高的走向断层，可以按断层为界将工作面分为两段，沿断层掘进中巷，形成两个小工作面。

对于落差大致等于或小于煤层厚度并与工作面斜交的断层，一般可强行通过。为使断层和工作面交叉面积尽量减少，应事先调整平面倾斜角度，使工作面煤壁与断层保持一定角度。夹角越大，就愈容易维护顶板。

在遇到断层时，应提前开始使支架逐渐走上坡或者下坡。如果煤层断块在工作面前进方向的上方，如图 3-1a 所示，应逐渐割底和割顶，使之形成上坡，来通过断层。如果断层块在工作面前进方向的下方，如图 3-1b 所示，则可用拉（割）底办法，但不要挑顶，使之形成下坡，来过断层。当断层落差过小时，只要控制采高，留顶板或煤底，形成一个人为的坡度，就可以通过断层。一般而言，当岩石硬度在普氏系数 4 以下时，可以直接用采煤机切割。岩石硬度再高时，则用打眼爆破法。此时应打浅眼，少装药，放小炮。防止崩坏液压支架的立柱和其他部件，可用悬挂挡矸皮带等方法进行保护。

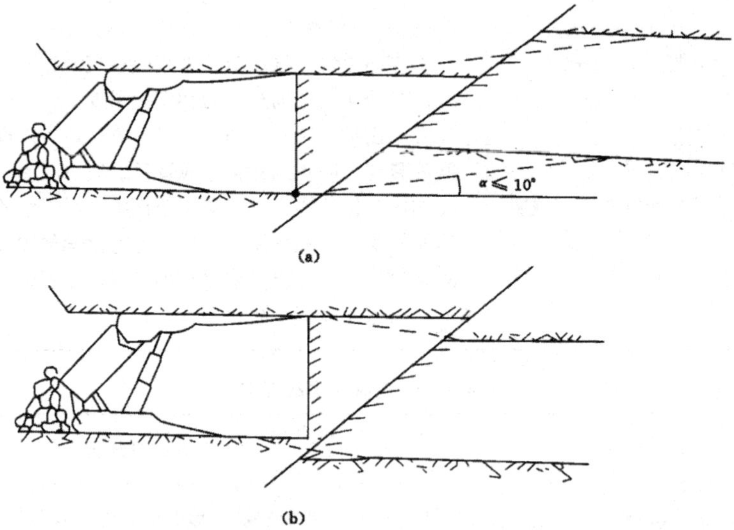


图 3-1　上、下坡断面图

通过断层时，顶板一般比较破碎，有时还伴有煤壁片帮，因此要及时采取提高支架初撑力，尽可能缩小断层距，控制采高，带压移架等可行措施，防止冒顶与片帮。

通过断层时，液压支架经常处于极限工作状态，容易出现歪倒、顶板空顶等情况。而且由于局部条件恶化，架与架之间的工作状况有较大出入，所以在操作支架时，要注意观察相邻支架的状况和顶板情况，防止损坏支架。

### （二）平面过老巷支架的使用

支架过老巷时，由于老巷周围岩层变形和破坏，在工作过程中，往往矿压增大，顶、底板难于控制和维护，特别是年久失修的空巷，支架通过时困难更大，因此应尽量使工作面与支架成斜交布置，这样可以逐段通过老巷，避免整个工作面同时通过。

当过本煤层老巷时，应事先将老巷修复。如老巷已不通风，则应先通风排出有害空气，修复老巷的方法，主要是加强支护，可架设木垛，加设锚杆，顶部铺金属网，一般可设一梁二柱或一梁三柱的抬棚，棚梁方向与基本工作面煤壁垂直。工作面通过时，可先拆除一根棚腿，使支架顶梁托住木棚，然后移架。

当老巷位于工作面底板岩层中时，要用木垛等措施加强老巷的支护，防止支架通过时下陷，当老巷位于工作面顶板岩层时，必须采取加设木垛、打密集支柱等办法，使上覆岩层的压力均匀传递到工作面支架上。

## （三）坚硬顶板条件下液压支架的使用

在坚硬顶板条件下，一般应选用高工作阻力的液压支架，其支护强度不低于 1MPa。立柱应装设大流量安全阀和抗冲击结构的立柱。这种顶板的采面矿压表现特点是：在正常情况下，矿压显现不明显，但在周期来压时由于采空区顶板大面积的剧烈活动，将给工作面生产带来很大威胁。因此，对这种坚硬顶板的工作面，必须进行强制放顶。

强制放顶工作分为：初次来压前放顶、周期来压前放顶和正常生产期间放顶。

初次强制放顶时，应集中人员，集中钻具，集中时间，根据顶板条件合理布置钻孔的深度、钻孔间距、初次放顶的次数，放顶步距在作业规程中要明确规定。

周期来压前也要组织强制放顶。生产过程中，可根据工作面立柱的受力状况及矿压资料，采取可靠措施进行放顶工作。

在正常进行期间，若采空区局部顶板悬空面积较大时，也应随时打眼，进行强制放顶，应当合理设计炮眼距支架的距离，眼的深度、仰角、每眼装药量。打眼必须在支架间隙内，并在支架掩护下进行，严禁进入采空区打眼。强制放顶、爆破时必须设警戒，按规定撤离人员。

## （四）在顶板破碎带液压支架的使用

在顶板破碎带使用液压支架时，顶板维护很困难，支架经常被“压死”，对工作面安全生产威胁很大，应采取符合现场条件的处理方法处理，一般有以下几种。

第一，及时移架，减少滞后时间，擦顶或带压移架，减少移架时顶板岩层的活动和破坏。当顶板破碎、片帮严重时，可以超前移架，即在采煤未割煤之前先移架，以便及时控制顶板。

第二，挑顺山梁，在采煤机割煤后，如果新暴露出来的顶板在短时间内不冒落，而在支架移架时才可能冒落，这时可以采用挑顺山梁的办法架设长梁移架，如图 3-2 所示。即先移顶板较完整下方的支架，移架时在前探梁的上面放置沿工作面方向的若干根木梁，用以支护附近的破碎顶板，然后再移邻近支架。如果顶板局部比较破碎，仍有漏杆时，可在顺山梁上面铺金属网片等护顶材料，如图 3-3 所示。

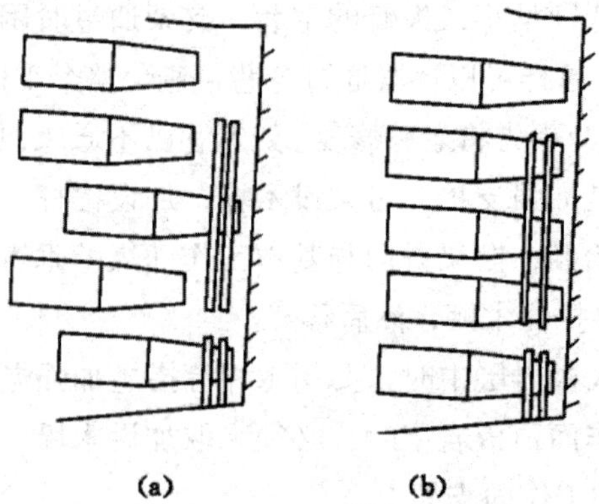


图 3-2　挑顺山梁

a 先移一架，放两根顺山梁；b 移相邻支架

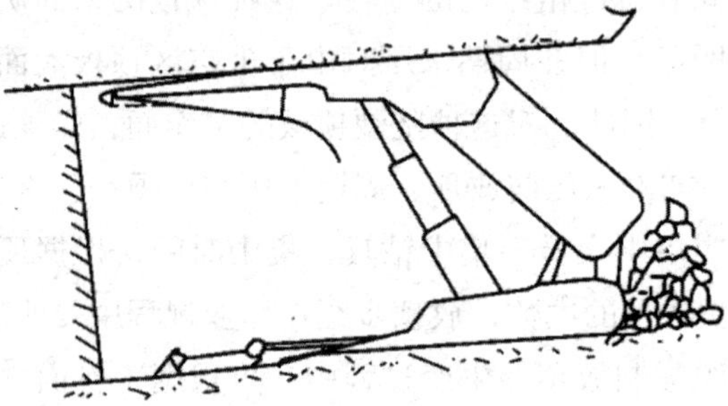

图 3-3　在顺山梁上面铺金属网片

第三，架走向棚。当工作面顶板在割煤后很快就冒落，用挑顺山梁的方法来不及支护时，可先在相邻支架间超前架设走向棚（一梁二柱或一梁三柱），然后再在走向棚下面临时架 1~2 个顺山抬棚，及时维护新暴露的顶板，可先移一架，用前探梁挑起顺山棚梁由顺山棚来托住三架走向棚梁，此时再拆除顺山梁和走向梁下的临时支柱，相邻支架即在顺山梁和走向梁的保护下前移，如图 3-4 所示。

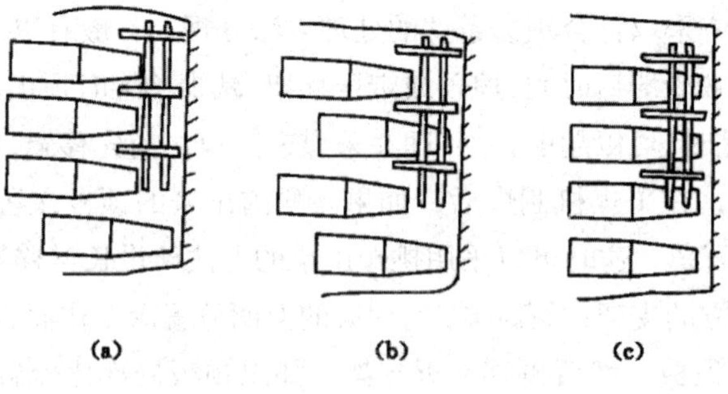


图 3-4　超前架走向棚

如果顶板条件许可，也可架设走向梁。在煤壁靠顶板处掏一梁窝，然后将走向梁一头架在煤壁上，另一头架在支架的前探梁上，如图 3-5 所示。如果煤层松软，片帮，顶

板破碎，也可在靠煤壁处打一临时支柱，走向梁一头由支柱支撑，另一头则放在前探梁上，如图 3-6 所示。

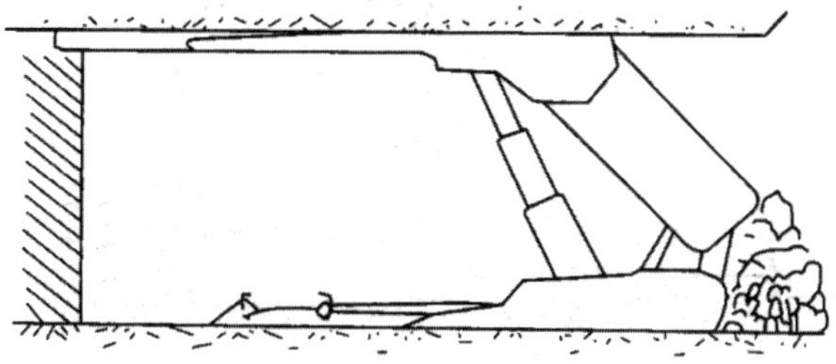

(a)

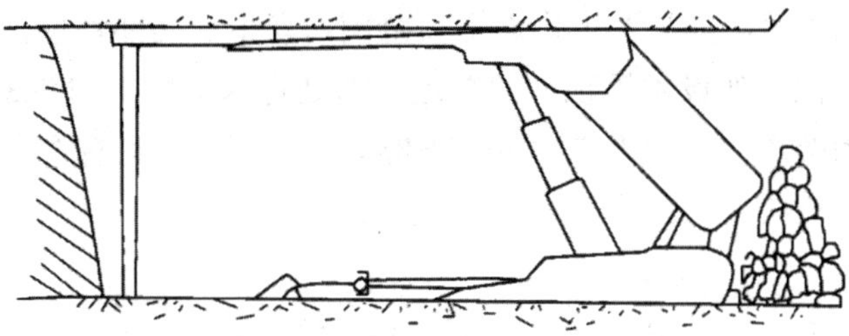

(b)

图 3-5　架走向梁

a 在煤壁上掏梁窝；b 靠煤壁处打临时柱

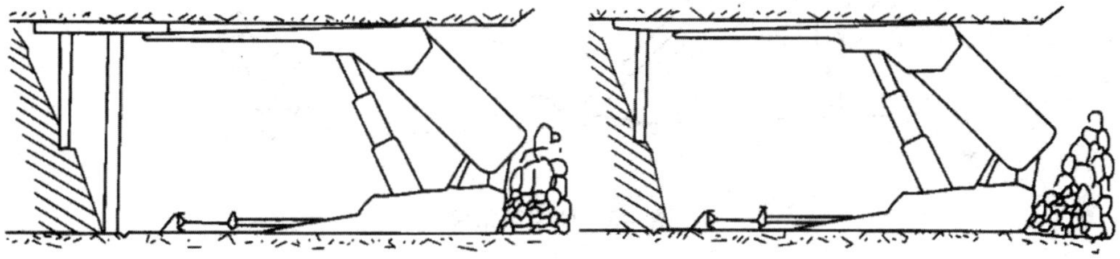


(a)　　(b)

图 3-6　架走向梁

a 梁下打短柱和临时柱；b 撤去一根临时支柱

若煤壁片帮严重时（达 0.6~1.0m），走向梁应伸到片帮深处，并在梁下打以短柱和临时支柱，如图 3-6 所示。随着支架前移，再依次撤去临时支柱和短柱。

第四，铺金属网。在支架顶梁上铺设金属网，是现场管理破碎顶板的一种比较常见有效的方法。要注意保证金属网搭接长度一般要大于 200mm，根据顶板破碎的范围，选用垂直或顺着工作面的铺网方法。对于厚煤层分层开采的工作面，预铺的顶网有利于下分层开采时，具有较完整的假顶。金属网要用镀锌铁丝编成。视顶板破碎程度，确定网孔规格、网宽、长度。铺网工序在支架后紧接着进行，网卷顺着工作面倾斜方向展开，网片同倾斜方向搭接长度大于 30cm，联网工作应在前探梁下进行，新接的网片应在梁下挂好，联网时两张网片沿走向方向搭接的关系如图 3-7 所示。新网片应放在旧网片下面，移架后，网片翻起顶梁上面，顶梁中顺着两网的搭茬前移，以防止网被扯破。

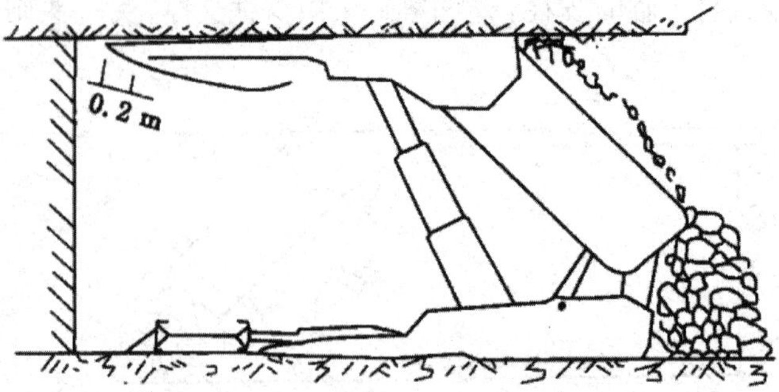


图 3-7　顶梁上铺设金属网

第五，顶梁架木垛。如果在工作面空顶范围内发生了局部冒顶，为使支架能通过冒顶区，应在冒顶范围内架设木垛顶，并在近煤壁处打木支柱，如图 3-8 所示。上述措施增加了工人的体力劳动，劳动生产率低，不够安全，因此，只有在局部特殊条件下才采用此措施。

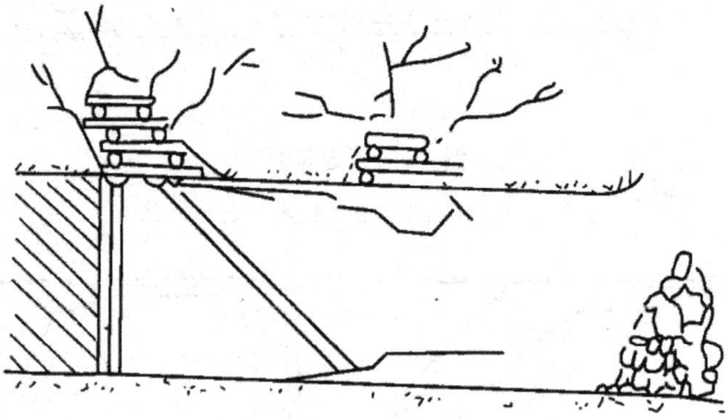

图 3-8　顶梁架木垛

第六，提前对工作面前方顶板进行化学加固，提高顶板的完整性。

第七，打木锚杆，当局部遇有容易发生成层状冒落的顺岩顶板时，可在靠煤壁处的顶板向上打一排或两排钻孔，打入木锚杆，采用加固顶板，以增加其稳定性，锚杆应斜向煤壁，仰角为 60°～70°，深为 2.4～3.0m，在锚杆下端挂木板梁，维护破碎顶板，如图 3-9 所示。

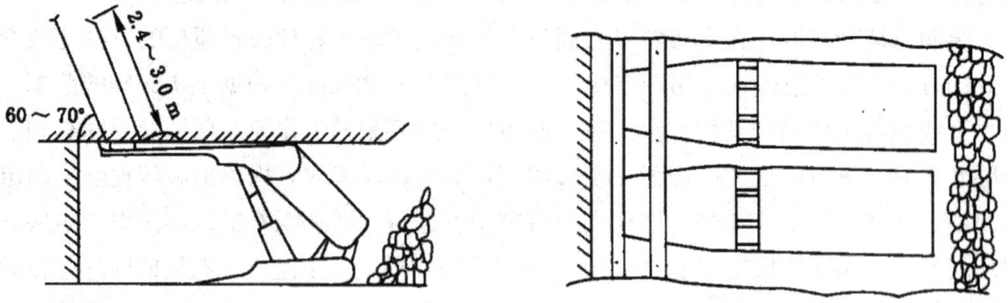


图 3-9　打木锚杆图

## 四、松软底板条件下液压支架的使用

当煤层底板松软时，在顶板压力作用下，支架易陷入底板。这不但降低了支架的支撑能力，同时给移架带来困难。为能实现顺利移架，可根据支架陷入底板的情况采取相应的措施。

第一，在支架底座下垫木板，当支架底座陷入底板不深时，只需在底座下垫几块木板，降柱后可拉架前移，如图 3-10 所示。

第二，打斜撑柱办法。当支架底座陷入底板，垫木板仍拉不动时，可在前梁打斜撑柱，然后进行降柱和拉架，这时，支架由于斜柱的支撑，并在移架千斤顶的共同作用下，就能被提起前移，如图 3-11 所示。

第三，用辅助千斤顶提底座。如果顶板条件不好，则可在邻架前梁下悬挂一个辅助千斤顶（用防倒或防滑千斤顶），使千斤顶处于伸长状态，并用钢丝绳或链条拉住本架底座。移架时先降柱，然后收缩千斤顶提起底座，即可拉架前移。

第四，在支架底座上装设抬底座千斤顶。

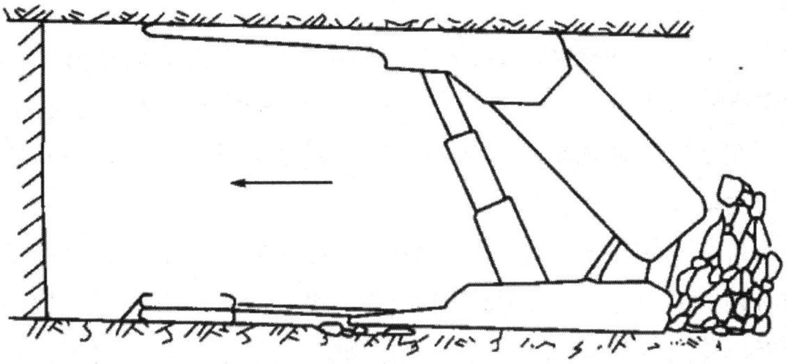

图 3-10　底座下垫木板前移

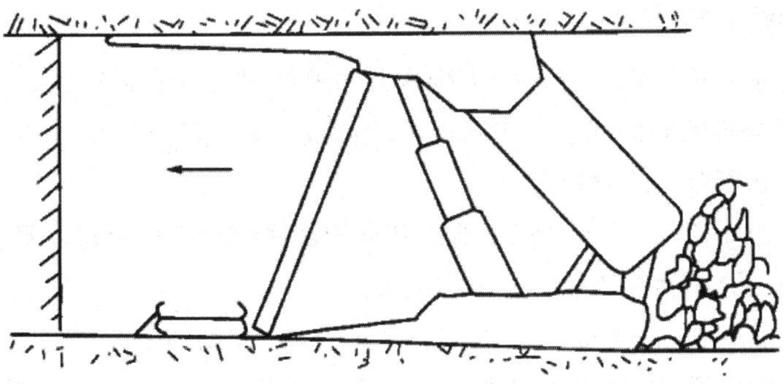

图 3-11　支斜撑柱前移

# 第二节 液压支架运输、安装与拆除

## 一、液压支架运输、安装与拆除的准备工作

### （一）组织准备

技术主管部门应编制运输、安装与拆除支架的计划，其中包括运输、安装与拆除支架的方案与方法，劳动组织，工程进度，安排质量要求，安全技术措施及其他有关事项。

液压支架在运输、安装与拆除过程中，涉及生产、机电、运输、维修等部门。因此，事先在矿长领导下成立临时机构按计划统一进行指挥、协调和调度。参加运输、安装与拆除支架的人员要经过专业技术安全技术的学习并经考试合格方可上岗。

### （二）设备准备

新购进的支架应在地面试运转，清除立柱和千斤顶的防锈防冻液，其方法是将开始的一至二次动作行程的回液引入其他储液箱内（不允许引入泵站的乳化液箱内）。

下井前，要在地面和输送机、采煤机进行配套联合试运转，以检验相互配合情况，尤其是新配套的设备。

运输支架应备有专用平板车，为降低运输高度，要求平板车尽可能低一些，平板车的宽度和轨距必须符合巷道宽度和曲率半径的要求，车上应有固定支架的锁紧装置，车轮及轴承等应能承受支架质量来设计，运输油缸、阀等专用车应封闭，防止脏物进入液压件。

液压支架及其他设备装车后，经检查验收刹车合格后，方可下井。

### （三）井巷工程准备

支架在启运前，应组织人员检查支架入井时所经过的井筒运输巷，上下山，顺槽、巷道各交口及车场等的断面尺寸，电机车架线高度、巷道坡度、抬棚高度、轨道曲率半径等是否合适，如不合格及时处理。

检查采煤工作面切眼的巷道高度、宽度和支架规格质量等是否符合安装方案的要求，对于不稳定的顶板分段刷大切眼，分段安装支架。

在采煤工作面切眼两侧的巷道应布置支架组装站，并做到高度、宽度，支护质量合格，组装时起吊设备的棚梁要有足够的强度，安装牢固可靠，在组装站与平巷要备有停车线、错车场，以保证空、重车辆通过互不干扰。

### （四）装车准备

根据支架类型、质量和外形尺寸以及矿井运输等实际条件，确定采取整体装运或解

体装运。一般只要在运输各环节能满足要求，尽可能采用整体装运。

在整体装车时，支架应降低至最低位置，活动侧护板与护帮机构要收回，推移杆缩回，并要固定好，同时要把支架的主进回液管的两端插入本架的断路阀接口内，使架内管路与系统成封闭状态。

在解体装运时，尽可能保证相对整体性，减少拆装量，解体运送的零部件应编号装箱，以防丢失，对液压件所有外露要用堵塞或仓封，以防脏物、煤尘等进入内部。

### （五）安装准备

安装支架前，应在工作面先装输送机，安装乳化液泵站。根据支架在井下组装和安装方法的不同，应事先准备所用的绞车、变向轮、滑轮及手拉葫芦。根据条件，为确保安全，应选择和验算绞车的牵引力与牵引钢丝绳的直径，超重用的钢丝绳、锚链等必须符合起吊质量的要求，必须保证有足够的安全系数和良好的性能。

井下运输线路的主要地点、组装支架的地点应有良好的照明，并有供互相联络用的声光信号，系统动作要灵活、准确、可靠，声音清晰。严禁用晃灯、喊话、敲打物件等其他方法代替。

## 二、液压支架的运输

### （一）液压支架的装车

根据运输线路与工作面位置来确定装车方向和顺序，对车辆进行编号。在支架整体运输时，应根据支架在工作面排列的顺序与进入工作面的路线来确定顺序；解体运输时，则要考虑各个车组的次序，以利于井下安装。

在支架装车时，既要掌握重心和中心位置以防止运输中倾倒，又要注意车与车之间的连接。装车后要捆绑牢固，保证支架在运输途中不会因为紧急制动或车辆上下坡而造成窜移。

### （二）运输

竖井用罐笼运支架时，在吊运支架时，下井口周围不准有人，禁止上、下井口同时作业，在设备升降时要向绞车司机发出慢速信号，严防摇摆碰撞。为确保安全、保护提升设备，应注意提升罐笼的配重。

大巷运输时，电机车索引时，以每次一台支架车为宜，并慢速运行、启动和停止要平衡，防止支架车因碰撞发生掉道事故。

在平巷由人力推运支架时，要注意前方的人或障碍物。同一道轨道上同向运行的两台车之间的距离不少于 15m，严禁放飞车。

轨道上山每次只准推一个车，在上下口弯道处要慢速运行，不准突然启动或紧急刹车，为了安全，信号、制动装置要可靠。

支架运输过程中不得丢失、损坏零件，运到规定地点后应及时清点检验。

## 三、液压支架的安装

### （一）井下组装

在井下组装时，必须建立支架组装站。一般选用在采煤工作面切眼的回风巷道，距工作面切眼较近，顶板完整的大巷道。在站内支设起重棚梁，固定起重机具。从井上运来的支架组件直接到组装站进行组装。在组装站附近必须铺设双轨和必要的道岔，以便于存、放空重车和调车之用。

支架解体较少，质量不大，安装不太困难时，可以直接将支架组件运到工作面进行组装。

凡解体下井的支架，在组装前要对组装用的设备，各种辅助装置及组装站的安全状况进行检查。符合有关规定后，在专人指挥下进行组装，支架起吊时，为确保安全，严禁将手脚、头部等伸入支架下面。

### （二）支架运入

用绞车运送支架进入工作面时，可以沿底板托运或者沿轨道运送，在工作面上、下出口处设一台绞车，如图 3-12 所示，首先用绞车把支架拖到安装地点，用两台绞车调正支架方向，使支架垂直于工作面煤壁，然后再用绞车或千斤顶进行对位调正。

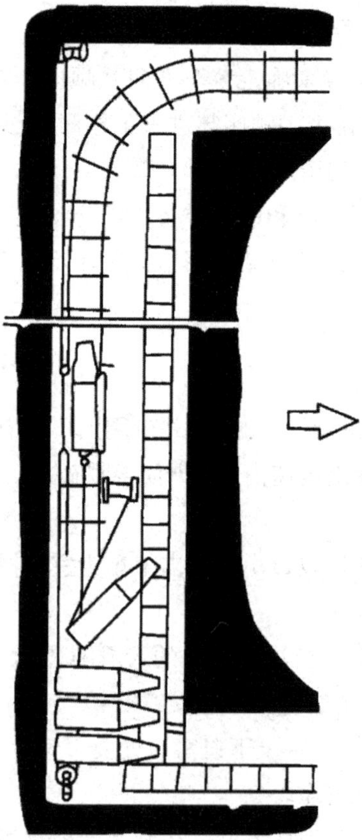

图 3-12　用绞车运送支架进入工作面

利用输送机槽运送支架时，先不安装挡煤机，电缆槽和机尾传送装置等附件。在溜槽上设置滑板，将支架移放在滑板上，并用链条拴住。开动输送机，由输送链带动滑板，将支架运至安装地点。然后用小绞车将支架从滑板上转向并卸下，进行安装调正。导向滑板的前后两端必须做成前后向上翘的结构，防止卡阻。（注：此方法很少用）

### （三）支架安装

工作面安装支架时，首先必须定好第一支架的位置，并要保证支架与运输机正确的相对位置，防止歪斜。然后应由下往上依次安装。安装时应注意保证准确的中心距，上下支架要成一条直线，并与运输机垂直。

支架与运输机的安装顺序，一般可先安装运输机，或运输机和支架同时安装。无论用哪种安装顺序，都必须保证支架在工作面能准确定位。都要在开切眼未拆除轨道前将运输机的中部槽、电缆槽、铲煤板等运到安装地点。

支架到位调整以后，接通供液管路，从安全地点进行操作，将支架升起支撑顶板。然后全面检查连接部位是否正常，液压接头是否有泄漏，发现问题应及时处理。

安装阀的液管接头时，严禁硬打硬敲。各部螺丝必须齐全坚固，销子齐全，密封良好。

乳化液要符合有关规定，新支架在工作面运行 3 天后，必须清理乳化液面，并重新注入新的乳化液。

### （四）开切眼支护

在顶板条件较好时，可一次将切眼扩成所需的宽度和高度。

可用大跨度的一梁二柱支架，架间棚距可为 1.5m，或视条件而定，在顶板条件不太好的切眼，应采用锚杆、锚网与锚锁相结合及架棚单体柱等其他支护方式。

在难管理的顶板条件下，开切眼可先按小断面掘出，安装支架前，一面刷帮扩巷，一面安装支架，这样有利于顶板管理。

安装支架时应有专人观察顶板，高速或补加临时支架，确保安全。

采煤机安装位置，应在支架安全检查后扩机窝。

支架定位完毕后，可以拆除临时切眼支架，但顶板不好时，也可保留。

## 四、液压支架的拆除

当某个采煤工作面采完后，液压支架就要拆除，具体拆除方法如下：

### （一）准备工作

制定拆除方案，在规定地点安装绞车、起重机具和信号装置，并要符合有关规定，在规定地点提前提出可供拆除支架用的巷道和横川，并铺设必要的轨道。

指定拆除作业中各环节的安全负责人，全面负责各个环节的安全工作，负责装卸作业的工人，必须熟练掌握起重机具和牵引绞车的操作规程。

拆除支架前，应确定好停车路线，要求在该位置可保证支架达到规定的高度，以便拆运。当顶板条件差时，在离开停采线 10~20m 处起在支架顶梁上就应铺设金属网和钢丝绳等防护装置，要刹严顶板；到达停采线时，要求煤壁平直，通道及架间的浮煤、碎石等必须清除干净。

根据拆除安装支架的要求，准确装运支架平板车和其他起重运输机具。

## （二）支架拆除

支架拆除时，应尽量整体。除、装运，防止丢失和损坏零部件。

开辅助巷道拆除支架时，应在停采线前，提前掘出一条平行工作面的辅助巷道，并按规程支护。在此辅助巷道的底板上局部卧底，挖出一定宽度、深度的沟槽，并在沟槽内铺设运输轨道，工作面接近停车采线时，要加快上部推进速度，当工作面上部与辅助巷道开通后，分段拆除支架和输送机，这种方法支架可以直接上车，调向容易。但要多开巷道，控顶面积增大。

当工作面采到停车线时，将其采直，达到规定采高，而后再割煤 1~2 刀，此时，只推移输送机而不移支架，使支架与煤壁之间形成 1m 以上宽度的空间，作为拆运支架的通道，如图 3-13 所示。

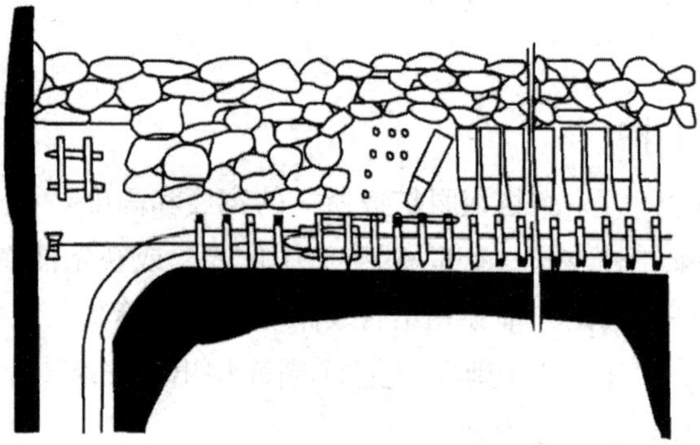

**图 3-13　工作面留有通道的拆除方法**

如果顶板较完整，可以在支架间架设棚子。若顶板比较破碎，还可以在支架上铺设金属网，通道用棚子、点柱等支护，将通道清洗干净后，先拆除采煤机和输送机，然后拆支架。若工作面底板坚硬，可用工作面出口外的绞车将支架沿底板拉出。若工作面底板松软，而且高度足够时，也可在输送机拆除后，沿工作面铺设临时轨道，将支架拉出至顺槽装车，拆去不能整体运出的零部件后，装车后捆绑牢固后运出，也可在工作底板上直接做出装车的地槽，这样支架拉出后，就可直接装车运走。

当工作面顶板破碎时，可采用铺顶网措施拆架，如图 3-14 所示。

工作面距停采 10~20m 时，开始在支架上方铺金属网，并沿工作面全长在网下架设大板梁。每根板梁支设在 3 架支架上，各行板梁交错排列，最后两刀作为拆运支架的通道。用一梁二柱支架的支护，当采到停采线时，煤壁处挂上金属网，每架棚子间打一根贴帮柱，支架调向后由绞车拉出。

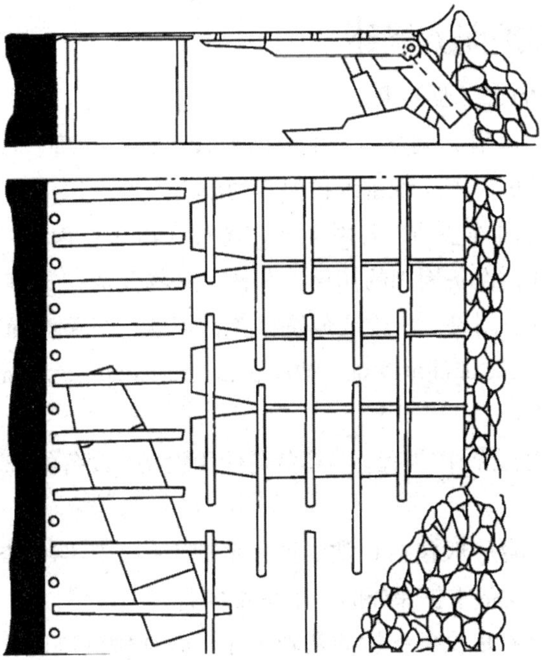

图 3-14　铺顶网拆除支架的方法

在拆除支架过程中，要密切观察顶板变化，加强支护。拆除支架后的空间要及时维护，待拆除一定数量的支架后，再回柱，应先补后回，确保安全。

拆除支架过程中，应有专人检查工作面沼气等有害气体含量，并保证工作面有足够的风量。

工作面停采后，一个半月内必须全部拆除支架。

# 第三节　设备维护及润滑

## 一、设备的维护保养

维修是为了保护和恢复设备原始状态而采取的全部必要步骤的总称。它包括保养、检查、修理三个方面。

设备的维护是操作工人为了保持设备的正常技术状态、延长设备的使用寿命所必须进行的日常工作，也是操作工人的主要责任之一。

正确、合理地对设备进行维护，可减少设备故障发生的概率，提高设备的使用效率，降低设备检修的费用，提高企业的经济效益。

## 一、设备的维护保养概述

1）设备维护保养的定义及要求

通过擦拭、清扫、润滑、调整等一般方法对设备进行护理，以保持设备的性能和技术状况，称为设备的维护保养。设备维护保养的要求主要有以下四项。

第一，清洁。设备内外整洁，各滑动面、丝杠、齿条、齿轮箱、油孔等处无油污，各部位不漏油、不漏气，设备周围的切屑、杂物、脏物要清扫干净。

第二，整齐。工具、附件、工件要放置整齐，管道、线路设置有条理。

第三，润滑良好。按时加油或换油，油压正常，油标明亮，油路畅通，油质符合要求，油枪、油杯、油毡清洁。

第四，安全。遵守安全操作规程，不超负荷使用设备，设备的安全防护装置齐全可靠，及时消除不安全因素。

设备维护保养的内容一般包括日常维护、定期维护、定期检查和精度检查，设备润滑和冷却系统维护也是设备维护保养的一个重要内容。

设备的日常维护保养是设备维护的基础工作，必须做到制度化和规范化。对设备的定期维护保养工作要制定工作定额和物资消耗定额，并按定额进行考核，设备定期维护保养工作应纳入车间承包责任制的考核内容。设备定期检查是一种有计划的预防性检查，检查的手段除人的感官以外，还需要用一定的检查工具和仪器，按定期检查卡规定的项目进行检查。对机械设备还应进行精度检查，以确定设备实际精度的优劣程度。

2）设备维护规程的制定

设备维护应按设备维护规程进行。设备维护规程是对设备日常维护方面的要求和规定，其主要内容应包括以下三项。

第一，设备要达到整齐、清洁、坚固、润滑、防腐、安全等的作业内容、作业方法，维护设备所使用的工器具及材料，设备经维护后达到的标准，以及进行设备维护时的注意事项。

第二，日常检查维护及定期检查的部位、方法和标准。

第三，检查和评定操作工人维护设备程度的内容和方法等。

## 二、设备的三级保养制

设备的三级保养制是从 20 世纪 60 年代中期开始，在总结苏联计划预修制的在我国实践经验的基础上，逐步完善和发展起来的一种保养修理制度。设备的三级保养制是以操作者为主，对设备进行以保为主，保修并重的强制性维修制度。

设备三级保养制的主要内容包括设备的日常维护保养、设备的一级保养和设备的二级保养。

### 1. 设备的日常维护保养

设备的日常维护保养一般有日保养和周保养（又称日例保和周例保）两种。

1）日例保

日例保由设备操作工人当班进行，要求设备操作工人认真做到班前四件事、班中五注意和班后四件事。

第一，班前四件事。

①消化图样资料，检查交接班记录。

②擦拭设备，按规定对设备进行润滑、加油。

③检查手柄位置和手动运转部位是否正确、操作时是否灵活，安全装置是否可靠。

④低速运转检查传动是否正常，润滑、冷却是否畅通。

第二，班中五注意。

注意设备运转时的声音、温度、压力、仪表信号、安全保险是否正常。

第三，班后四件事。

①关闭设备开关，所有手柄置零位。

②擦净设备各部分，并加油。

③清扫工作场地，整理附件、工具。

④填写交接班记录，办理交接班手续。

2）周例保

周例保由设备操作工人在周末进行，一般设备的周例保保养时间为 1~2h，精、大、稀设备的周例保保养时间为 4h 左右。周例保主要完成下述工作内容。

第一，外观。擦扫干净设备导轨、各传动部位及外露部分，清扫工作场地，达到内洁外净无死角、无锈蚀，周围环境整洁。

第二，操纵传动。检查各部位的技术状况，紧固松动部位，调整配合间隙；检查互锁、保险装置，达到设备工作时声音正常、安全可靠。

第三，液压润滑。检查液压系统，达到油质清洁、油路畅通、无渗漏；清洁并检查润滑装置，给油箱加油或换油。

第四，电气系统。擦拭电动机，检查各电器绝缘、接地情况，达到完整、清洁、可靠。

**2. 设备的一级保养**

设备的一级保养以设备操作工人为主、维修工人为辅，按计划拆卸和检查设备局部，清洗规定的部位，疏通油路、管道，更换或清洗油线、毛毡、滤油器，调整设备各部位的配合间隙，紧固设备的各个部位。设备的一级保养所用时间为 4~8h。

设备的一级保养完成后应做记录并注明尚未清除的缺陷，车间机械员组织验收。

设备的一级保养的范围是企业全部在用设备，对重点设备应严格执行。

**3. 设备的二级保养**

设备的二级保养以维修工人为主，操作工人协助完成。

设备的二级保养应列入设备的检修计划。它的工作内容包括对设备进行部分解体检查和修理，更换或修复磨损件，清洗、换油、检查修理电气部分，使设备的技术状况全面达到设备完好标准的要求。设备的二级保养所用时间为 7 天左右。

设备的二级保养完成后，维修工人应详细填写检修记录，由车间机械员和操作工人验收，验收单交设备管理部门存档。

设备二级保养的主要目的是使设备达到完好标准，提高和巩固设备完好率，延长设备的大修周期。

## 三、精、大、稀设备的四定工作

1）定使用人员

按定人定机制度，精、大、稀设备操作工人应选择本工种中责任心强、技术水平高和实践经验丰富者。使用人员一旦指定后，应尽可能保持较长时间的相对稳定。

2）定检修人员

精、大、稀设备较多的企业，根据本企业条件，可组织精、大、稀设备专业维修组。精、大、稀设备专业维修组专门负责对精、大、稀设备的检查、精度调整、维护和修理。

3）定操作规程

精、大、稀设备应分机型逐台编制操作规程，精、大、稀设备的使用人员应严格执行该操作规程。

4）定备件

应根据各种精、大、稀设备在企业生产中的作用及备件来源情况，确定备件的储备数量。

## 四、设备的区域维护制

设备的区域维护制又称为设备的维修工人包机制，是指维修工人承担一定生产区域内的设备维修工作，与设备操作工人共同做好日常维护、巡回检查、定期维护、计划修理及故障排除等工作，并负责完成其管理区域内的设备完好率、故障停机率等考核指标。

设备区域维护的主要组织形式是设置区域维护组。区域维护组全面负责生产区域的设备维护保养和应急修理工作，其工作任务如下。

第一，负责本区域内设备的维护修理工作，确保完成设备完好率、故障停机率等考核指标。

第二，认真执行设备定期点检和区域巡回检查制，指导和督促操作工人做好日常维护和定期维护工作。

第三，在车间机械员指导下参加设备状况普查、精度检查、调整、治漏。开展故障分析和状态监测等工作。

设备区域维护的优点有两个：一是在完成应急修理时有高度机动性，可使设备因修理而停歇的时间最短；二是在无人召请时，值班钳工会主动完成各项预防作业、主动参与计划，对设备进行修理。

# 五、液压系统的维护

## （一）液压系统维护的特点

### 1. 严格控制油液的污染

保持油液清洁，是确保液压系统正常工作的重要措施。目前由油液污染严重引起的液压故障频繁发生。据统计，液压系统的故障有 70% 是由油液污染引起的。另外，油液污染还会加速液压元件的磨损。

### 2. 严格控制油液的温升

控制液压系统中工作油液的温升是减少能源消耗、提高系统效率的一个重要因素。对一个普通的液压系统，油液温度变化范围较大会带来以下危害。

第一，影响液压泵的吸油能力及容积效率。

第二，系统工作不正常，压力、速度不稳定，动作不可靠。

第三，液压元件内、外泄漏增加。

第四，加速油液的氧化变质。

### 3. 减少液压系统的泄漏

泄漏是液压系统常见的故障。要控制泄漏，首先要提高液压元件的加工精度、装配质量和管道系统的安装质量；其次要提高密封元件的加工精度和装配质量，注意密封元件的安装使用与定期更换；最后要加强日常维护，并合理选择液压油。

### 4. 防止和减少液压系统的振动

振动影响液压元件的性能，使螺钉松动、管接头松脱，从而引起漏油，甚至使油管破裂。螺钉断裂等故障会造成人身事故和设备事故，因此要防止和消除振动现象。

### 5. 严格执行定期紧固、定期清洗、定期过滤和定期更换制度

液压设备在工作过程中，由于冲击振动、磨损、污染等因素，使管件松动，金属元件和密封元件磨损，因此必须对液压元件及油箱等执行定期清洗和维修制度，对油液、密封元件执行定期更换制度。

## （二）液压系统的日常检查

在对液压系统进行维护与检查之前，应了解该液压系统的使用条件与环境条件。使用条件与环境条件不同，维修与检查的重点亦有所不同。

液压系统的检查一般按三个阶段进行，即日常检查、定期检查和综合检查。

### 1. 泵启动前检查

1）查看油箱油量

从油面油标及油窗口观察，油量应在油标线以上。

2）检查油温

通过油温计观察油温是否在规定范围内，在冬夏两季尤其应注意油温。当室温（环境温度）低于 10℃时，应预热油液；当室温高于 35℃时，要考虑采取散热措施。

3）检查压力

观察压力表指针摆动是否严重、是否能回零位和量程等情况。

**2. 泵启动时和启动后的检查**

1）点动

启动泵时，应严格执行操作规程，点动启动液压泵。

2）检查泵的输出

点动泵，观察泵输出情况是否正常，如是否能出油、有无异响、压力表的波动是否正常等。

3）检查溢流阀的调定压力

检查溢流阀的调定压力，观察是否能连续均匀升降，一切正常后再调至设定压力。

4）判断泵的噪声情况和振动情况

检查泵是否有异常噪声，振动是否严重。

5）检查油温、泵壳温度、电磁铁温度

油温在 20~55℃时正常，泵壳温度比室温高 10~30℃也属正常，电磁铁温度应与铭牌所示一致。

6）检查漏油情况

检查各液压阀、液压缸及管子接头处是否有外漏。

7）检查回路运转

检查液压系统工作时有无高频振动，压力是否稳定，手动或自动工作循环时是否有异常现象，冷却器、加热器和蓄能器的工作性能是否良好。

**3. 油泵使用过程中和停车前的检查**

1）检查油箱液面及油温

发现油面下降较多时，应查明减少的部分油液从何处外漏、流向何处（地面、地沟，还是冷却水箱）。油温超出规定时，应查明原因。

2）检查泵的噪音

检查油泵有无“咯咯”响声。若有，应查明原因。

3）检查泵壳温升

泵壳温度比室温高 10~30℃为正常现象，若超出此范围应查明原因。

4）检查泄漏

检查泵结合面、输出轴、管接头、油缸活塞杆与端盖结合处、油箱各侧面及各阀类元件安装面、安装法兰等处的漏油情况。

5）检查液压马达或液压缸运转情况

检查液压马达运转时是否有异常噪声，液压缸移动时工作是否正常、平稳。

6）检查液压阀

检查各液压阀工作是否正常。

7）检查振动

检查管路有无振动、油缸有无换向时的冲击声、管路是否振松等。

## （二）液压系统的定期检查

定期检查是以专业维修人员为主、设备操作工人协助的一种有计划的预防性检查。与日常检查相同，定期检查是为使设备工作更可靠、寿命更长，并及早发现故障苗头和趋势的一项工作。

定期检查除靠人的感官外，还要用一些检查工具和仪器来发现和记录设备异常、损坏、磨损和漏油等情况，以便确定修理部位、应更换的零部件、修理的种类和时间等，并据此安排修理计划。定期检查往往配合进行系统清洗及换油。定期检查搞得好，可使日常检查变得更简单、顺利。

### 1. 液压系统定期检查的分类

定期检查按时间（每季、半年和全年）进行不同项目的检查。

第一，每季、半年的维护检查。按日常检查的内容详细检查；滤油器的拆开清洗，对污物进行分析；油缸活塞杆表面有无拉伤的检查；电机与泵联轴器的检查，必要时更换挠性圈并加润滑脂；电磁阀解体检查；压力阀解体检查；流量阀解体检查；蓄能器的充填气体压力检查；液压油污染状况检查（必要时换油）；管路检查，特别要检查橡胶尼龙软管等是否有损伤破裂等情况。

第二，全年的维护检查。按上述项目进行总检查。拆修油泵，更换油泵磨损零件或换新泵；拆修油缸，更换油缸密封和破损零件；油箱清洗并换油；管接头密封可靠性检查和紧固；解体检查溢流阀，根据情况做出处理；清洗或更换空气滤清器。

### 2. 液压系统定期检查的工作内容

1）定期紧固

要定期对受冲击影响较大的螺钉、螺帽和接头等进行紧固。对中压以上的液压设备，其管接头、软管接头、法兰盘螺钉、液压缸固定螺钉和压盖螺钉、液压缸活塞杆（或工作台）止动调节螺钉、蓄能器的连接管路、行程开关和挡块固定螺钉等，应每月紧固一次。对中压以下的液压设备，上述零部件可每隔三个月紧固一次。同时，对每个螺钉的拧紧力都要均匀，并要达到一定的拧紧力矩。

2）定期更换密封元件

漏油是液压系统常见的故障，解决漏油方法是进行有效的密封。密封的方式有间隙密封和利用弹性材料进行密封两种。

第一，间隙密封。间隙密封适用于柱塞、活塞或阀的圆柱副配合中。它的密封效果与压力差、两滑动面之间的间隙、封油长度和油液的黏度有关。例如，换向阀长期工作，阀芯在阀孔内频繁地往复移动，油液中的杂物会带入间隙成为研磨料，从而使阀芯和阀孔加速磨损、阀孔与阀芯之间配合间隙增大、丧失密封性、内泄漏量增加，造成系统效率下降、油温升高，所以要定期更换或修理换向阀。

第二，利用弹性材料进行密封（即利用橡胶密封元件密封）。它的密封效果与密封元件的结构、材料、工作压力及使用安装等因素有关。弹性密封元件的材料一般为耐油丁月青橡胶和聚氨酯橡胶，因此，弹性密封元件在受压状态下长期使用，不仅会自然老化，而且会永久变形，丧失密封性，必须定期更换。

定期更换密封元件是液压装置维护工作的主要内容之一，应根据液压装置的具体使用条件制订更换周期，并将周期表纳入设备技术档案。

**3. 定期清洗或更换液压元件**

在液压元件工作过程中，由于零件之间互相摩擦产生的金属磨损物、密封元件磨损物和碎片，以及液压元件在装配时带入的型砂、切屑等脏物和油液中的污染物等，都随液流一起流动，它们之中有些被过滤掉了，但有一部分积聚在液压元件的流道腔内，有时会影响液压元件的正常工作，因此要定期清洗液压元件。

由于液压元件处于连续工作状态，其某些零件（如弹簧等）疲劳到一定限度也需要进行定期更换。定期清洗与更换液压元件是确保液压系统可靠工作的重要措施。

例如，设备上的液压阀应每隔三个月清洗一次，液压缸每隔一年清洗一次；在清洗液压元件的同时应更换密封元件，装配好液压元件后应对主要技术参数进行测试，使其达到使用要求。

**4. 定期清洗或更换滤芯、过滤器**

过滤器经过一段时期的使用，固体杂质会严重地堵塞滤芯，影响过滤能力，使液压泵产生噪声、油温升高、容积效率下降，从而使液压系统工作异常。

因此，要根据过滤器的具体使用条件，制订清洗或更换滤芯的周期。一般液压设备上的液压系统过滤网两个月左右清洗一次，冶金设备上的液压系统过滤网一个月左右清洗一次。

过滤器的清洗周期应纳入设备技术档案。

**5. 定期清洗油箱**

液压系统工作时，一部分脏物积聚在油箱底部，若不定期清除这些脏物，其积聚量会越来越多，若被液压泵吸入系统，会使系统发生故障。特别是要注意在更换油液时必须把油箱内部清洗干净，油箱一般每隔六个月或一年清洗一次。

**6. 定期清洗管道**

油液中的脏物会积聚在管道的弯曲部位和油路板的流通腔内，管道的使用年限越长，在其内积聚的胶质会越多，这不仅增加了油液流动的阻力，而且由于油液的流动，积聚的脏物又被冲下来随油流而去，可能堵塞某个液压元件的阻尼孔，使该液压元件产生故障，因此要定期清洗管道。

清洗管道的方法有以下两种。

第一，对油路板、软管及一部分可拆的管道拆下来清洗。

第二，对大型自动线液压管道可每隔 3~4 年清洗一次。

清洗管道时，可先用清洗液进行冲洗。清洗液的温度一般在 50~60℃。在清洗过程中，应将清洗液灌入管道，并来回冲洗多次。在加入新油前，必须用本系统所要求的清洗油进行最后冲洗，然后再将清洗油放净。另外，要选用具有适当润滑性能的矿物油作为清洗油，其黏度为 13~17℃。

**7. 定期更换油液和高压软管**

第一，除对油液经常化验、测定其性质外，还可以根据设备使用场地和系统要求，制订油液更换周期，定期更换油液，并把油液更换周期纳入设备技术档案。

第二，软管根据生产厂家推荐寿命和压力进行更换，同时发现软管损坏时应及时更换。

## 四、综合检修

每一至两年或几年要对液压系统进行一次综合检修，也即大修。

综合检修时，所有液压装置都必须拆卸、解体检查，鉴定其精度、性能并估算其寿命，根据解体后发现的情况和问题，进行修理或更换零部件。

综合检修时，对修过或更换过的液压元件要做好记录，这对以后查找、分析故障和要准备哪些备件具有参考价值。

综合检修前，要预先做好准备，尤其是准备好密封元件、滤芯、蓄能器的皮囊、管接头、硬软管及电磁铁等易损件。这些零件一般都是需要更换的。

综合检修的内容和范围力求广泛，尽量做彻底的全面检查和修复。

综合检修时，如发现液压设备使用说明书等资料丢失，应设法找齐归档。

## 六、液压系统污染及控制

70% 左右的液压系统故障是由污染物造成的，因此，要及时检测液压油的污染度，并采取相应措施，保证液压系统用油的质量，延长液压元件使用寿命，确保液压系统正常工作。

液压油污染按照污染源分为潜在污染、侵入污染、再生污染三种。污染对液压元件造成的危害有以下三个。

第一，液压系统工作性能下降，动作失调。

第二，引起液压元件表面磨损、刮伤、咬死、液压缸内外泄漏、推力不足、动作不稳、产生响声和振动等问题。

第三，液压油变质后产生褐色胶状悬浮物，使节流孔堵死、元件动作失灵。

**2. 液压油现场检测方法**

液压油现场检测是使用仪器对液压油进行现场、定量检测的一种方法，若所测液压油超过表 3-6 允许的污染等级，就必须进行更换。许多单位因受条件限制只能用简易的经验方法对液压油进行现场检测。

表 3-6　不同系统的液压油允许的污染等级

| | 液压伺服系统 | 液压传动系统 | | |
|---|---|---|---|---|
| 系统压力 /MPa | ≤21 | ＞35（高压） | 7~35（中高） | ＜7（低压） |
| 过滤精度 /μm | 3~5 | 5~10 | 10~25 | 25~50 |
| NAS1638 标准 / 级 | 3、4、5、6 | 7 | 10、9、10 | 11、12 |

1）外观检测

外观检测是指通过观察液压油的颜色和气味来进行判断液压油污染程度的一种方法。如果液压油的颜色变浅，表明可能是混入了稀释油，必要时测量液压油的黏度。如果液压油的颜色变深且稍微发黑，则表明液压油已开始变质或被污染。如果液压油的颜色变得更深、不透明，并且很浑浊，表明液压油已完全劣化或严重污染。如果液压油本身颜色没有多大变化，只是浑浊、不透明，往往表明液压油中混入了至少 0.03% 的水。必要时，可对液压油中的水分进行测定。液压油污染程度及处理如表 3-7 所示。

表 3-7　液压油污染程度及处理

| 外观 | 气味 | 状态 | 处理方法 |
|---|---|---|---|
| 颜色透明无变化 | 正常 | 良 | 仍然可使用 |
| 变成乳白色 | 正常 | 混入空气和水 | 分离掉水分或换油 |
| 透明但色变淡 | 正常 | 混入别种油 | 检查黏度，合格可使用 |
| 透明而闪光 | 正常 | 混入金属粉末 | 过滤后使用；部分或全部换油 |
| 透明而有小黑点 | 正常 | 混入杂质 | 过滤后使用；部分或全部换油 |
| 变成黑褐色 | 臭味 | 氧化变质 | 全部更换 |

2）黏度测量

黏度是衡量液压油优劣的主要指标。在化验室可通过相对黏度仪对液压油的黏度进行定量测定，并将其测定值与新油的运动黏度进行比较，若变化量超过 ±5% 的变化范围，应更换液压油。

现场简易检测液压油黏度时可采用直径为 15~20mm、长为 150~180mm 的两根试管，分别在试管中装入 2/3 高的同一型号的新旧两种油，均封好管口。在同一温度下，将两者同时倒置，分别记录液压油中气泡上升的时间，若黏度变化范围超过 ±（10%~15%），应考虑去除杂质或换油。

3）水分测定

水分是指液压油中的水，是液压油中的液体污染物。液压油中水分的含量用百分率表示。

在化验室中，测定液压油中的含水量的标准方法是卡尔·费歇尔法。它主要用于测定液压油中微量水分的含量。

现场可采用经验测定方法测定液压油中的含水量：取一支试管（$\phi$5mm×150mm），将50mm的油样注入试管中后，将试管中的油样充分摇晃均匀，用试管夹夹住试管并置于酒精灯上加热。如果没有显著的响声，可认定不含水分。如果发生连续响声，而且持续在20~30s后，响声消失，则可估计其含水量小于0.03%，连续响声持续到40~50s以上时，可粗略估计其含水量为0.05%~0.10%，这时应考虑离心除水或换油。

水分测定也可采用滤纸法。如果油滴扩散边缘有花边状浸润，也说明液压油中含水量超标。另外，还可用观察液压油浑浊程度的方法评定液压油中的含水量。

4）机械杂质测定

机械杂质是液压油中最普遍、危害性最大的固体污染物。液压油中的机械杂质包括从外部混入的夹杂物（如切屑、焊渣、磨料、锈片、漆片、纤维末）和液压系统本身在工作过程中不断产生的污垢（如元件磨损生成的金属粉末、密封材料的磨损颗粒和在液压油中溶解或生成的硬化杂质）。

第一，目测法。

这项检测通常首先进行，目测法是用肉眼直接观察油液被污染程度的方法。由于人眼的能见度下限是40/m，所以能观察出杂质的液压油说明已经是很脏了，必须更换。

第二，定量法。

在定量法中，用于机械杂质测定的主要有计数法、称重法、光谱法和铁谱法。其中光谱法和铁谱法主要用来判断液压系统的故障部位。计数法测定一定体积的液压油中所含各个尺寸颗粒的数目，是用“颗粒尺寸分布”来表示液压油污染程度的一种方法。

称重法是用阻留在滤油器上污物的重量来表示液压油污染程度的一种方法。这种方法通常是使100mL的液压油通过微孔尺寸为0.8mm的滤纸以阻留污染物。这种方法操作简单容易，但不能反映颗粒的尺寸分布，不便于污染源的分析。

## （二）液压系统污染物的控制

污染物造成液压系统发生严重故障。许多污染物是研磨剂，会加速液压元件的磨损。

液压油污染物的来源有多种途径，其中有些污染物来自于外部的污染，如灰尘、铁锈、布屑、纤维和水垢等。有些污染物来自于油液添加剂变质所形成的可溶解的和不可溶解的成分造成的污染，而且油温过热时，会加速这种污染物的形成。由于氧化、冷凝和酸的形成，油液最终也会变质。因此，定期更换油液是减少这些有害成分的唯一途径。另外，还有些污染物来自于液压元件密封元件的磨损等。

### 1. 对元件和系统全面清洗

对新安装及大修的液压设备，当有必要时，在安装和大修前，对各元件和系统须进行全面清洗。

**2. 选择适当的过滤器并超前维护**

超前维护包含以下三个方面的内容。

第一，根据液压系统的特点确定油液清洁度目标值。

第二，选择适当的过滤器并确定其安装位置，使油液清洁度达到目标值。

第三，定期检测油样（一般在回油过滤器的上游提取），以确定油液清洁度目标值的实现。

**3. 预防污染物进入系统**

可以采取以下几个措施预防污染物进入系统。

第一，保持盛装液压油的容器清洁。油桶应储存在符合要求的位置，并加盖保护；防止油桶上积聚雨水，油桶的盖子应密封良好；在打开油桶之前，应仔细清洗油桶的顶盖。

液压油的油库要设在干净的地方；所用的器具如油桶、漏斗、抹布等应保持干净，最好用绸布或涤纶布擦洗，以免纤维通过液压油粘在元件上堵塞孔道，造成故障。

第二，将液压油加入油箱时使用清洁的加油设备。

第三，根据需要配置粗、精滤油器。

第四，经常检查油液并根据工作情况定期清洗、更换滤油器。一般在液压系统累计工作 1000h 后，应当换油；如继续使用，油液将失去润滑性能，并可能具有酸性。在间断使用液压系统时，可根据具体情况每半年或每一年换油一次。

在换油时应将油箱底部积存的污物去掉，将油箱清洗干净；向油箱内注油时应使用 120 目（2304 孔 $/cm^2$）以上的滤油器。

第五，油箱应加盖密封，防止灰尘落入；在油箱上面应设有空气过滤器。

第六，装拆元件时，一定要将元件清洗干净，防止元件内进入污物。

第七，发现油液污染严重时，应查明原因并及时消除。

第八，必要时检查并更换防尘圈和密封圈。

**4. 定期检查液压油质量并及时更换**

液压油必须无污物、洁净，在加油时必须经过过滤，防止灰尘、纤维杂物的侵入；常检查油位，勤清洗滤清器中的磁棒和回路滤清器的磁杯，清除液压冷却器积灰，更换滤芯。主要检查液压油的以下三个方面。

1）液压油的氧化程度

如果液压油呈黑褐色，并有恶臭味，说明液压油已被氧化，褐色越深、恶臭味越浓，则说明液压油被氧化的程度越厉害，此时应更换液压油。

2）液压油中含水分的程度

液压油中混入水分，将会降低其润滑性能、腐蚀金属。如液压油的颜色呈乳白色，气味没变，则说明混入的水分过多。

另外，可取少量液压油滴在灼热的铁板上，如果发出“叭叭”的声音，则说明液压油含有水分，响时越长，水分越多，此时应采取措施。

3）液压油中含有杂质的情况

在液压系统工作一段时间后，取数滴液压油放在手上，用手指捻一下，察看是否有金属颗粒，或在太阳光下观察是否有微小的闪光点。如果有较多的金属颗粒或闪光点，则说明液压油含有较多的机械杂质。这时应采取措施，或将液压油放出并进行不少于42h以上时间的沉淀，然后再将其过滤后使用。有条件的话，可以对液压油进行污染物颗粒检测。

### （三）液压油的分类、主要性质和选用

**1. L–HL 液压油**

L-HL 液压油是在精制基础油中加入抗氧防锈、抗泡添加剂调和而成的，是通用型工业机床润滑油。按40℃运行黏度，L-HL 液压油分为15、22、32、46、68和100共六个牌号。

L-HL 液压油的应用：

1）质量要求

第一，适宜的黏度和良好的黏温性能，油的黏度受温度变化的影响小，即温度升高或降低时不会影响液压系统工作。

第二，具有良好的防锈性、氧化安定性，较普通的机械油使用寿命长1倍以上。

第三，具有较好的空气释放值、抗泡性、分水性和橡胶密封性。

2）注意事项

第一，使用前要彻底清洗原机床内的剩油、废油及沉淀物等，避免与其他油品混用。

第二，该油不适用于工作条件苛刻、润滑要求高的专用机床。对油品要求质量较高的齿轮传动装置、液压系统及导轨，应选用中、重负荷齿轮油、抗磨液压油或导轨油。

第三，可代替机械油用于通用机床及其他类似设备的循环系统的润滑，能延长换油周期。

**2. L–HM 液压油（抗磨液压油）**

L-HM 液压油是在深度精制的润滑油组分中加入抗氧抗腐剂、防锈剂、抗磨剂、油性剂、抗氧剂、降凝剂、消泡剂等调配制成的。按 40℃运动黏度，L-HM 液压油分为22、32、46 和 68 共四个牌号。

1）用途

L-HM 液压油主要用于重负荷、中压、高压的叶片泵、柱塞泵和齿轮泵的液压系统，如 CBN 齿轮泵、YB 叶片泵、YBE80/40 双联泵、柱塞泵等液压系统。

2）质量要求

第一，合适的黏度和良好的黏温性能；保证液压元件在工作压力和工作温度发生变化的条件下得到良好的润滑、冷却和密封。

第二，良好的极压抗磨性；保证油泵、油马达、控制阀和油缸中的摩擦副在高压、高速等苛刻条件下得到正常的润滑，减少磨损。

第三，优良的氧化安定性、水解安定性和热稳定性，能够抵抗大气、水分和高温、高压等因素的影响或作用，使其不易老化变质，延长其使用寿命。

第四，较好的抗泡性和空气释放值；保证在运转中受到机械的剧烈搅拌的条件下产生的泡沫能够迅速消失，并能将混入油中的空气在较短时间内释放出来，保证比较准确、灵敏、平稳地传递静压。

第五，良好的抗乳化性，能与混入油中的水分迅速分离，以免形成乳化液，进而引起液压系统的金属材质锈蚀和使用性能降低现象。

3）使用注意事项

第一，保持液压系统的清洁，及时清除油箱内的油泥和金属屑。

第二，按换油参考指标进行换油，换油时应将设备各部件清洗干净，以免杂质混入油中，影响使用效果。

第三，储存和使用时，容器和加油工具必须清洁，防止液压油被污染。

第四，L-HM 液压油除应加有防锈剂、抗氧剂外，还应添加抗磨添加剂、极压添加剂、金属减活剂、破乳化剂和抗泡添加剂等。

按添加剂的组成看，L-HM 液压油分为两种：一种是以抗磨抗氧添加剂二烷基二硫代磷酸锌为主剂的含锌抗磨液压油，此油已有 30 年的历史。另一种是 20 世纪 70 年代中期发展起来的不含金属盐的无灰抗磨液压油。

含锌型抗磨液压油又分高锌型抗磨液压油和低锌型抗磨液压油两种。油中锌含量低于 0.03% 的，通常称为低锌型抗磨液压油；锌含量高于 0.07% 的，通常称为高锌型抗磨液压油。二者对钢 - 钢摩擦副（如叶片泵）的抗磨性特别优秀。但由于高锌型抗磨液压油，对银和铜部件有腐蚀作用，所以使用已越来越少。

第五，无灰抗磨液压油及抗磨液压油的评定。

无灰抗磨液压油使用的极压抗磨剂主要是硫化物和磷化物。与含锌抗磨液压油相比，无灰抗磨液压油在水解安定性、破乳化、油品的可滤性及氧化安定性方面，明显占优势。

评定抗磨液压油的主要指标之一是抗磨性。许多国家和行业的规格都采用油泵磨损试验来评定抗磨性。在欧洲，一些国家除用油泵磨损试验外，还把 FZG 齿轮磨损试验作为评定抗磨液压油的重要模拟试验。一般要求抗磨液压油 FZG 失效级大于或等于 10 级。

**3. L–HV 高黏度指数低温液压油、L–HS 低温液压油**

按基础油，L-HV 高黏度指数低温液压油和 L-HS 低温液压油均可分为矿物油型和合成油两种；按 40℃运动黏度，L-HV 高黏度指数低温液压油分为 15、22、32、46、68 共五个牌号，HS 低温液压油分为 15、22、32、46 共四个牌号。

1）用途

第一，L-HV 高黏度指数低温液压油主要用于严寒地区或温度变化范围较大、工作条件苛刻的工程机械、引进设备和车辆中的中高压液压系统中。如数控机床、电缆井泵、高压乙烯输送泵以及船舶起重机、甲板机械、起锚机、挖掘机、大型车辆等中的液压系统。L-HV 高黏度指数低温液压油的使用温度在 -30℃以上。

第二，L-HS 低温液压油主要用于在严寒地区使用的各种设备中，使用温度在 –30℃以下。

2）质量要求

第一，适宜的黏度。

第二，良好的极压抗磨性能。

第三，优良的低温性能、倾点较低，能保证工程设备在严寒环境下易于启动和正常运转。

第四，优良的黏温性能，以保证液压设备在温度变化幅度较大的情况下得到良好的润滑、冷却和密封。

第五，良好的抗乳化性能和防锈性能。

第六，良好的抗氧化安定性、水解安定性和热稳定性能。

3）注意事项

第一，低温液压油是一种既具有抗磨性能又具有高低温性能的高级液压油，应合理地使用。

第二，L-HV 高黏度指数低温液压油和 L-HS 低温液压油由于基础油组成不同，所以不能混装混用，以免影响使用性能。

第三，其他注意事项同抗磨液压油。

**4. L–HG 液压油（液压导轨油）**

L-HG 液压油以深度精制矿物油为基础油，经加入抗氧、防锈、抗磨、油性等添加剂调和而成，主要适用于各种机床液压和导轨合用的润滑系统或机床导轨润滑系统。

1）质量要求

第一，抗氧化性能良好，运行中受温度、压力、空气和金属催化作用影响时，不易氧化变质。

第二，防锈性能良好，可防止金属元件和导轨锈蚀。

第三，黏 - 滑性能良好，可减少导轨出现爬行现象的可能性。

2）注意事项

第一，储运过程中要防止杂物污染，严防水分混入。

第二，注入设备时要加强过滤，以免混入杂质，堵塞油路。

第三，运行中要防止油温过高，以免促使液压油氧化变质。

第四，不要与其他油品混用，防止性能降低。

第五，换油前，油箱、管道必须清洗干净。

按 40° 运动黏度，L-HG 液压油分为 L-HG32、L-HG68 两个牌号。

机床上的导轨有若干类型，其中滑动导轨应用较为普遍。导轨的精密程度和运行时的平稳性大大影响机床的加工精度。

导轨在高负荷低移动速度时会发生爬行现象，影响机床正常工作。由于导轨要经常从移动速度为 0（静摩擦）过渡到正常速度（动摩擦），在此区间油楔作用很弱，油膜很薄，容易破裂，造成部分金属 - 金属接触，摩擦系数很大。有专家指出，当静摩擦系数大于 0.2 时，将出现黏 - 滑现象，即滑动副交替出现粘着和滑动，导轨时停时行、时快时慢，这就是爬行现象。

除了从机械上改进导轨副的刚度和表面光洁度外，采用高性能的导轨油是克服爬行现象的重要手段。导轨油消除爬行的做法是使油的静、动摩擦系数之差尽量小，甚至小到0。

一般在矿物基础油中加入脂肪酸类、脂肪酸皂类和硫化动植物油都能有效地改善导轨的爬行现象。

对用于垂直导轨的导轨油，还要加入黏附剂，使导轨油不会很快流失。

## （四）液压油的主要性质

如果说主泵是整个液压系统的心脏，那么液压油就是整个液压系统的血液，对整个液压系统有很大的影响。

对一台设计先进、制造精度很高的液压设备，如果不能正确选择和使用液压油，则不能发挥该液压设备的效率，甚至会造成严重事故，使设备损坏或缩短使用寿命。有的液压设备工况条件十分恶劣，如高温、潮湿等，这就对液压油提出了更高的要求。一般要求液压油必须具有以下特性。

### 1. 黏度和黏温特性

黏度过高时，油泵吸油阻力增加，容易产生空穴和气蚀现象，使油泵工作困难，甚至受到损坏，油泵的能量损失增大，机械总效率降低，同时，也会使管路中压力损失增大，降低总效率，使阀和油缸的敏感性降低，工作不够灵活。另外，黏度过高时，热量不能及时被带走，造成油温上升，加快氧化速度，缩短液压油的使用寿命。

黏度过低时，油泵的内泄漏增多，容积效率降低，管路接头处的泄漏增多，控制阀的内泄漏增多，控制性能下降。同时，也会使润滑油膜变薄，液压油对机器滑动部件的润滑性能降低，造成磨损增加，甚至发生烧结。

黏度是液压油的主要指标，因此必须保持合适的黏度，液压油一般用40℃时运动黏度为10~68mm²/s的油。

黏温特性表示黏度随温度变化的大小。工程机械露天工作，温度变化大，为了保证液压系统平衡的工作，要求液压油的黏度指数大。一般抗磨液压油黏度指数应不低于90，低温液压油应不低于130。

### 2. 低温性能

液压油的低温性能包括三个方面：第一，低温流动性。低温流动性指的是油本身在低温时的流动性能，用倾点来评定；第二，低温启动性。低温启动性指油在低温下克服启动阻力，获得迅速启动的能力；第三，低温泵送性。低温泵送性指在低温下，油能被油泵输送到润滑部位的能力。

### 3. 氧化安定性

液压油在使用过程中，由于受热、受空气中的氧以及金属材料的催化作用，会促使液压油氧化变质、颜色变深、酸值增加、黏度发生变化或生成沉淀物。

该方法是在（95±0.2）℃下，向加有催化剂的氧化管中通氧气，以液压油酸值达到2.0mgKOH/g时所需的小时数来表示氧化安定性。

**4. 防锈性和防腐性**

液压系统在运转过程中，会不可避免地混入一些空气和水分。由于水分和空气的共同作用。液压系统中精度高和粗糙度值小的零部件会发生锈蚀，影响液压元件的精度。锈蚀又是液压油氧化变质的催化剂。对加入各种添加剂的液压油，其活性元素会腐蚀铜、银等金属，因此，要求液压油应具有良好的防锈性和防腐性，以保证液压系统长时间的正常运转。

**5. 抗磨损性能**

降低摩擦、减少磨损是液压油首要的性能指标。

随着液压技术向高性能发展，液压系统工作压力不断提高，柱塞泵的工作压力已从原来的15~20MPa增加到35~40MPa，叶片泵工作压力可达20MPa以上，同时，液压系统中泵的转速也升高到3500~5000r/min。液压系统的压力升高和功率增大，必然会引起油泵的负荷越来越重，同时会引起摩擦面的温度升高、油膜变薄，使液压系统在启动和停车时往往处于边界润滑状态。

如果液压油润滑性差，会产生咬合磨损、磨料磨损和疲劳磨损，造成泵和马达的性能下降，寿命缩短，系统发生故障。因此，液压油中应加入一定的极压抗磨添加剂，如硫代磷酸二苯酯或二烷二硫代磷酸锌等，以提高其极压抗磨损性能。

较好的评定液压油抗磨损性能的办法是FZG齿轮试验。该试验是在FZG齿轮试验机上完成的。具体操作是在试验齿轮箱中装入1.5L试样，加热到（90±3）℃，值速运转15min，齿面载荷按级增加，各级载荷运转结束后，对齿面目测检查评定，同时记录和绘制齿面出现的图形，直至油品失效负荷出现为止。

**6. 剪切安定性**

液压油良好的黏温性能往往是通过在油品中加入高分子聚合物，即黏度指数改进剂获得的，在高压、高速条件下工作的液压油，经过泵、阀件、微孔时，经受激烈的剪切作用，油中作为黏度指数改进剂的高分子聚合物可能被剪断，油品的黏度下降。当油的黏度下降到一定程度后，就不能继续使用。

液压油剪切安定性测定的主要方法是超声波剪切法。其具体操作是将试样置于聚能器（即超声波振荡器）触棒中，使之经受一次或多次固定时间的超声波剪切作用，然后测量其黏度变化，以油的黏度下降率来评价其剪切安定性。此法具有试油少、周期短、操作方便等优点。

**7. 抗乳化性能和水解安定性**

抗乳化性是指油水乳化液分离成油层和水的能力。水解安定性是指油、水混合后，油抵抗与水反应的能力。液压油在工作过程中，可能从不同途径混入水分，液压油中的游离水导致油中某些酯类添加剂水解，水解产生的酸性物质会腐蚀金属元件，如柱塞泵的铜及铜合金元件。

另外，由于液压油受剧烈搅动，水和油易于形成乳化液，这种含有灰尘、颗粒和其他脏物的乳化液会促进油的氧化变质，使其生成油泥和沉积物，从而导致冷却器性能下降、管道阀门堵塞、油品润滑性能下降，因此要求液压油具有良好的水解安定性和抗乳化性能。

评定液压油水解安定性的方法是玻璃瓶法。具体操作是将试样、水和铜片一起密封在耐压玻璃瓶内，然后将玻璃瓶放在（93 ± 0.5）℃的油品水解安定性试验箱内，按首尾颠倒方式旋转 48h 后，将油水混合物过滤，测定不溶物，再将油、水分离，分别测定油的黏度、酸值、水层总酸度和铜片的质量变化，并评价铜片外观。铜片失重越小，水层总酸度越低，油的水解安定性越好。

**8. 起泡性和空气释放性**

在液压循环系统中，空气可能以各种方式混进液压油，液压油也能溶解一定量的空气，而且压力越高，溶解的空气量越大。空气在油中以气泡（直径大于 10mm）和雾沫空气（直径小于 0.5mm）两种形式出现。

起泡性是指油品生成泡沫的倾向，以及生成泡沫的稳定性。

空气释放性是指油品释放分散在油中雾沫空气的能力。混有空气的液压油，在工作时，会使系统的效率降低，润滑性能恶化，加速油品氧化。

液压设备在运转时，下列原因会使液压油产生气泡。

第一，在油箱内液压油与空气一起受到剧烈搅动。

第二，油箱内油面过低，油泵吸油时把一部分空气也吸进泵中。

因为空气在油中的溶解度在一定范围内是随压力增加而增加的，所以在高压区域，油中溶解的空气较多，当压力降低时，空气在油中的溶解度也随之降低，油中原来溶解的空气就会析出一部分，因而产生气泡。

液压油中混有气泡是很有害的，其害处如下。

第一，气泡很容易被压缩，因而导致液压系统的压力下降，能量传递不稳定、不可靠、不准确，产生振动和噪声，使液压系统的工作不规律。

第二，容易产生气蚀作用。当气泡受到油泵的高压作用时，气泡中的气体就会溶于油中，气泡所在的区域就会变成局部真空，周围的油液会以极高的速度来填补这些真空区域，形成冲击压力和冲击波。这种冲击压力可高达几十甚至上百兆帕，这就是气蚀作用。

这种冲击压力和冲击波作用于固体壁面上，就会产生气蚀，使机器损坏。

气泡在油泵中受到迅速压缩（绝热压缩）时，产生局部高温可高达 100℃，促使油品蒸发、热分解和气化、变质变黑。

液压油应有良好的抗泡性和空气释放性，即在设备运转过程中，产生的气泡要少，所产生的气泡要能很快破灭，以免与液压油一起被油泵吸进液压系统中，溶在油中的微小气泡必须容易释放出来。

液压油空气释放性的测定方法是在规定条件下，将试样加热到一定温度（一般是 50℃），向试油中吹入过量的压缩空气，使试样剧烈搅动，空气在油中形成了小气泡（雾沫空气）；停气后，立即记录油中雾沫空气体积减到 0.2% 的时间，这个时间即为空气释放值。

**9. 清洁度与过滤性能**

清洁度是指液压油所含固体颗粒及污染物的多少。过滤性能是指液压油中颗粒杂质和油泥胶质通过一定孔径滤网时的难易程度。如果杂质、油泥等不易滤掉，滤网将被堵塞，所以液压油必须具备符合液压系统要求的清洁度和过滤性能。

水溶于油中，会使某些添加剂水解生成不溶物，降低油的过滤性能。

**10. 适应性**

适应性即材料的匹配性，是系统设计时必须考虑的一个重要问题。

液压油中作为摩擦改进剂和抗磨剂的磷酸酯类会使橡胶膨胀，作为极压剂和抗氧剂的硫化物对于睛橡胶、硅橡胶有不良影响。

## 七、设备的润滑

俗话说："多一些润滑，少一些摩擦"。科学润滑应从正确选油、购油、加油、用油、运行监测、超界限值油品康复处理一直到废油回收等各个环节着手，它是一个系统工程。

### （一）概述

**1. 摩擦**

相互接触的物体沿着它们的接触面做相对运动时，会产生阻碍它们相对运动的阻力，这种现象称为摩擦，产生的阻力称为摩擦力。

摩擦还存在摩擦热，效率下降 10%~15%，摩擦还引起磨损，最后使机械破坏。

**2. 磨损**

磨损是指两个相互接触的物体发生相对运动时，物体表面的物质不断地转移和损失的现象。

摩擦是不可避免的自然现象，磨损是摩擦的必然结果，二者均发生于材料表面。磨损的结果使相对运动的物体表面不断地有微粒脱落，使相对运动物体的表面性质、几何尺寸均发生改变。

通常按磨损机理将磨损分为黏着磨损、磨料磨损、疲劳磨损、腐蚀磨损和微动磨损等五种形式。

**3. 润滑**

润滑是在相对运动的两个接触表面（也称两摩擦面）之间加入润滑剂，从而在两摩擦面之间形成润滑膜，将直接接触的表面分隔开来，变干摩擦为润滑剂分子间的内摩擦，达到减少摩擦、降低磨损、延长机械设备使用寿命的目的。

**4. 润滑的作用**

1）减少摩擦

在摩擦面加入润滑剂，降低了摩擦系数，从而减少了摩擦阻力，减少了能源消耗。

2）减少磨损

润滑剂在摩擦面间可以减少磨料磨损、疲劳磨损、黏着磨损等，保持配合精度。

3）降低温度

润滑剂可以吸热、传热和散热，因而能降低由摩擦热造成的温度上升。

4）防腐防锈

摩擦面上有润滑剂存在，可以防止因空气、水滴、水蒸气、腐蚀性气体及液体、尘埃、氧化物引起锈蚀，保护金属表面。

5）清净分散

通过润滑剂的循环可以带走磨损微粒及外来介质等杂质。

6）密封作用

润滑剂使某些外露零部件形成密封，防止了水分杂质侵入。如内燃机的气缸与活塞的密封不漏气。

7）减振降噪

在系统受到冲击负荷作用时，润滑油可以吸收冲击能。

**5. 润滑材料**

凡是能降低摩擦力的介质都可作为润滑材料（也称为润滑剂、润滑油）。机械设备中常用的润滑剂有液体润滑剂、半固体润滑剂、固体润滑剂和气体润滑剂等。

第一，液体润滑剂：主要是矿物油和各种植物油、乳化液和水等。近年来性能优异的合成润滑油发展很快，得到广泛的应用，如聚醚、二烷基苯、硅油、聚全氟烷基醚等。

第二，半固体润滑剂：是指由矿物油或合成润滑油通过稠化而成的各种润滑脂、动物脂及半流体润滑脂。润滑脂俗称黄油或干油。

第三，固体润滑剂：主要有石墨、二硫化铜、二硫化钨、聚四氟乙烯和氮化翎等。

第四，气体润滑剂：如气体轴承中使用的空气、氮气和二氧化碳等气体，主要用于航空、航天及某些精密仪表的气体静压轴承。

**6. 润滑油的种类**

随着我国的石油工业迅速发展，润滑油的质量不断提高，品种亦不断增多，已达200种以上。

矿物润滑油是目前最重要的一种润滑剂，其使用量占润滑剂总使用量的90%以上。

矿物润滑油是利用以从原油提炼过程中蒸出来的高沸点物质，再经过精制而成的石油产品作为基础油，加入添加剂制成。按所有质量平均计算，基础油占润滑油配方的95%以上。

以软蜡、石蜡等为原料，用人工方法可生产合成润滑油。

植物油和蓖麻子油用于制取某些特种用途的高级润滑油。

根据不同的使用要求，矿物润滑油可分为以下十四类。

1）机械油

机械油呈浅红色半透明状，主要用于各种机械设备及其轴承的润滑。

2）齿轮油

齿轮油具有抗磨、抗氧化、抗腐蚀、抗泡等性能，主要用于齿轮传动装置。

齿轮油可分为闭式齿轮油、开式齿轮油、双曲线齿轮油等。

3）油膜轴承油

油膜轴承油的黏度指数高，有 16 号、21 号、26 号、31 号、35 号等牌号。

4）轧钢机油

28 号轧钢机油有较好的抗氧化安定性和一定的抗磨性能，常用于轧钢机支承辐的油膜轴承、重负荷的减速机及稀油循环润滑系统。

5）专用机床润滑油

20~40 号机械油用于一般机床，精密机床液压油、精密机床导轨油（防爬行）、精密机床液压导轨油、精密机床主轴油（2 号、4 号、6 号、10 号）等为专用机床润滑油，用于专用机床。

6）压缩机油

压缩机油呈深蓝色，13 号用于 4MPa 以下的液压系统中，19 号用于 4MPa 以上的液压系统中。压缩机油具有良好的抗氧化稳定性和油性，高的黏度和闪点，主要用于空气压缩机、鼓风机的气缸、阀和活塞杆的润滑。

7）汽轮机油（透平油）

汽轮机油呈浅黄透明状，有 22 号、30 号、46 号、57 号等牌号，可作抗磨液压油的基础油。汽轮机油具有良好的抗氧化稳定性、抗乳化性和防锈性，主要用于汽轮机轴承、透平泵、透平鼓风机、透平压缩机、风动工具等的润滑。

8）内燃机油

内燃机油具有高的抗氧化性、抗腐蚀性能和一定的低温流动性，分为汽油机油和柴油机油两种。柴油机油含添加剂多，抗氧化性、抗腐蚀性强，含硫量和酸度较高。

9）气缸油

气缸油具有较好的抗乳化性及较高的黏度和闪点，在高温和高压蒸汽下能保持足够的油膜强度，分为气缸油、过热气缸油和合成气缸油三种。

10）车轴油

车轴油呈黑色，含胶质沥青，低温流动性好，用于铁路机车轴承。

11）冷冻机油

冷冻机油有 13 号、18 号、25 号、30 号、40 号等牌号。

12）真空泵油

真空泵油黏度为 45~80cSt，用于 200℃以下的场合。

13）电器用油

电器用油用于变压器、开关等，按凝固点的高低划分牌号。电器用油具有绝缘性能和高抗氧化稳定性，凝固点较低，要求油中的胶质、沥青质、酸性氧化物、机械杂质和水分的含量少。按用途，电器用油分为变压器油、电器开关油、电缆油等。

## （二）润滑方式及先进润滑方法

### 1. 手工给油润滑

由操作人员使用油壶或油枪向润滑点的油孔、油嘴及油杯加润滑油称为手工给油润滑，这是一种最普遍、最简单的方法给油量依靠操作人员的感觉与经验加以控制。油注入油孔后，沿着摩擦副对偶表面流动，因润滑油的添加不均匀、不连续、无压力，故只适用于低速、轻负荷和间歇工作的部件和部位，主要用于低速、轻载和间歇工作的滑动面、开式齿轮、链条以及其他不经常使用的粗糙机械。

### 2. 滴油加油

滴油加油是指依靠油的自重，通过装在润滑点上的油杯中的针阀或油绳滴油进行润滑的一种方法。滴油加油的装置结构简单，使用方便，但是滴油加油的给油量不易控制，机械的振动、温度的变化及油面的高低都会影响给油量。而且高黏度的油不宜使用滴油加油方式用于润滑，针阀容易被堵塞。

### 3. 飞溅润滑

飞溅润滑是利用高速旋转零件或附加的甩油盘、甩油片散成飞沫向摩擦副供油的一种润滑方法，主要用于闭式齿轮副及曲轴轴承等处的润滑。油槽还能将部分溅散的润滑油引到轴承内以润滑轴承。飞溅润滑时，旋转零件或附件的圆周速度不应超过 12.5m/s，否则将产生大量泡沫并引起润滑油变质。

### 4. 油环、油链、油轮润滑和油池润滑

油环润滑是指靠油环等机械零件随轴转动把油池中润滑油带到轴上，并被导入轴承中进行润滑的一种方法。这种润滑方法简单可靠，主要用于水平轴的润滑。

油环最好做成整体，油环的直径一般比轴径大 1.5~2 倍，可以在油环的内表面车几个圆环槽。油环润滑适用于润滑转速为 50~3000r/min 的水平轴，圆周速度过高会因离心力而使油淌不到轴上，而圆周速度过低又可能带不起油或带的油量将不足。

油链与轴、油的接触面积都较大，在低速时也能随轴转动，所以油链润滑最适于低速机械。在高速运转时，油被剧烈搅动，故油链润滑不适于高速机械。

### 5. 强制压力润滑

强制压力润滑是泵将油压送到润滑部位的一种润滑方法。由于具有压力，强制压力润滑能克服旋转零件表面上产生的离心力，给油量比较充足，润滑效果好，冷却效果也较好，润滑可靠。强制压力润滑广泛地用于大型、重载的各种机械设备。强制压力润滑又可以分为全损耗性润滑、循环润滑、集中润滑等。

1）全损耗性润滑

全损耗性润滑用于润滑需油量较少的各种设备的润滑点。电动机带动柱塞泵从油池

中把油压送到润滑点，给油量通过调整间歇的柱塞的行程来调整，慢的几分钟发送一滴油，快的每秒钟发送几滴油。全损耗性润滑可用于单独润滑，也可用于将几个泵组合起来的集中润滑。

2）循环润滑（含动压系统、静压系统和动静压混合系统）

循环润滑是液压泵从机身油池中把油压送到润滑部，经过润滑部位后的油又回流到机身油池内而循环使用的一种润滑方法。

3）集中润滑

集中润滑是由一个中心油箱向数个润滑部位供送润滑油的一种润滑方法，主要用于有大量润滑点的机械设备甚至整个车间或工厂。

集中润滑的优点是：可以任意部位，可以适应润滑部位的改变，能精确地分配润滑油，可实现机器启动前的预润滑，可控制润滑剂流动状态。

### 6. 油雾润滑

油雾润滑是利用压缩空气将油雾化，再经喷嘴（缩喉管）喷射到需要润滑的部位的一种润滑方法。

由于压缩空气和油雾一起被送到润滑部位，因此油雾润滑有较好的冷却润滑效果，可将轴承运行温度降低 10~15℃。油雾和压缩空气具有一定压力，可以防止摩擦表面被灰尘、磨屑污染。油雾润滑使内部金属表面总是形成一层润滑油膜，防止了锈蚀，使轴承寿命延长 6 倍。

油雾润滑缺点是：排出的空气中含有油雾粒子，会造成污染。因此，油雾润滑主要用于高速的滚动轴承及封闭齿轮、链条等。油雾润滑的润滑油雾分配准确、适量、无杂质污染。

### 7. 自润滑

自润滑是将具有润滑性能的固体润滑剂粉末与其他固体材料相混合并经压制、烧结成材，或是在多孔性材料中浸入固体润滑剂，或是用固体润滑剂直接压制成材，作为摩擦表面的一种润滑方法。

在自润滑的整个工作过程中，不需要加入润滑剂，仍能具有良好的润滑作用。

### 8. 最小量 MQL 润滑

最小量 MQL 润滑用油量极少，一般供油量不大于 50mL/h。运送油的压缩空气还可以起到排除切削和冷却作用。最小量 MQL 润滑是一种节能又环保的润滑方式。

### 9. 边界润滑

除了干摩擦和流体润滑外，几乎各种摩擦副在相对运动时都存在着边界润滑状态。边界润滑状态是从摩擦面间的润滑剂分子间的内摩擦（即液体润滑）过渡到直接接触干摩擦之前的临界状态。

**10. 油气润滑**

油气润滑是以压缩空气为动力，将稀油输送到润滑点的一种润滑方法。与油雾润滑不同的是，油气润滑的压缩空气把润滑油直接压送到润滑点后，润滑油不需要凝缩。

## （三）轧机润滑技术及管理

轧钢机简称轧机，轧机设备系统包括电动机、电动机联轴器、减速机、主联轴器、齿轮机座、万向接轴及其平衡装置、轧机工作机座以及卷取机和开卷机等。

**1. 轧机对润滑的要求**

1）干油润滑

热带钢连轧机中炉子的输入辐道、推钢机、出料机、立辐、机座、轧机根道、轧机工作辐、轧机压下装置、万向接轴和支架、切头机、活套、导板、输出辗道、翻卷机、卷取机、清洗机、翻锭机、剪切机、圆盘剪、碎边机、垛板机等都用干油润滑。

2）稀油循环润滑

开卷机、机架、送料辐、滚剪机、导辐、转向辐和卷取机、齿轮轴、平整机等设备的润滑，各机架的油膜轴承系统等采用稀油循环润滑。

3）油雾润滑和油气润滑

高速高精度轧机的轴承用油雾润滑和油气润滑。

4）轧机工艺润滑冷却常用介质

在轧钢过程中，为了减小轧辐与轧材之间的摩擦力、降低轧制力和功率消耗，使轧材易于延伸，控制轧制温度，提高轧制产品质量，必须在轧辗和轧材接触面间加入轧机工艺润滑冷却介质。

**2. 轧机的常用润滑系统**

重型机械（包括轧机及其辅助机械设备）常用润滑装置有干油润滑装置、稀油润滑装置、油雾润滑装置，国内润滑机械设备已基本可成套供给。

稀油润滑装置的工作介质采用黏度等级为 N22-N460 的工业润滑油，循环冷却装置采用列管式油冷却器。

稀油润滑装置的公称压力为 0.63MPa；冷却水温度小于或等于 30℃；冷却水压力小于 0.4MPa；冷却器的进油温度为 50℃时，润滑油的温降大于或等于 8℃。

稀油润滑装置的主要润滑元件压力范围是 10MPa、20MPa，40MPa。

1）稀油集中润滑系统和干油集中润滑系统

轧机上采用了不同的润滑方法，如一些简单结构的滑动轴承、滚动轴承等零部件可以用油杯、油环等单体分散润滑方式，对复杂的整机及较为重要的摩擦副则采用了稀油集中润滑系统或干油集中润滑系统。

从驱动方式来看，集中润滑系统可分为手动集中润滑系统、半自动集中润滑系统和自动操纵集中润滑系统三类系统，从管线布置等方面来看，可分为节流式集中润滑系统、单线式集中润滑系统、双线式集中润滑系统、多线式集中润滑系统、递进式集中润滑系统等。

2）轧钢机油膜轴承润滑系统

轧钢机油膜轴承润滑系统有动压系统、静压系统和动静压混合系统三种。

通过轴承副轴颈的旋转将润滑油带入摩擦表面，由于润滑油的黏性和其在轴承副中的楔形间隙形成的流体动力作用而产生油压，即形成承载油膜，保护工作表面，形成所谓的流体动压润滑。

油膜轴承 20 世纪 30 年代开始用于轧钢机，摩擦系数低至 0.001。

动压轴承的液体摩擦条件在轧辐有一定转速时才能形成，且供压须控制在 0.24~0.38MPa，温度须控制在 40℃左右。滑动轴承流体动压润滑包括静止状态、开始启动、不稳定状态、稳定状态四个过程。

第一，处于静止状态时，轴的下部中间与滑动轴承接触，轴的两侧形成了楔形间隙。

第二，开始启动时，轴滚向一侧，具有一定黏度的油液黏附在轴颈表面，随着轴的转动，润滑油被不断带入楔形间隙，润滑油在楔形间隙中只能沿轴向溢出，但轴颈有一定长度，润滑油的黏度使其沿轴向的流动受到阻力而流动不畅。这样，润滑油就聚积在楔形间隙的尖端互相挤压，从而使润滑油的压力升高，随着轴的转速不断上升，楔形间隙尖端处的油压也越升越高，形成一个压力油楔逐渐把轴抬起，此时轴处于一种不稳定状态。

第三，处于不稳定状态时，轴心位置随着轴被抬起而逐渐向轴承中心另一侧移动，当达到一定转速后，轴就趋于稳定状态。

第四，处于稳定状态时，油楔作用于轴上的压力总和与轴上负荷（包括轴的自重）相平衡，轴与轴承的表面完全被一层油膜隔开，实现了液体润滑，这就是动压液体润滑的油楔效应。

由于流体动压润滑的油膜是借助于轴的运动而建立的，一旦轴的速度降低（如启动和制动的过程中），油膜就不足以把轴和轴承隔开。另外，如负荷过重或轴的转速低，都有可能建立不起足够厚度的油膜，从而不能实现动压润滑。

当轧钢机启动、制动或反转时，其速度变化就不能保障液体摩擦条件，限制了动压轴承的使用范围。

实现流体动压润滑必须具备以下条件。

第一，两相对运动的摩擦表面，必须沿运动的方向形成收敛——楔形间隙。

第二，两摩擦面应具有足够的相对速度。

第三，润滑油具有适当的黏度。

第四，外负荷必须小于油膜所能承受的最大负荷极限值。

第五，摩擦表面的加工精度应较高。

第六，进油口不能开在油膜的高压区。

静压轴承靠静压力使轴颈浮在轴承中，高压油膜的形成和转速无关。静压轴承在启动、制动、反转，甚至静止时，都能保障液体摩擦条件，承载能力大、刚性好，可满足任何负荷、速度的要求，适用于专用高压系统（工作压力达 70MPa 以上），且制造费用高。

所以，在启动、制动、反转、低速时用静压系统供高压油，而高速时关闭静压系统、用动压系统供油的动静压混合系统效果更为理想。

**3. 轧机轴承的油气润滑系统**

目前，80% 以上高速线材轧机滚动轴承都采用了油气润滑系统。

如攀枝花钢铁（集团）公司冷轧厂主轧机改用油气润滑后，耗油量降低到使用油雾润滑系统的 1/5，轴承寿命延长 300 倍以上。

油气润滑与油雾润滑在流体性质上截然不同。油雾润滑时，油被雾化成 0.5~2mm 的雾粒，雾化后的油雾随空气前进，二者的流速相等；油气润滑时，油不被雾化，油是以连续油膜的方式被导入润滑点，并在润滑点处，以精细油滴方式，喷射到润滑点。

在油气润滑系统中，润滑油的流速为 2~5cm/s；而空气速度为 30~80m/s，特殊情况可高达 150~200m/s。油气润滑系统具有一系列优点。

第一，油不雾化，不污染环境。

第二，计量精确。

第三，可以将轴承的寿命提高 3~6 倍。

第四，大幅降低润滑设备运行和维护费用。

第五，适用于高速、重载、高温工况，以及受脏物、水和化学性流体侵蚀的场合。

第六，润滑油耗量微小，只相当于喷油润滑 1/10~1/30。

德国 REBS 公司首先提出油气润滑的概念，发明了 TURBOLUB 油气分配器，使油气润滑得到了应用和发展。

**4. 轧机常用润滑设备的安装、清洗、维修**

1）常用润滑设备的检查安装

认真审查润滑装置和机械设备的布管图纸、地基图纸，确认连接、安装无误后，进行安装。

安装前，对装置、元件进行检查，产品必须有合格证，必要的装置和元件要检查清洗，然后进行预安装（对较复杂系统）。

预安装完成后，清洗管道，并检查元件和接头，如有损失、损伤，则用合格、清洁件增补。

管道清洗方法：先用四氯化碳脱脂或氢氧化钠脱脂后，用温水清洗；再用质量分数为 10%~15% 盐酸、质量分数为 1% 乌洛托品（此溶液温度应为 40~50℃）浸渍或清洗 20~30min，然后用温水清洗；再用质量分数为 1% 的氨水溶液（此溶液温度为 30~40℃）浸渍和清洗 10~15min 中和之后，用蒸气或温水清洗；最后用清洁的干燥空气吹干，涂上防锈油，待正式安装使用。

2）常用润滑设备的清洗、试压、调试

润滑设备正式安装后，再清洗循环一次为好，以保障润滑设备工作可靠。

干油润滑系统和稀油润滑系统的循环清洗时间为 8~12h，稀油压力为 2~3MPa，清洁度为 NAS1LNAS12。

对清洗后的润滑系统，应以额定压力保压 10~15min 试验。应逐渐升压，及时观察处理问题。

试验之后，按设计说明书对压力继电器、温度、液位和诸电器连锁进行调定后，方可投入使用。

3）常用润滑设备的维修

轧机操作人员一定要努力了解其润滑设备、装置、元件图样、说明书等资料，从技术上掌握使用、维护修理的相关资料，以便使用、维护与修理。

## （四）油品的运输、存放和如何防止油品劣化

### 1. 油品的运输与存放

1）保持储油容器清洁干净

往油罐内卸油或将油灌桶前，必须认真检查罐、桶内部，清除水和污染物质，做到不清洁不灌装。各种储油罐内壁应涂刷防腐涂层，减少铁锈落入油中。一般可使用生漆或环氧树脂等涂料对储油罐内壁进行涂刷，效果较好。

2）加强桶装、听装油品的管理

桶装油品要配齐胶圈，拧紧桶盖，尽量入库存放。露天存放的装油桶要卧放或斜放，防止桶面积水。应避免在风沙、雨雪天或空气中尘埃较多的条件下露天灌装作业，以防水杂侵入。雨雪后应及时清扫桶上的水和雪，定期擦去桶面尘土，并经常抽检桶底油样，如有水杂应及时抽掉。

听装油品及溶剂油、各种高档润滑油、润滑脂等严禁露天存放。

3）定期检查储油罐底部状况并清洗储油容器

油品储存的时间越长，氧化产生的沉积物越多，对油品质量的影响越严重。因此，必须每年检查罐底一次，以判断是否需要清洗。

要求各种油罐的清洗周期是：轻质油和润滑油储罐每 3 年清洗 1 次；重柴油储罐每 2.5 年清洗 1 次。

4）定期抽检库存油品，确保油品质量

定期对库存油品抽样化验可防止在保管过程中质量变化。桶装油品每 6 个月复验一次，罐存油品可根据其周转情况每 3 个月至 1 年复验一次。对易于变质、稳定性差、存放周期长的油品，应缩短复验周期。

5）加强油中水含量的监测

室外使用的液压设备，最好用防风雨帐篷遮盖；油箱呼吸孔装干燥器；有条件的系统可安装“超级吸附型”干燥过滤器。

### 2. 防止油品劣化

第一，防止油品蒸发、氧化。一些油品，特别是汽油、溶剂油等，蒸发性较强。由于蒸发，除大量的轻组分损失外，也会引起油品理化性质的变化。

第二，减少空气污染。空气在液压油中也是以两种状态存在：一是溶解在油中，是以游离状态存在。其中，空气以游离状态存在对系统的破坏较为严重，它可降低油液的弹性模量，引起系统工作响应迟缓，引起油液氧化而变质，引起气穴使泵打不出油而干

摩擦。

第三，减少软颗粒污染（漆膜）。

第四，减少水污染。

第五，减少混油污染。

第六，防止超温使用。

第七，减少固体颗粒物污染。

第八，防止金属催化。

# 第四章 液压支架技术标准和实验

## 第一节 液压支架技术标准体系

### 一、国外液压支架检验标准概况

为了保证液压支架在井下使用中的安全和可靠性，目前世界各主要产煤国家都制定了液压支架型式试验（或产品检验）的标准。通常规定一种新型号的支架在投入使用之前必须通过国家指定的专门机构对支架样机进行型式试验，取得技术认证（合格）报告。

国际上最具代表性的液压支架试验标准是英国制定的《液压支架试验规范》和原西德制定的《液压支架规程》，苏联和波兰等国也都先后制定了本国的液压支架试验标准。20 世纪 90 年代后欧洲以德国、波兰和英国为主开始制定统一的新标准《液压支架的安全性要求》，并正式试行。

由于欧洲标准综合了世界上最早研制液压支架的英、德等主要产煤国家的标准，在世界上有很大的影响和权威性。

仔细分析新的欧洲标准后不难发现它与英国、德国等国家的旧标准已有了很大变化和改进，这些信息对于我们依据国情完善液压支架试验规范和试验方法，使我国液压支架的设计、制造和试验逐步向国际先进水平靠近并进入国际市场具有十分重要的意义。

#### （一）水平加载试验

20 世纪 80 年代以来，掩护式和支撑掩护式支架逐渐替代早期的支撑式支架。针对这些支架与围岩的相互作用特点，世界各国都逐步将水平加载列入支架试验规范，新的欧洲标准就规定水平加载力应为垂直力的 0.3 倍，在向前和向后两个方向上各进行 1000 次循环加载试验。

多年来世界各国对掩护式支架与围岩的相互作用关系进行了大量观测研究，从掩护式支架尤其是立柱呈倾斜布置的二柱掩护式支架的力学特点看，一般对顶板产生一个指向煤壁的水平力，有的学者称之为水平支撑力，因而顶板反作用于支架的水平力指向采空区；但另一方面，井下矿压观测也表明：由于顶板岩层移动规律的复杂性，作用于支架的水平力不仅有指向采空区的，也有指向煤壁的，因此欧洲标准规定在两个方向上都要进行水平力加载试验。

此外标准还规定若确认在增加水平力后，支架部件受力反而减小，那么也可不必试验。根据作者经验，如二柱掩护式支架，一般说支架部件的受力以水平力指向煤壁时为最大，指向采空区时为最小，可见这种支架可以只做水平力指向煤壁的试验。其他有些国家如印度的支架试验标准则规定水平力指向采空区时试验 1000 次，而指向煤壁时要加倍试验至 2000 次，可能也是基于这种考虑。我国 MT312—92 标准虽也规定了水平加载试验，但与欧洲、印度等国的标准相比在以下三个方面有许多差别。

第一，水平加载方向只指向采空区。这可能是基于作用于掩护式支架的水平力主要是指向采空区这一认识；

第二，加载大小。对于二柱掩护式支架，水平加载力为垂直载荷的 0.01 倍，而对四柱支撑掩护式支架则为垂直载荷的 0.3 倍；

第三，只做三次强度试验，不做循环加载试验。

由此可见我国标准规定的水平加载试验，无论在加载方向、大小以及循环加载次数方面都与国外标准有明显差距。

此外欧洲标准还明确规定了支撑式支架的水平加载试验要求。

## （二）偏载试验

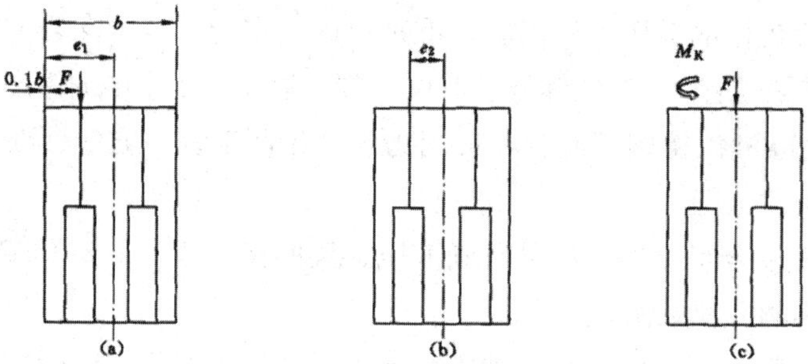


**图 4-1　偏载试验纵向垫块位置**

偏载试验实质上是考核作用在掩护梁和连杆等部件上扭矩的影响。欧洲标准明确规定以下几条：

第一，纵向垫块的位置放于距顶梁侧边为梁宽 10% 的地方，见图 4-1a。

第二，支架试验高度至少比最小高度高 300mm，可靠地保证作用于掩护梁上的扭矩不小于最大扭矩的 98%。

第三，每侧循环加载各 500 次。原英国、西德标准同 20 世纪 90 年代印度的标准都有类似的规定，但我国 MT132—92 标准仍沿用旧标准，将垫块放在立柱中心线的上方（见图 4-1b 所示）。按一般柱间距 0.8m，顶梁宽 1.35m 计算，则掩护梁和连杆承受的扭矩 $M_K$ 将比欧洲标准规定的小 35% 左右。

目前我国标准中关于偏载试验的考核明显低于其他国家，而偏载试验又恰恰是支架试验中比较危险的一种工况。

## （三）试验力

欧洲标准专门规定了额定力与试验力，额定力是指由立柱千斤顶的额定工作阻力及支架几何尺寸计算所得的支架或各部件的力；而试验力则指相当于此额定力时试验加载外力，这就是说试验力的确定不能简单地用测定立柱内压方法，而要避免内外加载等情况引起的差别，重点要规定和测量支架或部件的实际外载。

英、德等国过去在液压支架试验中都明确规定要区分内加载和外加载，根据他们的研究，由于摩擦等因素的影响，这种差别可达 5%~15%，立柱倾斜越大，这种差别也越大。实际试验中要校正立柱内压与实际外载之间的关系，然后按校正后的立柱压力进行试验。英国曾给出了典型的校正曲线。

## （四）循环加载试验

欧洲标准明确规定了加载最大值为 1.05 倍试验力，最小值为 0.25 倍试验力，基本按脉冲循环，这主要考虑立柱安全阀允许有 5% 的调定误差，而规定最小值一方面是考虑井下实际受载情况，另一方面缩短了循环试验时间。

从加载次数看，我国标准与欧洲标准的差距不算太大，关键是缺少水平加载试验。至于美国、澳大利亚等国用户根据工作面高产高效的要求，试验次数甚至达 3~5 万次，这是用户的特殊要求，或是针对某些特定条件的企业标准，并不具有普遍意义。

关于加载次数与井下实际使用循环或寿命之间的对应关系，由于井下条件千变万化，无法一概而论，但有一点可以肯定，由于试验时采用了可能出现的危险承载状态和最大载荷，所以一般比井下随机出现的受载状况和大小要恶劣和严重，为了进行估算，假设井下出现这种危险状态和最大载荷值的频率为 0.1~0.5，那么对于不同工作面产量时支架的实际寿命粗略估计为：

$$a=\frac{nhLH\gamma}{fm}$$

式中：$a$——支架寿命，a；

$n$——支架试验循环次数；

$h$——支架移动步距，m；

$L$——工作面长度，m；

$H$——采高，m；

$\gamma$——煤密度，g/cm$^3$；

$f$——最大载荷值出现频率；

$m$——工作面平均年产量，t/a。

假设煤层厚度 2.5m，中厚煤层，密度按 1.5g/cm$^3$ 计算，工作面长度 150m，移动步距 0.8m，若要保证平均使用寿命达到 10a，那么，对 100 万 t/a 的工作面，要求支架做 6000 次循环试验，对 200 万 t/a 工作面，最好试到 10000 次，对 300 万 t/a 的工作面，则宜试到 20000 次。

### （五）检验准则

支架经各种试验之后必须按一定的准则来检验其合格与否，不同国家对支架主要结构件的检验准则见表4-1。

表4-1　不同国家对支架主要结构的检验标准

| 项目 | 母体 | 焊缝裂纹 | 变形 |
|---|---|---|---|
| 中国标准 | | 同一部件不得多于2处，主要长焊缝裂纹不大于50mm | 残余变形不大于相应支点距离的0.5% |
| 欧洲标准 | 不得有裂纹 | 不得有影响支架性能的焊缝裂纹，应由专家验证确认不再扩展 | 不得有影响支架性能的变形 |
| 印度标准 | 不得有裂纹 | 允许有一处小的、可见的但不扩展的裂纹 | 不得有影响支架性能的变形 |

由上表可见，我国标准中对于耐久性试验之后结构件基本不得有裂纹尚无明确规定，此外对焊缝裂纹的不扩展性也没有规定。

### （六）立柱连接试验

立柱上下端与顶梁（掩护梁）和底座的连接强度对于井下正常使用和安全都很重要。我国标准规定按立柱额定迫降力试验；欧洲标准则要求按立柱额定迫降力的1.5倍试验，并且要求上连接强度大于下连接强度，以保证不致因上部连接损坏而倒柱伤人。

我国液压支架立柱的连接销变形一直比较普遍和严重，影响拆卸修理和使用，在标准上提高指标以促进设计等方面的改进看来也是势在必行。

## 二、液压支架通用技术条件

随着科学技术的进步，市场对煤矿用液压支架性能提出了更高的要求。为适应加入WTO后对标准化工作的要求，促进国际贸易交流，2006年我国制定了煤矿用液压支架系列国家标准。本系列标准以我国液压支架设计、试验和使用研究成果为基础，并广泛参考世界各主要产煤国家和国际组织的相关标准。在此基础上，编制具有国际先进标准水平的国家标准，规范、提高国内液压支架的设计、制造、生产水平，适应国内外市场的需求。

液压支架是保证煤矿安全生产的重要设备，我国自开始实施《液压支架型式试验规范》制定的《液压支架通用技术条件》。该标准经过两次修订，技术要求逐次提高，此标准促进了我国液压支架技术水平的进步和煤矿高产高效综合机械化开采技术的发展。新标准在制定过程中，充分考虑新技术水平，兼顾国内目前实际技术状况，对《液压支架通用技术条件》中的具有先进水平的部分进行引用。标准对《煤矿用液压支架安全性要求　第一部分：通用技术条件》中《安全性要求》和《安全性要求检验（附录A）》两部分修改引用，使新标准与国外先进标准有同等的技术水平。

### （一）范围

本标准的范围涉及煤矿用液压支架的术语、设计、生产制造、试验检验、包装、运输和储存及使用等方面。

### （二）规范性引用文件

标准的本部分增加了引用标准的内容。这些内容属于安全性要求和技术要求需要的规范性引用文件。通过应用避免重复和冲突，强调液压支架不但要执行本部分的规定程序，而且材料性能、试验方法等有关方面应符合引用标准的规定。应用的标准是成熟的技术，通过应用有利于提高产品质量，提高经济效益。

### （三）术语和定义

为了避免对技术内容产生歧义和引起曲解，专列了“术语和定义”一章，对标准使用到的术语进行了定义。特别对《煤矿用液压支架安全性要求系列标准》的其他部分中使用的术语进行定义，以免定义不统一或重复定义。

### （四）要求和试验方法

安全性能要求分为一般要求、外观质量要求、基本性能要求、结构强度要求、材料、焊接、许用应力几个部分。

试验方法采用与《煤矿用液压支架安全性要求第一部分：通用技术条件（规范性附录 A）》基本相同的内容。

本部分采用了《煤矿用液压支架安全性要求第一部分：通用技术条件》中《安全性能要求》和《规范性附录 A》的主要条款；确保新标准与国外先进标准有同等的技术水平。

### （五）标准主要技术内容的说明

第一，支架分 A 类支架、B 类支架和 C 类支架，对不同类别支架提出了不同的要求。这样更能体现实际使用情况，更科学，在井下使用更安全。

第二，增加了危险情况表，以进行支架危险评估，增加可靠性。

第三，在安全性要求中增加了一般性要求，其中对行人通道、防尘装置、液压元件防护、防片帮装置、超前支护、装配等要求，以提高液压支架的安全性。

第四，在安全性要求的基本性能要求中，增加了适应性能和让缩性能要求。

第五，在安全性要求的结构强度要求中，增加水平载荷的要求。

第六，增加了材料一节，对材料及材料的许用应力、焊接做出了具体的要求。

第七，耐久性能试验的循环次数大幅度提高。

## 三、立柱和千斤顶技术条件

随着科学技术的发展进步，市场对矿用液压支架立柱和千斤顶性能也提出了更高的要求。标准在制定过程中，充分考虑新技术水平，兼顾国内目前实际技术状况，对《煤矿用液压支架安全性要求系列标准》中的具有先进水平的部分进行引用。标准的本部分对《煤矿用液压支架安全性要求第二部分：立柱和千斤顶》中的《安全性要求》和《安全性要求检验（附录 A）》两部分全部修改引用，使新标准与国外先进标准有同等的技术水平。

## （一）范围

本标准的范围涉及煤矿用液压支架立柱和千斤顶的术语、设计、生产制造、试验检验、包装、运输和储存及使用等方面。

## （二）规范性引用文件

标准的本部分增加了引用标准的内容。这些内容属于安全性要求和技术要求需要的规范性应用文件。通过引用避免重复和冲突，强调立柱和千斤顶不但要执行本部分的规定程序，而且材料性能、试验方法等有关方面应符合引用标准的规定。引用的标准是成熟的技术，通过引用有利于提高产品质量，提高经济效益。

## （三）术语和定义

为了避免对技术内容产生歧义和引起曲解，新增加了“术语和定义”一章，对标准使用到的术语进行了定义。对在《煤矿用液压支架安全性要求第一部分：通用技术条件》中定义过的术语，这里只是引用，不再重复定义。

## （四）要求和试验方法

要求分为一般要求、装配和外观质量、主要零部件、性能要求和材料性能几部分。其中性能要求、装配和材料性能是强制的内容，是与其中《安全性能要求》对应的部分；其他的内容是非强制的内容，主要用于规范生产。

本部分强制要求的内容和与之对应的检验采用了《煤矿用液压支架安全性要求第二部分：立柱和千斤顶》中对应的条款；本部分保证新标准与国外先进标准有同等的技术水平。

## （五）标准主要技术内容的对比

第一，千斤顶分为支撑千斤顶和千斤顶，对支撑千斤顶和千斤顶提出了不同要求，支撑千斤顶和立柱有相同的要求。这样更能体现实际使用情况，更科学，在井下使用更安全。

第二，耐久性能。

立柱试验比《煤矿用液压支架安全性要求系列标准》中在偏心加载的基础上增加了中心加载和外伸限位试验。

加载力大、加载速度高、次数多、行程长，试验方式贴近实际、科学，大大提高了立柱的可靠性和安全性。

支撑千斤顶耐久性能试验在《煤矿用液压支架安全性要求系列标准》中心加载的基础上增加了偏心加载和外伸限位试验。

要求千斤顶在配套泵站额定压力和额定流量下加以额定载荷全行程循环，累计10000次。新标准支撑千斤顶寿命试验偏心加载，偏心量随千斤顶的直径变化，累计让压行程300m，缩回行程300m，伸出行程600m，总计1200m。这样大大提高了支撑千斤顶的可靠性和安全性。

第三，偏心加载。

偏心加载偏心量随立柱和千斤顶的直径变化，偏心力（额定力）比《煤矿用液压支架安全性要求系列标准》（1.1倍额定力）在小直径的立柱时的偏心距小，但要控制弯曲残余变形量（不得超过检验长度的0.1%），这个要求比《煤矿用液压支架安全性要求系列标准》加载后不测变形量要求更高、更科学。

第四，中心过载性能。

在全伸出状态，对立柱和支撑千斤顶柱顶施加两倍额定力的中心载荷。

第五，密封性能检验。

密封性能检验采用在加载试验的同时或循环试验之后进行（1+5+5）的11min的密封检验，比在加载试验后进行重新地加压进行固定压力检验更科学、合理，可操作性强、经济。

第六，冲击试验，

冲击试验采用的（自由落下的最小质量立柱为10000kg；千斤顶为1000kg，冲击后达最大允许工作压力的1.5倍。压力从初始值到最大值升压应在30ms内实现。试验后立柱和千斤顶还能全行程实现其功能）试验方法比MT313—92采用的（以15kJ能量冲击柱头不得产生永久变形和破坏）方法更有实用价值。因立柱直径变化时，冲击能量相同冲击压力有大有小不科学。以200mm，缸径为例，压力从60%~150%，时间30ms，需冲击能量14kJ。若立柱为320mm时，15kJ能量对试验没有意义。

第七，与CEN1804—2:2000比较，增加缸体爆破试验，采用了MT313—1992或MT97—1992的试验方法，以保证缸体材料的安全性。

第八，与CEN1804—2:2000比较增加了一般要求。

为了规范立柱和千斤顶主要零件的制造。及其零件在安全性要求之外的技术要求行业标准中的技术条件修改后编入，它主要用于出厂检验之用。

第九，依据目前国内对零件的镀层水平，通过征求意见，对镀层技术要求中的空隙率进行了修改，由原来的15点减少到5点。

## 四、液压控制系统及阀

标准的本部分在制定过程中，充分考虑目前我国支架液压技术水平的发展状况，兼顾国内支架实际制造水平，对MT419—1995中的具有先进水平的部分进行引用。标准的本部分对《煤矿用液压支架安全性要求第三部分：液压控制系统及阀》中《安全性要求》和《安全性要求检验（附录A）》两部分进行有选择的引用，使新标准与国外先进标准有相近的技术水平。

## （一）范围

本标准的范围涉及煤矿用液压支架液压控制系统及阀的术语、设计、生产制造、试验检验、包装、运输和储存及使用等方面。

## （二）规范性引用文件

标准的本部分增加了引用标准的内容。这些内容属于安全性要求和技术要求需要的规范性应用文件。通过应用避免重复和冲突，强调液压支架液压控制系统及阀不但要执行本部分的规定程序，而且材料性能、试验方法等有关方面应符合引用标准的规定。应用的标准是成熟的技术，通过应用有利于提高产品质量，提高经济效益。在某些部分方面由于缺少国家标准而引用了行业标准。

## （三）术语和定义

为了避免对技术内容产生歧义和引起曲解，专列出“术语和定义”一章对标准使用到的术语进行了定义。

## （四）要求和试验方法

安全性能要求分为一般要求、外观质量要求、性能要求、材料几个部分。除外观质量要求外，与《煤矿用液压支架安全性要求》基本对应，但加入了《安全性能要求》的一些内容。

试验方法采用与《煤矿用液压支架安全性要求第三部分：液压控制系统及阀》《规范性附录 A》基本相同的内容。

本部分采用了部分《煤矿用液压支架安全性要求第三部分：液压控制系统及阀》中《安全性能要求》和《规范性附录 A》的条款；确保新标准与国外先进标准有相近的技术水平。

与《煤矿用液压支架安全性要求》比较，增加了对支架液压控制系统的规定。

## （五）标准主要技术内容的对比

第一，标准中增加了液压控制系统部分的术语定义、安全要求和实验方法，填补了过去的空白。

第二，各种阀类寿命试验的次数有显著的提高，这样必将提高整个煤炭行业液压元件的整体制造水平，使液压控制系统及阀在井下使用更安全。

第三，根据支架液压控制系统及阀的各种检验项目的抽样方案，使液压控制系统及阀的检验既经济又科学。

第四，删除了原《煤矿用液压支架安全性要求》中一些非标准规定内容，使本标准更具有可操作性。

## 五、重新修订后的部分新标准

我国有关部门组织相关科研机构对以上标准进行了重新修订完善。部分标准已经过专家审查后报主管部门审批后实施。部分新标准列举如下。

### （一）煤矿用立柱和千斤顶聚氨酯密封技术条件

本标准规定了煤矿用立柱和千斤顶聚氨酯密封圈的术语和定义、密封沟槽尺寸、要求、试验方法、检验规则、标志、包装、运输和贮存。

本标准适用于工作介质为高含水液压液（含乳化液）的煤矿用立柱和千斤顶聚氨酯密封圈。

### （二）矿用单体液压支柱第一部分：通用要求

规定了矿用单体液压支柱（含注液枪）的术语和定义、分类、要求、试验方法、检验规则、标志、包装、运输和贮存。

本部分适用于矿用单体液压支柱（简称支柱）的制造、检验和评定。

### （三）矿用 U 形销式快接头及附件

本标准规定了矿用 U 形销式快速接头（以下简称接头）及附件的术语和定义、产品分类、要求、试验方法、检验规则、标志、包装、运输和贮存。

本标准适用于以普通矿物油及高含水液压液为工作液的管路系统中接头及附件。

### （四）煤矿用乳化液泵站第一部分：泵站

本部分规定了煤矿用乳化液泵站（以下简称泵站）的术语和定义、产品分类、要求、试验方法、检验规则、标志、包装和贮存。

本部分适用于煤矿井下以高含水液压液（含乳化液）为工作介质的乳化液泵站，也适用于煤矿井下以清水为工作介质的喷雾灭尘泵站和注水泵站。

### （五）液压支架用软管及软管总成检验规范

本标准规定了液压支架用软管总成的术语和定义、试验系统要求、试验方法、检验规则。本标准适用于液压支架用软管及软管总成的检验，也适用于煤矿中输送油基、水基流体的软管及软管总成的检验。本标准不适用于菌麻油基和酯基液体的软管及软管总成的检验。

上述标准的制定和实施有力地促进了我国液压支架技术的发展和产品质量的提高，为保证煤矿的安全生产发挥了重要作用。目前，我国已成为世界上制定液压支架标准最多、最全的国家之一。随着技术的发展，上述标准还将逐步修订完善。

# 第二节　液压支架的安全性要求

## 一、人行通道

液压支架的人行通道应保证工作人员和所需器材能在工作面顺利通行。支撑掩护式支架一般为双人行通道，即前立柱与运输机电缆槽外缘间和前后立柱之间的通道。前者当支架移架后，一般通道较小，行人困难，因此，必须保证前后立柱之间的人行通道。掩护式支架分为单人行道和双人行道两种。一般薄煤层支架、中厚煤层支架，特别是轻型支架多采用单人行通道结构，高度大于 3.5m 以上的掩护式支架较多采用双人行通道结构。掩护式支架只有一排立柱，因此，立柱与运输机电缆槽外缘间的距离比支撑掩护式支架大，人行通道较宽敞，一般支架移架后前通道仍能通行。

支架人行通道设计必须满足下列基本要求：

第一，人行通道净宽度不小于 0.5m；

第二，薄煤层人行通道最小净高度应大于 0.4m；

第三，煤层倾角大于 30° 时，支架上应设保护人行通道安全的防护装置，人行通道上应设人梯和扶手；

第四，人行通道内不得有妨碍人员通行和可能伤害人员的凸出物；

第五，操纵阀手把不得占用人行通道有效空间；

第六，不得采用具有高压外泄式排液孔的双伸缩立柱；

第七，人行通道上应安装防滑踏板。

## 二、通风断面

支架工作高度范围内的通风断面应满足采煤工作面通风量的要求，根据《煤矿安全规程》，工作面风速应小于 5m/s。

## 三、操纵阀位置和安全措施

操纵阀应安装在便于操作和便于观察工作面运行状态的安全空间处。一般工作面支架可根据使用要求采用本架控制或邻架控制方式，薄煤层支架和大倾角支架应采用邻架控制方式。

有冲击压力的工作面支架，除了设有一般安全阀外，还应选用抗冲击压力的大流量安全阀；抗冲击压力的大流量安全阀的溢流口处应安设安全防护罩。支架通向主回液管路的回液口处必须装有回液断路阀。回液断路阀阻力不大于 2MPa，以防止系统由于背压过大造成误动作。支架用安全阀应在井上储存备用。

支架上的液压元件和电器元件应设在顶梁和掩护梁的防护区内，电器元件必须具有安全标志和准用证。

护帮千斤顶进回液节流孔直径 d≤2mm。

# 第三节　液压支架的型式试验

## 一、型式试验总则

（-）试验装置和条件

外现载或内加载试验台，其加载能力和高度应满足被试支架的要求，乳化液源的压力和流量应未小于被试支架压力和流量。供液回路中有增压功能，可增压到被试支架工作阻力的 1.5 倍，供液系统有自动循环加载功能，连接被试支架的进、回油路管径应和设计管径相一致或小于设计管径。

### （二）型式检验

型式检验应提供试验所需的支架装配总图、液压系统图、主要部件图等。

型式检验中如果有不合格项目，允许对样机进行处理，处理后进行复试，复试次数不得超过 1 次，耐久性试验不得超过 2 次；液压元部件如发生故障允许更换或进行其他处理，但同一部件只允许更换或处理一次，否则做不合格处理。

### （三）出厂检验

出厂检验项目分全检和抽检两类，抽检的数量按每批产品的 3%，支架不少于 2 架，如果其中出现不合格，则进行加倍抽检，再不合格则全检。

## 二、技术要求

### （一）一般技术要求

产品所用各种原材料必须有合格证明，符合相应标准的规定。外协件、外购件必须有合格证书，零部件必须验收合格后方可装配。用于焊接的金属板件焊前应进行去锈处理，涂漆件在涂漆前应做去锈处理，并涂防锈底漆。液压元部件均需满足相应标准要求，有型式检验合格报告。零部件加工精度、公差均需符合有关标准要求。

### （二）整架技术要求

主要包括外观质量要求、操作性能、密封性能、支护性能、适应性能、强度要求和耐久性能要求等。强度要求包括主体结构件强度要求和辅助机构强度要求等。

## 三、检验内容及方法

### （一）外观质量要求

通过普通量具和专用测量仪在日光或正常光照下目视检查外观。支架的零部件、管路系统应按图样要求的位置安装，连接可靠，排列整齐美观。支架外表面应涂漆，漆层应均匀、无漏涂、起泡、脱皮、裂纹。外漏镀层、外漏焊缝、锻件、铸件外观等符合设计要求和相关标准。

### （二）操作性能试验

操作换向阀使各运动部件按设计的规定动作各动作 3 次，每次均达到其规定动作的极限位置，各运动部件应操作方便、动作准确、灵活、无滞涩、憋卡、干涉等现象。在支架的额定供液压力与流量下，将支架的推移装置推杆伸出一个移架步距，端部固定，降架 100mm，移架一个步距，升架 100mm，完成一个循环的时间应不大于设计要求的时间。支架最小高度与最大高度时偏差为 ±50mm，支架最小宽度与最大宽度时宽度偏差为 ±20mm。

### （三）密封性能试验

支架放置在试验台内，试验台测试高度调整到支架最大调高的 2/3 左右，操作换向阀立柱及前梁千斤顶供液，使支架在试验台内撑紧，并使活塞腔内压力达到 90% 的额定工作压力，各稳压 5min，测定次数不少于 3 次，压力不得下降。空载升架，使立柱活柱（活塞杆）外伸值达到全行程的 2/3 左右，然后静止停放 12h，测量活柱（活塞杆）回缩量（排除温度影响）不得大于 2mm。装有前梁的支架对前梁千斤顶做同样的空载试验。操作换向阀，使各运动部件往复动作并达到极限位置，分别操作 5 次，其中包括一次运动部件在极限位置时，在额定供液压力下保持 5min，各液压元件（包括立柱、千斤顶、阀类、胶管与接头）不得出现渗漏（在渗漏处平均 5min 内渗出工作液多于 1 滴时称渗漏）。

### （四）支护性能检验

支架放置在试验台内，操作换向阀，使支架立柱内压力达到额定初撑供液压力，切断供液，稳压 5min，测量立柱内压力值应不小于额定初撑压力的 95%。缓慢地给支架加外（内）载，并使安全阀溢流 2~3 次，测量立柱的压力值。当安全阀停止泄液 5min 后，再测立柱内压力值。各立柱的安全阀开启压力，对于 16~32L/min 溢流量的安全阀应不大于其额定工作压力的 120%；小于 16L/min 的溢流量的安全阀应不大于其额定工作压力的 115%；对于 0.04L/min 溢流量的安全阀应不大于其额定工作压力的 110%。关闭压力均不低于额定工作压力的 90%。装有前梁的支架对前梁千斤顶的安全阀也进行同样试验，测定次数不少于 3 次。

## （五）适应性能试验

按图 4-2 所示，将推杆收到极限位置，然后将与推杆连接的输送机（单节中部槽）上抬、下落，测量抬起值不得小于 $L_1$=200mm（薄煤层支架不得小于 $L_1$=100mm），下落值不得小于 100mm。将支架升到最高位置，通过操作使顶梁前倾，操作后测量前倾顶梁的俯角应不小于 15°。底座对底板比压有特殊要求时，支架应进行比压测定。在底座的整个面积内放置刨花板，并加上条状垫铁（见图 4-3），支架均布加载到工作阻力，且对支架顶梁从前向后加 0.15 倍额定工作阻力的水平载荷。保压 1min，撤出刨花板，1h 后测量垫铁的压入深度，换算出的比压值应不大于设计的比压值（注：进行此项试验时应选择底座平面制造较平的支架，底座底平面不平时会影响测试结果）。

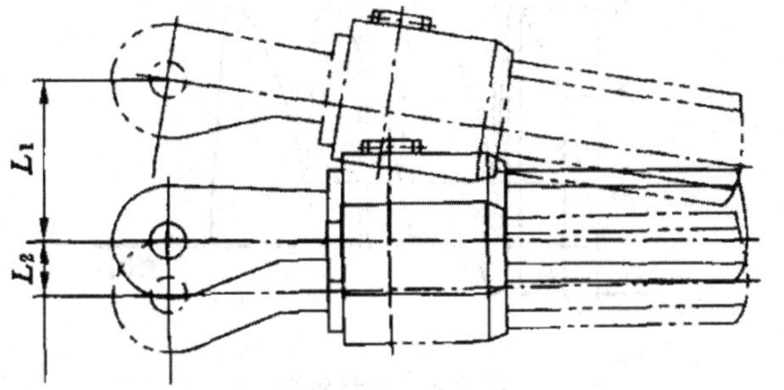


**图 4-2　连接头**

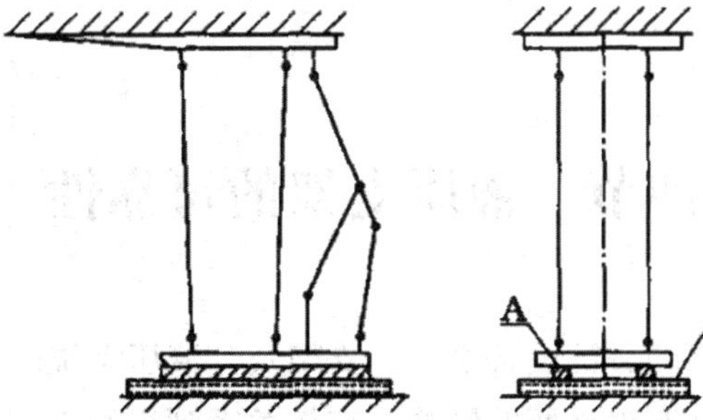


**图 4-3　底座**

A—垫块；B—刨花板

## （六）强度试验

强度试验是模拟井下各种危险工况对支架进行加载，是对支架的设计和制造质量检验的重要方式。试验前测定顶梁上平面、底座侧面的下边缘的原始挠曲度，以及顶梁中心线相对底座中心线在水平方向上的偏离量（支架处于自由状态，在底座前端处测量），试验高度为支架的最大高度的 2/3 左右，记录测得数据，待强度试验后进行对比。强度试验施加外载时，外加载使立柱载荷由零逐渐增至 1.1 倍工作阻力，若施加内载，则增压使立柱载荷由零逐渐增到 1.2 倍工作阻力。每种强度试验加载 3 次，每次均保压 5min。

### （七）耐久性能试验

耐久性能试验应在其他试验（水平加载强度试验除外）全部合格后进行。循环加载采用内加载方式，其过程按图 4-4 曲线进行。其中 $t_3 \geq 2s$。

支架或支架部件的耐久性能试验按载荷条件及相应的加载循环次数进行。耐久性能试验的加载压力分别交替为 1.05 倍的额定工作压力（最大载荷）和 0.25 倍的额定工作压力（最小载荷）。每 500 次循环加载应检查一次，并调换一次垫块位置。

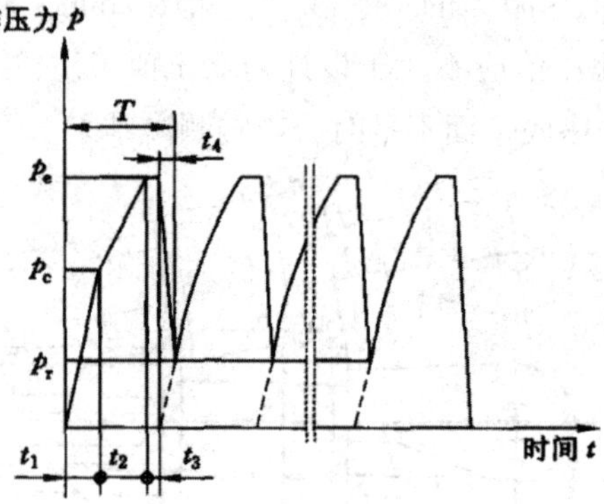


图 4-4　加载周期

对其他架型（如支撑式支架）应类似地规定加载条件和加载循环次数。不同的加载试验可以部分地组合进行。

## 第四节　液压支架的可靠性

液压支架是综采工作面的关键设备之一，支架及其液压系统的设计、制造以及操作使用，对液压支架的可靠性有着重要的影响，直接关系到煤炭生产率的提高。因此液压支架的可靠性问题历来受到各方面的重视。据统计，液压支架工作过程中发生的故障，80% 左右是液压系统的故障。因此，如何提高液压系统运行可靠性，降低系统运行故障率，延长液压元件使用寿命，减少停机时间，降低生产成本，从而提高企业的经济效益，是人们长期以来研究的课题之一。

### 一、液压支架质量与可靠性

合格支架产品，不仅要求在使用初期符合质量标准，而且必须要求在规定的使用时间和条件下，保持规定的质量指标，使产品不失效，这就是可靠性问题。因此，可靠性也是衡量产品质量于一个指标。而且只有引进可靠性指标后，才能和其他质量指标一起，对产品的质量做全面的评定。所谓可靠性，是指系统设备或零部件在规定条件下和规定的时间内完成规定功能的能力。

产品质量与可靠性的关系可见图 4-5 表示。

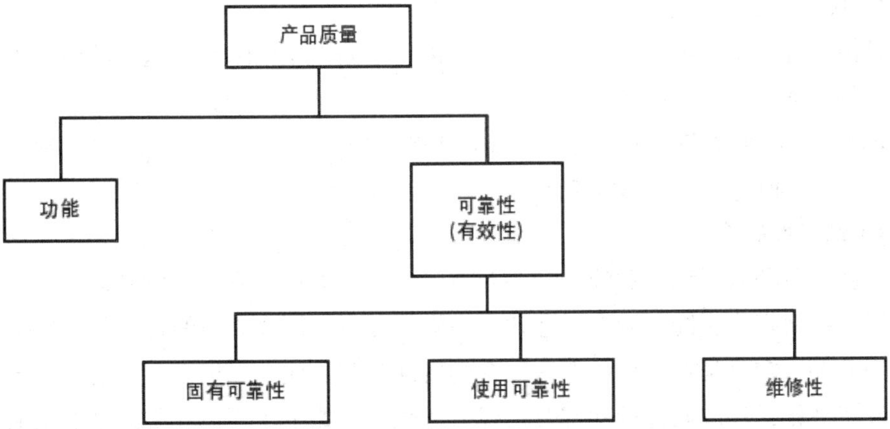


图 4-5　产品质量与可靠性的关系

产品的功能是指产品所具有的技术指标。如机械的各个工作机构的工作能力、工作尺寸、工作速度、功率、效率等。这些指标是产品的基本指标。如果没有或达不到这些技术性能指标，产品质量也就无从谈起。但是尽管各项技术性能指标都是很先进的，如果不可靠，那也没有或很少有实际使用价值。例如，一部技术性能指标较先进的采煤机或液压支架，若可靠性不高，经常发生故障，轻则停机修理，影响生产和增加费用，重则造成人身伤亡事故。这样的产品只能说是低质量的。由此可见，产品的功能能否发挥，很大程度上取决于产品的可靠程度。

## 二、液压支架故障定义、分类及其判据

### （一）液压支架故障定义

在对产品的可靠性评价与分析中，明确故障的定义是十分重要的；它是可靠性分析和设计的前提，又是可靠性评价的依据。这是因为对故障的含义理解不同，其可靠性特征量指标（如故障概率、故障率等）、数据处理及其评估结果可能不同。液压故障是指液压元件和液压系统不符合原规定条件下所发生的故障。因此，故障与人们预先对产品规定的要求、任务密切相关。所以，判断产品是不是发生故障，必须由业务主管部门（或用户与生产厂家预先商定）制定出具体的产品故障判别标准，即故障判据。

### （二）液压支架故障分类

**1. 按液压支架故障发生的时间性分类**

（1）早发性故障

这是由于液压系统的设计，液压元件的设计、制造、装配及液压系统的安装调试等方面存在问题引起的。如新购买的液压元部件严重泄漏和噪声大等故障，一般通过重新检验测试和重新安装、调试是可以解决的。如果是设计上的不合理或液压元件制造上存

在问题，就必须改进设计，更换液压元件才能解决。

（2）突发性故障

这是由于各种不利因素的偶然外界影响因素共同作用的结果，这种故障发生的特点具有偶然性。如：换向阀阀芯卡死不能换向；立柱、千斤顶胶管破裂，造成系统压力下降；乳化液泵站压力失调等等。这种故障都具有偶然性和突发性，一般与使用时间无关，因而难以预测，但它一般不影响液压元件的寿命，容易排除。

（3）渐发性故障

这是由于各种液压元件和液压油各项技术参数的劣化过程逐渐发展而形成的。劣化过程主要包括磨损、腐蚀、疲劳、老化、污染等因素。这种故障的特点是其发生概率与使用时间有关，它只是在元件的有效寿命的后期才明显地表现出来。渐进性故障一旦发生，则说明液压元件或元件的一部分已经老龄化了。如千斤顶、乳化液泵磨损造成的内泄漏逐渐增大，当达到某一泄漏量时，故障就明显地表现出来了；密封圈等密封件的老化随时间而加剧，当达到有效寿命期时就失去了密封作用，导致系统严重泄漏；液压元件中的压力弹簧的疲劳随时间而加剧，当达到疲劳极限时，液压系统就失去了控制作用。由于这种故障具有逐渐发展的性质，所以这种故障通常是可以预测的。

**2. 按液压故障特性分类**

（1）共性故障

共性故障是指各类液压系统和液压元件都常出现的液压故障，其故障的特点是相同的。如振动和噪声、液压冲击、爬行、泄漏、高温、进气等故障。由于这些故障的机理分析现已比较全面，所以故障规律较强，可靠性分析也比较容易。

（2）个性故障

个性故障是指各类液压部件的液压系统和液压元件所具有的特有液压功能所出现的特殊性故障。其故障的特点是各不相同的，如阀的液压保压功能，其故障特性均为个别特殊故障。

（3）理性故障

理性故障是由于液压系统设计不合理或不完善、液压元件结构设计不合理或选用不当而引起的故障。如溢流阀额定流量选小了，导致溢流阀过载而发出尖叫声，等等。这类故障必须通过设计理论分析和系统性能验算后才能最终加以判断。

**3. 根据零部件类型不同分类**

（1）结构件故障

除了液压系统元件以外的所有构成液压支架主体结构的零部件（如顶梁、掩护梁、连接销轴等）所出现的故障，即为结构件故障。

（2）液压件故障

除了结构件以外的支架液压系统元件（立柱、千斤顶、操纵阀、控制阀、管路等）所出现的故障，即为液压件故障。

**4. 根据故障发生的原因分类**

（1）固有故障

由于各液压支架生产单位的设计、加工、制造以及管理水平高低不同，各个环节很难保证质量绝对可靠，液压支架作为产品出厂后，就不可避免地带有许多固有缺陷，也就是说在液压支架上潜伏着或多或少的故障隐患。例如：零件某一局部结构件形状、尺寸设计不合理、造成局部应力集中、过早出现疲劳破坏；零件材质存在缺陷而使强度不足；机加工、热处理、焊接等产生残余变形而使零部件几何形状误差超限；组装过程中，各种连接松紧程度、配合间隙不符合规定，等等，这些固有缺陷都会引起液压支架发生故障。

（2）人为故障

在现场使用过程中，操作人员未按照使用说明要求去操作，或者即使按要求操作但出现一些特殊情况时，未及时恰当处理而出现的所有故障，都归结为此类故障。例如：过快的升降、反向操作引起冲击而造成某些连接件的破坏；某些部位出现蹩卡现象后仍继续操作而造成结构件破坏等。

（3）环境故障

这种故障主要指由于与液压支架相配套的机械设备（采煤机、刮板输送机等）和煤层围岩状态变化等原因所引起的故障。例如：采煤机调高和调斜不当造成割液压支架顶梁；刮板输送机下滑量过大，致使液压支架的推移千斤顶偏移量过大，出现推移装置连接件等的蹩卡、损坏现象；煤层顶板局部冒空，致使液压支架栽头或上翘量过大、造成平衡千斤顶压坏或拉坏，同时液压支架受力不合理，某些结构件因受力过大而出现破坏；煤层底板局部过软，致使液压支架下陷过多，不能完成正常的移架动作等。

（4）耗损故障

这种故障是指由磨损、老化、腐蚀等原因所引起的故障。例如：液压支架各运动副表面磨损超限，使液压支架整体刚度下降；结构件材质老化，致使机械性能下降、强度降低；密封表面腐蚀引起密封失效等。

**5. 根据故障的从属关系分类**

（1）基本故障

这种故障是指液压支架零部件本身内在因素或缺陷所导致的故障。它包括由于结构件强度、材质、加工和装配工艺等原因所引起的过度变形、断裂、过度磨损、老化、腐蚀、紧固件松动或失效、密封件失效等。这些故障是反映液压支架可靠性高低的基本故障，是计算可靠性指标的依据。

（2）从属故障

这种故障是指液压支架由于外部因素（如违章操作，外界偶然事故等）所引起或由基本故障所导致产生的派生故障。例如：立柱液控单向阀密封件失效，导致立柱下腔液体泄漏，支架支撑力下降。密封件失效为基本故障，而由此引起的液压泄漏，支架支撑力下降为从属故障。

在计算可靠性指标时，只统计基本故障，不统计从属故障，但这类故障也必须如实记入故障登记表。

**6. 根据故障的性质、维修难易和危害程度分类**

（1）致命故障

这种故障是指严重危及人身安全，或引起重要零部件报废，造成重大生产事故和重大经济损失的故障。例如：立柱，平衡千斤顶，前梁千斤顶缸体爆裂；顶梁，掩护梁，前、后连杆，底座等重要结构件焊缝大范围开焊，造成结构件断裂等。这种故障一旦发生，应立即停止工作面采煤生产，对支架进行彻底检查和维修。

（2）严重故障

这种故障是指液压支架主要零部件损坏、断裂、开焊、严重磨损或变形，使其功能完全或大部分丧失，致使工作面采煤或试验中断，需要较长时间停架解体维修，更换部分零部件的故障。例如：各主要连接轴断裂；顶梁，掩护梁，前、后连杆，底座，立柱上下柱窝等焊缝局部开焊；侧护装置、护帮装置、推移装置因构件严重变形、断裂等原因造成动作失灵；各千斤顶、立柱出现严重变形，焊缝开裂，活柱和活塞杆表面严重划伤、磨损、腐蚀等。

（3）一般故障

这种故障是指一般零部件损坏、折断、裂纹、过度磨损、弯曲变形、密封件失效，但继续使用不会导致主要零部件损坏，或者操作人员利用随架工具和易损备件，在较短时间内不影响工作面正常采煤情况下通过拆装，更换即可修复的故障。例如：各种连接销折断；各立柱、千斤顶活塞杆外表面轻度划伤、磨损、腐蚀；操纵阀、安全阀、液控单向阀泄漏；胶管损坏等。

（4）轻微故障

这种故障是指非主要零部件的紧固件松动，非主要零件的损坏、失效等，对液压支架的性能和使用无多大影响的故障。例如：操纵阀架固定螺栓松动；各连接销轴的挡销脱落；吊环折断；防锈漆脱落；轻微渗漏等。

## （三）故障判定规则，即判据

按定义判定液压系统故障类别时，各类故障是互不相容的。即对某一故障，只能判定为某一分类方法中的一种。制定产品的故障判据时，一般应遵循的原则是：

第一，不能在规定条件下丧失功能；

第二，故障判据的界限值根据可接受的性能来确定；

第三，不同产品可按该产品的主要性能指标来衡量。

判定基本故障的类别时，应以其最终的后果作为分类的依据。判定故障类别时，可参考一些液压支架故障示例。

由于各种液压支架的结构、制造水平和使用条件不同，同一名称故障所导致后果及排除故障的难易程度会有很大差别，因此不能完全照搬，而应按本判定原则，参照实例，根据具体情况来确定其类别。

# 三、液压支架可靠性指标体系

## （一）可靠性指标体系

液压支架可靠性指标数据多以时间为基本参量，因此，在讨论液压支架可靠性时，采用以时间为基本参量的可靠性指标体系。

（1）首次故障前平均时间

首次故障前平均时间是指液压系统（或零部件）在综采工作面正式投入使用后，第一次出现一般故障、严重故障、致命故障中的任意一种故障之前，液压支架（或零部件）累积工作时间的平均值。液压系统的工作时间是指对应于升、降、推、移的动作时间与承载时间之和，其他时间如停架检查、维修时间等不包括在此时间之内。

（2）平均故障间隔时间

平均故障间隔时间是指液压支架（或零部件）相邻两次故障之间累积工作的平均值。

（3）可靠度

可靠度是指液压支架（或零部件）在规定条件下、规定使用时间内完成规定功能的概率。规定条件主要包括工作面围岩条件、配套设备条件、人员条件、安全防护条件等。规定功能主要指液压支架（或零部件）的各种技术性能指标等。

（4）不可靠度

不可靠度是指液压支架（或零部件）在规定条件下、规定使用时间内发生故障的概率，又称累积故障概率。

**4. 液压支架寿命指标**

（1）可靠寿命

可靠寿命是指给定可靠度条件下所对应的液压支架（或零部件）使用时间区间，即可靠寿命等于给定值时的产品寿命。

（2）有效寿命

有效寿命指在规定的使用条件下，液压支架（或零部件）具有可接受故障率或给定有效度条件下的使用时间区间。

随着液压支架累积工作时间的不断增加，液压支架可靠度不断下降，当其下降到一定值时，就应对其进行维修（包括维护、保养、检查、修理和更换等），使其可靠度重新提高，从而延长液压支架的有效使用寿命。对于这种可修复的液压支架，在一定的维修条件下（也即一定的故障率和修复条件下）的可靠度即有效度。

（3）平均使用寿命

液压支架（或零部件）经过多次修复、使用后，由于零部件材质老化、磨损、腐蚀等原因，致使液压支架（或零部件）故障率明显上升，可靠度明显下降，即使有的零部件经过维修还可以继续使用，但由于维修费用太高而不得不将其报废，至此，液压支架（或零部件）所经历的整个使用时间区间的平均值，即为平均使用寿命。

对于液压支架整机来说，它可以进行多次修复和使用，因此液压支架整机的平均使用寿命要比首次故障前平均故障时间和平均故障间隔时间 IMTBF 长得多，可取为液压支架最重要且不易更换的主体部件顶梁、掩护梁和底座等彻底报废为止全部累积工作时间总和的平均值，可通过数据统计来获得。另外液压支架整机的平均使用寿命也可根据顶梁、掩护梁和底座等部件主体材料的疲劳寿命来确定。

### （二）可靠性各参量的分布函数的确定

由于从现场收集的数据都是对各种故障的统计，而且是从总的个数中统计发生故障的次数。因此为了应用故障分析方法对各部件进行分析，就必须知道各个部件的故障率，从而必须对各部件的失效次数进行数据整理分析。

### （三）故障率曲线及规律

通过大量的现场使用和试验结果表明，液压系统在整个寿命期内的液压故障率与使用时间的关系可用“浴盆曲线”（故障率规律曲线）表示，它由三个区段组成。

A 区段：A 区段为早期液压故障期，其故障称为早发性液压故障。是由于设计、制造、检验测试、安装调试上的失误使液压系统和液压元件产生缺陷而引起的。其特点是故障率较高，但它随着液压系统运行时间的延长和对出现的故障不断排除而迅速下降。递减的故障率通常用形态参数 $m < 1$ 的威布尔分布来描述。

B 区段：B 区段为有效寿命故障期（又称随机故障期）。其特点是：

①故障率低而稳定，近似于常数，与使用时间关系不大。

②所出现的故障是偶然因素引起的。这些因素包括：设计、制造中的潜在缺陷、操作差错、维护不良、环境影响等，所以不能通过调试来消除，也不能通过定期更换部件来预防。

③有效寿命故障期一般比较长，是液压系统工作的最佳时期。有效寿命故障期的故障率一般用指数分布来描述。

C 区段：C 区段为耗损故障期。其故障为渐发性故障，它是由液压系统和液压元件自然耗损（如磨损、腐蚀、疲劳、老化等）而引起的。其特点是：故障不但随着使用时间增长而迅速上升，维修费用也不断增长，且工作效率越来越低。

由此可见，如果加强液压系统中液压元件的出厂检验和液压设备整机调试及试运转等工作，就可以缩短 A 区段早期液压故障期；及时维护保养，就可以延长 B 区段有效寿命故障期，并且可将故障率降到最低限度；定期检查和及时更换已耗损的液压元件，就可以推迟 C 区段耗损故障期的到来，从而延长使用期限。

一个系统由许多元件和子系统构成。按照系统所要实现的功能，这些元件和子系统组合方式可能是多种多样的。例如，支架液压系统都是由动力元件（乳化液泵）、控制元件（操纵阀、液控单向阀、单向锁、双向锁、平面截止阀等）、执行元件（立柱和各类油缸等）以及各种附件（乳化液箱、高压胶管、过滤器以及各种指示器和控制仪表等）几大类元件组成。由这些元件的串并联等方式组合，构成各种功能的支架液压系统。所以，液压系统的可靠性取决于各个液压元件的可靠性及其组合方式。

液压元件的早期故障属于不合格产品，应该在产品的研制阶段设法加以排除；而元件的老化、耗损故障是属于“超期服役”，增大了不可靠因素，也不宜在系统的可靠性设计中采用。真正用的应该是元件的有效寿命期，即此时只存在随机故障或偶然故障期，其故障率为一常数，不随时间改变，寿命分布服从指数分布规律。

# 第五章　液压支架部件的安全强度与检修

## 第一节　液压支架顶梁的安全强度与检修

液压支架源以高压液体为动力源，用来支护顶板和提供工作面安全作业的空间，并随着工作面的推进，完成支撑、切顶、自移和推移刮板输送机等工序。液体支架既是支护设备，又是推移机具。液压支架的安全运行和使用寿命的长短，不仅与工人的操作水平有关，而且也与对设备的维护与检修的质量有关。为此，从本课题开始将着重讨论液压支架的维护与检修工作。

液压支架的金属结构件一般由顶梁、掩护梁、底座、前后连杆等几部分组成。它通常都是呈箱形的焊接结构，采用这种结构和工艺可使各部件具有足够的强度和较高的刚性，并做到最大限度地减轻重量。

顶梁是直接与顶板相接触并承受顶板岩石载荷的部件，同时它又是立柱、掩护梁和挡矸装置的连接点。此外，它还担负着提供安全作业空间的作用。顶梁为整体刚性结构，一般由若干段组成。按其支护顶板的作用和位置不同，可分为主梁、前探梁和尾梁。为适应不同的顶板条件，顶梁又可分为整体刚性顶梁、铰接组合顶梁、伸缩式组合顶梁和多项组合式顶梁等多种形式。

### 一、整体刚性顶梁

整体刚性顶梁为单一的整体结构。上板为一整体钢板，沿纵向平行布置有 4 条与顶板垂直的主筋板，下腹部是与主筋板焊接在一起的腹板。在顶板、腹板和主筋板之间还分布有数个横向布置的加强筋，将顶梁分隔成多个小箱体，这样可以大大增强梁体的刚性。

整体刚性顶梁由于梁顶面积较大，相对来说对顶板起伏不平度的适应性稍差，均匀接顶性能不太好。为保证能有效地控制前方顶板，梁前端一般向上略翘 40～60mm，这使它在受力时借助梁体的弹性变形而改善与顶板的接触性能。整体刚性顶梁不适用破碎性顶板条件，主要用于较为稳定完整的顶板条件。如图 5-1 所示。

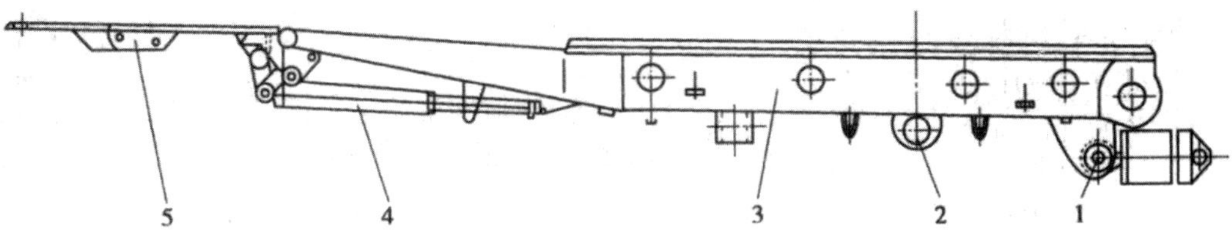


图 5-1 整体刚性顶梁

1- 平衡千斤顶耳座；2- 柱窝；3- 侧护板；4- 护帮千斤顶；5- 护帮板

## 二、铰接组合顶梁

铰接组合顶梁由前梁（也称前探梁）和后梁组成，前后梁之间通过销轴铰接，如图 5-2 所示。下部装设有前梁千斤顶（又称短柱），一端连接在后主梁上的耳座上，另一端与前梁摇臂耳座相连，千斤顶的伸缩可以控制前梁上下摆动，进而控制前梁与顶板的接顶情况。前梁的支撑力由前梁千斤顶来提供，支撑工作阻力的大小由千斤顶液压控制回路上的安全阀设定，与整体刚性顶梁相比，尖端阻力要小得多。后主梁较长，是顶梁的主要承载部分，其功能和机构设施与刚性整体顶梁相同。这种结构的支架有几个显著的特点：前梁的上挑和下探可使支架良好地适应顶板的起伏变化；若片帮造成前方顶板冒陷时，前梁即可上仰进行有效支护，而过断层时则低头过渡；在运输时前梁可以垂吊落下，使运输尺寸大大缩小。根据使用条件需要，前梁前端也可加装护帮装置。

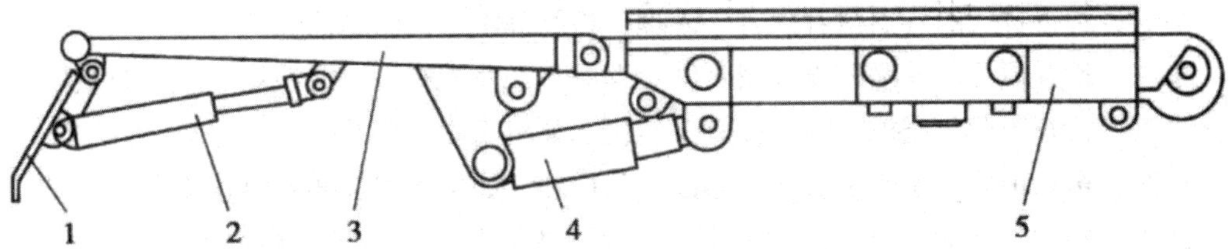


图 5-2 铰接组合顶梁

1- 护帮板；2- 护帮千斤顶；3- 前梁；4- 前梁千斤顶；5- 主梁

## 三、伸缩式组合顶梁

伸缩式组合顶梁由刚性主梁和伸缩式前探梁组成。伸缩前探梁有抽屉式和外套式两种。抽屉式梁体呈栅状并插装在刚性主梁的腹腔内，由同在腹腔内的伸缩梁千斤顶控制，以主梁为依托，以腔壁为导向，可在主梁的腹腔内自由伸缩。外套式前探梁在抽屉式的基本结构的基础上，加设套装在主梁体外的伸缩套，伸缩套随抽屉梁做伸缩运动。伸缩式前梁可对裸露的顶板起临时支护作用，因此，这种结构在不稳定的顶板和易片帮的煤层条件下的支架上使用较多。

## 四、多项组合式顶梁

多项组合式顶梁由刚性主梁、钗接前梁和伸缩前探梁等组合而成。伸缩前探梁插装在前梁体内，而前梁又与主梁铰接。这种顶梁综合了钗接梁和伸缩梁的特性，但结构和控制系统都较为复杂。

## 五、顶梁的检查与维护

液压支架的维护保养应责任到人，并做到包机制。要求维护保养人员必须责任心强，精通技术，熟悉所维护保养的液压支架的结构和性能，并固定维护岗位。维护保养人员在对液压支架进行维护时，一般是通过定期检查来发现并排除故障而保障设备安全运行的。定期检查包括日检和周检。

### 1. 顶梁的日检

第一，检查顶梁的各种连接销、轴是否齐全，有无损坏，发现严重变形或丢失的应及时更换或补全。

第二，检查顶梁的箱体部分有无变形或断裂，发现损坏的应及时拆除更换。

第三，检查顶梁与立柱的连接装置，观察连接部分有无变形或损坏，及时修复或更换损坏的部件。

### 2. 顶梁的周检

第一，进行日检的各项检查内容，处理日检处理不了的问题。

第二，检查顶梁与前梁的连接销、轴及耳座，如发现有裂纹或损坏，应及时更换。

第三，检查顶梁与掩护梁的连接有无裂纹，如出现裂纹要及时更换。

第四，检查顶梁有无严重塑性变形或局部损坏，如出现损坏要及时更换。

此外，在工作面搬家时，除完成周检的全部内容外，还应重点检查顶梁有无变形、开焊现象，如有应进行修理与更换。

## 六、ZZ4000/17/35 型液压支架顶梁维护与检查注意事项

第一，支架顶梁在进行拆装更换前，应对工作区的煤壁、顶板及安全出口两帮进行敲帮问顶，发现问题及时维护，并将其他支架防片帮板全部升出，接好煤帮，确保作业安全。

第二，检修中，不得随意停泵，以保证工作面正常支护。支架顶梁的拆装和检修，必须使用合适的工具，禁止硬打乱敲，防止损伤，避免增加检修困难。对拆装的顶梁要标上记号，量取必要的尺寸，并分别存放在适当的地方。拆下的小零件，如垫圈、开口销及密封圈等，应装入工具盒内，防止损坏或丢失。

第三，支架检修后应做好检修记录，包括检修内容、材料和备件消耗、所用工时、质量检查情况和参加检修人员等，以便积累资料，总结经验，为今后的维护创造条件。检修后的支架应该进行整架动作性能试验。

第十，支架的存放与配件储备要有计划，设专人负责保管，加强防尘、防锈、防冻措施。支架和配件的存放应尽量放在库房内，对存放在地面露天待检修或暂不下井的支架，应集中在固定地方进行保管，并将支架各液压缸和阀件内的乳化液全部放掉，必要时注入防冻液，以防液压元件冻裂。

## 七、液压支架顶梁的检修

液压支架顶梁拆卸后，主要检修如下部分：

第一，检查顶梁箱顶的平整度，校正弯曲的箱体，补焊开缝的焊口。

第二，检查护帮板、侧护板的平整度，校正变形的护帮板、侧护板，补焊开焊的护帮板或侧护板。

第三，矫直平衡千斤顶的耳座、柱窝。

评分标准见表 5-1。

**表 5-1　评分标准**

| 序号 | 考核内容 | 考核项目 | 配分 | 检测标准 | 得分 |
|---|---|---|---|---|---|
| 1 | 液压支架顶梁日检 | 1. 各种连接销、轴的检查、更换<br>2. 拆除更换变形开焊的箱体<br>3. 修复、更换顶梁与立柱的连接装置 | 30 | 每项 10 分，每错一项扣 10 分 | |
| 2 | 液压支架顶梁周检 | 1. 处理日检中难以处理的问题<br>2. 检查顶梁与前梁的连接<br>3. 检查顶梁焊缝<br>4. 检查立柱前梁有无自动下降 | 30 | 每错一项扣 10 分 | |
| 3 | 液压支架顶梁的检修 | 1. 补焊箱体开缝的焊口<br>2. 补焊开缝的护帮板、侧护板<br>3. 进行安全阀性能试验<br>4. 矫直塑性变形的顶梁 | 30 | 每项 10 分，错一项扣 10 分 | |
| 4 | 安全文明生产 | 1. 遵守安全规程<br>2. 清理现场卫生 | 10 | 1. 不遵守安全规程扣 5 分<br>2. 不清理现场卫生扣 5 分 | |

## 八、液压支架的完好条件

第一，支架的零部件齐全、完好、连接可靠合理。

第二，立柱和各种千斤顶的活塞杆与缸体动作可靠，无损坏、无严重变形、密封良好。

第三，金属结构件无影响正常使用的严重变形，焊缝无影响支架安全使用的裂缝。

第十，各种阀密封良好，不窜液、漏液，动作灵活可靠。安全阀的压力符合规定数值，过滤器完好，操作时无异常声音。

第五，软管与接头完好无缺、无漏液，排列整齐，连接正确，不受挤压，U 形销完好无缺。

第六，泵站供液压力符合要求，所用液体符合标准。

## 第二节　液压支架底座及连杆的维护与检修

底座和四连杆机构是液压支架的主要承载部件。鉴于支架在井下工作的特殊性，要求底座和连杆机构必须具有相当高的强度和刚度。所以，它们的结构有刚性整体式、分体式和刚性分体式等几种。

在液压支架的维护和检修中，有时遇到四连杆被压坏，或底座过度受压而变形等问题。要处理这些故障现象，就必须了解底座与四连杆的结构，熟悉它们的作用和结构原理，从而掌握维护与检修的基本技能。

### 一、底座与四连杆的结构

底座与底板直接接触，是支架的主要承载部件，它具有以下功能：

第一，承受由立柱与连杆等传递的顶板载荷，并传递给底板。

第二，是整个支架结构稳定性、整体性的基础。

第三，为支架辅助件（如推移装置、抬架装置、调架机构、操纵控制元件等）提供依托与根基。

第四，通过推移装置为工作面输送机和支架交替前移提供支撑点。

根据煤层底板的抗压强度和起伏不平的程度，底座的结构形式有刚性整体式、分体式、刚性分体式 3 种。

第一，刚性整体式。左右座箱底部用一整块钢板连接在一起，底部呈封闭状，具有整体性强、强度高、稳定性好、与底板接触面积大、底板比压力小等优点，但在移架时，排矸性能差、容易堵卡，适用于底板比较松软的条件。

第二，分体式。由左右两个独立而对称的箱形结构件组成，两者之间的前部用铰接过桥连接，后部则通过前后连杆钗接在一起。箱体后部可以在一定范围内摆动，对不平底板的适应性较好。这种结构的底座中部排矸性能好，但底座面积小，相对底板比压较大，不适用于松软底板条件；稳定性差，不适宜于大高度、大倾角支架。

第三，刚性分体式。底座分左右对称的两部分，两者之间在前端用一刚性过桥连接，后部通过箱形结构过桥连接组成刚性整体。这种底座在刚性、稳定性和强度等方面基本与整体刚性底座相同，同时具有分体式底座排矸性能好的优点，虽对底板比压较大，但若加装辅助提架机构则可用于各种底板条件。如图 5-3 所示为刚性分体式底座，底座前过桥为一整体厚钢板，与左右箱刚性连接，过桥下的左右箱间留有中间排矸道。在前桥中间垂直安装的一个提架千斤顶可以在移架时将底座前端抬起，以便于支架顺利前移。在推移千斤顶上还有连接耳座,以该耳座为支点,推移机构可完成对输送机和支架的推移。

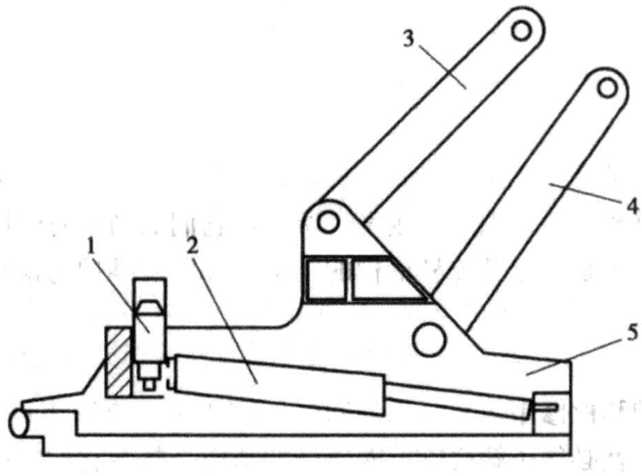


**图 5-3　支架的底座和连杆**

1- 提架千斤顶；2- 推移千斤顶；3- 前连杆；4- 后连杆；5- 底座

底座后上方有分别安装前、后连杆的耳座，左右座箱的内侧之间在凸起的三角区用桥式箱形结构将左右箱组焊成刚性整体结构。底座的左侧中间还安装一个调架千斤顶，其作用是调整支架的横向位置。

**2. 连杆**

连杆分前连杆和后连杆,它们的两端分别与底座和掩护梁铰接组成一个四连杆机构，其功能是保证支架梁端距的稳定，并承受和传递顶板对支架的水平力和部分垂直载荷。

如图 5-3 所示，支架的前连杆由两个完全独立的杆件组成（该图只能看见其中一个），其尺寸和结构完全相同，并且对称地安装在推移千斤顶的左右两侧。底座和掩护梁上左右两边的连杆耳座轴孔完全同轴，因此尽管两杆是独立的，但其运动是同步的，理论上只将其视为单杆，这样在保证支架运动学特性、稳定性和强度要求的同时，可增加支架内的空间并减轻重量。

后连杆为由两个单连杆组焊成一体的整体连杆，箱形结构内部有两个与连接轴孔中心平行的圆筒，用以安装侧护千斤顶。

## 二、底座与四连杆机构的维护与检修

**1. 日检**

日检是指日常维护与检查，一般由包机组组长或检修班班长负责，相关人员参加，检查处理时间不少于 4h。底座与连杆的日检的具体内容如下：

第一，检查与底座连接的前后连杆、销、轴是否齐全，有无损坏，发现严重变形或丢失的应及时更换或补全。

第二，检查推移装置的柜架与U形卡是否变形或损坏，及时更换损坏的部件。

第三，检查连接装置，观察支架与刮板输送机的连接耳有无脱销或变形，并及时补全和修复损坏的元件。

第四，检查与底座相连的乳化液软管有无卡扭、堵塞、压埋和损坏，发现问题及时处理。

第五，检查前后连杆的运动部分是否动作灵活，有无卡阻现象，如有应立即处理。

### 2. 周检

周检由分管机电的区队长和机电技术员负责，由日检人员参加，检查处理时间一般不少于6h，周检的具体内容如下：

第一，进行底座与连杆机构日检各项检查的内容，处理日检中难以处理的问题。

第二，检查四连杆机构与底座、掩护梁与前后连杆的焊缝是否有裂缝，如出现裂缝应及时更换。

第三，检查前后连杆、底座是否有严重的塑性变形或损坏，如出现损坏要及时更换。

第四，检查四连杆机构有无开焊现象，如出现开焊应进行整修。

## 三、ZZ4000/17/35型液压支架的底座与四连杆机构维护与检修注意事项

第一，四连杆在进行拆装更换前，应对工作区的煤壁、顶板及安全出口两帮进行敲帮问顶，发现问题及时维护，并将支架防片帮板全部升出，接好煤帮，确保作业安全。

第二，在四连杆的检修中，不得随意停泵，以保证工作面正常支护。在前后连杆的拆装和检修过程中，必须使用合适的工具，禁止硬打乱敲，防止支架损伤，避免增加检修困难。对拆下的前后连杆要标上记号，并分别存放在适当的地方。拆下的销、轴零件，应妥善保存，防止损坏或丢失。

第三，四连杆的配件及其他零件储备要有计划，设专人负责保管，加强防锈措施。配件应尽量放在库房内存放。存放在地面露天待检修或暂不下井的配件，应集中在固定地方进行保管。

## 四、液压支架底座与四连杆的检修

液压支架前后连杆拆卸后，主要检修如下部分：

第一，检查四连杆的平整度，校正弯曲的连杆，补焊开缝的焊口。

第二，检查掩护梁与四连杆的连接装置，校正变形的耳座，补焊开焊的掩护梁。

第三，矫直底座上立柱的耳座、柱窝。

评分标准见表5-2。

表 5-2　评分标准

| 序号 | 考核内容 | 考核项目 | 配分 | 检测标准 | 得分 |
|---|---|---|---|---|---|
| 1 | 液压支架底座与连杆机构日检 | 1. 各种连接销、轴检查、更换<br>2. 拆除更换变形开焊的连杆<br>3. 修复、更换四连杆装置 | 30 | 每项 10 分，每错一项扣 10 分 | |
| 2 | 液压支架底座与连杆机构周检 | 1. 处理日检中难以处理的问题<br>2. 检查四连杆与掩护梁的连接<br>3. 检查四连杆焊缝<br>4. 检查处理塑性变形的四连杆 | 30 | 每错一项扣 10 分 | |
| 3 | 液压支架四连杆的检修 | 1. 补焊四连杆开缝的焊口<br>2. 矫直塑性变形的四连杆<br>3. 矫正底座上立柱的耳座、柱窝 | 30 | 每项 10 分，错一项扣 10 分 | |
| 4 | 安全文明生产 | 1. 遵守安全规程<br>2. 清理现场卫生 | 10 | 1. 不遵守安全规程扣 5 分<br>2. 不清理现场卫生扣 5 分 | |

## 五、液压支架金属结构件的修理方法

液压支架金属结构件常见受损情况包括变形、断裂、开焊等。

### 1. 变形

常见于液压支架的侧护板、推移杆（推移框架）、挑梁、底座等，具体修复工艺如下：

第一，侧护板、推移杆（推移框架）、挑梁分别用 200t 和 600t 压力机整形并达到技术要求。

第二，对整形后的构件开焊、裂纹部位除锈，去除焊瘤，并开 45° 坡口，去除氧化皮。

第三，利用 $CO_2$ 气体保护焊接，焊缝达到设计要求。

### 2. 断裂、开焊

常见于液压支架上、下柱窝及立柱与顶梁柱窝连接耳等。

（1）下柱窝修复工艺

第一，先将盖板割去，同时在板上开口（开口大小以能进行焊接操作为准）。

第二，把底座倒置、垫稳，再将底板鼓出部分连同柱窝一起割掉，尽量避免破坏主筋板。

第三，清理干净所割部位的锈蚀及氧化皮，并在所有焊口处打 45° 坡口。

第四，按原设计图样尺寸固定柱窝，注意先把焊缝焊好，再焊盖板。

第五，焊接时，应注意由于焊缝比较集中，不能连续焊接，应有相应防止热变形的措施，焊缝质量应符合《液压支架通用技术条件》（MT312—92）的要求。

（2）上柱窝修复工艺

上柱窝的修复工艺和下柱窝相似，只是增加了柱窝后部的 4 道焊缝，以增加柱窝的整体强度。

（3）顶梁柱窝修复工艺

第一，将断裂柱耳从柱窝上取下并去锈、除氧化皮。

第二，在新配柱耳的对接处打 45° 坡口，去除氧化皮。

第三，按原设计图样尺寸将柱耳固定焊接好，注意安装压块处焊肉不能凸出，以免影响装配。

## 第三节　液压支架结构件（掩护梁）强度的安全及检修

作为液压支架维修工，必须了解金属结构件的结构，熟悉各部分的作用和结构原理，并学会维护与检修的基本技能。

掩护梁是掩护式和支撑掩护式支架的又一重要承载结构件，它可以有效地防止采空区冒落矸石涌入工作面，并承受冒落围岩的压力。所以，要正确维护、保养液压支架，就应该首先了解掩护梁的作用和结构，并掌握掩护梁的检查维护要点，在此基础上才能做好掩护梁的维护修理工作。

### 一、掩护梁的功能主要有 4 个

第一，作为四连杆中的一杆用，控制顶梁的运动轨迹，使其在升降过程中做近似与顶板垂直（或小斜线）的直线运动。

第二，传递来自顶梁的水平力和部分垂直外载，并承受采空区冒落矸石的载荷。在某些情况下，还可能承受老顶周期来压的冲击载荷，是支架部件中受力最为复杂的一个部件。

第三，隔离采空区，掩护工作面空间，防止采空区冒落的矸石窜入工作面。

第四，保持支架整体纵横向的稳定性。

如图 5-4 所示为液压支架的掩护梁，其结构也是由钢板焊接而成的箱形结构，对称的 4 条主筋贯穿梁的全长，上和整体的背板相连，下与腹板焊接，中间相隔一定间隔布置多个加强筋，使整个梁内部形成了若干小箱体。这样可使梁体既有足够的强度又有很高的刚性。

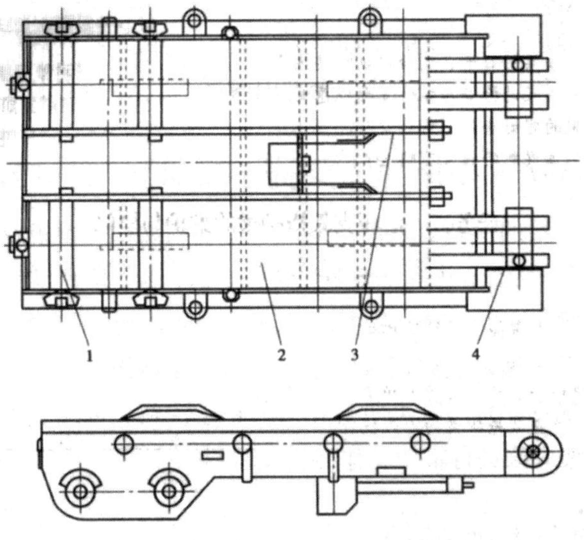


图 5-4　液压支架的掩护梁

1- 前后连杆耳座；2- 掩护梁体；3- 平衡千斤顶固定装置；4- 耳座

掩护梁上端有两个左右对称的耳座，用以与顶梁铰接；下端有两组耳座，用以与前后连杆铰接。在腹板中部设有平衡千斤顶的固定装置，该固定装置可使平衡千斤顶的缸体通过左右两块弯曲的固定板插装在掩护梁上的支承座内。与常用的销轴耳座式的连接方式比较，上述连接方式的承载性能好，连接更可靠。在梁体内部，横向分布有 4 个互相平行的圆筒，用以安装侧护千斤顶及导向机构。

## 二、掩护梁的维护与检修

上一个任务讨论到：液压支架维护保养应实现包机制，即对设备的维护保养工作要落实到人，责任与经济效益要相结合。要求维护保养人员必须责任心强，精通技术，熟悉所维护保养的液压支架的各部分结构和原理，并固定其工作岗位。因此，掩护梁的检查与维护必须要按照日检与周检的要求进行。

### 1. 掩护梁的日检

第一，检查各种连接销、轴是否齐全，有无损坏，发现严重变形或丢失的应及时更换或补全。

第二，检查掩护梁有无变形或开焊，对出现的变形、开焊现象的掩护梁应及时更换。

第三，检查各运动部分是否动作灵活，有无卡阻现象，如有应立即处理。

第十，检查掩护梁与连杆机构的连接是否可靠、牢固。

### 2. 掩护梁的周检

第一，进行日检各项检查的内容，处理日检中难以处理的问题。

第二，检查掩护梁与顶梁的连接销、轴及耳座，如发现有裂纹或损坏，应及时更换。

第三，检查掩护梁与前后连杆的连接是否有裂缝，如出现裂缝应及时更换。

第十，检查掩护梁是否有严重的塑性变形或损坏，并及时更换损坏的掩护梁。

此外，在工作面搬家时，除完成周检的全部内容外，还应更换或修理变形、开焊的掩护。

## 三、ZZ4000/17/35 型液压支架掩护梁维护与检修注意事项

第一，在进行掩护梁的拆装更换前，应对工作区的煤壁、顶板及安全出口两帮进行敲帮问顶，发现问题及时维护，并将支架防片帮板全部升出，接好煤帮，以确保作业安全。

第二，在拆卸支架和掩护梁的过程中，必须使用合适的工具，禁止硬打乱敲。

第三，支架检修后应做好检修记录，记录内容包括检修内容、材料和备件消耗、所用工时、质量检查情况和参加检修人员等，以便积累资料、总结经验，为今后的维修创造条件。检修后的支架应该进行整架动作性能试验。

## 四、液压支架掩护梁的检修

液压支架掩护梁拆卸后，主要检修内容如下：

第一，检查掩护梁箱顶的平整度，校正弯曲的箱体，补焊开缝的焊口。

第二，检查掩护梁上侧护板的平整度，校正变形的侧护板，补焊开焊的侧护板。

第三，矫直掩护梁平衡千斤顶的耳座、柱窝。

评分标准见表 5-3。

**表 5-3　评分标准**

| 序号 | 考核内容 | 考核项目 | 配分 | 检测标准 | 得分 |
|---|---|---|---|---|---|
| 1 | 液压支架掩护梁日检 | 1. 各种连接销、轴检查、更换<br>2. 拆除更换变形开焊的箱体<br>3. 修复、更换掩护梁与立柱的连接装置 | 30 | 每项 10 分，每错一项扣 10 分 | |
| 2 | 液压支架掩护梁周检 | 1. 处理日检中难以处理的问题<br>2. 检查掩护梁与顶梁的连接<br>3. 检查掩护梁焊缝<br>4. 检查处理塑性变形的掩护梁 | 30 | 每错一项扣 10 分 | |
| 3 | 液压支架掩护梁的检修 | 1. 补焊箱体开缝的焊口<br>2. 补焊开缝的侧护板意平<br>3. 矫直塑性变形的掩护梁 | 30 | 每项 10 分，错一项扣 10 分 | |
| 4 | 安全文明生产 | 1. 遵守安全规程<br>2. 清理现场卫生 | 10 | 1. 不遵守安全规程扣 5 分<br>2. 不清理现场卫生扣 5 分 | |

## 五、液压支架的操作方式与顺序

液压支架在综采工作面有立即支护和滞后支护两种方式。立即支护方式操作顺序为先移架后推溜；滞后支护方式的顺序为先推溜，后移架。目前，国内外大多数综采工作面均采用立即支护的支护方式。如图 5-5 所示。

**1. 移架**

在中等稳定的顶板条件下，移架工作一般在滞后采煤机后滚筒处进行，最大距离通常不超过 3～5m。当顶板较破碎时，移架工作则应在采煤机前滚筒切割下顶煤后立即进行，以及时支护新暴露的顶板，减少空顶时间，防止发生顶板抽条和局部冒顶，如图 5-5b 所示。操作时，应特别注意与采煤机司机密切联系和配合，以免发生挤人、顶板掉砰和采煤机滚筒割支架前梁等事故。

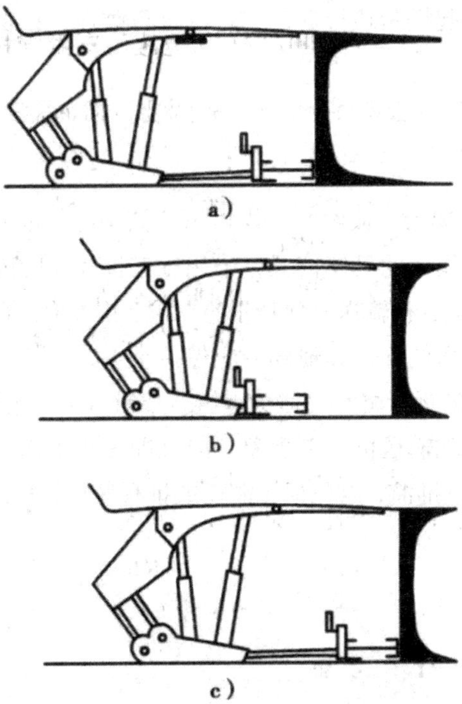

**图 5-5 立即支护方式**

a）割煤；b）移架；c）推移输送机

移架的方式与步骤，主要根据支架结构来确定，其次是根据工作面的顶板状况和生产条件。

（1）移架方式

根据顶板情况和支架所用的操纵阀结构可采用以下两种方式移架：

第一，边降柱边移架。主要针对顶板平整、比较坚硬而且支架有降柱位置的情况，等降移动作完成后，即可实现升柱。这种方法把降柱、移架放在同一时间内进行，所用的时间短，顶板的下沉量小，有利于顶板管理，但要求的拉架力较大，尤其在松底顶板条件下带压移架的情况下，拉架力会更大。

第二，先降柱再移架。主要针对顶板坚硬、完整而顶、底板起伏不平的情况，通过降柱、移架，最后再升柱，来完成移架工作。这种方法使顶梁脱离顶板一定距离，故拉架省力，但移架时间长。

（2）移架步骤

从介绍移架方式，可以看出移架的步骤分为降架、移架和升架 3 个动作。为尽量缩短移架时间，实现立即支护，降架时，当支架顶梁稍离开顶板时，就应将推移千斤顶的操纵阀扳到移架位置使支架前移（对于破碎顶板，甚至可以实现不离开顶板的带压移架）。当支架移到新的支撑位置时，应进行憋压，以保证支架有足够的移动步距，并调整支架的位置，使之与刮板输送机垂直且架体平稳。然后，操作升架操纵阀，使立柱升起支撑顶板。升架时，注意顶梁与顶板的接触情况。当顶板凸凹不平时，应先塞顶后升架，以求做到全面接触。支架升起撑紧顶板后，应再次进行憋压，以保证支架对顶板的支撑力达到初撑力。

总之，移架过程要适应顶板条件，满足生产需要，加快移架速度，保证工作安全。

**2. 推溜**

当液压支架移过 8~9 架后，或约距采煤机后滚筒 10~15m 时，即可进行推溜，如图 5-5c 所示。推溜可根据工作面的具体情况，采用逐架推溜、间隔推溜或几架支架同时推溜等方式完成。为使工作面刮板输送机保持平直状况，推溜时应随时注意调整推溜步距，使刮板输送机除推溜段有弯曲外，其他部分应保持平直，以便采煤机在溜槽上正常牵引通过，并减少刮板输送机的运行阻力，避免卡链、掉链等事故的发生。

在推溜过程中，如发现输送机卡链现象，应立即停止推溜，待查出原因并处理完毕后再进行推溜，切不可强行推溜，以免损坏溜槽或推移装置，从而影响工作面正常生产。

# 第六章　液压支架的操作规程与井下维护检修

## 第一节　液压支架的操作规程

### 一、一般规定

**第一条，**液压支架工必须熟悉液压支架的性能及构造原理和液压控制系统，通晓本操作规程，能够按完好标准保养液压支架，懂得顶板管理方法和本采煤工作面的作业规程，经培训考试合格后并且持证上岗。

**第二条，**液压支架工要与采煤机司机密切合作，移架时如支架与采煤机距离超过作业规程规定，应要求采煤机停机。

**第三条，**掌握好支架的合理高度，最大支撑高度应小于支架设计最大高度的 0.1m，最小支撑高度应大于支架设计最小高度 0.2m，当工作面实际采高不符合上述规定时，应报告班长并采取措施后再移架，支架内各立柱机械加长段伸出长度应一致，其活柱行程应保证支架不被压死。

**第四条，**支架所用的阀组、立柱、千斤顶，均不准在井下拆检，可整体更换，更换前尽可能将缸体缩到最短，接头处要及时装上防尘帽。

**第五条，**备用的各种液压软管、阀组、液压缸、管接头等必须专用堵头堵塞，更换时用乳化液清洗干净。

**第六条，**更换胶管和阀组液压件时，只准在无压状态下进行，而且不准将高压出口对人。

**第七条，**不准随意拆除和调整支架上的安全阀。

**第八条，**液压支架工操作时要掌握八项操作要领，要做到快、匀、够、正、直、稳、严、净，即：

第一，各种操作都要快，完毕后应将手把打到“O”位。

第二，移架速度要均匀。

第三，移架步距要符合作业规程规定。

第四，支架位置要正、不咬架。

第五，各组支架要排成一直线。

第六，支架、刮板输送机要平衡牢靠。

第七，顶梁与顶板接触要严密，不留空隙。

第八，煤、矸、煤尘要清理干净。

## 二、准备、检查与处理

**第九条，**准备。

第一，工具：扳子、钳子、螺丝刀、套管、小锤、手把等。

第二，备品配件："U"形销、高低压密封圈、高低压管、常用接头、弯管等。

**第十条，**检查。

第一，检查支架前端、架间有无冒顶、片帮的危险。

第二，检查支架有无歪斜、倒架、咬架、架间距离是否符合规定，顶梁与顶板接触是否严密，支架是否成一直线或甩头摆尾，顶梁与掩护梁工作状态是否正常等。

第三，检查结构件：顶梁、掩护梁、侧护板、千斤顶、立柱、推移杆、底座箱等是否开焊断裂变形，有无连接脱落，螺丝钉是否松动，压卡、扭歪等。

第四，检查液压件：高低胶管有无损伤、挤压、扭曲、拉紧、破皮断裂、阀组有无滴漏，操作手把是否齐全，灵活可靠，置于中间停止位置，管接头有无断裂，是否缺"U"形销子。

第五，千斤顶与支架刮板输送机的连接是否牢固。

第六，检查电缆槽有无变形，槽内的电缆、水管、照明线、通信线敷设是否良好，挡煤板、铲煤板与采煤机连接是否牢固，溜槽口是否平整，采煤机能否顺利通过。

第七，照明灯，信号闭锁，洒水喷雾装置等是否齐全，灵活可靠。

第八，支架有无严重漏液卸载现象，有无立柱伸缩受阻使前梁不接顶现象。

第九，铺网工作面，网铺的质量是否影响移架，联网铁丝接头能否伤人。

第十，坡度较大的工作面，端头的三组端头支架及刮板输送机防滑锚固装置是否符合质量要求。

**第十一条，**处理。

第一，顶板及煤帮存在问题，应及时向班长汇报或由支架工用自行接顶或超前掘项等办法处理。

第二，支架有可能歪架、倒架、咬架而影响顶板管理的，应准备必要的调架千斤顶，短节锚链或单体支柱等以备下一步移架时调整校正。

第三，更换，处理液压系统中损坏，插牢"U"形销。

第四，清理支架前及两侧的障碍物，将管线通信设施吊挂绑扎整齐。

第五，班长、电钳工等积极处理上述存在问题，不得带"病"强行移架。

## 三、操作及其注意事项

**第十二条，**正常移架操作顺序。

第一，收回伸缩梁、护帮板、侧护板。

第二，操作前探梁回转千斤顶，使前探梁降低，躲开前面的障碍物。

第三，降柱时使主顶梁略离顶板。

第四，当支架可移动时立即停止降柱，使支架移至规定步距。

第五，调架使推移千斤顶与刮板输送机保持垂直，支架不歪斜，中心线符合规定，全工作面架排成直线。

第六，升柱同时调整平衡千斤顶，使主顶梁与顶板严密接触约3~5s，以保证达到初撑力。

第七，伸出伸缩梁使护帮板顶住煤壁，伸出侧护板使其紧靠相邻下方支架。

第八，将各操作手把扳零位。

**第十三条，**过断层、空巷、顶板破碎带及压力大时的移架操作顺序。

第一，按照过断层、空巷、顶板破碎带及压力大时的有关安全技术措施进行立即护顶或预先支架，尽量缩短顶板暴露时间及缩小顶板暴露面积。

第二，一般采用“带压移架”即同时打开降柱及移架手把，及时调整降柱手把，使破碎矸石滑向采空区，移架到规定步距后立即升柱。

第三，过断层时，应按作业规程规定严格控制采高，防止“压死”支架。

第四，过下分层巷道或溜煤眼时，除超前支护外，必须确认下层空巷，溜煤眼已充实后方准移架，以防通过时下塌造成事故。

第五，移架按正常移架顺序进行。

**第十四条，**工作面端头的三架端头支架的移架顺序。

第一，必须两人配合操作：一人负责前移支架，一人操作防倒、防滑千斤顶。

第二，移架前将三根防倒、防滑千斤顶全部放松。

第三，先移第三架，再移第一架，最后移第二架。

第四，移第二架时，应放松其底部防滑千斤顶，以防被顶坏。

**第十五条，**移架操作注意事项。

第一，每次移架前都先检查本架管线，不得刮卡，清除支架架前障碍物。

第二，移架时，本架上下相邻两组支架推移千斤顶处于收缩状态。

第三，带有伸缩前探梁的支架，割煤后应立即伸出前探梁支护顶板。

第四，铺设顶网的工作面，必须先将网放下后再行移架。

第五，采煤机的前滚筒到达前应先收回护帮板。

第六，降柱幅度低于邻架侧护板时，升架前应先收回邻架侧护板，待升柱后再伸出邻架侧护板。

第七，移架受阻达不到规定步距，要将操作阀手把置于断液位置，查出原因并处理后再继续操作。

第八，邻架操作时，应站在上一架支架内操作下一架支架，本架操作时必须站在安全地点面向煤壁操作，严禁身体探入刮板输送机挡煤板内或脚蹬液压支架底座前端操作。

第九，移架的下方和前方不准有其他人员工作，移动端头支架时，除移架工外，其他人员一律撤到安全地点。

第十，假顶网下可采用带压移架，保持一定初撑力，紧贴或略脱离假顶网前移支架，要防止刮坏网或出现大网兜造成冒顶。

**第十六条，**推移采煤工作面刮板输送机。

第一，先检查顶、底板、煤帮、确认无危险后，再检查铲煤板与煤帮之间无煤碎石、杂物，方可进行工作推移工作。

第二，推移工作面刮板输机与采煤机应保持 12~15m 距离，弯曲段不小于 15m。

第三，可自上而下、自下而上或从中间向两头推移刮板输送机，不准由两头向中间推移。

第四，除刮板输送机机头、机尾可停机推移外，工作面内的溜槽要在刮板输送机运行中推移，不准停机推移。

第五，千斤顶必须与刮板输送机连贯使用，以防止顶坏溜槽侧的管线。

第六，移动机头，机尾时要有专人（班长）指挥，专人操作。

第七，慢速绞车移机头、机尾时必须按回柱绞车司机有关操作规定执行。

第八，移设后的刮板输送机要做到：整机安设平稳，开动时不摇摆，机头、机尾和机身要平直，电动机和减速器的轴的水平度要符合要求。

第九，刮板输送机推移到位后，随即将各操作手把扳到停止位置。

**第十七条，**工作面遇断层、硬煤、硬夹石层需要放炮时，必须把支架的立柱、千斤顶、管线、通信设施等都掩盖好，防止崩坏。移架前，必须把煤碎清理干净。

**第十八条，**工作面冒顶的处理。

第一，主顶梁前端顶板破碎局部冒顶时，将顶梁用半圆木刹顶，再升柱使其严密接顶。

第二，支架上方空顶有倒架危险时，应用木料支顶空间。处理时先在顶梁上打临时支柱护顶，人员站在安全地点，用方木或半圆木打木垛，木垛最下一层的两端要分别搭接相邻两支架顶梁上并与顶梁垂直，移架时注意交替前移，以保持木垛完整。

第三，煤质松软片帮时，要在支架与煤壁间支棚刹顶帮，以防止继续片帮造成大冒顶。

第四，当支架上方与前方有较大面积的片帮冒顶时，可采用撞楔护顶方法处理。

①在冒顶两侧各架设 2~3 架棚子，棚子高度应大于支架高度，其中第一架应大于支架 0.5m 以上。

②棚子间距 0.6~1.0m 要挖柱窝 0.2~0.3m，迎山合适有劲，背实背牢稳固。

③将削尖的半圆木平面朝下，从第二架梁下斜穿入第一架梁上打入，随打随用长钎子捅出前阻的煤碎。若大锤打击力不足，可采用 0.2m 直径的坑木用粗绳吊挂棚梁上进行撞楔。

④撞楔间距约 0.25m，撞楔间隙用木板背严。

第五，移架前应在煤帮侧打上抬棚托柱棚梁，以便拆除障碍移架的棚腿。

## 四、收尾工作

**第十九条，**割煤后，支架必须紧跟移设，不准留空顶。

**第二十条，**移完支架后，各操作手把都扳在停止位置。

**第二十一条，**清理支架内的浮煤、矸石及煤尘，整理好架内的管线。

**第二十二条，**班长、验收员验收，处理完毕存在问题合格后方可收工，清点工具，放置好备品配件。

**第二十三条，**向接班液压支架工详细交代本班支架情况、出现的故障、存在的问题，升井后按规定填写液压支架工作日志。

## 五、液压支架的注意事项

### 1. 液压支架使用中的注意事项

第一，操作过程中，当支架的前柱和后柱做单独升降时，前、后柱之间的高差应小于400mm。还应注意观察支架各部分的动作状况是否良好，如管路有无出现死弯、别卡与挤压、破损等；相邻支架间有无卡架及相碰现象；各部分连接销轴有无拉弯、脱出现象；推移千斤顶是否与底座别卡；液压系统有无漏液以及支架动作是否平稳，发现问题应及时处理，以避免发生事故。操作完毕后，必须将操作手把放到停止位置，以免发生误动作。

第二，在支架前移时，应清除掉入架内、架前的浮煤和碎矸，以免影响移架。如果遇到底板出现台阶时，应积极采取措施，使台阶的坡度减缓。若底板松软，支架底座下陷到刮板输送机溜槽水平面以下时，要用木楔垫好底座，或用抬架机构调正底座。

第三，移架过程中，为避免控顶面积过大，造成顶板冒落，相邻两架支架不得同时进行移架。但是，当支架移设速度跟不上采煤机前进的速度时，可根据顶板与生产情况，在保证设备正常运转的条件下，进行隔架或分段移架。但分段不宜过多，因为同时动作的支架架数过多，会造成泵站压力过低而影响支架的动作质量。

第四，移架时要注意清理顶梁上面的浮煤和矸石，以保证支架顶梁与顶板有良好的接触，保持支架实际的支撑能力，有利于管理顶板。若发现支架有受力不好或歪斜现象，应及时处理。

第五，移架完毕支架重新支撑顶板时，要注意梁端距离是否符合要求。如果梁端距太小，采煤机滚筒割煤时很容易切割前梁；如果梁端距太大，不能有效地控制顶板，尤其当顶板比较破碎时，管理顶板更为困难，这就对梁端距提出更高的要求。

第六，操作液压支架手把时，不要突然打开和关闭，以防液压冲击损坏系统组件或降低系统中液压元件的使用寿命。要定期检查各安全阀的动作压力是否准确，以保证支架有足够的支撑能力。

第七，当支架正常支撑顶板时，若顶板出现冒落空洞，使支架失去支护能力，则需及时用坑木或板皮塞顶，使支架顶梁能较好地支撑顶板。

第八，液压支架使用的乳化液，应根据不同的水质选用适宜牌号的乳化油，并按5%

的乳化油与 95% 的中性清水配制乳化液后使用。同时，应对所有水质进行必要的测定，不符合要求的要进行处理，合格后才能使用，以防腐蚀液压元件。在使用过程中，应经常对乳化液进行化验，检查其浓度及性能，把浓度控制在 3%~5% 之内。支架液压系统中，必须设有乳化液过滤装置。过滤器应根据工作面支架使用的条件，定期进行更换与清洗，以免脏物堆积造成阻塞。尤其在液压支架新下井运行初期，更应注意经常更换与清洗过滤器。

第九，液压支架在进行液压系统故障处理时，应先关闭进、回液断路阀，以切断本架液压系统与主回路之间的连接通路；然后将系统中的高压液体释放，再进行故障处理。故障处理完毕后，再将断路阀打开，恢复供液。如果主管路发生故障需要处理时，必须与泵站司机取得联系，待停泵后才可进行。

当刮板输送机出现故障，需要用液压支架前梁起吊中部槽时，必须将该架及左、右邻架影响的几个支架推移千斤顶与刮板输送机连接销脱开，以免在起吊过程中将千斤顶的活塞杆别弯（垛式支架还应将本架与邻架的防倒千斤顶脱开），起吊完毕后将推移装置和防倒装置连接好。

第十，液压支架在使用过程中，要随时注意采高的变化，防止支架被“压死”，即活柱完全被压缩而没有行程，支架无法降柱，也不能前移。使用中要及早采取措施，进行强制放顶或加强无立柱空间的维护。一旦出现“压死”支架情况，有以下 3 种处理方法：

①增加液压支架立柱下腔的液体压力

利用 1 根辅助千斤顶（推移千斤顶或备用的立柱）与被“压死”的立柱液路串联，作为被“压死”的立柱的增压缸，增大进入该立柱下腔的液压力，进行反复增压，使顶板稍有松动。当活柱有小量行程时，就可拉架前移。

②爆破挑顶

在用上述方法仍不能移架时，在顶板条件允许的情况下，可采用放小炮排顶的办法来处理。爆破要分次进行，每次装药量不宜过大。只要能使顶板松动，立柱稍微升起，就可拉架前移。

③爆破拉底

在顶板条件不好，不适于挑顶时，可采用拉底的办法。它是在底座前的底板处打浅炮眼，装小药量进行爆破，将崩碎的底板岩石块掏出，使底座下降。当立柱有小量行程时，就可拉架前移。在顶板破碎的情况下，用拉底的办法处理压架时，为了防止局部冒顶，可在支架两侧架设临时抬棚。

第十一，如果工作面出现较硬夹石层、断层或有火层岩侵入而必须爆破时，应对爆破区域内受影响的支架的各种液压缸、阀件、软管及照明设备等零部件采取可靠的保护措施，并认真检查后，才可爆破。爆破后应认真检查崩架情况。

第十二，在工作面内运送材料、器材工具时，应防止擦伤、碰坏立柱和千斤顶的活塞杆表面，以及各阀件与管路接头等零件。

**2. 液压支架的维护与管理**

综采设备投资较大，特别是液压支架的投资约占整个综采工作面全套设备投资的一半。为了延长其服役期限，保证支架能可靠地工作，减少非生产停歇时间，充分发挥设备效能，除了严格遵守操作规程外，还必须对液压支架加强维护保养和及时进行检查维修，使支架经常处于完好状态。

1）液压支架完好条件

第一，支架的零部件齐全、完好、连接可靠合理。

第二，立柱和各种千斤顶的活柱、活塞杆与缸体动作可靠，无损坏、无严重变形、密封良好。

第三，承载结构件无影响正常使用的严重变形，焊缝无影响支架安全使用的裂纹。

第四，各种阀密封良好，不窜液、漏液，动作灵活可靠。安全阀的压力符合规定数值，过滤器完好无缺，操作时无异常声音。

第五，软管与接头完整无缺、无漏液、排列整齐、连接正确、不受挤压，U形销完整无缺。

第六，泵站供液压力符合要求，所用液体符合标准。

2）支架维护和检查项目

第一，日常维护和检查。

①检查各连接销、轴是否齐全，有无损坏，发现严重变形或丢失的应及时更换或补齐。

②检查液压系统有无漏液、窜液现象，有漏液的地方应处理或更换部件。

③检查各运动部分是否灵活，有无卡阻现象，有应及时处理。

④检查所有软管有无卡扭、堵塞、压埋和损坏，有要及时处理或更换。

⑤检查立柱和前梁有无自动下降现象，如有应寻找原因并及时处理。

⑥检查立柱和千斤顶，如有弯曲变形和严重擦伤要及时处理，影响伸缩时要更换。

⑦当支架动作缓慢时，应检查其原因，及时更换堵塞的过滤器。

第二，周检。

①包括日检全部内容。

②检查顶梁与前梁的连接销轴及耳座，如发现有裂缝或损坏，应及时更换。

③检查顶梁与掩护梁、掩护梁与前后连杆的焊缝是否有裂缝，如有及时更换。

④检查各受力构件是否有严重的塑性变形及局部损坏，如发现要及时更换。

⑤检查阀件的连接螺钉，如松动应及时拧紧。

⑥检查立柱复位橡胶盒的紧固螺栓，如松动应及时拧紧。

3）工作面搬家时的检修

①包括周检的全部内容，如有损坏应全部更换新的。

②检查承载结构件有无变形、开焊现象，如有应进行整修。

③每半年对安全阀轮流进行一次性能试验。

④断路阀、过滤器等液压元件全部升井清洗。

**3. 维护与管理注意事项**

第一，支架在工作面进行部件拆装更换时，应注意顶板冒落，做好人身和设备的防护工作。更换立柱、前梁千斤顶、各种控制阀等元件时，要先用临时支柱撑住顶梁后再进行。

第二，支架上的液压部件及管路系统在有压力的情况下，不得进行修理与更换，必须在卸载后进行。拆卸时严防污物进入。

第三，支架拆装和检修过程中，必须使用合适的工具，禁止硬打乱敲，尤其是各种液压缸的活塞杆表面、导向套、各种阀件的阀芯与密封面、管接头以及连接螺纹等，防止损伤，避免增加检修困难。对拆装的液压元件的零部件要标上记号及量取必要的尺寸，并分别放在适当的地方。拆下的小零件，如垫圈、开口销及密封圈等，应装入工具袋内，防止丢失。

第四，支架上使用的各种液压缸和阀件等液压元件，一般不允许在井下拆装，如果发现问题不能继续使用时，必须整件更换，送井上进行修理。各种液压缸在井下拆装、搬运过程中，应先收缩至最低位置，并将缸体内液体放出，以便在搬运过程中损伤活塞杆表面。

第五，备换的各种软管、立柱、千斤顶与各种阀件的进出液口，必须用合适的堵头保护，并在存放与搬运过程中注意堵头脱落。

第六，支架检修后应做好检修记录，包括检修内容、材料和备件消耗，所需工时，质量检查情况和参加检修人员等，以便积累资料，分析情况，为今后维修创造条件。检修后的支架还应进行整架动作性能试验。

第七，支架的存放与配件贮备要有计划，设专人负责保管，加强防尘、防锈和防冻措施。支架和配件的存放应尽量放在库房内，对存放在地面露天的待检修或暂不下井的支架，应集中在固定地方进行保管，并将支架各液压缸、阀件内的乳化液全部放掉，必要时注入防冻液，以防冬季将液压元件冻裂。

## 六、液压支架的故障分析与处理

**1. 液压支架故障诊断的过程和方法**

1）检验

第一，检查外部零件及零件外露部分有无损伤（如缸体表面有无损伤），零件的连接部是否松动脱落（如钢蛟接销子、高压软管接头等），密封部位是否严密（如密封环磨损产生泄漏），运动部位是否有卡阻现象。

第二，在工作状态下观察设备上已有各种仪表的测量值，必要且可能时对某些状态要进行专门测量。

第三，凭感官收集设备在运行中的所有表现，主要方法有问、闻、听、望、触。

①问是指询问操作及日常维护人员，了解设备的工作状况。

②闻是指由嗅觉器官受到某些气味的刺激来发现设备的某些缺陷（如油液泄漏等）。

③听是指由设备所产生的声音特点来发现、判断设备缺陷。

④望是指通过观察或观测来发现设备和零件的缺陷（如运动部件发生卡阻现象等）。

⑤触是指用手触及设备机体或零件时的感受来发现设备的缺陷(如机体温度升高等)。

2）缺陷的定性和定位

根据上一步测出的或感觉到的信息来判断哪一个零件（或部件）有什么缺陷，确定其性质。如果有多种缺陷或多种零件都产生同一种现象时，就要掌握这些零件故障的全部现象，通过分析进行筛选，最后做出判断。

3）定限

把发现的缺陷与相应的已知界限进行比较，判定或大体判断它是否已经超过了还是接近于允许的界限，是否需要修理或更换。比较时，可通过实验或实践后确定的数值，或者由检修人员的经验来进行判断。

**2. 故障处理前的准备工作**

第一，资料的准备（设备的结构图、设备的完好标准、设备的检修质量标准）等。

第二，工具材料的准备。

第三，场地的清理。

# 第二节　液压支架的井下维护与检修

## 一、液压支架的下井和安装

液压支架体积大，部件重，一个综采工作面使用的架数又较多。因此，液压支架的下井准备、下井运输和工作面的安装等工作量十分繁重。其安装工期较长，对工程质量的要求也比较严格。

**1. 液压支架下井安装前的准备工作**

第一，液压支架下井安装前，应设置专门的调度指挥机构，建立和培训安装队伍，并制订详细的安装计划，包括拆装搬运的方案、程序、人员分配、完成工期及技术措施等。

第二，检查液压支架的运送路线，即检查运送轨道的铺设质量、各井巷的断面尺寸、架线高度、巷道坡度、转弯方向、转弯半径等，以便设备运送时顺利通行。必要时应做模型车试行，以减少运送过程中的掉道、卡车、翻车等事故发生。

第三，新型支架下井前，必须在地面进行试组装，并和采煤机、刮板输送机联合运转。检查支架的零部件是否完整无缺，支架的立柱、各种用途的千斤顶、各种阀件是否动作灵活、可靠，有无渗漏现象等；并验证支架与刮板输送机、采煤机的配合是否得当，以便采取相应的措施。

第四，准备好运送车辆、设备、安装工具等。

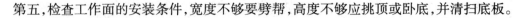

第五，检查工作面的安装条件，宽度不够要劈帮，高度不够应挑顶或卧底，并清扫底板。

**2. 液压支架的装车和井下运送**

第一，液压支架下井一般应整体运输，当顶梁较长时也可将前梁分开运输。首先将支架降到最低位置，拆下前梁千斤顶；然后，将支架主进、回液管的两端插入本架断路阀的接口内，使架内管路系统成为封闭状态。凡需要拆开运送的零、部件应将其装箱编号运送，以防丢失或混乱。

第二，液压支架装车时应轻吊轻放，然后捆紧系牢，不得使软管或其他零部件露出架体外，以防运送过程中损坏。

第三，液压支架运送过程中应设专人监视。在倾斜巷道和弯道搬运时要注意安全，防止出现跑车、掉道、卡车等运送事故。

第四，运送过程中，不得以支架上各种液压缸的活塞杆、阀件以及软管等作为牵引部位，不得将溜槽、工具等相互紧靠，以防碰坏这些部件。

**3. 液压支架的工作面安装**

液压支架一般从工作面回风巷运入工作面。在工作面回风巷与工作面连接处应根据支架结构及安装要求适当扩大其巷道断面，以利于支架转向。当采用分体运输需在连接处安装前梁时。还需适当挑顶以便安装超重设备。液压支架送入工作面的方法有 3 种：

1）利用刮板输送机运送液压支架

工作面先安装好刮板输送机，此时输送机先不安装挡煤板、铲煤板和机尾传动装置。在输送机溜槽上设置滑板，把液压支架用起重设备移放在滑板上，开动刮板输送机带动滑板至安装地点；再用小绞车将液压支架在滑板上转向，拉至安装处调整好位置，并与刮板输送机连接；然后，接上主进液管和主回液管，升起支架支撑顶板。第一架支架至此安装完毕。按此方法继续安装其他支架。待支架全部运送安装完毕后，再逐步装好刮板输送机挡煤板、铲煤板、机尾传动装置等。这种运送方法简单，运送的支架高度较低，转向和运送速度较快。但由于刮板输送机运行时的振动使运送平稳性差，在倾斜工作面不能使用。

2）利用绞车在底板上拖移液压支架

在工作面上、下出口处，各设置 1 台慢速绞车。用起重设备将支架吊起后放到底板上并转向（当底板较硬时可直接用绞车拖拽；当底板较软时可在底板上铺设轨道，轨道上设置导向滑板）；用绞车将液压支架拖至安装地点；再用 2 台绞车进行转向，调整好位置；接通液压管路将液压支架升起支撑顶板。这种运送方法简单，运送支架高度低、运送平稳，适用于各种工作面的运送。但运送设备较多、操作较复杂、运送速度慢。

3）利用平板车和绞车运送液压支架

在上顺槽与工作面连接处设轨道转盘，并在工作面铺设轨道。当装有液压支架的平板车被拉入转盘后在其上进行转向，使其对准工作面轨道，利用绞车拉入工作面安装地点；然后通过 2 台绞车卸车并调好支架位置，接好液压管路，升起支架支撑顶板。这种运送方法适应性广，支架在上顺槽与工作面连接处转向时不需起吊，所用设备少，运送平稳，但运送高度较高，操作较难，并且要求工作面宽度大，以便平板车退出。

## 二、液压支架的调试

液压支架的调试方法及要求如下：

第一，操作各运动部件。各运动部件应操作方便，动作准确、灵活，无滞涩、别卡、干涉现象。

第二，操作立柱。使立柱活柱外伸至全行程的2/3处，自然放置16h，活柱回缩量不大于2mm（排除温度变化影响）。支架在最大高度和最小高度时，高度偏差为±50mm。

第三，在额定液压力下，按规定动作操作5次（含一次运动部件在极限位置稳压5min），各液压元件不能出现渗漏。

第四，检查支架零部件和管路连接情况，使其连接可靠，排列整齐、美观，符合图样要求。

第五，检查支架的外露焊缝、铸件和镀层，使其符合图样和标准要求。

# 第七章　液压支架技术发展与设计方法

世纪之交的十多年间，以长壁高效综采为代表的煤炭地下开采技术取得前所未有的进展。高效综采发展主要体现在以下三方面：一是综采工作面生产能力大幅度提高，采区范围不断扩大，出现了“一矿一面”年产数百万吨煤炭的高产高效和集约化生产模式；二是高效综采装备和开采工艺不断完善，推广使用范围不断扩大，中厚煤层开采、厚煤层一次采全高开采和薄煤层全自动化生产等技术和工艺取得巨大成功；三是高效综采装备的研制开发取得新的技术突破，年生产能力已经达到 1000 万 t，并实现了综采工作面生产过程自动化，大型综采矿井技术经济指标已经达到大型先进露天矿水平。鉴于我国以煤炭为主的能源结构和当前煤炭需求快速增长，高效综采也将成为能源开发技术重要的竞争领域。

## 第一节　国外液压支架技术发展现状

近十年来，国际煤矿长壁开采技术取得了突飞猛进的发展，以美国为代表的发达产煤国家以其雄厚经济实力和得天独厚的煤炭赋存条件，矿井普遍采用重型大功率装备、“一井一面”集约化开采。普遍采用两柱掩护式、大工作阻力（8000~10000kN）、整体顶梁、电液控制液压支架。

国际煤机企业经过兼并重组，形成了德国 DBT 和美国 JOY 两大跨国煤机集团公司，他们的液压支架代表了国际先进水平。从架型来看，他们主要发展工作阻力 7600~10000kN 的大工作阻力两柱掩护式中厚煤层和大采高支架，针对美国、澳大利亚、南非和中国（如神华）等开采条件好、经济实力强的大型矿井，以几种架型适应不同用户。从支架技术研究上，他们以支架结构可靠性和细节的人性化设计为重点，以大支护能力代替支架对围岩和开采条件适应性的研究。从支架用材料上，采用基于技术经济综合平衡的材料优化配置，结构件一般采用多种等级的钢板组合，主要高强度钢板屈服强度 $\sigma_s$=700MPa，部分结构件（如推移杆等）高强度钢板的屈服强度为 $\sigma_s$=1000MPa。产品制造工艺先进，质量可靠，立柱、千斤顶采用聚氨酯和复合密封圈，缸口采用梯形或矩形螺纹连接。JOY 公司的立柱采用了独特的制造工艺，尤其是大缸进液管与缸体一体的结构和独特的活柱表面处理工艺都是其他制造厂难以模仿的技术。DBT 公司的 PM4 电液控制系统经过其不断改进完善，被公认为是最可靠的电液控制系统。JOY 公司的 RS20 电液控制系统，德国 MARCO 公司的 PM31 电液控制系统及 EEP 公司和 TIEFENBACH 公司的电液控制系统也是技术先进可靠的电液控制系统，得到广泛应用。液压支架整架寿命达到 50000~60000 次工作循环（寿命试验）。

波兰 TARGO 公司和俄罗斯的液压支架也达到较高质量水平，是参与国际市场竞争的重要力量，TARGO 公司等也长期作为 JOY 和 DBT 公司的分包商，承担结构件加工。波兰 TARGO 公司的立柱活柱表面采用了专有的不锈钢复合层，显著提高了防腐蚀性能和可维修性，寿命较电镀层有较大提高。

## 第二节　国内液压支架技术发展现状

我国是世界最大产煤国，也是世界上煤矿最多的国家，而且我国煤炭产量以井工开采为主，大中型矿井普遍以长壁开采为主。目前居世界煤炭产量第二位的美国全国仅有 50 个长壁工作面，而我国至少有 600 个长壁综采工作面。我国长壁综采设备已基本实现国产化，除神东等矿区主要采用进口设备外，其他煤矿普遍采用国产设备，我国已成为世界最大煤机制造国。近几年来，煤炭工业的全面发展，带动煤机制造业蓬勃发展，使液压支架年产量达到 3 万架左右。我国液压支架品种之多、产量之大、适用条件之复杂均堪称世界之最。

煤炭科学研究总院北京开采设计研究分院等有关科研单位、高校和企业对工作面矿压规律、支护技术、液压支架与围岩相互作用关系、液压支架合理选型、液压支架设计、难采煤层液压支架和总体配套技术等方面进行了长期大量的研究，对国外液压支架先进技术进行了认真消化吸收，结合我国煤矿实际情况大胆创新，研制成功各种不同类型液压支架。我国目前在难采复杂煤层液压支架、放顶煤液压支架和液压支架适应性研究方面处于世界领先水平。

煤炭科学研究总院开采设计研究分院开采装备技术研究所作为煤炭行业液压支架技术骨干研究单位，一直是我国液压支架设计的主要技术力量，担负着液压支架技术创新和标准体系建设的任务，各种新架型几乎都是由该所首先研发推广。他们自行开发了先进的液压支架优化设计和动态可视化仿真软件系统，开发使用三维 CAD 设计系统和有限元分析系统，把可靠性设计和人性化适应性设计作为设计原则和设计理念。

我国液压支架与世界先进水平的主要差距在于质量可靠性上，一方面是基础工业水平的差距，材料和密封元件差距较大；另一方面主要是制造工艺、质量意识和质量管理水平较差。同时，制造厂加工能力相对过剩，导致价格竞争成为市场竞争的主要手段，低价格、低质量恶性循环，一些大型液压支架制造厂大量外委加工，造成质量控制力度下滑。近三年来，随着煤炭工业形势的好转，高产高效矿井对高可靠性支架的需求旺盛，以及对引进国外液压支架的全面消化吸收，极大地促进了国产液压支架制造水平的提高。

# 第三节 液压支架优化设计理论和方法

## 一、液压支架优化设计方法概论

液压支架优化设计方法是在综采支护技术发展和机械最优化设计理论及计算机技术迅速发展的基础上得以发展的，反映了设计师对液压支架设计规律认识的深化。常用的优化设计包括CAD作图优化设计、参数可视化动态计算优化设计、枚举法参数优选设计和数学规划法优化设计。

### （一）CAD作图法优化设计

这是一种在传统的设计方法基础上，借助CAD系统作图，设计师依靠丰富的设计经验，通过大量的作图、分析、比较，优选出满意的方案。采用这种方法得出的设计方案优劣取决于设计师的水平，且费时、局限性大，但其设计方案可以准确反映设计者的设计思想和经验，在一定程度上是数学模型优化不能完全替代的。

### （二）参数可视化动态计算优化设计

通过CAD作图确定初步方案，借助于自行开发的液压支架可变参数化、可视化动态分析软件对支架进行运动和力学分析，按照一定的力学准则判断和修改设计，达到优化的结果。这种方法因其作图和力学分析是分别进行的，需人为介入，从理论上讲不能获得最佳方案，有较大的局限性，但它能把设计师的经验和优化目标更好地结合，有较强的实用性。

### （三）枚举法参数优选

枚举法参数优化设计是以液压支架四连杆机构运动和受力解析分析为基础，借助计算机采用多重循环，枚举选出满意的方案。这种方法虽然不可能获得全局的最优解，但在一定范围为寻找较优的可行方案时仍不失为一种简单而有效的方法。

### （四）数学规划法优化

液压支架数学规划法优化设计是在计算机技术发展和系统分析的基础上发展起来的。数学规划包括线性规划、非线性规划、动态规划和几何规划等。对于液压支架结构参数优化而言，由于目标函数的约束函数都是非线性的，因此只有采用非线性规划。

### （五）模糊数学优化

这种方法是针对液压支架参数优化过程中约束的经验性和模糊性特征，应用模糊数学理论进行模糊优化设计，是一种最新的优化设计方法。

## 二、液压支架参数的模糊聚类

在以往的液压支架结构参数优化设计中，边界参数的确定往往依靠设计者个人经验或已有个别架型的数据。尽管在实践中人们设计了大量的液压支架，积累了丰富的经验性数据，但由于人工难以完成对这些复杂数据进行系统分析和处理，所以只能将个别支架参数做孤立的分析与参考。为此，我们先后建立了液压支架技术特征参数、结构参数、配套设备数据库，使得设计人员能够方便地进行数据检索和查询。但是如何从数据库发掘出隐藏在底层的信息，找出数据间的内在联系和规律，这就要求系统具有类似人脑的综合分析功能。聚类与模式识别就是解决这一问题的有效方法。通过模糊聚类分析和识别找出一种架型与其他架型间的关系，并用数学方法描述出来为优化设计提供约束边界条件。

在液压支架总体结构优化设计中，约束对优化设计的结果有十分重要的作用，它控制参数可行域的分布形状。而液压支架优化过程中的约束，常常是些具有经验性和模糊性的因素，它们并不具有非常严格的数学定义。

## 三、结论

第一，采用模糊聚类分析和模式识别对液压支架数据库进行数据处理，找出架型间的关系和规律，并用数学方法描述，为液压支架参数优化提供边界约束条件。这种方式有效地保证了优化结果的实用性。

第二，液压支架总体结构参数优化设计是一个多目标多约束的优化问题，其约束条件没有严格的数学定义，具有模糊性。因此将这些约束看成是在满足一定隶属度下的条件更符合客观实际。

第三，综合评价函数由多个目标函数组成，必须引入标准化（或无量纲化）处理技术，将各个分目标函数的值域转化到 0~1 之间。各分目标函数的权值可根据设计思想和经验选取，权值的变化将使参数的敏感方向发生变化，从而改变优化结果。

第四，在液压支架总体结构参数优化设计软件中，可应用连续的多次优化方法，即在优化开始时调用增广乘子法进行寻优，找到一组解之后再调用惩罚函数法进一步优化或进行模糊优化。

# 第八章　液压支架结构件焊接机器人

顶梁、掩护梁和底座是液压支架的 3 大主体构件，其结构复杂，焊接量大，对焊缝的质量要求高。此外，由于采煤工作面的不同，即使相同类型的液压支架在工件重量、外形尺寸和结构形式上也都有较大的差别，这就要求焊接设备必须具备较好的柔性。为了提高焊接质量和生产效率、减轻工人劳动强度，且兼顾多种型号，开发了支架焊接结构件柔性焊接机器人系统。

## 第一节　工件分析及其焊接工艺

### 一、工件描述及分析

顶梁、掩护梁和底座是典型的中厚板结构件，工件尺寸及重量见表 8-1。以掩护梁为例进行工件分析，如图 8-1 及图 8-2 所示。

**表 8-1　液压支架结构件机器人柔性焊接设计数据**

| | 长度 /mm | 宽度 /mm | 高度 /mm | 重量（盖板后）/t |
|---|---|---|---|---|
| 顶梁 | 5500 | 1800 | 500 | 8.5 |
| 掩护梁 | 4500 | 1800 | 800 | 6.5 |
| 底座 | 3500 | 1800 | 1500 | 7.5 |

#### 1. 掩护梁一次焊接

掩护梁一次焊接为典型的格子间结构焊接。整块底板上通长安放 4 块主筋板，主筋板两侧贴有补强板。主筋板之间采用若干隔板连接，焊接完成后形成牢固的格子间结构。目前，高端液压支架材质均为低合金高强度钢，焊前有预热要求，焊接过程中有层间温度控制要求。焊接工艺采用单丝熔化极气体保护焊，多层多道对称间断施焊。

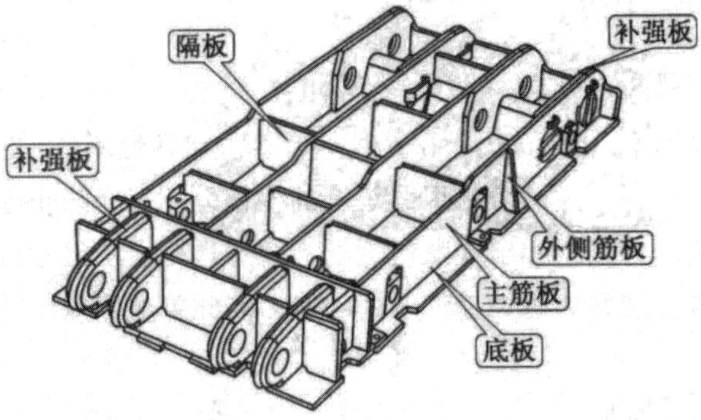


图 8-1　掩护梁一次焊接

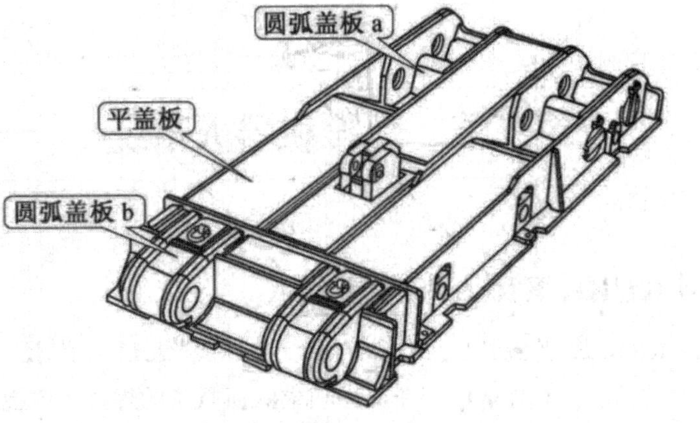


图 8-2　掩护梁二次焊接

其主要焊缝有：

第一，主筋板和底板形成的长直焊缝，被隔板和外侧筋板分割成若干条，K 型坡口。

第二，隔板和底板形成的短直焊缝，不开坡口。

第三，隔板和主筋板形成的短直焊缝，不开坡口。

第四，补强板贴上主筋板两端形成的短直焊缝及圆弧焊缝，补强板单边 V 型坡口。

第五，底板反面通长贴上补强板形成的 4 条长直焊缝。

### 2. 掩护梁二次焊接

掩护梁二次焊接是在一次焊接结构上覆上若干平盖面和圆弧盖板再进行施焊。焊接工艺采用双丝熔化极气体保护焊（混合气体 80%Ar 20%$CO_2$），多层多道对称间断施焊。

其主要焊缝有：

第一，平盖板和主筋板及隔板间形成的直焊缝，平盖板开单边 V 型坡口。

第二，圆弧盖板和主筋板间形成的圆弧焊缝，圆弧盖板开单边 V 型坡口。

## 二、焊接工艺分析

### 1. 掩护梁一次焊接工艺分析

由于掩护梁一次焊接主要为格子间结构焊接，焊缝可达性不佳，更重要的是，在底板、主筋板和隔板交汇处要特别注意3道焊缝汇合的处理，不仅要防止虚焊，更加要注意收弧工艺的处理，避免应力集中和出现弧坑裂纹。双丝焊枪由于尺寸过大，在格子间可达性不好的情况下很难处理好3道焊缝汇合的问题，因此单丝焊接工艺更加适合于内部格子间的焊接。

### 2. 掩护梁二次焊接工艺分析

由于掩护梁二次焊接主要为外部焊缝，焊缝可达性好，而且焊缝汇合多为两道，因此可采用双丝焊接工艺以提高焊接效率。

# 第二节　焊接机器人系统

## 一、德国 KUKA KR16 焊接机器人

德国 KUKA KR16 焊接机器人如图 8-3 所示。机器人最大荷载 16kg，工作半径 1610mm，重复定位精度 ±0.1mm。以下是该机器人所具备的焊接中厚板复杂结构件时的功能及特点：

第一，精确的直线、圆弧插补和点到点的运动功能。

第二，接触寻位功能。通过带有电压的焊丝 / 喷嘴触碰工件，可以找到正确的焊缝起始点、结束点或焊缝中间任意点。

第三，电弧跟踪功能。在焊接过程中实时修正焊接轨迹，补偿工件由于装配或焊接变形产生的偏差。

第四，多层多道焊功能。对于多层多道焊接，只示教打底轨迹，机器人控制系统根据焊接规范和具体焊缝形式自动生成盖面程序。

第五，轨迹重现功能。打底时通过电弧跟踪获得的实际焊缝轨迹，可以在生成多层多道焊盖面轨迹时得到调用。

第六，TCP（工具中心点）自动校正功能。自动运行一段时间后机器人自动校正 TCP。

第七，多种横摆形式。多种用户自定义摆动形式，摆动幅度及频率可调。

第八，坡口尺寸偏差修正。通过接触寻位，获取坡口变化量，电压、速度和摆幅等参数。

第九，在线优化功能。供工艺人员在设备调试时在线修改焊接参数。

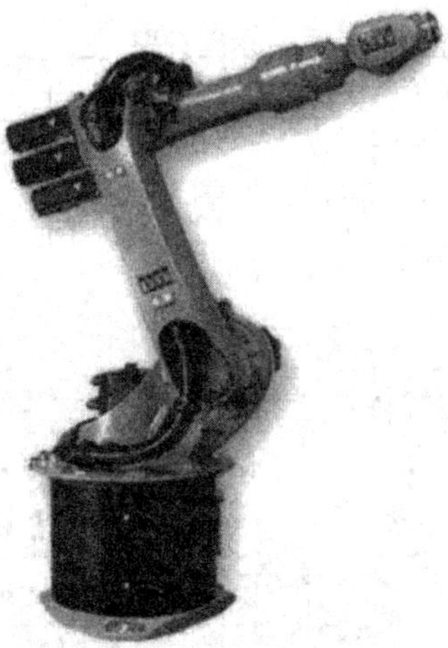

图 8-3　德国 KUKA KR16 焊接机器人

## 二、HDVS100 焊接变位机

为了确保焊接质量和焊缝成型，掩护梁在焊接过程中必须多次进行变位，保证在船型焊位置或平角焊位置进行施焊，因此选用两轴变位机对工件实施变位。对于一次焊接，所有焊缝都可以实现在船型位置进行焊接。对于二次焊接，所有焊缝都可以在船型位置或平焊位置进行焊接。由于采用了两轴变位机，机器人始终位于变位机的一侧进行焊接，从一定程度上也减少了机器人行走机构的行程，降低了编程难度。

HDVS100 焊接变位机（图 8-4）由负载 10t 的单轴机器人变位机和负载为 20t 的单轴机器人变位机组合而成，可以实现工件轴向和径向的回转，因而可以实现绝大部分焊缝的船型位置焊接。伺服电机（德国 Siemens 公司制造）驱动减速机，通过独有的无间隙传动技术，驱动齿轮在转动过程中始终与回转支撑啮合，驱动变位器转盘旋转，无论正向和反向回转均可保证变位机的转动精度。由于变位机驱动采用和机器人驱动同一系列的交流伺服电机，同时受机器人控制器控制，因而机器人本体运动和变位机运动可以联合进行轨迹插补。

掩护梁和顶梁的结构类似，可以使用相同的变位机。底座由于重心较高，在变位机设计的时候需要降低摇篮高度。

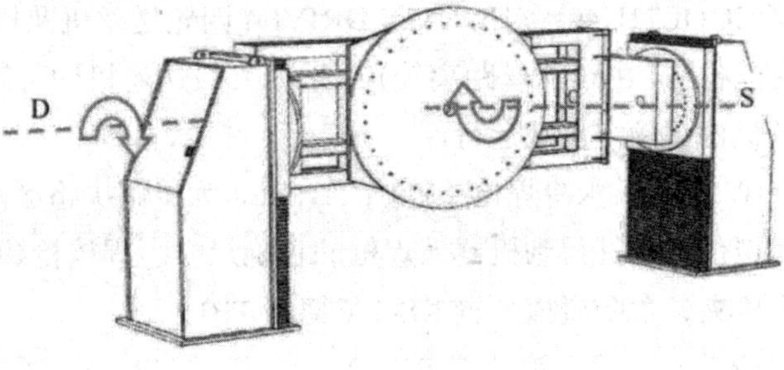


图 8-4　HDVSI00 焊接变位机

## 三、HLV03-123 三轴机器人龙门架

仅由变位机带动工件进行变位还不足以满足结构件内部格子间焊缝可达性的需要，机器人需要配合三轴龙门架解决这一问题，如图 8-5 所示。三轴龙门架为机器人外部轴，可自由编程，适用于机器人悬挂安装。

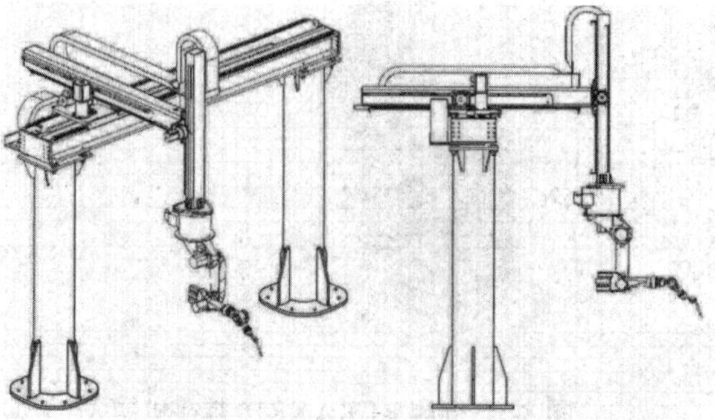

图 8-5　HLV03-123 三轴机器人龙门架

伺服电机（德国 Siemens 公司制造）驱动行星轮减速机 /RV 减速机，通过独有的无间隙传动技术，驱动齿轮在转动过程中始终与齿条啮合，驱动溜板 / 横梁在两组直线导轨上滑行。龙门架运动采用的伺服电机和伺服驱动与机器人属于同一系列，同时由机器人控制器控制，因此可以实现龙门架运动和机器人本体运动的联合轨迹插补。

高度集成的系统连线总成包含机器人的动力电缆及信号电缆，外部轴的动力电缆及信号电缆，焊接电源的水、电、气管线等。在龙门架一端设有系统连线总成转接，在龙门架安装或运输时只需要拔插若干航空插头即可，不需要重新对龙门架进行布线。

三轴机器人和龙门架配合使用，使得机器人工作系统有了极大的工作范围和极好的系统柔性。掩护梁和顶梁的完焊率可以达到 85% 以上，底座由于部分格子间深度达 1000mm 以上，完焊率在 75% 左右。

## 四、焊接系统

### 1. 单丝焊接系统（一次焊接）

图 8-6 所示为机器人单丝焊接系统配置图，其主要系统组成如下：

第一，德国 EWM PHOENIX 522 全数字化焊接电源。暂载率 420A@100%，带专家系统。含冷却水箱 COOL71U40，PHOENIX DRIVE4 四轮送丝机及机器人接口。

第二，二级送丝机构。由于送丝距离较长，采用二级送丝机构可确保送丝稳定、可靠，同时防止一级送丝机构超额定负载运行。

第三，定制 80W 机器人水冷焊枪（德国 TB1）。为了解决格子间内部焊缝的可达性问题，通过三维模拟仿真软件得到机器人焊枪的正确尺寸，焊枪枪颈长度达到 400mm。

第四，机器人枪夹，含防碰撞装置 KS-1（德国 TBI）。

第五，自动清枪剪丝、喷硅油装置 RBG2000（德国 TBI）。通过半圆型铣刀定期去除喷嘴内壁的附着物，压缩空气吹净，带喷硅油装置及剪丝装置，保证喷嘴内壁清洁。

第六，焊枪平衡支架。焊枪平衡支架保证焊枪电缆在机器人运动过程中不缠绕且保持平衡，不影响机器人的动作。

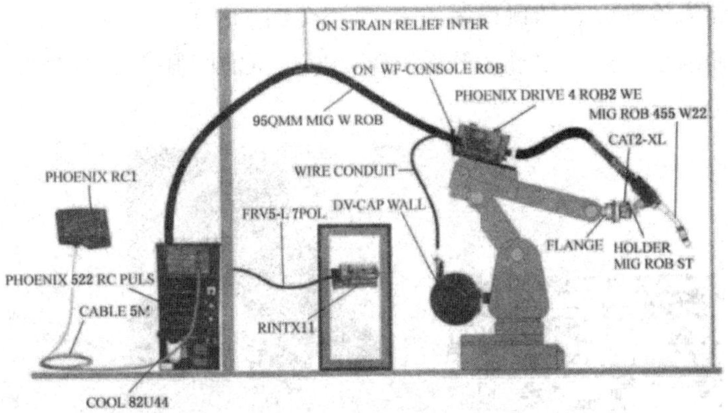


图 8-6　机器人单丝焊接系统配置图

**2. 双丝焊接系统（二次焊接）**

图 8-7 所示为机器人双丝焊接系统配置图，其主要系统组成如下：

（1）德国 EWM PHOENIX 522 TANDEM 全数字化焊接电源（图 8-8）。暂载率 2×420A@100%，带专家系统。含冷却水箱 COOL71U40，PHOENIX DRIVE4 四轮送丝机及机器人接口。

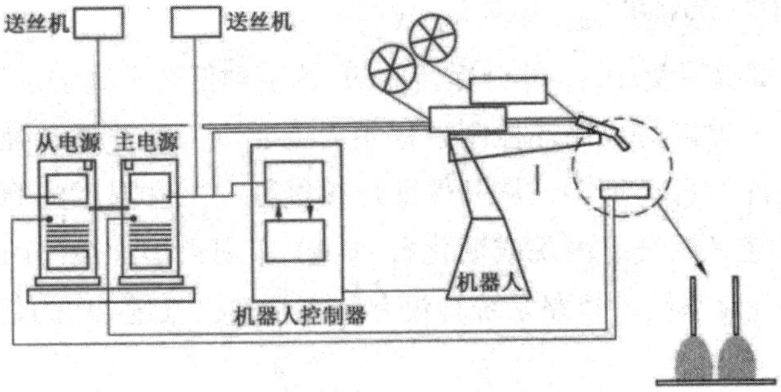


图 8-7　机器人双丝焊接系统配置图

图 8-8　德国 EWM PHOENIX522TANDEM 全数字化焊接电源

第二，二级送丝机构。

第三，TD-10 机器人水冷双丝焊枪（图 8-9）。

第四，机器人枪夹，含防碰撞装置 KS-1（德国 TBI）。

第五，自动清枪剪丝、喷硅油装置 RBG2000（德国 TBI）。

第六，焊枪平衡支架。

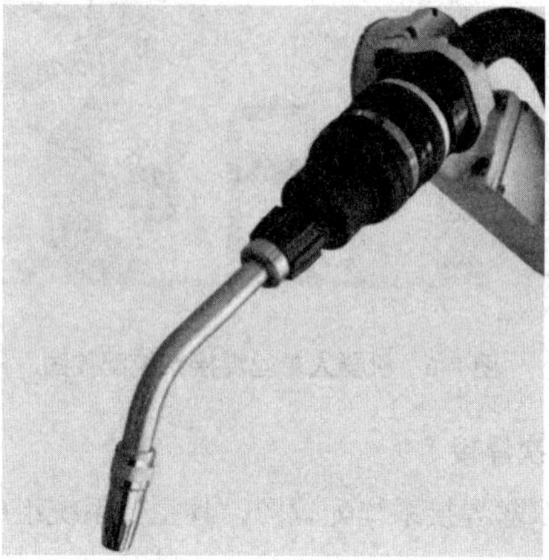

图 8-9 TD-10 机器人水冷丝焊枪

## 五、工件补热系统

由于在机器人焊接过程中，工件会逐渐冷却，达不到低合金高强度钢焊接所需的温度，因此测温—补加热—焊接这一循环控制过程尤为重要。工件补热系统（图 8-10）通过机器人控制实现对工件的自动补热，从而保证焊接过程中工件温度的稳定性。工件补热系统加热部分采用氧气 + 燃气（丙烷或液化石油气）实现火焰加热。因此工件补热系统包括氧气、燃气两路气路系统，每路系统均设有压力开关、流量 / 压力控制器、比例阀等。

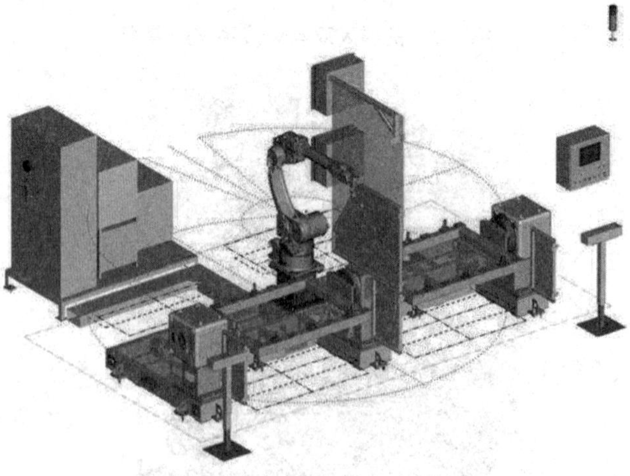

图 8-10 工件补热系统

## 六、离线编程系统

可将客户工件三维数字模型导入离线编程软件，在电脑中使用虚拟的机器人及其外部轴系统对工件进行虚拟的示教编程，从而大大缩短由于在现场示教而导致的机器人停机时间。

在液压支架一次焊接的过程中，由于格子间可达性不佳，又要频繁实施工件变位，在离线编程的过程中需要反复验证是否干涉，避免撞枪，离线编程非常烦琐，同时对编程人员的要求太高，因此采用离线编程技术并不适用一次焊接。

在液压支架二次焊接的过程中，盖板焊缝的开放性很好，可达性也非常好，同时工件变位的次数大大减少，适合采用离线编程技术，减少设备停机时间，提高生产效率。

离线编程软件的界面如图 8-11 所示。需要注意的是，生成的机器人焊接程序仍要在现场针对实际工件进行必要的模拟和优化。

图 8-11　离线编程软件的界面

# 第三节　机器人柔性焊接系统的优缺点

## 一、一次焊接使用机器人柔性焊接系统的优点

第一，严格按照制定的焊接顺序施焊，利于控制焊接变形。

第二，严格按照制定的焊接工艺施焊，确保焊缝质量。

第三，在工件需要预热时，作业能力远超过人工焊接，确保焊缝质量。

第四，所有焊缝都处于船型位置进行焊接，确保焊接质量，焊缝外观良好。

第五，连续焊接能力超过人工焊接，可 24h 运行。

第六，工件自动补热系统确保在允许的层间温度下焊接，确保焊缝质量。

## 二、一次焊接使用机器人柔性焊接系统的缺点

第一，由于每种工件需要示教编程的焊缝数量在300条以上，每条焊缝都要实施多层多道焊，所以编程工作量非常大。非常熟练的编程人员编程时间平均在5个工作日左右，加上3天左右的模拟优化时间，设备停工的编程时间过长。

第二，由于格子间可达性不佳，需采用单丝多层多道焊接。首先，应先完成所有的打底焊接，然后再一遍遍地进行填充盖面焊接；其次，为了控制变形，需要间断施焊，机器人需要不断从一个焊接位置移动到另一个焊接位置；再次，为了控制变形，需要对称施焊，变位机需要不断实施工件变位。

第三，设备一次性投入较大。虽然机器人的连续焊接能力超过人工焊接，但是以上所述因素导致机器人焊接效率急剧下降，如果和现有液压支架生产企业两人同时作业的生产模式比较，效率没有明显提高。

## 三、二次焊接使用机器人柔性焊接系统的优点

第一，二次焊接的焊缝可达性较好，同时工件变位的次数大大减少，非常适合于采用离线示教的方法进行编程，大大减少设备的停工编程时间。

第二，严格按照制定的焊接顺序施焊，利于控制焊接变形。

第三，在同等熔敷率的情况下，双丝焊接的总体热输入量反而小于单丝焊接，利于控制焊接变形。

第四，熔敷效率是人工焊接的2~3倍，最高可达15kg/h。

第五，严格按照制定的焊接工艺施焊，确保焊缝质量。

第六，在工件需要预热时，作业能力远超过人工焊接，确保焊缝质量。

第七，所有焊缝都处于船型/平焊位置焊接，确保焊接质量，焊缝外观良好。

第八，连续焊接能力超过人工焊接，可24h运行。

第九，工件自动补热系统确保在允许的层间温度下焊接，确保焊缝质量。

## 四、二次焊接使用机器人柔性焊接系统的缺点

二次焊接使用机器人柔性焊接系统的主要缺点就是设备一次性投入较大，离线编程系统对操作人员的要求较高。

综上所述，在液压支架生产过程中采用机器人柔性焊接系统的工艺研究已经比较成熟，设备配置也已经相当完善。一些具体的工艺问题，如在焊接过程中保持层间温度问题和控制工件变形的问题已经有了较好的解决方案。机器人柔性焊接系统确实可以提高产品质量，降低工人劳动强度，如果仅从这两点出发，机器人系统在液压支架生产企业已经具备了应用条件。

然而企业的重要目标是盈利，如果机器人柔性焊接系统不能满足这一要求，那么再先进的设备在液压支架生产企业中也没有生命力。从目前情况看，一次焊接过程中使用

机器人柔性焊接系统并不能明显提高生产效率，其较高的一次性投资相对于国内仍旧低廉的人工成本来说竞争力不强，但在二次焊接过程中配合离线编程使用机器人柔性焊接系统是具有可行性的。离线编程可以大幅减少编程时间，双丝焊接工艺可以大幅提高焊接效率，为机器人全面超过人工生产效率打下了良好的基础，再加上机器人持续的工作能力和良好的焊接质量的一致性，使得机器人系统将会在二次焊接的生产过程中达到提高生产效率、保证焊接质量和减轻工人劳动强度等多个目标。

液压支架生产企业实现焊接自动化是一个大趋势，下一步工作是设备供应商和液压支架生产企业相互配合，在实际生产过程中验证离线编程系统的实用性和机器人柔性焊接系统的可靠性，推进整个行业的焊接自动化。

# 第九章　液压支架检修技术标准、检修方法

## 第一节　结构件检修标准、检修方法

随着煤炭企业不断发展壮大，综采工作面和综放工作面不断得到普及和推广，液压支架从掩护式、支撑掩护式、放顶煤式、垛式等不同型号的支架得以应用，进口支架在煤炭企业中应用也屡见不鲜，液压支架是现代化矿井必备的设备之一。由于液压支架是井下工作面主要支护设备，它受力大，而且肩负推拉前后刮板运输机和采煤机组的重任，因此结构件受力损坏现象极为普遍。由于工作面支架数量多、吨位大，一旦损坏会直接造成停产，而且井下处理极为困难。为此，这里对以下几种结构件损坏原因进行分析，并提出初步的处理方法，以供检修人员参考。

### 一、液压支架的主要结构件分析

液压支架结构件随支架形式、工作性能和支架的参数不同而变化，本书仅介绍用量最广的掩护式和支撑掩护式支架一般通用的结构件的形式、用途和性能。

#### （一）顶梁

**1. 用途**

第一，用于支撑维护控顶区的顶板。

第二，承受顶板的压力。

第三，将顶板载荷通过立柱、掩护梁、前后连杆经底座传到底板。

**2. 结构形式及特点**

顶梁的结构形式见表 9-1。

**表 9-1　顶梁的结构形式**

<table>
<tr><th colspan="4">整体刚性顶梁</th><th colspan="5">前后铰接式顶梁</th></tr>
<tr><th colspan="2">带回转梁</th><th rowspan="2">刚性顶梁</th><th rowspan="2">带内伸缩梁</th><th colspan="2">带伸缩梁</th><th rowspan="2">前后铰接式</th><th colspan="2">带回转梁</th></tr>
<tr><th>直接式回转梁</th><th>四连杆式回转梁</th><th>外伸式</th><th>内伸式</th><th>直接式回转梁</th><th>四连杆式回转梁</th></tr>
</table>

## 二、销轴和孔的损坏及处理

销轴损坏主要有弯曲、不均匀磨损、断裂，挡销槽部分卡断等现象。

孔的损坏主要有筋板变形、孔撕裂、孔磨损椭圆等现象。其主要损坏原因有以下几种：

第一，设计时强度小于实际使用中的受力强度。

第二，支架井下使用不当，使销轴单侧受力，发生扭蹩，造成弯曲折断。

第三，井下倾角大，销轴和孔受力不均，造成不均匀磨损和挡销板孔损坏。

第四，结构件达到疲劳强度或锈蚀变质，达不到额定强度。

针对以上损坏现象，检修时应做如下处理来恢复其实用性能：

第一，销轴弯曲可采用压力整形和调质处理。销轴折断的必须更换，轴挡销槽损坏的可采用从另一侧重新开槽的方法予以重新利用。

第二，连接孔撕裂，如果是更换很困难，可采用贴补的方法，即将原孔焊修，再贴焊镗孔的钢板，为了加强其强度，可采用栽焊方法。

第三，连接孔磨损严重可采用与母材强度相同的焊条进行焊补和打磨，如 16mm 钢板可采用 J506 焊条修补。

第四，对于挡销板普遍损坏的，可采用加厚板材厚度且加大挡销规格的方法。对于重要部位可采用双侧挡销板对销轴予以固定。

## 三、连接耳座损坏的处理

在支架检修中，经常发现与千斤顶相连接的耳座出现开档、撕裂、变形，有的会造成与之相连的盖板开焊和底板顶出的现象，造成原因主要有以下几方面：

第一，耳座强度不够，钢板厚度不能满足要求，造成耳座变形和撕裂。

第二，使用不当。当与之相连的千斤顶已达到最大行程或全部缩回时，继续动作其他执行部件，使之受到大于其强度的力，造成连接孔撕裂或整体位移，使盖板和底板变形或开焊。

第三，耳座与千斤顶连接部位间隙过大，造成销轴弯曲或耳座单撇受力使之开档。

检修处理方法为：

第一，耳座单撇撕裂可采用贴板方法修复，首先将损坏部位恢复再进行贴板，贴板厚度不能小于原件厚度的一半，且材质相符，焊接时要与主筋或与主盖底板焊连。

第二，开档大的可用千斤顶复位，即用千斤顶制作一个专用设施插入孔中，一边插入挡销固定，收缩千斤顶进行压力复位。对于档位比较大的耳座可制作框架式压力工具进行压力恢复。

第三，对耳座发生位移造成盖底板变形开焊的则必须将其整体拆除，重新复位与主筋焊接，并增加与主筋连接的筋板数量，开焊的盖底板必须分割拆下，重新施焊，大面积底板开焊的需将对应的盖板拆除，加焊箱体与底板连接焊缝。

## 四、综合采取措施切实提高机械设备操作和维护人员的技术与管理水平

目前我国的机械设备操作人员与维护人员的技术还比较低，综合素质还有待进一步提高。为此，要综合采取各种有效措施提高机械设备操作人员和维护人员的技术与管理水平，切实提高他们的综合素质。首先，加强机械设备管理人员与操作人员的岗前技能培训，针对他们存在的不足有的放矢地进行培训，提高他们的综合技能，保证每一位机械设备的管理人员与操作人员都掌握精通的机械技术，有较强的管理能力。其次，加强机械设备管理人员的技能考核，在培训后要进行严格的考核，合格发证上岗，不合格的接受再培训，切实保证机械设备管理人员都具备独立的操作机械能力，熟练的机械故障处理能力以及科学的机械设备管理能力。对于已经在机械设备操作与管理岗位的人员而言，更应该加强机械专业知识与技能的学习于培训，与时俱进，掌握现代机械设备的操作与管理技能。

## 五、切实贯彻岗位责任制，保证机械设备管理中权责明确，权责到人

由于工程项目施工中机械设备管理制度不够完善，因此造成机械设备操作员与机械设备管理人员的权责不明确，不清晰，也就造成了推卸责任的现象发生。为了改变这种局面，必须切实贯彻岗位责任制，保证机械设备管理中权责明确，权责到人。并且对于机械管理情况进行监督考评，严格根据既定的考评办法与程序，实行奖惩，保证每一个操作员与维修人员都参与到机械设备的管理中。加强对机械设备使用情况的监督，对机械设备使用消耗情况进行审查考评，对于出现问题的，必须给予一定的惩罚。并且对设备运行工作小时、费用消耗、车容车貌、服务态度和维修成本等方面进行考核。在每次检查中发现的问题，应及时以通知单的形式，传达到操作手或维修人员，限期整改，到现场监督完成，并做整改后的验收。

## 六、主筋断裂的处理

主筋断裂有两种，一种是大型结构件连接部位主筋断裂，另一种是结构件中部主筋断裂。造成原因主要有两方面：一方面井下使用中顶板破碎压力大，超过设计强度，或底板不平甚至底鼓，造成主筋弯曲断裂。另外，工作面倾角大，支架受力各部件发生移动，

使四连杆等结构件受到强大的扭力，造成连接部位主筋变形断裂。处理方法如下：

第一，中部主筋断裂需要检查是否达到报废程度，如果断裂部位产生很大水平位移，致使结构件整体严重变形，则无法修复，否则采用帮筋方法检修，即将断裂处坡口处理进行焊补，在其两侧各帮一块同材质的钢板，总厚度等于原部位厚度，断裂位置两侧采用栽焊工艺。帮板大小与主筋相同，焊接时尽量与前后主要筋板相连。

第二，连接部位主筋断裂有时是几条筋同时损坏，这种情况下必须将其盖板、弧板分割掉，将原筋恢复，在各条主筋上都帮贴一块短主筋且与主横筋焊连，在主筋孔中进行镶套处理，以保证整体受力平衡。

## 七、盖板和底板凹陷的处理

液压支架长期服役，会出现盖板、底板凹陷现象。造成原因是工作面顶底板破碎且压力大所致，久而久之就出现凹陷现象，这样会影响整体强度。处理方法为：盖板凹陷可将其割掉整形，达到疲劳强度可更换盖板。底板凹陷必须将对应盖板掀起，制作龙门架，用千斤顶将其压力整形。对于箱体结构损坏的需加密箱体筋板，并损坏部位予以修复。

以上几种是检修中很难处理的一些现象。另外，推拉机构弯曲折断、侧推装置损坏、护帮板插板以及侧护板变形等比较常见，处理方法简单，这里不做介绍。

通过以上分析和检修处理，能使结构件恢复其性能，并且起到加固作用，确保正常使用。这些方法在大雁集团 QY320 支架上已采用和推广，使这套已报废的支架沿用了五个工作面，至今仍在使用，为企业节约了大量设备购置资金，提高了检修能力。

## 八、结论

施工机械设备管理质量的好坏在一定程度上影响着工程项目施工质量的好坏，直接关系到工程项目施工的周期长短，从而间接地影响了工程项目的经济效益和社会效益。现代工程项目施工机械化程度高，提高了施工作业的规模，促进了工程施工的专业化生产，提高了工程施工的效率，缩短了施工的周期，对于提高施工企业的生产力，降低施工成本有重要意义。因此，提高工程项目施工机械设备管理水平，是提高工程质量，实现有效成本控制，提高项目工程综合效益的重要手段。

严格的填写机械设备运转情况的记录表，维护人员也必须切实填写每天的维护记录，管理人员必须切实对机械设备每日的运转与维修情况进行跟进，对机械设备每日的费用进行记录。通过记录制度的切实贯彻执行，机械设备的管理者就可以根据记录情况，很好地掌握机械设备的使用情况，维修情况，同时根据这些记录做出科学的决策。

# 第二节 液压元件的修复工艺、方法

## 一、齿轮泵修复工艺

齿轮泵的寿命与其材料、加工工艺、装配工艺、端面间隙、轴承和安装使用情况有关。

### 1. 泵体的修复

由于吸油腔和排油腔的压力相差很大，齿轮和轴承都受到径向不平衡力的作用，因此泵体内壁的磨损都发生在吸油腔一侧。泵体内壁的磨损可采用电镀青铜合金工艺来修复。关于电镀工艺的具体操作，简单介绍如下。

第一，镀前处理。

电镀之前，泵体内必须用油石或金刚砂粉修整光洁。

第二，电解液配方。电解液配方如表 9-2 所示。

表 9-2 电解液配方

| 成分或参数 | 量值 | 成分或参数 | 量值 |
|---|---|---|---|
| 氯化亚铜（$CuCl_2$） | 20~30g/L | 三乙醇胺 N（$CH_2CH_2OH$） | 350~70g/L |
| 硅酸钠（$Na_2SiO_3 \cdot H_2O$） | 60~70g/L | 温度 | 50~60℃ |
| 游离氰化钠（NaCN） | 3~4g/L | 阴极电流密度 | 1~15A/m$^2$ |
| 氢氧化钠（NaOH） | 25~30g/L | 阳极合金板 | 含锡 10%~20%（质量分数） |

第三，镀后处理。

泵体的常用材料为 HT120~400 铸铁和铸铝合金。泵体的二支承中心距偏差为 0.03~0.04mm，二支承孔中心线的不平行度偏差为 0.01~0.02mm，支承孔轴线对端面的垂直度为 0.01~0.012mm，支承孔本身的圆度和圆柱度误差均小于 0.01mm，齿轮孔和支承孔的同轴度允差小于 0.02mm，泵体内壁表面粗糙度 *Ra* 为 0.8μm 轴孔表面粗糙度 *Ra* 为 1.6μm，镀后应对泵体做 120℃恒温处理并机加工以达到上述要求。

### 2. 泵轴的修复

长、短轴与滚针的接触处一般容易磨损。磨损严重时，可用镀铬工艺修复。

齿轮轴的常用材料为 45 钢、40Cr、20Cr。热处理后其表面硬度为 60HRC 左右，表面粗糙度 *Ra* 为 0.2μm，圆度和圆柱度均不得大于 0.005mm，轴颈与安装齿轮部分轴的配合表面同轴度为 0.01mm，两轴颈的同轴度为 0.02~0.03mm。

### 3. 齿轮的修复

1）齿形

对于可修复的齿形，用油石去除拉伤或磨去多棱形部位的毛刺，再将齿轮啮合面调换方位适当对研，可继续使用。对于用肉眼观察、能见到齿形有严重磨损的齿轮，应更换齿轮。

2）齿轮圆

对于低压齿轮泵，齿轮圆的磨损对容积效率影响不大，但对于高、中压齿轮泵，则应电镀外圆或更换齿轮。机加工时，齿形精度对于中、高压齿轮泵，为6~7级；对于中、低压齿轮泵，为7~8级；内孔与齿顶圆的同轴度允差小于0.02mm；两端面平行度误差小于0.007mm；内孔、齿顶圆、两端面表面粗糙度 *Ra* 为0.4μm。

### 4. 轴颈与轴承的修复

第一，对于齿轮轴轴颈与轴承、轴颈与骨架油封的接触处的磨损，磨损轻的，经抛光后即可继续使用；严重的，应更换新轴。

第二，滚柱（针）轴承座圈热处理的硬度较齿轮的高，一般不会磨损，若运转日久后产生刮伤，可用油石轻轻擦去痕迹即可继续使用；刮伤严重时，可将未磨损的另一座圈端面作为基准面将其置于磨床工作台上，然后对磨损端面进行磨削加工，并保证两端面的平行度允差和端面对内孔的垂直度允差均在0~0.01mm范围内；若内孔和座圈均磨损严重，则应及时换用新的轴承座圈。

第三，滚柱（针）轴承的滚柱（针）长时间运转后，也会产生磨损。若滚柱（针）发生剥落或出现点蚀、麻坑，则必须更换滚柱（针），并应保证所有滚柱（针）直径的差值不超过0.003mm，其长度差值允差为0.1mm左右，滚柱（针）应如数地充满于轴承内，以免滚柱（针）在滚动时倾斜，使齿轮运动精度恶化。

第四，轴承保持架若已损坏或变形，应予以更换。

### 5. 齿轮泵的修复装配及试车

修复装配齿轮泵时，应注意以下事项。

第一，仔细地去除毛刺，用油石修钝锐边，注意齿轮不能倒角或修圆。

第二，用清洁剂清洗零件，未退磁的零件在清洗前必须退磁。

第三，注意轴向和径向间隙。

现在的各类齿轮泵的轴向间隙是由齿厚和泵体直接控制的。组装前，用千分尺分别测出泵体和齿轮的厚度，使泵体厚度比齿轮厚度大0.02~0.03mm，组装时用厚薄规测取径向间隙，此间隙应保持在0.10~0.16mm。

第四，对于齿轮轴与齿轮用平键连接的齿轮泵，其齿轮轴上的键槽应具有较高的平行度和对称度，装配后平键顶面不应与键槽槽底接触，长度不得超出齿轮端面，平键与齿轮键槽的侧向配合间隙不能太大，以齿轮轻轻拍打推进为好。另外，齿轮轴与齿轮之间不得产生径向摆动。

第五，在定位销插入泵体、泵盖定位孔后，方可对角交叉均匀地紧固固定螺钉，同时用手转动齿轮泵长轴，感觉转动灵活并无轻重现象时即可。

齿轮泵修复装配以后，必须对其进行试验或试车，有条件的可在专用齿轮泵试验台上进行性能试验，对压力、排量、流量、容积效率、总效率、输出功率及噪声等技术参数进行测试。

现场无液压泵试验台的条件下，可装在整机系统中进行试验。这种试验通常叫作随机试车。

## 二、叶片泵的维修

叶片泵的心脏零件是定子、配流盘、叶片和转子。它们均安装在泵体内，并由传动轴通过花键带动；配流盘通过螺钉固定在定子的两侧，并用销子定位。由于定子、配流盘、叶片和转子同在一个密封的工作室内，相互之间的间隙很小，所以叶片泵经常处在一种满负载的工作状态。

叶片泵本身存在密封的困油现象，若冷却不及时使油温升高，各零件热胀将润滑油膜顶破，会造成叶片泵损坏。同时，润滑油的质量差也会造成叶片泵损坏。

### 1. 定子的修复

叶片泵工作时，叶片在高压油及离心力的作用下，紧靠在定子曲线表面，从而因与定子曲线表面接触压力加大而使磨损增快。特别是靠近吸油腔的部分，由于叶片根部被较高的负荷压力顶住，因此定子靠近吸油腔的部分最容易磨损。

当定子曲线表面轻微磨损时，先用油石抛光，然后将定子翻转 180° 安装，并在对称位置重新加工定位孔，使原吸油腔变为压油腔。

### 2. 叶片的修复

叶片一般与定子内环表面接触，其顶端和与配流盘相对运动的两侧易磨损。当叶片轻微磨损时，可利用专用工具装夹、修磨，以恢复其精度。

如图 9-1 所示，将叶片泵中要修复的全部叶片一次装夹在夹具中，磨两侧和两端面。叶片与转子槽相接触的两面如有磨损可放在平面磨床上修磨，并保证叶片与槽的配合间隙为 0.015~0.025mm，并且能上下滑动灵活，无阻滞现象。叶片经修复后应装入专用夹具，修磨棱角。

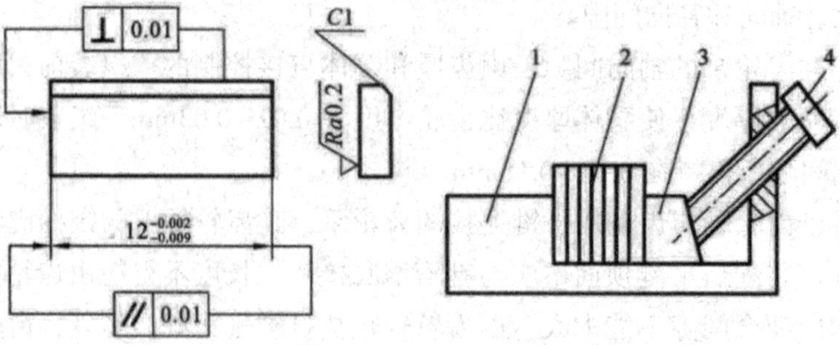


**图 9-1　叶片及维修**

1- 底盘；2- 叶片，3- 压板，4- 螺钉

修复叶片棱角时应注意，若叶片的倒角为 $C1$，则在修磨时倒角应达到大于 $C1$，基本上达到叶片厚度的 1/2，最好修磨成圆弧形并去毛刺，这样可减少叶片在沿定子内环表面曲线的作用力的作用下发生突变现象，从而避免影响输油量和产生噪声。

**3. 转子的修复**

对于转子两端面的磨损，轻者用油石将毛刺和拉毛处修光、推平，严重者则用芯棒将转子放在外圆磨床上将其端面磨光。转子的磨去量与叶片的磨去量应同样多，以保证叶片略低于转子高度。同时，保证转子两端平行度在 0~0.008mm 以内，端面与内孔垂直度在 0~0.01mm 以内。

**4. 配流盘的修复**

配流盘的端面和内孔最易磨损。若端面轻微磨损，可只用粗砂布将磨损面在研磨平板上将被叶片刮伤处粗磨平，然后再用 0 号极细砂布磨平；若端面严重磨损，可以在车床上车平，但必须注意，应保证端面和内孔垂直度在 0~0.01mm 以内，平行度为 0.005~0.01mm，且只允许端面中凹。应注意，若车削太多，配流盘过薄后容易变形。

若配流盘内孔磨损，轻者用砂布修光即可，严重者必须调换成新的配流盘或将配流盘放在内圆磨床上修磨内孔，保证圆度和锥度在 0.005mm 以内，并与转子单配。另外，YB 型叶片泵转子和配流盘的端面修磨后，为控制其轴向间隙，泵体也必须进行相应的修磨。

**5. 叶片泵装配注意事项**

第一，装配前各零件必须仔细清洗。

第二，叶片在转子槽内能自由灵活地移动，保证其间隙为 0.015~0.025mm。

第三，叶片高度应略低于转子的高度 0.05mm。

第四，轴向间隙控制在 0.04~0.07mm。

第五，紧固固定螺钉时用力必须均匀。

第六，装配完后用手旋转主动轴，应保证平稳，无阻滞现象。

## 三、A11V 柱塞泵修复实例

A11V 柱塞泵是一种恒功率、变量斜盘式轴向柱塞泵，共有九个柱塞，结构形式为通轴式、轴支承缸体。

**1. A11V 柱塞泵损坏的原因**

1）滑靴损坏

滑靴损坏主要由柱塞泵回程时，柱塞球头部分与滑靴间相互作用力过大造成。

2）液压介质太脏

液压介质太脏，造成各运动副不同程度的划伤，从而造成柱塞泵损坏。

**2. 修复措施**

第一，将柱塞泵的柱塞由实芯改为空芯。

经计算，在保持其他参数不变的情况下，将柱塞由实芯改为空芯，减小了柱塞和滑靴的总重量，也就可以减小回程力，从而减小柱塞球头和滑靴间的相互作用力，达到保证滑靴免受损坏的目的。

第二，将滑靴收口部位局部加厚。

由于滑靴与柱塞球头是例合的，为了提高拉脱强度，可将滑靴收口部位局部加厚，将滑靴收口部位局部加厚时，要求滑靴球面位置度不大于 0.005mm，与柱塞球头钥合时径向间隙不大于 0.001mm，与柱塞球头接触面积不小于 70%。

第三，在柱塞上加工五个压力平衡槽。

斜盘对柱塞的反作用力的分力易引起柱塞倾斜，为避免因油液过脏引起划伤和油膜破坏引起烧伤，可在活塞上加工五个平衡槽，当活塞往复运动时，平衡槽内始终充满液压油，即使柱塞发生倾斜，也能实现静压平衡。

由于柱塞与孔之间存在一定的间隙，柱塞端部的高压油将经过间隙向低压端（泵壳）内泄漏。

机械零件的几何精度总是存在一定的偏差，使柱塞与孔之间的间隙不均匀，导致在高压油通过间隙泄漏时，产生不均匀的压降，间隙小的一侧压降大，压力低；间隙大的一侧压降小，压力高，使柱塞受力不平衡，将柱塞推向一侧，并将间隙中的油膜挤出，产生干摩擦，造成零件表面拉伤破坏。这种使零件推向一侧的不平衡力称为“液压卡紧力”，这种情况在零件的圆度和锥度超差时尤为严重。在柱塞上加工若干个平衡槽，可使柱塞圆周上的力区域平衡，消除液压卡紧力。

第四，更换液压介质，并在液压站回油管路增加回油过滤器，保持油液清洁，并对泵体的各配合面进行研磨修复，保证其配合精度。

采取以上措施后，修复后的柱塞泵使用寿命可达 3 年。

**3. A11V 柱塞泵国产化应注意的问题**

1）严格保证泵内零部件制造的几何精度

要保证缸体和配流盘、滑靴和斜盘之间的接触均匀，保证轴、轴承、缸体等零部件的有关部位在加工安装时的同轴度，泵体、配流盘、缸体配流面对花键、轴承孔的垂直度，配流盘两面的平行度符合要求。这是为了使泵运转时缸体和配流盘之间不出现楔形间隙，防止缸体和配流盘产生局部接触。

对于滑靴和斜盘相对接触的平面，平面度应不大于 0.003mm。为了使回程盘压紧滑靴，工作过程中不产生撞击，要求一台泵所有滑靴的突缘厚度误差不大于 0.001mm。

柱塞球头的位置度必须控制在 0~0.005mm 以内，柱塞外圆和球头的同轴度、滑靴的球窝和颈部的同轴度必须控制在 0~0.003mm 之内。

2）严格保证泵的组装精度

在零件加工精度符合要求的情况下，要选择好装配件，使零件互相匹配，并控制轴承、花键等关键部位的间隙，使泵的缸体和配流盘之间接触良好。同时，必须保证中心弹簧有足够的预压力，因为压力不够，可能会引起滑靴在离心力作用下产生颈斜，造成滑靴偏磨和烧伤。

## 四、低速大扭矩液压马达的修复

某进口柱塞式低速大扭矩液压马达，工作压力为 0~25MPa，转速为 0~30r/min，可方便地实现正反转及无级调速。经多年使用后，该液压马达出现了输出轴油封漏油、转速不稳、压力波动等故障。

经检查发现，若高压油在缸体柱塞孔和活塞之间出现窜漏，则可能有大的故障，这时可拆检液压马达，发现滚子轴承磨损严重，导致转轴偏摆变大，从而引起油封泄漏；轴承磨屑随油进入液压缸，造成活塞和液压缸配合面磨损严重并有拉伤，导致窜漏。对其修复的方法如下。

第一，更换轴承和油封。

第二，翻新液压缸和活塞。

液压缸内径尺寸为 123.8mm，如果镇缸，则需要再配制活塞，加工难度大。根据经验，将成品国产柴油机标准扣 20mm 缸套改制嵌在原机座上，即可不加工缸的内孔。

具体做法如下。

①在原机座液压缸孔的基准上找正后，将原 $\phi$123.8mm 孔镇至 $\phi$135mm。

②将 $\phi$120mm 柴油机标准缸套加工为衬套（内孔不加工）。为保证内孔不变形，制作芯轴将缸套紧固后再加工，使外径同座孔有 0~0.02mm 的过盈。

第三，将原活塞表面精磨后再抛光，同缸的配合间隙为 0.04~0.07mm，然后加工宽度为 3.2mm 的标准活塞环槽。

第四，加工后用工装将缸套压入缸座，活塞环采用标准环。

采取上述维修方法后，因缸径比以前的小 2.5%，工作压力提高至原来的 1.06 倍左右（原工作压力为 20MPa，现为 21MPa 左右），可以满足使用要求。

## 五、液压泵的材料及加工工艺

以下介绍齿轮泵、叶片泵、通轴式柱塞泵及斜轴式柱塞泵的重要零件的材料、零件加工图及工艺。

### （一）齿轮泵的常用材料

壳体和端盖的常用材料有灰铸铁、铝合金和球墨铸铁。

齿轮和轴的常用材料有 45 钢和 40Cr。高压工况下的齿轮和轴用 20CrMnTi、20Cr 和高级渗氮钢 38CrMoAl 制造，并做碳氮共渗处理，使其表面硬度达到 60~62HRC，淬火后还须磨光。

轴套的常用材料有 45 钢、40Cr 和铜合金（主要是锡青铜）。

## （二）叶片泵的材料及其主要零件的加工工艺

叶片泵的主要零件有叶片、转子、定子、配流盘和壳体。它们的材料及热处理如表 9-3 所示。

**表 9-3　叶片泵主要零件的材料及热处理**

| 零件 | 材料 | 热处理 |
|---|---|---|
| 叶片 | 高速钢 W18Cr4V | 淬火 58~62HRC、回火 |
| | 38CrMoAl | 渗氮 65~70HRC |
| 转子 | 40Cr | 淬火 58~62HRC |
| | 20Cr、CrNi3 | 渗碳淬火 58~62HRC |
| 定子 | GCr15、Cr12MoV | 淬火 60HRC |
| 配流盘 | QT50-5、锡青铜、HT300 | 铸铁表面渗氮 |
| 壳体 | HT300 | 加工前须时效处理 |

叶片是叶片泵的重要零件。其加工的一般技术要求如下：叶片与转子槽的配合间隙为 0.01~0.02mm，叶片宽度比转子宽度小 0.01mm；叶片需要研磨；滑动面的表面粗糙度为 0.1μm，其他面的表面粗糙度为 0.2μm，平行度误差为 0.03μm，垂直度要求更高；叶片与槽的间隙为 0.01~0.02mm。

配流盘的表面粗糙度为 0.2μm。图 9-2 所示配流盘的主要加工工艺过程为：粗、精车端面和外圆，铰孔→调头粗、精车另一端面和外圆，钻定位孔和螺栓过孔，铰定位销孔→钻通油斜孔→粗磨大端面→冲压 V 型卸荷槽→时效去应力→磨两端面，振动抛光去毛刺→研磨大端面→表面软渗氮。磨外圆→研磨大端面→退磁、清洗、防锈→成品检验→入零件成品库。

图 9-2　配流盘

## （三）直轴式（或斜盘式）轴向柱塞泵的常用材料及加工工艺

直轴式轴向柱塞泵由传动轴、斜盘、滑靴、柱塞、缸体、配流盘和回程盘等关键零件组成。直轴式轴向柱塞泵可长期在高压、高速、高温等苛刻条件下工作，并具有很高的容积效率和总效率。

### 1. 柱塞与缸体

1）材料及热处理

柱塞与缸体的材料选配有两种方案：一是采用硬柱塞软缸体；二是采用软柱塞硬缸体。高压大流量柱塞泵多采用第一种方案。

硬柱塞的材料通常为 18CrMnTiA、20Cr、12CrNi、40Cr、GCr15、CrMn、9SiCr、T7A、T8A 及渗氮钢 38CrMoAlA 等。前三种材料的表面渗碳深度要求达到 0.8~1.2mm，淬火硬度要求达到 56~63HRC。

缸体的材料通常为 ZQSn10-1 和 ZQAlFe9-4，此外也可用耐磨铸铁或球墨铸铁等。为了节省铜，常用 20Cr、12CrNi3A 或 GCr15 作基体而在柱塞孔处镶嵌铜套，或者采用 PEEK、Torlon、POM 等工程塑料做成缸套结构，即所谓的“组合式缸体”。

若缸体采用硬的合金钢（硬度达 60~62HRC）制造，则柱塞常用被青铜或 QSn10-2-3 锡铅镍青铜制造。

2）工艺要求

柱塞插入部分开设均压环槽时，槽的尺寸如下：长为 0.3~0.5mm，宽为 0.3~0.7mm，间距为 3~10mm。另外，槽要保持锐边，以免楔带污物，并有利于消除污物、颗粒。

柱塞渗碳淬火后要磨光，磨光后表面粗糙度 Ru 为 0.1~0.4μm，圆度、锥度允差小于径向间隙（0.002~0.005mm）的 1/4。

### 2. 滑靴

滑靴的常用材料为耐磨的铜合金。

压在斜盘一端的支承平面上制有几条同心环槽，有时还镀有银、镅等金属减摩层，靠由柱塞中心孔引入的压力油在斜盘工作面上形成静压推力。另一端则采用滚压包球工艺与柱塞头部实现被接。

### 3. 配流盘

配流盘的外形如图 9-4 所示。它与缸体的常用材料配对如表 9-4 所示。

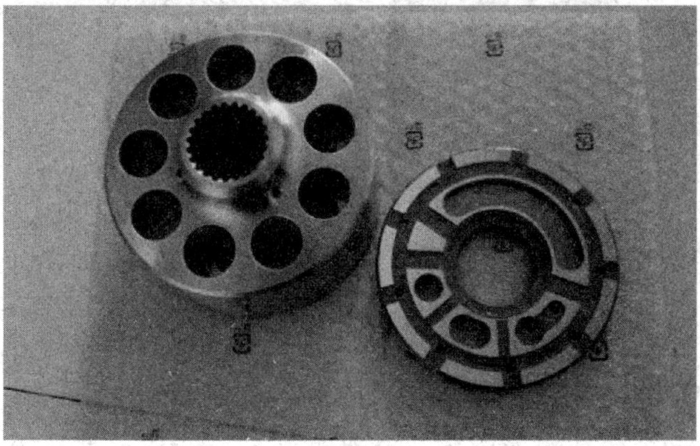

图 9-4　配流盘的外形

**表 9-4 配流盘与缸体的常用材料配对**

| 材料 | 缸体配流表面 | 配流盘表面 | 材料 | 缸体配流表面 | 配流盘表面 |
|---|---|---|---|---|---|
| 青铜类 | ZQSn10-1 | Cr12MoV、20Cr | 少许无铜类 | 铸铁 | 氮化钢 |
| | ZQSn10-2-3 | 12Cr | | 钢 | 石墨 |
| | ZQSn11-43 | CrWMn | | Cu-Fe 粉末冶金 | 铸铁 |
| | ZQA19-4 | 18CrMnTiA、20Cr、Cr12Mo、GCr15 | | 工程塑料 | 工程塑料、陶瓷涂层 |
| | 锡铅青铜 | 渗氮钢、工程塑料 | | 渗氮钢 | 陶瓷涂层 |
| | 锑青铜 | 渗氮钢、CrWMn、工程塑料 | | 渗氮钢 | 合金钢、工程塑料<br>渗氮钢、工程塑料 |
| | | | | Cr12MoV | 球墨铸铁 |

配流盘的材料要与缸体对应选取，其中以 ZQSn10-1 的缸体与 Cr12MoV 的配流盘抗咬合能力最好。

**4. 斜盘与回程盘**

斜盘的外形如图 9-5 所示。它的工作表面必须平整、光滑、耐磨，并具有足够的抗压强度。为此，斜盘多用 GCr15 制造，淬火后硬度为 58~62HRC，其支承轴瓦通常用 ZQA19-4 制造。

回程盘一般多用 18CrMnTi 制造，渗碳淬火后硬度为 60~65HRC。

图 9-4 斜盘的外形

## 四、斜轴式轴向柱塞泵的材料及工艺

斜轴式轴向柱塞泵是功率密度极高的液压泵。它可长期工作在高压（一般为 32MPa，有的可达 40MPa）、高速（可高达 6000r/min）、高温（可连续工作在 80℃油温）

等苛刻工作条件下，并具有很高的容积效率（在额定工况下可达 98% 以上）和总效率（在额定工况下可达 93% 以上）。为了保证斜轴式轴向柱塞泵工作状态良好，要求其壳体内所有运转的零件除应具有足够的强度、刚度外，还要有很高的尺寸精度和几何精度。

### 1. 主轴

主轴起着传递转矩的作用，同时在主轴的驱动盘端面上，沿圆周均匀地分布着七个“半球窝”，在轴中心处也有一个“半球窝”，这些球窝与连杆上的球头和中心杆上的球头构成球铰。主轴的表面粗糙度 *Ra* 要求不大于 0.2μm，且不允许有螺旋形刀痕，所以主轴的制造难度很大。主轴多采用渗氮合金钢材料，如 38CrMoAl、40Cr2MoV 等制造。采用渗氮合金钢制造的主轴，在渗氮处理后，能得到高的表面硬度、高的疲劳强度及良好的抗过热、抗变形性能。有时，主轴驱动盘的球窝内壁还覆有减摩层。

目前，加工主轴上的半球窝，主要采用成形刀具或旋风铤两种方法。其中，旋风铤加工可达到的精度较高（公差带小于 0.02mm，表面粗糙度小于 0.8μm，球面度不大于 0.006mm），效率高，适合批量生产，但设备成本较高。

旋风饨加工的过程如下：首先，使用球形钻头进行半球窝的粗加工，加工至距最终尺寸 0.3~0.5mm；然后，在专用球窝旋风铢上进行饨削精加工；最后，经渗氮处理后，对半球窝进行研磨，使其达到设计尺寸要求。

### 2. 柱塞－连杆副

斜轴式轴向柱塞泵柱塞的材料及其机加工与直轴式轴向柱塞泵柱塞的材料及其机加工相同，此处不再赘述。连杆的材料通常为高速钢。

### 3. 缸体

缸体的外形如图 9-5 所示。斜轴式轴向柱塞泵的传动主轴不穿过缸体，其缸体直径较直轴式轴向柱塞泵的小，加上侧向力对缸体的倾翻作用小，故配流副的工况比直轴式轴向柱塞泵的好些，许用转速也高一些。

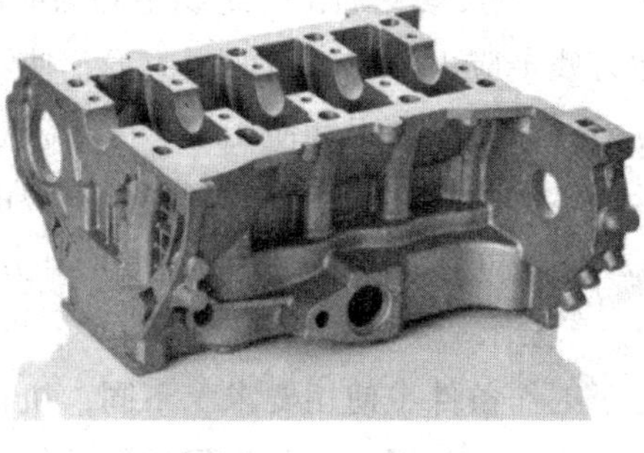

**图 9-5　缸体的外形**

### 4. 配流盘

配流盘的外形的斜轴式轴向柱塞泵配流盘的材料与直轴式轴向柱塞泵的材料相同，可参照相关内容。斜轴式轴向柱塞泵多采用球面配流，配流盘的球面应具有很高的尺寸精度、表面质量及几何精度，即球面与球径、跳动、表面粗糙度要得到保证。

## 五、机械零件的修理方法与工艺

机械零件磨损后，其摩擦副表面尺寸减小，粗糙度增大，几何形状发生变化，使零件的配合性质改变。当磨损到一定程度后，零件失去其原有的工作性能，使机器效率显著下降，严重时机器将不能继续工作。这时应当修复或更换磨损零件，使其恢复到原有的尺寸、表面粗糙度和几何形状等，即恢复原来的配合性质。

机械零件的修复就是采取正确的修理方法和工艺，使零件达到装配时的尺寸精度、表面粗糙度、形位公差等，并使零件的机械性能（强度、硬度、韧度、疲劳强度等）恢复或提高。

机械零件修理的方法和工艺主要有焊接修理法、电镀（包括刷镀）修复法、金属电喷涂修复法和黏接修补等方法。修理的一般工序为：先恢复零件的磨损部位，然后进行机械加工，使零件恢复到原有的尺寸精度、表面粗糙度和形状，必要时可进行热处理，恢复零件的机械性能。

### （一）零件的焊接修理

焊接修理法是把焊接工艺应用于零件修理过程中的方法。焊接方法的种类很多，现场常用手工电弧焊接法。在有条件的情况下，也可采用气体保护焊、等离子电弧焊等方法。

#### 1. 零件焊修的特点及应用范围

（1）零件焊修的特点

焊接在机械制造中主要用于制造毛坯、半成品或成品，焊修主要用来修理机械零件，但焊修后的零件常常需要机械加工，并要保证其机械性能。所以，焊修过程中应注意以下几个特点：

①焊修零件易产生变形和损坏

焊修时零件局部受热，各部分的温度是不同的，焊修零件由于受热膨胀和冷却收缩不均匀而产生的内应力称为热应力，焊修后由于组织不均匀而产生的应力称为组织应力。我们把焊修后的内应力称为残余应力。焊修时的内应力，使零件在焊修过程中产生变形或开裂；焊修后的残余应力，在机械加工和使用中，由于残余应力的释放，又会使零件产生变形，甚至开裂，影响零件的尺寸精度，并可降低零件的抗疲劳强度。所以，在焊修时，要采取相应的措施减小内应力，以减小或防止变形和开裂。

②要满足零件焊修的技术要求

不同的机械零件，由于工作条件（使用要求）不同，机械性能也不同。焊修时，材料的焊接性能是影响零件焊修的主要因素，要根据零件的使用要求，合理确定焊修工艺措施。如低碳钢具有良好的焊接性能，如能合理确定焊修工艺参数（电源种类与极性、焊条直径、焊修电流、焊修层数等），将会得到很好的焊修效果。

③要考虑零件焊修后的加工性能

对焊修后需要进行机械加工才能达到尺寸精度、几何形状和表面粗糙度等要求的零件，焊修前还要考虑焊修后的加工性能。

由于焊修时会使零件的组织发生变化，使零件的硬度增加，导致加工困难，因此，在焊修前，要考虑焊后的可加工性。例如，合金钢的焊修因空淬现象，在冷却过程中易形成马氏体，给加工造成困难。因此，应采取焊前预热、缓冷或焊后回火处理等措施，以改善其加工性能。

（2）焊修的应用

焊接修理法目前主要用于金属零件裂纹及损伤的焊补、断裂零件的焊接、用堆焊的方法修复磨损零件等。如轴颈磨损，常用堆焊的方法在轴颈处堆敷一层金属，然后进行机械加工。轴类零件、齿轮或其他零件的裂纹或断裂，也常用焊接进行修理。

**2. 焊修工艺及焊修准备工作**

（1）焊修工艺的确定

焊修工艺的确定主要是指坡口形式、焊接工艺参数等的确定。

①坡口形式

坡口是根据焊修要求，在零件焊修部位加工出的一定几何形状的沟槽。常见的坡口形式有 Y 形坡口、双 Y 形坡口、U 形坡口等。

焊修时，应根据零件的尺寸合理地确定坡口形式，常用 Y 形和双 Y 形坡口，尽量不用加工困难的 U 形坡口。在保证焊透的情况下，尽量不用坡口，以减少机械加工量。

②焊修工艺参数的确定

焊修工艺参数是为保证焊修质量而确定的焊修物理量，主要包括电源种类与极性、焊条、焊修电流与焊修层数等。

1）电源的种类与极性

手工电弧焊常用交流弧焊机、整流式直流弧焊机和逆变焊机等。直流焊机和逆变焊机按极性不同有正接和反接两种形式。正接是把工件接在阳极，适用于厚件的焊修，目的是使焊修件有足够的熔深；反接是把工件接在阴极，适用于薄件的焊修，目的是防止烧穿焊件。

2）焊条

焊条按熔渣的化学性质分为酸性焊条和碱性焊条两大类。

焊条的种类繁多，常用的碳钢焊条是按熔敷金属的抗拉强度、药皮类型、焊接位置和焊接电流种类划分的，表 9-5 列出了部分碳钢焊条的牌号和用途。

**表 9-5　部分碳刚焊条的牌号和用途**

| 牌号 | 用途 | 牌号 | 用途 |
|---|---|---|---|
| E4313 | 低碳钢薄板结构的焊接 | E5015 | 焊接中碳钢及 16Mn 等重要的低合金结构钢 |
| E4303 | 焊接重要的低碳钢结构 | E5016 | 焊接中碳钢及某些重要低合金结构钢 |
| | | E5018 | 焊接重要的低碳结构钢和低合金结构钢，如 16Mn 等 |

磨损零件的堆焊修复应根据焊层的性能要求，按强度及耐磨性等选用焊条（表 9-6）。灰口铸铁的焊修按是否预热分为冷焊和热焊，冷焊一般不预热或预热到 400℃以下，热焊是将工件整体或局部预热到 600~700℃。因此，在选择焊条时，要根据零件的重要程度和零件是否加工来选择焊条，并采取相应的措施。表 9-7 列出了部分铸铁焊条的牌号和用途。

表 9-6　部分堆焊焊条的牌号和用途

| 牌号 | 用途 | 牌号 | 用途 |
|---|---|---|---|
| DHD107 | 低碳、中碳、低合金钢表面堆焊 | DHD266 | 高锰钢轨、破碎机、冲击机械堆焊 |
| DHD167 | 农机、矿山机械、建筑机械堆焊 | DHD512 | 中温高压阀门表面堆焊 |
| DHD212 | 常温高硬度单层、多层堆焊 | | |

表 9-7　部分铸铁焊条的牌号和用途

| 牌号 | 用途 |
|---|---|
| DHZ208 | 灰铸铁焊接（焊前预热、焊后保温） |
| DHZ308 | 重要灰口铸铁薄壁件和焊后需要加工面的焊接 |
| DHZ408 | 用于高强度灰口铸铁和球墨铸铁焊接（焊前应预热） |

### 2. 焊修前的准备工作

第一，焊修前应仔细清除焊修表面的油、锈、污物，以减少气孔、夹渣等焊接缺陷。使用碱性焊条时，更应该仔细清理。难以清理干净时，可去除一层表面材料。

第二，对未穿透裂纹，裂纹深度大于 6mm 时，为保证焊透，应在裂纹处开坡口，坡口底部做成圆角，并超过裂纹深度 2~3mm。裂纹深度在 6mm 以下时，一般不用开坡口。对断裂（穿透裂纹）零件的焊修，根据零件的厚度。圆柱形零件（如轴）对接焊修时，为保证其强度，对接边最好做成铲状或楔形。

第三，铸铁和有裂纹倾向的高碳钢等焊补时，为防止裂纹继续扩展，焊前在裂纹两端钻出 2~5mm 的止裂圆孔，裂纹焊合后，再补焊两圆孔。

第四，为保证焊修质量，对需要堆焊修复的堆焊表面，要仔细脱脂、除锈，并用机械加工方法去除表面缺陷。对需要进行渗碳、渗氮等化学热处理的堆焊表面，用机械加工的方法去除 1mm 左右的硬化层。

### 3. 焊接应力和变形的防止

焊修加热时，焊缝区金属受热膨胀量较大，受周围金属的制约，不能自由膨胀而被塑性压缩；冷却时，焊缝区金属受周围金属的制约而不能自由收缩，各部分收缩不一致，必然导致焊缝区乃至整个零件产生焊接应力和变形。当应力超过材料强度时，就会产生裂纹，甚至断裂。

焊修零件变形的基本形式。收缩变形是由焊缝金属横向和纵向收缩引起的；角变形是由单面焊接焊缝收缩引起的；弯曲变形是由焊缝布置不对称，焊缝集中部位纵向收缩引起的；波浪变形是由焊缝纵向收缩使焊件失稳引起的；扭曲变形是由焊接顺序不合理引起的。

（1）减小焊修应力的方法

焊修应力不仅使零件在焊修时产生变形，甚至产生裂纹，并影响焊后机械加工的精度，而且在安装使用后，由于应力的释放，也会产生变形，甚至裂纹，使零件不能正常使用。零件在焊修中产生应力是不可避免的，但可以采取一定的方法减小焊接应力，以减小零件的变形或裂纹。

①焊前预热、焊后缓冷

焊前预热是焊修前将工件整体或局部加热到一定温度，一般预热到500~600℃以下；焊后缓冷是将焊修后工件用石棉包裹，或用灰覆盖，或放在炉子内使其缓慢冷却。预热和缓冷的目的是：减小焊缝区金属和周围金属的温差，使其同时膨胀和收缩，从而减小焊修应力。

预热温度应根据零件的材料、组织、性能等而定。碳钢的预热温度一般随含碳量的增加而提高，一般预热温度为100~450℃，灰口铸铁一般预热到600~700℃。整体预热可在热处理炉内进行预热或火焰加热，局部预热可用火焰加热焊缝周围100~200mm的区域。

②锤击或锻打

锤击是在焊修过程中，对赤热焊缝金属或堆焊层用手锤连续击打，使焊缝金属产生塑性变形，以抵消焊缝金属的收缩量，减小焊修内应力。锤击时的最佳温度为800℃，随温度降低，击打力应相应减小，低于300℃时，不允许击打，以免产生裂纹。

锻打是对大型的焊修工件而言。大型工件焊修后，对其整体加热，然后用空气锤等进行锻打，锻打温度同锤击温度。

③加热减应区

焊修时，对工件的适当部位（减应区）进行加热，使之膨胀，然后对损坏处进行焊补，焊后同时冷却。这种方法的关键是正确地选择减应区，减应区应选在阻碍焊缝膨胀和收缩的部位。加热减应区，可使焊补区焊口扩张，焊后又能和焊补区同时收缩，减小了焊补区的内应力。

（2）减小和防止变形的方法

减小内应力可以减小零件的变形，但在焊修过程中，零件的变形是不可避免的。如果零件变形量大，会增大矫正难度，甚至会使零件报废。当对工件变形量有较高要求时，则应首先考虑控制其变形量，焊修后再采取适当措施减小内应力。减小和防止变形的方法主要有以下几种：

①反变形法

反变形法是根据材料的性质、焊修变形的方向和变形量，人为的做出与焊修变形相反的变形，以抵消焊修后的变形。反变形方向和变形量一般凭经验估计。焊前加垫板做出反变形，焊后消除了变形。

②刚性固定法

刚性固定法是把焊修零件刚性夹固以防止产生焊接变形。这种方法能有效地减小焊接变形，但会产生较大的焊接应力，适用于塑性良好、刚性较小的低碳钢的焊修。

③水冷法

水冷法是用冷水喷射焊修零件的背面或将工件浸在冷水中仅漏出焊修部分。这种方法使焊修时产生的热量尽快散失，降低焊修工件的温度，减小膨胀和收缩量，以减小变形。

④合理安排焊修顺序

合理的焊修顺序是尽可能使焊修件自由收缩。对收缩量大的焊缝或受其他部分限制收缩的焊缝应先焊；采用对称的焊修顺序；长焊缝采用退焊、跳焊等方法，以使工件能自由收缩，减小应力和变形。

**4. 零件的焊后处理**

（1）变形的矫正

焊修后零件产生的变形，常用机械矫正法或火焰矫正法进行矫正。

①机械矫正法

机械矫正法是利用机械力使焊件产生塑性变形，恢复其尺寸和形状，常用的方法有锤击、压力机、矫直机等。

②火焰矫正法

火焰矫正法是利用火焰加热焊修后零件的适当部位，利用零件冷却时产生的收缩变形，恢复零件的尺寸和形状。火焰矫正时，应根据零件的结构特点和变形情况，正确地选择加热部位。常见的加热方式有点状加热、线状加热、三角形加热等。

火焰加热矫正时，如果一次未能完全矫正，可进行多次加热矫正。

（2）内应力的消除

焊修或矫正后的零件存在内应力，对重要的零件，为保证其加工和使用性能，需要消除零件的内应力。消除内应力最有效的方法是进行热处理，常采用去应力退火的方法消除零件焊后的内应力。

去应力退火也叫低温退火，其工艺是在热处理炉内加热到500~600℃，保温（保温时间可按壁厚计算，每1mm厚度保温4~5min）炉冷。

（3）焊后热处理

除去应力退火外，对需要进行热处理的零件，应根据工作条件、使用性能等，采取合理的热处理工艺，以达到要求的组织和机械性能。

## （二）零件的电镀修复

焊接修理法虽然应用广泛，但由于存在内应力，变形和材料的组织与性能改变等缺陷，对一些技术要求严格、磨损量较小的重要零件，难以保证维修零件的质量，如果使用电镀修理法进行修复，可达到良好的效果。

电镀是利用电极通过电离作用使金属附着于物体表面上，其目的是改变物体表面的特性或尺寸。

**1. 电镀修复的特点和应用范围**

（1）电镀修复的特点

电镀不仅可以修复磨损零件的尺寸，而且可以保持或提高零件的表面硬度、耐磨性及耐蚀性等。其主要优点是：镀层与基体结合强度高；电镀层金属组织致密；电镀过程在较低温度（15~105℃）下进行，基体金属的组织与性能不变，零件不会产生变形；多孔性电镀可改善润滑条件等。通过选择合适的镀层金属，可满足不同性能零件的修复要求。但电镀修复的镀层不能太厚，因随镀层厚度的增加，镀层的机械性能会下降；电镀工艺复杂，修复时间较长，价格也较高。

（2）应用范围

目前，电镀工艺主要用于磨损量较小零件的修复，但也可应用于零件的保护性修复。

**2. 常用镀层金属**

（1）铬

镀铬层外观为白色镜状（亦有黑色、蓝色），硬度可达 800~1000HB，并能在各种温度下保持其硬度。镀铬层具有良好的化学稳定性，具有很强的抗强酸、强碱和大气的腐蚀能力；滑动摩擦系数小，与金属基体结合力强，内应力小，不易脱落和变形。多孔性镀铬还可改善零件的润滑条件，即镀铬后，改变电流方向，对阳极进行剥蚀，可在镀层表面产生均匀的点状和网状沟纹，能储存润滑油，改善润滑条件。镀铬层一般为 0.2~0.3mm，所以不能修复磨损较大的零件。目前，镀铬多用于提高零件的耐磨性和磨损量小的零件尺寸修复。

（2）铁

镀铁层硬度为 180~220HB，经热处理后硬度可达 500~600HB，具有一定抗磨性。镀铁层厚度可达 3~5mm，可修复磨损量较大的零件，并可和镀铬配合使用（先镀铁后镀铬），修复磨损量较大的零件。在电解液中加入糖和甘油等附加物，可使镀层中增碳 1% 左右，可显著提高镀铁层的硬度和耐磨性。

（3）锌

金属锌外观为白色，在干燥的空气中较稳定，在潮湿的空气和水中，表面形成碳酸锌、氧化锌，具有保护性。镀层常用作钢铁防锈层，一般不能用来修复耐磨性零件。

（4）铜

铜具有良好的导电性和抛光性，组织细密，与基体结合牢固，常用作改善零件的导电性、电镀层的底层、钢铁零件防止渗碳部分的保护层和磨损铜轴瓦的修复。铜在空气中易氧化，不能作为防腐性镀层。

**3. 电镀原理及电镀修复工艺**

（1）电镀原理

最常用的电镀方法是槽镀，即把镀件放在盛有电镀液的镀槽中进行电镀。

电镀工件（镀前应进行处理）作为阴极，电镀金属作阳极（有时也用不溶于电镀液的金属作阳极），电镀液为电镀金属化合物或导电盐、添加剂等。当两极接通电源（直流电）后，电镀液中的金属离子向阴极（工件）移动，在阴极得到电子，被还原并沉积在阴极表面，成为工件镀层。阳极如用电镀金属，电镀金属在阳极失去电子后，成为离子溶解在电镀液中，以补充电镀液中金属离子的浓度。阳极如用不溶解于电镀液的金属，那么阳极只有阴离子放电，并有氧气逸出，这就需要定期往电镀液中加入电镀金属盐、氧化物或氢氧化物，以补充电镀液中金属离子的消耗，并中和电镀液的酸度。

（2）电镀修复工艺

电镀修复工艺主要包括表面处理、镀前处理、电镀及镀后处理等。

1）表面处理

电镀前应用机械、物理及化学等方法，去除工件表面的油漆、锈蚀、油脂及污物等，以获得洁净的表面，达到良好的电镀效果。

2）镀前处理

经表面处理后的工件，表面上往往还有极薄的油膜、氧化物膜和硫化物等，它们的存在会影响镀层与工件表面的结合，还需进行镀前处理。

3）电镀

经镀前处理的零件，应立即进行电镀。电镀时，阴极电流总是集中于镀件边缘棱角及

突出表面，使得各表面镀层厚度不均匀，会影响电镀质量。为防止上述问题的发生，可采用以下措施：①选择分散能力好的电镀液及添加剂；②合理安排镀件与阳极的位置及距离；③设置辅助阴极；④使镀件与电镀液做相对运动。

4）镀后处理

经电镀后的工件，如果其尺寸、表面粗糙度、几何形状、镀层机械性能等均达到要求，可不再进行机械加工或热处理。但当镀件尺寸、表面粗糙度、几何形状不满足要求时，应进行机械加工以满足要求。

**4. 金属刷镀**

刷镀时，刷镀笔与工件作均匀的相对运动，并周期性的浸蘸（或浇注）专用电镀液。镀液中的金属离子在电流作用下，不断地还原并沉积在工件表面而形成镀层。由于工件与刷镀笔在接触时会发生瞬时放电，所以电流密度要比槽镀大 10~20 倍，速度比槽镀大几倍到几十倍。

刷镀具有设备简单，操作方便，镀层厚度能较精确地控制，镀后可不进行机械加工等优点，适用于现场不易解体，拆卸费用高，拆卸后停机损失较大的大型零件以及复杂、精密零件的修复。

5. **化学镀镍**

化学镀镍以它优良的镀层性能（如硬度高、耐磨性、耐蚀性优异等），不仅广泛应用在计算机的硬磁盘、石油机械、电子、汽车工业、办公机器以及机器制造工业，也可应用于维修行业，用于磨损零件的修复。

化学镀镍的特点如下：①溶液稳定性好，可以循环使用；②沉积速度快，生产效率高；③镀层外观光亮，具有镜面光泽；④镀层防腐性能高；⑤对复杂零件具有优异的均镀能；⑥镀层孔隙率低；⑦操作简单，使用方便。

## （三）零件的金属电喷涂修复

零件的金属电喷涂修复是利用热能把金属（丝、粉）熔化，并用高压气体把熔化的金属液吹散成微小颗粒，高速喷射在处理好的工件上，形成具有一定附着力和机械性能的金属层。根据熔化金属的方式，喷涂分为电弧喷涂、火焰喷涂、等离子喷涂等。金属电弧喷涂（电喷涂）的设备简单，操作方便，目前应用广泛。本节主要介绍电喷涂。

1. **金属喷涂层的主要性质**

（1）结合强度

喷涂层与基体之间以机械方式结合，结合强度较低。为提高喷涂层与基体金属的结合强度，喷涂前应对工件进行表面清洁处理。

喷涂层的冷却收缩对结合强度有一定的影响。如喷涂圆柱形零件时，喷涂层冷却收缩受工件的限制而不能自由收缩，在喷涂层内产生拉应力，对工件产生压应力，有助于提高喷涂层与工件的结合强度。但当喷涂层温度过高或厚度过大时，过多的收缩会使喷涂层内的拉应力过大，当超过其本身的抗拉强度时，产生裂纹而报废，这时，就应对工件先进行适当的预热（一般预热到100~250℃），然后马上进行喷涂，以使喷涂层和基体同时收缩，避免裂纹的产生。

（2）硬度

喷涂层的硬度与喷涂金属丝的材料有关。对于碳钢，喷涂层的硬度随含碳量的增加而提高（表9-8）。在实际中，喷涂层硬度是比较高的，因为在喷涂过程中，炽热的金属液被高压气体吹散成微粒喷射在工件表面，冷却速度很快，具有淬火作用，且喷涂层组织为马氏体、屈氏体、索氏体，从而使喷涂层硬度提高。另外，金属微粒在喷射过程中的撞击产生冷作硬化，也提高了喷涂层的硬度。

**表9-8　金属丝含碳量对喷涂层硬度的影响**

| 含碳量 % | 金属丝硬度 HB | 喷涂层硬度 HB | 含碳量 % | 金属丝硬度 HB | 喷涂层硬度 HB |
|---|---|---|---|---|---|
| 0.1 | 104 | 192 | 0.62 | 194 | 267 |
| 0.45 | 158 | 230 | 0.80 | 230 | 318 |

（3）耐磨性

材料硬度越高，耐磨性越好。但对喷涂层而言，由于其微粒的结合为机械结合，结合强度较低，所以在干摩擦或跑合阶段，耐磨性较差，磨损较快。但在稳定磨损阶段和良好润滑的条件下，由于喷涂层多孔的储油性，改善了润滑条件，加之喷涂层本身硬度也高，所以喷涂层具有良好的耐磨性。

**2. 金属电喷涂的应用**

金属电喷涂应用广泛，喷涂工艺不受工件材质的限制，不仅可以在金属上喷涂，而且可以在非金属材料（塑料、陶瓷、木材等）表面进行喷涂。因此，金属电喷涂常用于工件的表面保护、零件的磨损修复、改善零件的性能等。

（1）钢铁材料的表面保护

为防止钢铁材料的氧化腐蚀，可在工件表面喷涂铝、镍铬合金等。

在钢铁材料表面喷涂铝，可大大提高材料的抗氧化、抗腐蚀能力，因为喷涂层铝的表面形成一层致密的氧化膜（$Al_2O_3$），具有很强的抗大气腐蚀和抗高温腐蚀能力。如果喷铝后再涂煤膏沥青溶液，干后经 800~900℃加热扩散，可耐 900℃高温。因此可用于户外机器、容器以及高温工作条件下机器的抗氧化、腐蚀保护。

喷涂镍铬合金，可使金属基体在 1000℃高温下不受氧化腐蚀。用镍铬合金金属丝（镍含量为 60%~80%，铬含量为 15%~20%，铁含量为小于 25%）喷涂防腐金属表面 0.375mm，并刷涂含有铝粉颜料（10%~20%）的煤膏沥青溶液，干后在 1050~1150℃加热扩散，可保护基体在 1000℃的高温下不受氧化。

（2）修复磨损零件，改善零件的性能

第一，修复磨损零件。根据零件的技术要求和使用性能，对磨损零件的磨损部位喷涂满足要求的金属，可恢复零件的原有尺寸，并可通过机械加工，满足使用要求。例如，喷涂碳钢材料可修复一般碳钢零件的磨损，喷涂不锈钢材料可获得较高硬度、耐磨和耐蚀性的表面，同时喷涂两种材料可获得类似合金层的表面。

第二，改善零件的性能。在钢铁材料上喷涂减磨材料，可以代替同种材料制成的零件或改善零件的摩擦性能。例如，在铸铁基体上喷涂铝青铜，可代替整体铸造的青铜件。

## （四）零件的黏接修补

黏接修补是利用胶黏剂通过黏接工艺把断裂、裂纹、孔洞等缺损零件进行修复的方法。

**1. 黏接修补的特点**

黏接修补与焊修、电镀、喷涂等修理法相比，有如下特点：

第一，工艺简单，操作容易，成本低廉。

第二，接头密封性能好，具有耐水、耐腐蚀和电绝缘性能。

第三，接头应力分布均匀，黏接过程中没有热影响，不影响基体的组织和性能。

第四，可以实现同种材质或异种材质之间的黏接。

第五，用以代替伽接和螺纹连接时，可以减轻结构重量。

第六，接头的抗冲击能力、抗剥离性能差，黏接质量受黏接工艺影响较大。

**2. 常用胶黏剂**

胶黏剂的品种很多，但用于机械行业的胶黏剂一般为结构胶黏剂，主要有环氧树脂胶、酚醛树脂胶、聚氨酯胶、第二代丙烯酸酯胶等。

（1）环氧树脂胶

环氧树脂胶具有胶黏强度高、收缩率低、尺寸稳定、耐化学介质、配置容易、毒性低等优点。

环氧树脂胶种类很多，使用时应根据需要选择相应的牌号。

（2）酚醛树脂胶

酚醛树脂胶黏剂具有易制造、价格低廉、对极性被黏物具有良好的黏合力、黏接强度高、电绝缘性能好、耐高温、耐油、耐老化等优点。其缺点是脆性大、收缩率大。酚醛树脂胶可用于胶黏金属、玻璃、玻璃钢、陶瓷、木材、织物、纸板、石棉等。

使用该胶黏剂黏接时，应根据需要选择所需牌号。

（3）黏接工艺

黏接质量的好坏不仅取决于胶黏剂，而且在很大程度上取决于黏接工艺。因此，在胶黏修补零件时应严格按照黏接工艺规程进行操作。胶黏工艺过程一般为确定胶黏部位、表面处理、配胶、涂胶、晾置、胶合、清理、固化、检验、整修等。

①确定胶黏部位

在胶黏前，要对胶黏部位的情况有比较清楚的了解（如表面磨损状况、破坏情况、清洁情况、胶黏位置等），以便正确地确定胶黏部位。对于肉眼难见的裂纹，可用着色法判断，即在怀疑有问题的部位涂上着色煤油，如有裂纹，煤油就会立即渗入而着色，用布擦干则会显示出裂纹。管道、容器的裂纹可用水压法或气压法进行检查。

②表面处理

表面处理就是用机械、物理和化学等方法来清洁、粗糙、活化被黏表面，以利胶黏剂良好湿润和黏接。表面处理包括表面预处理、表面粗化、化学处理、偶联剂处理、保护处理。

第一，表面预处理。表面预处理就是用适当的方法对被黏表面进行表面清洁处理，处理顺序为表面清理→除油→除锈。

第二，表面粗化。其方法是使用简单工具（如锉刀、钢丝刷、砂布等）对被黏表面进行打磨。

第三，化学处理。对重要的胶黏表面，为提高胶黏强度，可进行化学处理，以活化表面。不同的表面材料，有不同的化学处理液配方，对钢铁材料，盐酸法（盐酸法是将被黏件在 18% 的盐酸中室温浸泡 5~10min，然后用热水和冷水冲洗至中性，再放入热的 0.3%~0.5% 三乙醇胺溶液中清洗 1 次后干燥）最为易行，效果也最好。

第四，偶联剂处理。其方法是：首先配成 1%~2% 的偶联剂无水乙醇溶液，涂敷于脱脂粗化的被黏表面，之后在 70%~80℃时干燥 20~30min；也可将偶联剂配成 1%~2%

的乙醇（95%）溶液，涂抹后在80℃~90℃时干燥20~60min。

第五，保护处理。处理好的被黏表面，容易吸收水分、气体等而被重新污染。因此，表面处理完毕应立即进行胶黏，否则，应立即涂上一层底胶，进行封闭和保护。所谓底胶，就是与所用胶黏剂相同或类似的稀溶液，它本身能与再涂的胶黏剂很好结合。

对于一般要求的被黏面，一般处理工艺是：表面清理，用溶剂擦洗去油锈，最后用无水溶剂擦洗1次。

③配胶

对于所选用的单组分胶黏剂，一般可以直接使用，若因存放时间长而产生沉淀或分层，在使用前要混合均匀。对于选用的多组分胶黏剂，必须在使用前按规定的比例调配混合均匀。同时，应根据胶黏剂的适用期、季节、环境温度和实际用量，决定每次配制量的多少，应当随用随配，以免浪费。

自行配制的胶黏剂，所用原料必须符合要求。各组成分必须按配方准确称量，各组成分的加入要按顺序进行，一般为黏料、增韧剂、稀释剂、偶联剂、填料、固化剂、促进剂。边加边混，混合均匀。

配胶容器和工具必须清洁，可以用玻璃杯、塑料杯、金属杯、玻璃板等。

④涂胶

就是以适当的方法和工具将胶黏剂均匀涂抹在被黏表面上。对于液态、糊状胶黏剂，可以刷涂、喷涂、注入、滚涂、刮涂等；对于热熔胶，可将胶粉直接撒在预热的被黏表面上擦涂，或将胶棒在预热的被黏表面上擦涂，或用热熔胶枪涂布。

涂胶时，胶层应均匀一致，防止包裹空气而形成气泡。无溶剂型环氧树脂胶黏剂一般涂一遍，而溶剂型胶黏剂一般涂2~3遍。多遍涂胶时，一定要在头遍胶溶剂基本挥发后才能进行下遍涂胶。胶层在保证不缺胶的情况下，宜薄不宜厚，因为胶层薄时缺陷少，变形小，收缩率小。

⑤晾置

晾置就是涂胶后、胶合前在空气中的暴露过程，其目的是令溶剂挥发，促进固化。涂胶后晾置与否、晾置条件和时间长短，因胶黏剂性质和室温不同而异。对于无溶剂的环氧树脂胶黏剂，则无须晾置；对于含有挥发性溶剂（如丙酮、乙醇、醋酸乙酯、三氯甲烷、苯、甲苯等）的胶黏剂，务必使溶剂挥发干净，以免胶层产生气泡。晾置时间的长短，取决于溶剂挥发速度。

⑥胶合

胶合也称叠合、黏合，是将适当晾置的被黏表面叠合在一起的操作过程。对于无溶剂的胶黏剂，胶合后可以错动几次，以利排除空气、紧密接触和对准位置。对于含挥发性溶剂的胶黏剂，按规定时间进行胶合，胶合后不得来回错动。胶合时，可适当按压、滚压、锤压，以利挤出空气、密实胶层。胶合后以挤出微小胶圈为宜，这样表示不缺胶。若发现有缝或缺胶，应补胶填缝。胶合后对挤出过多的胶或非黏面胶，应在固化前清理干净。

⑦固化

固化又称硬化，是胶黏剂经过物理和化学作用变硬的过程。根据固化温度，有室温固化和高温固化两种方式。一般来讲，室温固化只是初步固化，要想获得高的黏接性能，还必须进行高温固化。固化时要有一定的温度、时间和压力。

每种胶黏剂有其特定的固化温度，低于此温度不会固化，适当提高温度则会加速固化过程，缩短固化时间，提高胶黏性能。若需高温固化，应当经室温固化后进行，且升温要缓慢，加热要均匀。升温过急，温度过高，会因胶的流动性大而溢胶过多，造成缺胶，因而应采取阶梯升温，分段固化方式。同时，要严格控制温度，切勿温度过高，时间过长，导致过固化，使胶层碳化变脆，降低胶黏性能。

胶黏剂的固化反应需要一定的时间才能完成，温度高则需要时间短，具有时温等效性。在固化过程中施加一定的压力可以保证胶层与被黏面的紧密接触，有利于渗透和扩散，防止气孔和分离，加压大小要适宜。

**8. 整修**

固化后经初步检验合格的胶黏件，为了满足尺寸精度和表面粗糙度等要求，需要进行适当的整修加工，其方法有锉、刮、车、刨、磨等。在修整中应尽量避免胶层受到冲击力和剥离力。

# 第三节　液压阀的检修工艺、方法

## 一、液压支架用液控单向阀的检修与试验

### （一）检修

检修时主要检查下列各项：

第一，各零件的外观状况是否变化及表面粗糙度。

第二，放置密封件的沟槽的变化状况及表面粗糙度。

第三，各密封件的变形状况、完好程度、是否老化。

第四，弹簧的变形状况及完好程度。

第五，螺纹的变形及磨损程度。

第六，顶杆是否弯曲或歪斜。

第七，单向阀中阀体与密封垫之间的密封状况，密封面是否有伤痕和刻痕。

### （二）试验

试验液控单向阀、双向锁、单向锁的试验项目方法和要求如表 9-10 所列。

**表 9-10　试验液控单向阀、双向锁、单向锁的实验项目**

<table>
<tr><th rowspan="2">序号</th><th rowspan="2" colspan="2">项目</th><th colspan="3">试验方法</th><th rowspan="2">要求</th></tr>
<tr><th>压力 / MPa</th><th>时间 / min</th><th>方法</th></tr>
<tr><td rowspan="5">1</td><td rowspan="3">高压腔密封性能</td><td>低压实验</td><td>1.96</td><td>2</td><td>堵死与安全阀相接的口，A 口进液，升至规定压力（既双向销需做二次，B 口再进液一次）</td><td>P1 口及其他密封部位不得渗漏（双相销在 B 口进液时，P2 口及其他密封部位不得渗漏）</td></tr>
<tr><td rowspan="2">高压试验</td><td>相应安全阀压力</td><td>2</td><td rowspan="4">P3 口进液，升至规定压力（右向锁需堵死 A 口和安全阀相接的口，P1 口进液）</td><td rowspan="4">P1 口及其他密封部位不得渗漏（双向锁 P2 口不得渗漏）</td></tr>
<tr><td>相应安全阀压力的 1.1 倍</td><td>240</td></tr>
<tr><td colspan="2">控制腔低压实验</td><td>1.96</td><td>2</td></tr>
<tr><td colspan="2">控制腔高压实验</td><td>泵压</td><td>2</td></tr>
<tr><td>2</td><td colspan="2">关闭压力</td><td></td><td></td><td>堵死与安全阀相接的口，以泵压连续向 P1 口进液（双向锁需做二次，即以泵压再向 P2 口进液）</td><td>P1 口（及 F2 口）卸压后 A 口（及 B 口）关闭压力不低于泵压的 90%</td></tr>
</table>

## 二、液压支架用安全阀（YF1B 型）的检修与调试

### （一）检修

检修时主要检查下列事项：

第一，各零件的外观状况及表面粗糙度。

第二，放置密封件沟槽的变形状况及表面粗糙度。

第三，各密封的变形状况、完好程度、是否老化。

第四，弹簧的变形状况及完好程度。

第五，过滤器的完好程度，是否有油污、脏物。

第六，螺纹的变形和磨损情况。

## （二）安全阀的试验

YF1B 型安全阀的试验项目、方法、要求如表 9-11 所列。

**表 9-11　安全阀的试验项目**

| 序号 | 项目 | | 试验方法 | | | 要求 | 备注 |
|---|---|---|---|---|---|---|---|
| | | | 压力 MPa | 时间 min | 方法 | | |
| 1 | 调定压力 | 开启压力 | 根据架型溢流速度 20~30mL/min 的情况下测定 | | 在流量 20~30mL/min 下测定其泄液压力（开启） | 在其调定工作压力的 95%~105% 之间 | 经放置的安全阀首次开启，压力大于调定压力 110% 者，应重新调定 |
| | | 封闭压力 | | | 不低于调定工作压力的 90% | | |
| 2 | 密封性能 | 低压 | 1.96 | 2 | 分别在规定的高压和低压下测定 | 不得渗漏 | 试验系统中穗压缸容积 4~8L |
| | | | | 240 | | | |
| | | 高压 | 调定压力的 90% | 2 | | | |
| | | | | 240 | | | |
| 3 | 压力—流量曲线（$p$—$Q$ 曲线） | | | | 在流量 100mL/min 之下绘制 $p$—$Q$ 曲线 | 1. 曲线长度≥100mm<br>2. 曲线上升压力值应在调定工作压力的 90%~100% 之间<br>3. 压力波动值≤调定压力的 10% | |

# 三、液压支架用液压阀（ZC 型）的检修与试验

## （一）检修

第一，各零件的外观状况和表面粗糙度。

第二，放置密封件的沟槽变形状况和表面粗糙度。

第三，各密封件的变形状况、完好程度。

第四，弹簧的变形状况、完好程度。

第五，当压块压下时，阀垫对阀柱的密封状况。

第六，当压块来压时，钢球与阀座间的密封状况。

## （二）试验

ZC 型操纵阀的试验项目方法和要求如表 9-12 所列。

表 9-12　ZC 型操纵间的试验程度

<table>
<tr><th rowspan="2">序号</th><th rowspan="2">项目</th><th colspan="3">试验方法</th><th rowspan="2">要求</th><th rowspan="2">备注</th></tr>
<tr><th>压力<br>MPa</th><th>时间<br>min</th><th>方法</th></tr>
<tr><td>1</td><td>动作性能</td><td colspan="2">34.3</td><td>分别将各片阀上的操纵手把扳到工作位置和中间位置各 3 次</td><td>动作要灵活，无卡壳现象，处于工作位置时应能自锁</td><td rowspan="4">试验系统中稳压缸容积为 4~8L，连接软管长度不大于 1m</td></tr>
<tr><td rowspan="2">2</td><td rowspan="2">进液腔密封性能</td><td>6.37</td><td>2</td><td rowspan="3">手把处于中间位置，由进液口供液，敞开回液口及所有工作腔口</td><td rowspan="2">回液口及所有工作腔口均不得有渗漏，不得有外漏</td></tr>
<tr><td>34.3</td><td>2</td></tr>
<tr><td>3</td><td>进液腔强度</td><td>47.04</td><td>5</td><td>除上述不得渗漏、外漏以外，各零件不得有变形</td></tr>
</table>

# 第十章　液压支架电液控制系统与产业化制造技术

## 第一节　液压支架电液控制系统（智能化无人工作面）

随着科学技术的高速发展，微电子和计算机技术进一步普及，为液压支架电液控制系统的发展提供了有利条件，目前液压支架及其电液控制系统的发展趋势如下：

第一，液压支架的结构形式正朝着简单实用的方向发展，多用两柱掩护式液压支架，以简化电液控制系统，增强电液控制系统的可靠性；液压支架的支护范围逐步加大；支护强度和工作阻力不断加大；液压支架的宽度不断加大，以解决液压支架支撑高度增加和工作阻力加大后的稳定性问题，同时也减少电液控制装置的数量，降低工作面设备的造价。

第二，液压支架控制系统，正朝着扩大电液控制系统的应用功能和提高电液控制系统的可靠性以及延长电液控制系统使用寿命的方向发展。

### 一、自主知识产权液压支架电液控制系统开发

#### 1. 液压支架电液控制系统开发的主要内容

液压支架电液控制系统开发主要有以下几部分内容：

第一，产品研制，具体包括以下内容：

①进行支架电液控制系统的开发

液压支架电液控制系统是工作面自动化控制系统的核心，通过电液控制系统可以控制工作面液压支架跟随采煤机截割行进的自动移架，并可以在工作面巷道进行支架的动作控制。

②关键元件研制

研制开发具有自主知识产权的支架电液控制系统的关键元件支架控制器、支架人机操作界面、隔离耦合器、工作面巷道监控主机、电磁先导阀和主阀等产品。

③辅助元件研制

研制配套的压力传感器、行程传感器、支架电液控制系统电源等产品；研制采煤机位置检测装置；研制液压系统过滤元件，平衡单向锁，大流量液控单向阀等液压元件。

第二，编制支架电液控制系统及其元部件的企业标准。

第三，完成支架电液控制系统及其元部件的型式试验。

第四，通过支架电液控制系统及其元部件的防爆送审和安标认证。

第五，通过全工作面井下工业性试验。

**2. 液压支架电液控制系统的主要考核指标**

液压支架电液控制系统的关键技术指标达到国外同类产品水平，主要考核指标包括：

第一，工作面的平均单架移架时间不大于 12s/ 架。

第二，电液阀组耐久试验次数不低于 $2 \times 10^4$ 次。

第三，工作面急停响应时间不大于 300ms。

第四，实现全工作面现场生产和安全监测及控制数据的汇聚集成。

第五，具有 Modbus、CAN 总线和 RS232 等多种通信接口，可实现工作面设备的通信。

第六，实现综采工作面巷道计算机集中监测监控。

第七，与矿井通信网络汇接接口速度大于 1Mbps，可实现地面监控中心监测、管理与指挥。

第八，液控单向阀：工作压力 50MPa，流量 400L/min。

第九，安全阀：工作压力 50MPa，流量 500L/min。

第十，高压过滤站：工作压力 31.5MPa，流量 800Vmin，自动反冲洗。

第十一，过滤器：工作压力 31.5MPa，流量 400L/min，手动反冲洗。

自主知识产权液压支架电液控制系统的开发实现了高产高效矿井高端综采装备的国产化，使国产装备的生产能力、自动化水平、工作可靠性和使用寿命等技术指标达到或接近国际同类先进装备的水平。并形成我国的综采成套装备高端产品批量化生产制造能力，打破国外公司垄断我国煤矿自动化装备的局面，为综采生产发展和大型煤炭基地建设提供技术和物质保障。

液压支架电液控制是将电子技术、计算机控制技术和液压技术结合为一体的新技术。采用电液控制会加快支架的动作速度，提高自动化程度，减少操作劳动量，提高效率，增强安全保障功能。检测技术和计算机技术的应用提高了支架工况和控制过程的信息化程度并增强了对支架的监视功能。电液控制取代手动液压控制将减少（人工）控制的随意性和不准确性，提高控制质量。电液控制提供的控制方式的可调性使支架的动作更合理，适应性更强。采用电液控制系统是提高液压支架移架速度的最有效的技术途径，既是实现高产高效的基础，也是实现生产自动化的技术基础。液压支架电液控制系统已经成为煤矿采煤工作面生产技术水平的重要标志。

## （一）液压支架电液控制系统的组成及其结构原理

### 1. 系统组成

液压支架电液控制系统分为电控部分和液压部分，由布置在工作面的支架控制器、支架人机操作界面、隔离耦合器、压力传感器、行程传感器、采煤机位置传感器、工作面巷道监控主机、电源、电磁先导阀、主阀、过滤元件、辅助阀、连接器和电源电缆等组成。其中电源箱可以给工作面 8~10 架支架供电，不同电源组的控制器之间需要一个通信耦合器连接，每个电源箱需要配置一个电源耦合器；每个支架控制单元包括支架人机操作界面、支架控制器、压力传感器、控制电缆、电磁阀组和主控阀组和辅助阀等。

### 2. 系统结构原理及技术参数指标

液压支架电液控制系统工作时，操作者在支架人机操作界面实现与系统的交互，通过支架控制器驱动电磁先导阀，由电磁先导阀实现电液信号的转换，最后由主阀将液压信号放大，控制油缸的动作，从而实现支架的动作控制。支架动作过程可以通过压力、行程和角度等传感器进行监测，实现支架动作的闭环控制。可以通过工作面巷道监控主机进行工作面支架电液控制系统的集中控制与集中管理，实现工作面支架自动控制。

支架电液控制系统的主要技术参数指标有：工作面的平均单架移架时间不大于 12s/架；电液阀组耐久试验次数不低于 2 万次；工作面急停响应时间不大于 300ms。

## （二）电液控制系统关键技术及元件

近年来，在电液控制系统技术开发方面，国内广泛采用虚拟设计技术，利用三维软件建模、CFD 软件进行动态流场模拟，完成虚拟样机的设计，从而大大提高了系统设计的质量和效率。具体的技术创新主要体现在以下几个方面：

第一，进行支架电液控制系统的结构创新，采用支架控制器与人机操作界面分离技术，简化人机操作界面设计，提高控制器的防护等级和防护效果。

第二，将驱动电路融合到了支架控制器中，使支架控制器布局合理，易于安装。

第三，单线 CAN 总线技术在支架电液控制系统中的应用。

第四，智能隔离耦合器在 CAN 通信网络中的应用。

第五，本安型嵌入式支架电液控制系统工作面巷道监控主机技术应用。

第六，创新研制出自动反冲洗高压过滤站。

下面对电液控制系统的关键技术及元件分别进行介绍。

### 1. 电液控制关键技术

液压支架电液控制系统的关键技术如下：

第一，网络通信技术。电液控制系统通信网络能够高速、稳定传输信息，具有较高的可靠性。通信协议设置具有较好的概括性，能够满足电液控制系统各种不同层面的应用。

第二，电磁驱动控制技术。采用先进的电磁驱动控制技术，研究设计高可靠性的电磁驱动电路。电磁驱动输出具有较大的冗余，具有上电保持电路，提高电磁阀的开启和关断速度。具有在线检测电磁阀的控制功能。

第三，无线射频技术。采用无线射频技术，研究工作面采煤机检测位置信息的传输。

第四，电磁兼容技术。采用先进的电磁驱动控制技术，研究设计高可靠性的电磁驱动电路。电磁驱动输出具有较大的冗余。具有在线检测电磁阀的控制功能。

第五，软件应用技术。软件具有较强的抗干扰能力，功能协调，响应速度快，适应性好。

第六，可靠性技术。建立系统可靠性模型，进行故障树分析，将可靠性技术应用于电控系统及其元件软硬件开发设计过程的各个环节。

第七，电磁先导阀。在小功率（小于 1.5W）驱动下，实现高水基介质高压阀的可靠密封，以及动作灵活、响应及时和具有高耐久性；优化电磁铁的吸力特性，改善其力行程关系，在保持不减少吸力的情况下，使衔铁有效行程能尽量增加。

第八，整体主阀。优化插装结构，解决整体体积小和密封可靠、响应快、过液能力强的矛盾。对不锈钢的性能和选用不锈钢材质加工螺纹使用时易发生粘扣的原因进行分析，优选出适合整体插装式多功能换向阀性能要求的不锈钢材质和螺纹加工工艺。

**2. 电液控制关键元件**

（1）支架人机操作界面

支架人机操作界面用来实现电液控制系统的人机交互操作。使用人机操作界面不但可以发出各种控制命令，还可以显示电液控制系统的运行状态、进行故障报警以及参数修改等功能。人机操作界面通过电缆将控制命令传送到支架控制器，执行相应的操作。

1）原理及组成

支架人机操作界面由硬件和软件两部分组成。硬件部分包括处理器、显示单元、输入单元、通信接口、数据存储单元等。软件包括底层驱动软件和应用软件。

其外壳是由不锈钢制成的，内置微机控制电路，电路板放置在一个固定在操作面板上的长方形容器中，并使用环氧树脂灌封，人机操作界面的外壳防护等级可达 IP68。人机操作界面的一侧配有 1 个控制电缆的插座，可以连接到本架控制器的人机操作界面通信接口，与本架控制器进行通信。人机操作界面的右侧配有蜂鸣器和用于打压的端口。在人机操作界面的面板上配置有 21 个操作键，分为方向控制、单动控制、菜单操作和启停控制 4 个操作区。每个键都配置有 1 个指示灯，用来进行键盘操作提示和键盘操作导航，另外还有 1 个电源指示灯和 2 个状态指示灯，共 24 个指示灯。配置有 1 个 OLED 显示器，可以显示 4 行 8 列汉字。配置有 1 个急停开关和闭锁开关，用来进行急停控制和闭锁操作。急停开关和闭锁开关采用自锁按钮，按下状态被保持。

（2）支架控制器

支架控制器是支架电液控制系统的核心部件。支架控制器主要用来进行支架动作控制、传感器数据采集和数据通信。由工作面支架控制器使用连接器互联形成工作面支架通信网络系统，实现工作面数据传输。

1）工作原理及其组成

支架控制器通过接收人机操作界面发来的控制命令，打开或关闭对应的电磁先导阀，将电信号转化成液压信号，再通过主阀使液压信号控制油缸动作，从而实现对支架的动作控制。为了实现支架动作的闭环控制，使用压力传感器对支架立柱升降进行控制，使用位移传感器进行推移千斤顶的伸缩控制，从而可以按照支架推移过程，配合时间参数、压力和行程控制参数，编制支架的自动移架程序，实现支架的降、移、升自动控制。通过系统的通信功能，还可以实现成组控制功能等。

其外壳使用不锈钢材料加工而成，内置微机控制电路，使用环氧树脂灌封，支架控制器可以在 1.2m 深水下连续工作，其外壳防护等级可达 IP68。支架控制器安装方便，可以与主阀、电磁先导阀就近布置，这样可以使支架控制器到电磁先导阀的电缆较短，易于防护，从而提高了支架控制器的防护性能。支架控制器的一侧配有控制电缆的插座，可以分别与左右邻架支架控制器通信或与本架人机操作界面通信，还可以通过网络变换器实现控制器到主机的通信，实现传感器的数据采集等功能。支架控制器的另外一侧为电磁先导阀驱动电缆插座，用来进行控制支架动作，并配有电磁阀电缆保护板，用来保护电磁阀驱动电缆。为了减小控制器的外形尺寸，减少控制器的重量，控制器电路板使用上下两层布置，并使用紧固螺钉固定，外盖上盖板进行防护。

（3）隔离耦合器

隔离耦合器是用来实现支架控制器的电源组隔离和信号耦合的装置。在工作面上一个电源箱只能带 4~6 个支架控制单元，而一个工作面一般有 100 个以上的支架控制单元，因此，在工作面上应有多个电源箱，分别给所在区域的支架控制单元供电。为符合煤矿安全的要求，同时防止控制信号的干扰，必须使用隔离耦合器对电信号进行隔离。隔离耦合器还可以实现支架电液控制系统通信网络节点的扩展，因为本项目采用的是 CAN 总线进行通信。CAN 总线的节点数量限制为 110 个。使用隔离耦合器后，CAN 总线将分为不同段，因此电液控制系统控制器的个数得到了扩展，能够满足工作面使用的要求。

1）工作原理及其组成

隔离耦合器利用光电隔离技术，使数字信号得到传输而在电气上隔离，从而能够实现信号在整个系统中传输。

外壳是由不锈钢制成的，内置微机控制电路，并使用环氧树脂密封，隔离耦合器的外壳防护等级可达 IP68。隔离耦合器配有 4 个控制电缆的插座，可以分别连接左右邻架控制器的通信接口及电源箱的两路 12V 直流电源输出。

（4）压力传感器

压力传感器是电液控制系统中用于反馈支架工作压力的元部件。其安装在采煤工作面液压支架上，检测支架千斤顶相关腔体的压力，为支架控制器提供控制动作的依据，实现支架电液控制系统的闭环控制。

1）工作原理及其组成

压力传感器采用溅射式工作原理。溅射式压力敏感元件是在 10 级超净间内，通过微电子工艺制造出来的。即在高真空度中，利用磁控技术，将绝缘材料、电阻材料以分子形式淀积在弹性不锈钢膜片上，形成分子键合的绝缘薄膜和电阻材料薄膜，并与弹性不锈钢膜片融合为一体。再经过光刻、调阻、温度补偿等工序，在弹性不锈钢膜片表面上形成牢固而稳定的惠斯顿电桥。此电桥便是仪表，是传感器等测量器件中的基本环节。当被测介质压力作用于弹性不锈钢膜片时，位于另一面的惠斯顿电桥则产生正比于压力的电输出信号，将此信号经放大调节等处理，再配以适当的结构，就成为应用于各个领域中的压力传感器和压力变送器。支架电液控制系统所配备的压力传感器大多都采用这种形式。

（5）行程传感器

行程传感器是电液控制系统中用于反馈支架推移、拉溜工作状态的元部件。其安装在煤矿井下采煤工作面的液压支架上，并用来检测推移千斤顶行程，为支架控制器提供控制动作的依据，实现支架电液控制系统的闭环控制。

1）工作原理及其组成

干簧管的玻璃管内装有两根强磁性簧片，将此置于管内一端使之以一定间隙彼此相对。玻璃管内封入惰性气体，同时触点部位镀铑或铱，以防止触点的活性化。干簧管利用线圈或永磁体，为簧片诱导出 N 极和 S 极，后因这种磁性的吸引力而开始吸合。当解除磁场时，由于簧片所具有的弹性，触点即刻恢复原状并打开电路。

（6）采煤机位置检测红外线传感器

采煤机位置检测是液压支架电液控制系统的重要组成部分，尤其在实现电液控制自动化采煤系统中，采煤机的定位尤为重要，只有正确地定位了采煤机的位置才能正确地控制液压支架的动作。采煤机位置检测红外线传感器具有可靠性高、检测速度快等优点，被广泛应用于采煤机的定位系统中。

1）工作原理

采煤机位置检测红外线传感器包括：红外线发送器和红外线接收器两部分。红外线发送器安装在采煤机机身上，红外线接收器安装在液压支架上。红外线发送器不停地发送一定频率有固定编码的红外线信号，外线接收器会接收到红外线信号。接收到红外线信号的红外线接收器将此接收信号通过 RS232 通信方式传送给支架控制器，支架控制器通过判断可以确定采煤机的当前位置。

（7）工作面巷道监控主机

工作面巷道监控主机（以下简称监控主机）作为井下支架电液控制系统的一个重要组成部分，是在全工作面支架控制器互联的基础上建立起来的。在工作面巷道中设立监控主机与工作面支架控制器网络连接，监控主机相对于工作面而言作为上一级控制中心，从而也使电液控制系统又增加了一个层次和等级，也扩展充实了其功能。监控主机运行自主开发的软件（G-tmcc），它汇集储存由工作面支架控制器采集来的数据，实时显示这些数据，监视支架的工况和动作状态。

1）工作面巷道监控主机工作原理及其功能

第一，工作原理。工作面巷道监控主机是一台矿用本质安全型工业控制计算机，具有防爆认证和煤矿安全标志。它采用 RS422 通信接口和网络变换器相连，通过网络变换器将监控主机的数据信息传输到支架控制器；经同样的传输方式，从液压支架上获取工作面支架、运输机和采煤机等一系列设备的工作状态及信息。监控主机通过应用软件将获取的各种信息进行集中管理和集中控制。

第二，工作面巷道监控主机功能。监控主机可作为工作面支架电液控制系统信息收集和传输的中心站，通过煤矿井下环网将综采工作面数据送到地面，从而在地面监控计算机上可以方便地监控、查看井下工作面推进度、传感器状态、网络错误率等一系列数据参数。通过 G-tmcc 软件不仅可以查看以上设备的运行情况，而且可以由监控主机控制工作面电液控制系统，实现了综采工作面跟机自动化。其主要功能如下：

①显示工作面支架控制器的数据信息

井下主控制计算机屏幕上可显示包括工作面支架工况（如立柱下腔压力）、推溜千斤顶行程等内容。有图形或文字显示并可调出历史记录，能以图形或数字方式显示工作面推进度。

②控制工作面支架实现跟机自动化

实现远程控制工作面液压支架动作和启停及跟机控制功能。

③与井上主控计算机实现数据传输

主控制计算机具备与地面计算机联网通信的功能，将数据传输到地面，并通过计算机网络实现共享，实现生产管理的信息化。

④数据分析

主控计算机有数据分析的功能，能够分析工作面的矿压分布情况、采煤机运行轨迹、支架动作信息、液压问题、自动化状态效果等。

⑤故障诊断

具有故障诊断能力，能够诊断液压支架电液控制系统的网络状态、传感器故障等。

⑥参数配置

通过井下主控制计算机可向支架控制器传输程序，修改控制器程序参数，并能上传、下载。

（8）隔爆兼本安型直流稳压电源

隔爆兼本安型直流稳压电源允许在瓦斯、煤尘爆炸危险的环境中使用。作为支架电液控制系统专用的电源变换装置，它将工作面接入 127V 交流电源，变换成额定 12V 的直流电源，向系统各类设备供电。隔爆兼本安型直流稳压电源箱内装有 2 个独立的 AC/DC 胶封模块，构成独立的双路电源，每路额定负载电流 2A，可向多至 6 个相邻的支架控制器供电，每路电源都具有输入过压保护，双重截止式快速过流和过压保护，可带载启动和自动恢复。

（9）整体插装式多功能换向阀

在采煤技术发达的国家，整体插装式多功能阀换向阀已经作为一个成熟产品应用于电液控制系统中。但在国内，对高水基介质整体插装式多功能阀换向阀的研究才刚刚开始。虽然对支架用换向阀的研究已有几十年的经验，对平面密封、锥形硬密封和软密封也都有成熟的产品，额定流量从 80L/min 到 350L/min，都已经形成系列化，并且得到了广泛的应用。但它们都是片式组装形式。这种结构易于加工，但加工精度和一致性不高，造成实际使用时故障率居高不下。从材料分析上看，现用阀体都是 45 号钢，由于井下恶劣的环境造成其平均使用寿命很短，不能很好地适应电液控制系统的要求。整体插装式液控换向阀采用不锈钢材质，避免锈蚀，整体式阀体大大减少漏液环节，插装式阀芯使得安装和维修更加方便。所以，这种结构被国外专业公司所采纳，并且在采煤技术先进的国家普遍使用。

该阀具有结构紧凑、流道设计合理、通流能力强等优点。通过对电液控换向阀的系统研究，在原行业标准的基础上起草了煤炭行业用阀国家标准。

## 二、智能化无人综采生产工艺

目前国内外综采工作面采煤过程无人、少人的主要技术手段，避开了“煤岩识别”等世界性难题，另辟蹊径，确立了基于可视化的远程干预型智能化无人综采技术路线，以网络通信为基础，以采煤机记忆截割、液压支架自动跟机、远程集中控制、视频监控为手段，以自动化控制系统为核心，首创了地面远程操控采煤模式，实现了地面采煤常态化，同时确定了端部斜切双向进刀工艺，实施智能化作业，实现煤炭人地面采煤的梦想。

### （一）智能化综采技术特点

智能化综采技术是实现生产过程中常态化无人跟机作业的主要技术手段，以远程操控技术为辅助，从而实现对综采工作面生产这一随机动态过程的自动化控制。目前国内外采煤机运行过程的煤岩准确识别技术还未取得实质性的进展，而且识别和确定煤岩界面并不是综采工作面调控采煤机割煤状态的唯一因素。

采煤机记忆截割技术是目前实现综采工作面采煤机割煤自动化的一种有效手段，在采煤机较短时段的割煤自动化方面取得了较好效果。但是综采工作面生产过程中地质环境条件等时空条件的随机性、动态性和不确定性，以及采煤机割煤过程中因煤体截割阻力变化等因素引起的抖动、工作面底板不平整造成的刮板输送机不平直等，均可能造成作为采煤机运行轨道的刮板输送机轨面起伏不平。在常规综采工作面采煤机割煤过程中，采煤机司机需要根据工作面顶底板状况和采煤机运行状态不断进行调控操作，以实现工作面的“三直两平”。目前采煤机记忆截割等自动化控制技术还不具备司机操控所具有的及时调整和适应能力，因此，从采煤工艺过程控制的角度看，目前的采煤机记忆截割等自动化控制技术还难以完全满足综采工作面采煤机长时间自动化割煤的要求。

智能化无人综采生产模式以采煤工作面智能化自动控制采煤过程为主，以监控中心远程干预采煤过程为辅。在采煤过程中，以采煤机记忆割煤为主，以人工远程干预为辅；以液压支架跟随采煤机自动动作为主，以人工远程干预为辅；以综采设备智能感知为主，以高清晰视频监控为辅。应用上述技术，黄陵矿业公司探索出一套以自动化控制系统为核心的综采智能化无人采煤工艺和流程，将工作面操作工变为远程在线监控员，实现无人跟机作业，有人安全巡视，达到智能化无人开采的目标。

以往的自动化综采工作面采煤过程操作，是将液压支架电液控制的控制器延伸到监控中心，实现基本的单架控制、成组控制以及跟机控制；综采工作面生产过程中的关键设备——采煤机的自动化操控则主要采用记忆截割实现。从综采工作面采煤过程分析可以看出，要实现综采工作面智能化采煤过程的常态化，其关键是必须要有与采煤工艺这一随机动态过程相适应的技术。鉴于目前智能化综采装备的自动化控制水平还没法完全实现人工根据现场实际状况所实施的全部操作和调控功能，因此采用高清晰可视化的远程遥控手段来辅助采煤的全过程操控，是目前智能化无人综采实现生产过程工作面无人、少人的关键。当然综采工作面液压支架、采煤机等主要设备具有高水平的自动化是基础。

智能化无人综采技术通过智能化控制软件和工作面高速以太环网，将采煤机控制系统、支架电液控制系统、工作面运输控制系统、三机控制系统、泵站控制系统及供电系统有机融合，辅以工作面煤壁和液压支架高清晰视频系统，实现了对综合机械化采煤工作面设备的协调管理与集中控制，实现了工作面液压支架电液控制系统跟机自动化与远程人工干预控制相结合的自动化采煤工作模式。该系统可以在顺槽或地面指挥控制中心对采煤机工况和液压支架工况进行监测与远程集中控制，实时监控工作面综采设备运行工况和煤壁及顶底板的空间状况。当设备运行异常或工作面空间形态异常时，可以在指挥控制中心通过远程人工干预手段对设备进行远程调控，如采煤机摇臂调整、液压支架动作调整等。

需要强调的是，工作面煤壁和支架高清晰视频系统及高速以太网信息平台是实现人工远程调控工作面采煤机和液压支架运行的基础，工作面高效除尘降尘措施也是高清晰视频系统能够有效发挥远程“眼睛”作用的保障。工作人员可以在指挥控制中心，通过观看视频和有关监测数据，如在工作面现场一样有效操控采煤机和液压支架。

智能化无人综采工作面集成控制系统主要由三部分组成，第一部分为综采单机设备、第二部分为顺槽监控中心、第三部分为地面指挥控制中心。

综采单机设备包括：采煤机控制系统、支架电液控制系统、三机控制系统、泵站控制系统、供电系统。顺槽监控中心的主要功能有：工作面监测功能、工作面控制功能、工作面视频显示及控制功能。地面指挥控制中心的主要功能有：工作面监控功能、井上下语音通信功能、工作面三维模拟生产功能。

该系统通过顺槽监控计算机控制采煤机的各种动作；通过远程控制计算机控制采煤机进行记忆截割，采煤机在工作面按设定工艺程序自动运行；通过远程控制计算机，人工可以根据工作面情况随时干预采煤机运行。在地面指挥控制中心建立了以地面数据中心为主的大屏幕显示系统，实现了对整个工作面的集中监控及“一键启停”控制。

地面指挥控制中心将综采工作面的“电液控主控计算机”“泵站三机主控计算机”“采煤机主控计算机”等有机结合起来，实现在地面指挥控制中心对综采工作面设备的远程监测以及各种数据的实时显示，包括液压支架、采煤机、刮板输送机、转载机、破碎机、电气开关、泵站的数据。地面指挥控制中心采用了先进的流媒体服务器技术，将多个客户端对同一个摄像仪的流媒体访问进行代理，减轻了前端网络摄像头的负荷和矿井环网的网络带宽负荷，也实现了矿井环网和管理网络之间跨网段的视频发布。管理人员通过办公网络，就可以轻松实现远程访问工作面的摄像仪，进行视频实时监控。

## 三、工作面地质条件

黄陵矿业公司一号煤矿位于黄陵矿区东部，矿井位于黄陵县城西北约25km处，距店头镇1.5km。井田走向长12~24km，倾斜宽11~16km，面积约208.5km$^2$，近年来通过对主运输系统、辅助运输系统、通风系统和供电系统的不断优化改造，矿井生产能力稳步提高。

井田内出露和工程揭露的地层由老到新有上三叠统瓦窑堡组、下侏罗统富县组、中侏罗统延安组、直罗组及安定组、下白垩统洛河组、环河华池组及第四系中上更新统和全新统。

全新统地层分布于沮水河及各支流沟谷中，属洪冲积沉积。下部为沙砾石层，上部为灰褐色亚砂土、砂土。地层厚度0~6.70m，平均厚度4.10m。第四系中上更新统地层主要分布在山梁、山坡，以灰黄色亚黏土及亚砂土为主，夹多层钙质结核层和古土壤层，地层厚度0~62.40m，平均厚度39.77m。

井田含煤地层为中下侏罗统延安组。地层断续出露于沮水河、南川河谷及鲁寺一带，厚度一般114m。从下至上可分为4段6个沉积旋回。各旋回底部以灰白色砂岩开始，向上为深灰色粉砂岩及灰黑色泥岩。含煤四层，自上而下编号为0、1、2、3号煤层，主采煤层2号煤层及局部可采的3号煤层（组）位于第一旋回的中下部。煤层含夹矸0~3层，单层厚度一般0.15m左右，最大总厚度1m，岩性多为灰色泥岩、炭质泥岩、粉砂岩。

2号煤层是井田内唯一具有工业可采价值的煤层。2号煤层厚度0~5.56m，平均厚度2.02m，基本全区可采，属较稳定的中厚煤层。煤层含夹矸0~3层，夹矸岩性以泥岩为主，局部为炭质泥岩和粉砂岩，厚度0.01~0.75m，一般在0.10~0.20m。

矿井采用平硐-斜井联合单水平分盘区开拓，全井田共划分为14个盘区，主要大巷沿煤层布置。主运输采用带式输送机。采煤方法为综合机械化长壁开采。一、二、四盘区已经回采结束，现生产盘区为六盘区、八盘区和十盘区。黄陵矿业公司首个实施智能化无人综采的1001工作面布置在十盘区，也是该盘区的首采工作面。

十盘区位于一号煤矿北一大巷西侧，南与五盘区相接，北邻十一盘区，东接十二盘区，向西为六盘区。工作面对应上部地表以低山林区为主，沟壑纵横；地表径流不太发育，以太阳沟支流为主，为间歇性小支流；上覆岩层厚度为250~429m。煤层倾角0°~5°该盘区工作面煤层较薄，地质构造相对简单，顶板压力大，底板易底鼓。

十盘区2号煤层伪顶主要以薄层状灰黑色泥岩、砂质泥岩为主，局部为炭质泥岩，厚度小于0.5m，其中1001工作面伪顶厚度0.10m，松软易碎，极不稳定，随采随落。直接顶岩性变化较大，以深灰色砂质泥岩及泥岩为主，局部为砂质泥岩及粉砂岩和砂泥岩互层；中厚层状至薄层状，水平层理发育，易风化破碎；厚度0~19.79m，平均9m。煤层基本顶为灰白色中~细粒石英砂岩，俗称“七里镇砂岩”，为本区K2标志层，致密坚硬；厚度从几米到20m，一般10m左右；抗压强度370~690kg/cm$^2$，普氏硬度为3.7~6.9，属稳定-中等稳定不易冒落顶板。

煤层直接底板主要为一层厚度较薄的灰色-灰黑色团块状泥岩、砂质及炭质泥岩，厚度一般为 2~6m，1001 工作面厚 0.75m。底板岩性松软，遇水膨胀，浸水后抗压强度降低为 20kg/cm²，普氏硬度降低为 0.2，硬度及稳定性都很差，为松软极易变形的不稳定底板。基本底为灰白色 - 灰绿色细砂岩及粉砂岩，较致密坚硬，不易风化破碎，抗压强度 209~375kg/cm²，普氏硬度 2.8~4.2，为较坚硬的中等稳定底板。

2 号煤层以条带状亮煤、镜煤为主，煤呈黑色，条痕为褐色及褐黑色，有沥青及玻璃光泽，具层状、块状构造；质硬而脆，内、外生裂隙较为发育，并被方解石及黄铁矿薄膜等充填。2 号煤层变质程度相对较低，属Ⅱ变质阶段之烟煤，具有低硫低磷低灰及发热量高的特点，可作为配焦煤使用，但不可单独炼焦。十盘区 2 号煤层视密度在 1.22~1.40t/m³ 之间，算术平均值为 1.32t/m³。盘区内 2 号煤层以弱黏煤［RN（32）］为主。

## 四、工作面巷道布置

### （一）长壁采煤工作面巷道布置方式

智能化无人综采属于长壁采煤方法，工作面巷道布置采用长壁采煤系统。

根据矿井采煤、掘进的机械化程度，煤层巷道的维护条件，煤层瓦斯涌出量的大小以及工作面安全的需要，工作面平巷布置分单巷、双巷和多巷等三种方式。在国外也有长—短—长工作面巷道布置方式。

1）单巷布置

工作面每侧各布置一条平巷，一条为运输巷，另一条为回风巷，这是长壁工作面最基本的平巷布置方式。单巷布置的掘进率低，系统简单，巷道维护量小，目前多数综采工作面采用这种巷道布置方式。

2）双巷布置

第一，下侧双巷布置。

综采工作面因运输平巷需设置转载机、带式输送机、泵站以及变电站等电气设备，当维护大断面平巷有困难时，可掘两条断面较小的平行巷道，一条放置带式输送机，另一条放置电气设备，形成双巷布置。由于综采要求工作面等长布置，两条平巷均沿中线掘进，当煤层倾角有变化时，平巷高低不平，因此不宜再以轨道作为辅助运输。

实际上，下侧双巷布置是把邻近工作面的回风平巷提前掘出，为本工作面服务，或放置设备，或排水运料，或兼而有之。与单巷布置相比，巷道并没有多掘，只是增加了回风平巷的维护时间。

目前不少采用无轨胶轮辅助运输方式的高效综采工作面都采用这种巷道布置方式，紧靠带式输送机巷的这条巷道就作为本工作面的无轨胶轮车辅助运输巷。

第二，两侧双巷布置。

由于通风、排水的需要，工作面上、下侧均可布置为双巷，如神府矿区大柳塔矿 201 工作面就是双巷布置。该工作面装备大功率、高强度综采设备，日生产能力可达万吨以上。工作面两条运输巷和两条回风巷间距 25m，靠内侧的为 1 号运输巷和 1 号回风巷，靠外侧的为 2 号运输巷和 2 号回风巷，2 号运输巷和 2 号回风巷均铺设有排水管，设计综合排水能力为 820m³/h。1 号和 2 号平巷间隔一定距离以联络巷贯通，联络巷中开挖有水窝。这种布置方式既满足了工作面通风的要求，又解决了工作面开采时富水特厚松散层潜水涌入时的排水问题。

3）多巷布置

多巷布置即三条或四条平巷布置，这是美国长壁工作面平巷的典型布置方式。其掘进工艺和设备与房柱式盘区掘进相同。平巷都为矩形断面，宽度 5.5~6.0m 或 4.5~5.0m，高度为煤层厚度，平巷之间的距离根据围岩条件和开采系统的具体情况确定，一般为 19.0~25.0m，平巷每隔 31.0~55.0m 以联络巷贯通。

下侧平巷中，靠工作面的一条铺设带式输送机运煤，另一条作辅助运输兼进风巷，其余均进风和备用。上侧平巷一般作回风用。平巷数目依据工作面瓦斯涌出量及围岩条件而定。

当用连续采煤机掘进工作面平巷时，多平巷掘进类似于房柱式开采，多条巷道的掘进不仅不会给开采造成困难，而且能满足生产的多种需要，掘进班产煤量平均达千吨以上。

美国安全法规要求综采工作面巷道不少于 3 条，即在工作面两端各布置 3 条或 4 条，以便于通风、行人和设备安装运输。

长壁综采工作面采用多巷的主要原因是：单产高要求通风量大，综采工作面实际进风量均在 2500m³/min 以上，需多条巷道保证通风；多条巷道便于使用多台无轨胶轮车，有利于工作面设备的快速运输、安装、搬迁。

4）长—短—长工作面巷道布置

美国和澳大利亚等国普遍采用长短工作面布置方式。其实质是，在容易实现高产高效的区段布置长—短—长工作面。在地质变化和不规则区段用短工作面，长工作面配备高产高效综采设备，短工作面用连续采煤机开采。

长—短—长布置方式，即两个长工作面之间布置一个短工作面。这个短工作面既是两个长工作面的护巷煤柱，又是两个长工作面采完后，用连续采煤机开采的短工作面。这种布置方式，按切割划分工作面的巷道条数和巷道掘进时间分为“2+2 巷式”“3+1 巷式”和“4 巷式”三种。

## （二）智能化工作面巷道布置

智能化无人综采工作面布置需要根据矿井生产能力、煤层条件、矿山压力、通风能力、瓦斯浓度、设备配套及维护情况等因素综合确定。

黄陵矿业公司智能化无人综采工作面设计长度为 235m，工作面连续推进长度可达 3100m，相邻工作面间的保护煤柱宽度为 25m 左右，大巷保护煤柱宽度 100~145m。巷道布置采用下侧双巷布置方式，在工作面一进一回巷道的基础上，提前掘出邻近工作面的进风巷，作为本工作面的辅助巷，用于工作面掘进、安装期间的辅助运输巷道和回采期间的瓦斯治理巷道。在相邻两工作面的进、回风巷之间施工 3 个联络巷，第一个联络巷（开口位置）作为综采工作面回风巷掘进、回采期间的辅助运输联络巷；第二个联络巷（巷道中部）作为相邻工作面进、回风巷掘进期间的通风联络巷，能够简化运输系统、缩短局部通风距离；第三个联络巷（正对开切眼位置）作为综采工作面的安装运输联络巷，以相邻工作面的进风巷为安装线路，将设备安装到工作面的开切眼。综采工作面回采期间，在相邻工作面进风巷超前施工智能化工作面高位裂隙钻孔进行瓦斯治理。

考虑以下各方面因素并结合工程实践经验，一般将进风巷作为辅助运输巷，回风巷作为带式输送机巷。

第一，顶板管理上：由于安装带式输送机、转载破碎机和超前支架需增大巷道断面，进风巷受相邻工作面采动影响大，增大巷道断面会加大顶板管理难度；而调整回风巷断面尺寸，顶板管理相对影响较小。

第二，机电管理上：若带式输送机放置于进风巷，考虑到巷道断面及行人通道尺寸的要求，设备列车则必须放置于回风巷，这造成机电设备长期处于回风流中，增加了机电安全管理的难度，因此需将带式输送机放置于回风巷。

第三，带式输送机管理上：回风巷远离相邻工作面采空区，受采动影响小，巷道收敛变形小，对带式输送机运输的影响相对较小。

第四，辅助运输上：受相邻工作面采动影响，进风的断面尺寸不满足同时布置带式输送机和行驶无轨运输车辆的要求。根据《煤矿安全规程》规定，无轨运输车辆不得进入专用回风巷，因此带式输送机只能放置于回风巷。

第五，通风防尘管理上：带式输送机放置于进风巷，风流方向与运输方向相反，整个工作面及两巷在生产期间将处于污风区，既影响工作环境质量，造成职业病危害，又加大消尘工作量，增加劳动投入。而带式输送机放置于回风巷，生产期间仅回风巷处于污风区，有效改善了工作面环境，降低了粉尘危害，同时回风巷风流方向与带式输送机运行方向相同，扬尘较小，减少消尘工作量。

工作面巷道断面必须满足通风要求，进风巷、回风巷的尺寸主要考虑设备运输、布置及通风要求。巷道断面尺寸及支护参数如下所述。

进风巷为辅助运输巷，主要承担进风、人员及材料运输，巷道在满足进风需要的前提下，依据掘进和回采期间的辅助运输车辆行驶安全距离设计巷道。巷道宽度为4.6m，高度为2.8m。采用锚杆、锚索梁、塑钢网联合支护。

回风巷主要承担回采期间带式输送机运输及工作面回风。巷道在满足通风需要的前提下，宽度设计依据为回采期间综采带式输送机、转载机与超前支架等设备的配套尺寸，高度设计依据为巷道掘进期间无轨运输安全高度。设计宽度为5.2m，高度为2.8m。采用锚杆、锚索梁、塑钢网联合支护。

开切眼设计为矩形断面，沿煤层顶板掘进。根据设备配套的不同，工作面开切眼设计宽度一般为6~7.2m，高度为2.7m。采用锚杆、索梁、塑钢网联合支护。

## 五、开采参数确定

综采工作面几何参数主要包括工作面倾向长度（工作面长度）、采高、工作面走向长度。工作面倾向长度主要取决于地质、生产技术、经济及管理等因素，采高主要取决于煤层厚度，工作面走向长度主要取决于采（盘）区大小。

## （一）工作面倾向长度

1）地质因素

第一，地质构造：影响工作面长度的地质构造主要是断层和褶曲。在回采单元划分时，一般以较大型的断层或褶曲轴作为单元界限，这就从客观上限制了工作面长度的大小。在小型断层发育的块段布置工作面时，由于小型断层会影响工作面正规循环，造成工作面推进度下降，尤其是对机组采煤造成较大影响，此时工作面不宜过长。通常，工作面内部发育的断层落差大于 3.0m 时，将对综采工作面回采造成较大影响。

第二，煤层厚度：当煤层较薄、工作面采高小于 1.3m 时，由于工作面控顶区及两巷空间小，不易操作和行人，受采煤机机面高度的影响，功率受限，设备故障率高，因此工作面长度不宜过长。

第三，煤层倾角：煤层倾角不仅影响工作面长度，而且影响采煤方法的选择。通常情况下，煤层倾角越小，其对工作面长度的影响也越小。当煤层倾角小于 10° 时，工作面长度可视实际情况适当加大；煤层倾角介于 10°~25° 之间时，可按常规工作面布置；煤层倾角介于 25°~55° 之间时，工作面上下同时作业困难，工作面长度不宜过大；煤层倾角大于 55° 以上，工作面长度则不应超过 100m。

第四，围岩性质：围岩性质对工作面长度的影响主要是顶、底板对工作面长度的影响，另外煤层自身的软硬程度对工作面长度也有一定的影响。通常伪顶过厚（厚度大于 1.0m）和顶板过于破碎条件下的回采工作面，由于其支护工作量大、支护难度较大，此时工作面不宜布置过长；三软煤层工作面底软、支柱易扎底、顶底板移近量大，加之煤软易片帮，生产管理困难，这样的工作面也不宜过长。

第五，瓦斯含量：瓦斯含量的大小对工作面长度有一定的影响。瓦斯含量小的煤层，工作面长度一般不受通风条件的制约。瓦斯含量大的煤层，工作面长度越大则煤壁暴露的面积就越大，随着产量的提高，单位时间内瓦斯涌出量就大，回采时需要的风量就越大。但由于受工作面及两巷的断面限制，风量不可能无限度地加大，因此需严格执行“以风定产”规定。双突及高瓦斯矿井更要考虑瓦斯含量以及通风能力对工作面长度的影响。

2）生产技术因素

第一，回采工艺：长壁回采工作面一般采用炮采、普采、综采三种回采工艺。工作面采用不同的回采工艺，对工作面长度有明显的影响。普采工作面，为了充分发挥采煤机组的效能，实现工作面的高产高效，在同样的条件下工作面长度应比炮采长。综采（放）工作面，由于液压支架的使用能保证采煤机快速截割，减少辅助时间，因此其工作面长度较非综采工作面要长。另外，因综采（放）支架装备费用高，而工作面越长遇到地质构造变化的可能性越大，此时工作面就不宜布置过长。

第二，设备条件：工作面装备能力制约和影响回采单元参数。工作面设备对工作面长度的影响主要表现在工作面设备运输能力和有效铺设长度，其运输设备的出煤能力必须与工作面生产能力相匹配。

第三，安全条件：

①顶板管理和推进速度对顶板移动变形破坏的影响

工作面长度对机组维修有一定影响，这表现在不同长度的工作面，排除故障所需时间长短不同；工作面长度对矿山压力显现也有影响，当工作面顶板下沉量达到最大值时，工作面支架可能会被压死，因此只能靠改变推进度来解决。考虑到这两种因素，应用可靠性理论的研究结果是：当地质条件好时，工作面长度比计算结果减少 8%~14%，地质条件较差时减少 45%~52%。

②通风能力

多数情况下，工作面长度与通风的关系不大，但是对于高瓦斯煤矿，工作面风速可能成为限制工作面长度的重要因素。因为如果推进度一定，工作面愈长则每一循环产量就愈高，瓦斯涌出量就愈多，需要风量就更大。

3）经济因素

在一定的地质和生产技术条件下，通过理论分析和计算，可以得到一个最优的工作面长度范围。通常按产量和效率最高法确定工作面合理长度区间，再进行工作面效益最好，即吨煤成本最低的分析计算，得出最佳的工作面长度。

4）管理因素

管理水平的高低，对确定工作面长度的影响很大。技术管理水平较高，确保工作面的工程质量和设备正常运转的能力就强，当因地质条件产生局部变化出现回采困难时，就能及时迅速地采取措施恢复正常回采。从生产管理来看，短工作面易于管理，这是因为地质变化小，顶板管理相对简单，工作面容易做到“三直两平”，发生机电事故的概率也小。对于初次采用新采煤方法的矿井，由于受技术管理水平和设备操作熟练程度等因素的制约，工作面长度宜短些。综采工作面布置的设备多、吨位大，液压元件精密度高，各种机电保护系统、插件和线路复杂，需要严格的科学管理和较高的操作水平，才能满足综采工作的要求。

工作面长度的增加，既有利于减少辅助作业时间，降低巷道掘进率，又有利于提高开机率、采区回收率、工作面单产，从而提高工作面效率。工作面地质条件优越，煤层倾角小、厚度大、顶底板稳定，可将工作面长度适当加大。机械化装备水平及可靠性高，要求工作面生产能力越大，工作面长度适应生产能力，工作面长度亦可适当增大。确定合理的工作面长度，还应考虑顶板管理、煤层瓦斯含量以及工作面通风等因素，条件受限时，工作面长度不宜过大。

## 第二节　电液控制系统产业化制造

电器产品的产业化重点在于组装、测试和程序检测。SAC 电液控制系统液压产品包括电液控制换向阀、液控单向阀、安全阀和过滤站等。研发人员采用重点投入高端数控机床设备，实现关键零件自制，通用零件外协加工的策略，并投入力量攻关产品的组装和检测生产线，达到产品性能的一致和生产高效。下面以电液控制换向阀为例具体阐述产业化建设的技术路线和工艺方法。

电液控制换向阀产品的关键点在于整体特殊不锈钢多功能阀体和关键旋转件的高效加工、复杂零件清洁度保证、不锈钢零件组装粘连及防腐处理和电磁先导阀的批量生产测试等方面，也是规模化生产必须解决的难题。针对以上几点，在加工工艺方面，采用高精度加工设备，研究出高效的成形刀加工方法和工艺，保证了加工的一致性；在测试方法方面研制电液控换向阀自动检测系统。

## 一、整体特殊不锈钢多功能阀体和关键旋转件的高效加工

### 1. 机械加工生产车间的概况

为满足关键零件自制的需要，北京天地玛珂公司对机械加工生产车间进行了扩建，现拥有厂房面积达 $1000m^2$；拥有高端进口卧式加工中心和立式加工中心 4 台、高精度进口数控车床 4 台和 50 名专业机械加工技术人员的整体架构，具有月产 200 台不锈钢多功能阀体的能力。

### 2. 机械加工方法介绍

为满足阀体精度的要求，考虑到机床的稳定性，通过多次技术交流和调研，最终采用德国 HELLER 生产的 MCI25 卧式加工中心，2 个旋转工作台和 80 把刀库，设计了能同时装卡 4 件阀体的专用工装；另配备宁夏小巨人生产的 VCN510C 立式加工中心按不同工序，采用成型刀技术、小直径内喷深孔钻技术、U 钻和枪钻等高效加工技术，精确计算各工序的时间节拍，合理分配卧式加工和立式加工的工作时间，实现 24h 连续不间断加工。保证日产 8~9 台 15 功能阀体，加工效率和加工质量在同行业处于领先水平。

## 二、复杂零件清洁度处理

复杂零件清洁度处理包括去毛刺、倒棱、去油污和去脏物颗粒等内容。由于电液换向阀对工作介质清洁度要求高，所以保证零件清洁度显得尤为重要。但是对复杂零件来说，如何来清除毛刺和脏物可以说是一个世界难题。爆炸去刺、磨料流去刺等先进技术仍然不能满足要求。为此，研发人员针对性地设计了多次反复手工和自动去刺与清洗结合的工艺路线，较好地满足了使用要求。

## 三、不锈钢零件组装粘连及防腐处理

不锈钢零件在组装时由于材料特性容易发生粘连现象，为解决这一问题，采用了脉冲高能量密度等离子体制备新型高耐磨高结合强度涂层技术，提高了材质表面的硬度，避免了粘连现象的发生；另外，通过改变薄膜涂层的成分，显著提高了产品的防腐性能。

## 四、电磁先导阀的批量生产测试

电磁先导阀规模化生产性能的一致性是产业化生产的难题，为此研制了性能自动检测系统。

在检测主界面上，主要分为显示共同区和功能选择区。显示共同区显示阀的吸合状态（吸合显示灯为绿色，断开显示灯为白色）、系统控制动作（卸压、快增、慢增、充液等）和系统实时参数（系统电压、系统压力、油缸压力等）。功能选择区采用标签条的方式，列出了所有测试项（强度测试、寿命测试、换向测试、密封测试和快速测试），点击相应的标签条就可以进入相应的区域进行测试参数设置。整体换向阀经过该检测装置检测后能自动判断产品是否合格，并自动保存。保存数据自动传输到质检部门。

通过以上 4 个方面的建设，实现了 SAC 支架电液控制系统液压阀类产品年产 20 套（3000 件）的能力，满足了市场的需要。

# 第三节　SAC 支架电液控制系统的推广应用

## 一、井下工业性试验

SAC 支架电液控制系统经过了地面试验、井下工业性试验和井下全工作面应用 3 个阶段。

**1. 地面试验**

在西山矿务局屯兰煤矿机修厂进行了安装调试和地面试验，地面试验支架数量为 6 台，其中 2 台是 ZY8000/25/5OH 两柱式液压支架，4 台是 ZYG8000/20/42 两柱式过渡支架，系统采用泵站流量为 125L/min，压力为 31.5MPa，使用综保开关提供 127V 电压给电源箱供电，电源箱输出两路电源，每组电源可以带 5 架单元，两电源组之间采用耦合器进行隔离。经过 6 架单架自动移架 50 次，成组自动移架 30 次，成组推溜 30 次，成组护帮板控制 30 次等，进行了停止、急停和闭锁等操作。

**2. 井下工业性试验**

在神华能源股份有限公司金烽分公司进行了 10 架 2 个工作面的井下工业性试验。煤层平均厚度 5.1m；采煤机为 MGTY500/1200-3.3D 双滚筒电牵引采煤机，功率 1815kW，牵引速度 12~21m/min，截深 0.8m；液压支架为 ZY8000/250/50 型两柱支撑掩护式国产液压支架，支撑高度 2.4~5m，支护宽度 1.5m，工作阻力 8000kN；泵站的功率为 250kW，额定流量 400L/min，额定压力 31.5MPa。

在伊泰集团的纳林庙矿二号井 621-02 和 621-03 两个工作面进行了 24 架的井下工业性试验，期间两个工作面共推进 3947m，割煤刀数 4934 刀，产煤达 6125254t。在整个试验过程中，更换过3台支架人机操作界面和1台支架控制器，其主要原因是由于机械损伤造成操作键盘不能正常工作，支架控制器由于电路没有经过老化筛选造成控制电路电源模块故障，导致控制器不能正常工作。在试验使用过程中、未发现误动作、不动作和失灵等现象。被试控制器的性能完好，工作正常。

支架电液控制系统经历了4个工作面3个煤矿2年多的井下工业性试验使用，验证了成套国产支架电液控制系统全部功能，系统工作性能稳定、可靠、无误动作，具有安装方便、操作简单、防护性能好的优点；此外该系统具有友好的人机交互界面，与国外同类产品相比，其动作响应速度快。

**3. 全工作面井下应用**

SAC支架电液控制系统在宁夏石沟驿煤业有限公司S146工作面正式投产，这是我国首个全国产化综采工作面支架电液控制系统。该工作面煤层总厚1.6m，煤层倾角14°~24°，走向长2443m，倾斜长215m，工作面共143架，截至2017年11月共推进195m，最高日产达4800t，累计产量$10.3\times10^4$t。

目前2个工作面已经生产2年，各项功能逐步应用，石沟驿矿已经完成了工作面支架电液控制系统的单架单动作控制，单架自动移架控制，成组伸缩梁控制、成组推溜和拉溜控制，自动补压等各项功能应用，完成了井下工作面巷道集中数据管理与数据上传到地面，在地面服务器上对数据进行集中管理等功能。通过2个工作面支架电液控制系统的应用证明，国产液压支架电液控制系统使用性能稳定、可靠、故障率低，系统可靠性达到了国外同类产品水平，能够满足我国煤矿井下工作面的使用。

## 二、与国外同类技术和性能参数指标的比较

**1. 元件可靠性**

井下工业性试验表明，控制器、耦合器和电磁先导阀的可靠性达到了国外同类产品设计水平。

**2. 技术先进性**

采用先进的嵌入式系统技术，选用控制主芯片是20世纪90年代以后开发出来的CPU产品，具有容量大、速度快、抗干扰能力强的特点，并且有较强的控制功能。国产电液控制系统关键元件在技术上与国外同类产品处于同一水平。

电磁先导阀性能达到国际同类产品标准；电磁先导阀企业标准接近欧美标准，电磁先导阀的开启响应时间小于70ms，与国际同类产品相当；复位时间小于100ms，短于国际同类产品（150ms），即安全性能更高。

整体插装式换向阀的过液能力强于国际同类产品，即额定流量更大。

**3. 独特性**

采用消化、吸收、再创新的原则进行电液控制系统关键元件的开发，分析国外同类产品在电液控制系统设计上的优缺点，结合电液控制系统的现场使用情况，按照电液控

制系统的设计理念进行系统关键元件的设计，在结构和功能设计上具有一定的独特性。采用人机操作界面分离，驱动电路合一，使系统布局更加合理，简化了控制器的结构，提高了控制器的防护等级，电磁铁在线检测功能的设计也有独到之处。

整体插装式换向阀在结构和功能设计上具有独特性：将主阀阀芯、精密过滤器、进液单向阀和回液单向阀集于一体，结构紧凑，减少端面外漏环节；密封形式和内腔过液通道追求精确的设计，做到了无旋涡，解决了气蚀难题，提高了使用寿命。

**4. 与同类产品的性能参数比较**

与国外同类产品比较，SAC 支架电液控制系统急停命令的响应速度（300ms）远快于德国 Marco 公司 PM32 型支架电液控制系统的响应速度（500ms），国产支架电液控制系统的安全操作性能高于国外同类产品，使用更安全。

电液控换向阀等关键液压元件的可靠性达到国际先进水平，响应速度比国外同类产品快，额定流量比国外同类产品大。

由于是新开发的产品，可以选用国际上流行的，最先进的电路进行控制器电路设计；而国外许多支架电液控制系统是在早些年就开发出来的，所以它们使用的器件大多是 20 世纪 80 年代推出的电路，现在虽已成熟，但电子领域的飞速发展使其产品难以快速更新换代，主模块也只好用以后的升级产品，对新产品开发无论在速度、性能等方面都受到了一定的限制，许多新的功能需要搭接外围电路才能完成。

## 三、推广应用前景和意义

北京天地玛珂电液控制系统有限公司经过多年的科研攻关，到 2017 年年底，已经推广应用了 20 套 SAC 支架电液控制系统，分布于山西、山东、宁夏、吉林、河南、河北等省各大矿区，得到用户的广泛认可。用户在使用 SAC 支架电液控制系统的过程中，提高了生产效率，节约了人力，同时也保证了工作面的安全。

电液控制系统是液压支架的核心技术，它的应用标志着我国液压支架的技术水平已达到国际最先进的水平。近几年，我国煤矿电液控制系统的需求量不断增加，每年需近 20 套高可靠性的支架电液控制系统。由于引进的液压支架电液控制系统价格昂贵，且配件供应、使用维修都不方便，所以根据我国的经济实力，只可能有个别效益好的煤矿采用进口设备。国产电液控制系统的研究成功，将满足我国发展高产高效工作面的需要，比较适合我国煤矿的实际情况，具有广阔的应用前景。一套国产液压支架电液控制系统的售价约为国外产品的 2/3，经济效益十分可观。

国产电液控制系统的研制成功，其技术成果具有完全的自主知识产权，打破了电液控制系统完全依赖进口的局面，为国家节省大量外汇，而且更经济、实用，为我国支架参与国际市场竞争创造了条件。

# 第十一章　液压支架维修拆装设备

## 第一节　地面检修液压支架设备

### 一、液压拆装设施（图 11–1）

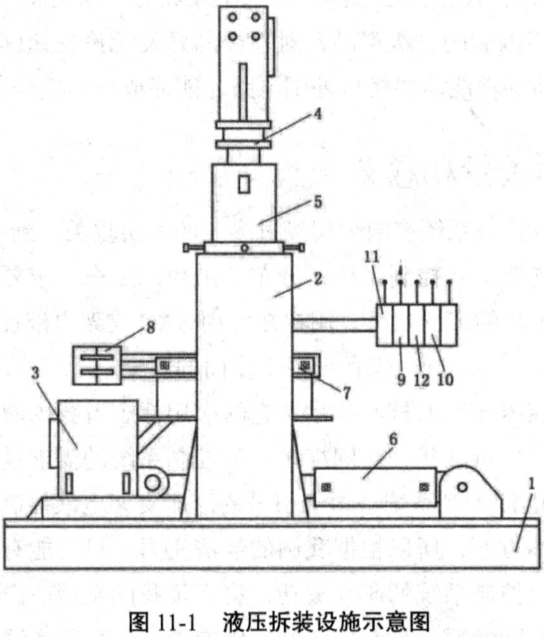


图 11-1　液压拆装设施示意图

1- 底座；2- 液压缸固定座；3- 立柱固定座；4- 下压液压缸；5- 升降液压缸；6- 推拉液压缸；-7- 机械手液压缸；8- 机械手；9，10，11，12- 操纵阀片

#### 1. 简介

该设备长 5.5m，宽 2.5m，高 3.75m，为两柱立式结构，主体以钢板焊接为主，拆装框架两立柱为可伸缩液压千斤顶，在立柱中间还有可前后移动的液压机械手，用于固定需要检修的立柱。主要靠液压缸的伸缩对需检修立柱进行拆装工作。每个液压缸均配有单向锁两柱还配有同步阀。该拆装机可适用于立柱缸体在 $\phi160\sim250$mm 之间的各种单伸

缩和双伸缩立柱的检修。使用该设备检修时，操作方便、灵活、动作平稳易控制，安全性大，并可随时停止在任何所需要的位置。矿用立式液压支架立柱液压拆装机，可适用于不同尺寸的液压支架，对其进行解体组装工作，解决了靠手工无法检修的难题，降低了劳动强度，提高了安全性能，保证了检修质量。

**2. 整体结构部分**

拆装架两立柱上部用 20mm 钢板焊接成箱体，用于固定下压液压缸下部用，16mm 钢板用于固定拆装架两柱。

拆装架下部中件设有可移动液压机械手，箱体用 20mm 钢板焊成 Y 形，手臂为连杆结构，手掌为 V 形，下面立柱固定座用 16mm 钢板焊成方形。

底座为长方形，长 5.5m、宽 2.5m、高 0.42m，用 400mm 工字钢焊接成框架，上部用 20mm 钢板与框架焊接作为上盖板，盖板上焊有拆装架方箱。

**3. 液压传动部分**

利用两个 $\phi$100mm 液压缸作为拆装架的两立柱并对需检修立柱进行起吊和下压动作。配有双向锁和同步阀。利用一个 $\phi$125mm 液压缸安装在拆装架顶部，作为拆装架的下压液压缸，配有单向锁。

利用一个 $\phi$60mm 的液压缸安装在液压机械手箱体内部。在为机械手的打开和握紧，起固定需检修立柱用，配有单向锁和节流阀。

利用一个 $\phi$140mm 的液压缸，一端安装在底座上，另一端安装在可移动液压机械手箱体下面立柱固定座上，主要起推出拉入需检修立柱用。配有双向锁。

拆装架的中下部安装有一组三位四通手动换向阀，用于各个液压缸的换向动作。高压主进回液采用 $\phi$16mm 接口，其余采用 10mm 接口。

**4. 操作及使用方法**

1）拆卸损坏立柱

拆卸损坏立柱的步骤如下：

首先伸出推拉液压缸 6，将可移动立柱固定座 3 推出。伸出机械手液压缸 7，将液压机械手 8 松开。然后将需检修立柱放在固定座 3 内。收回机械手液压缸 7，握紧液压机械手 8。拆掉损坏立柱缸口小件。收回推拉液压缸 6，将损坏柱的活柱与下压液压缸 4 连接牢固。伸出液压缸 5，收回下压液压缸 4，即可将损坏活柱拉出。伸出液压缸 6、7，松开液压机械手 8。将损坏立柱缸吊出固定座 3。收回液压缸 6、5，伸出液压缸 7，使机械手 8 拆开活柱。拆下活柱与液压缸 4 的连接件。伸出液压缸 6、7，松开机械手 8，吊出拆下的活柱，拆卸完毕即可进行下一拆卸工作。

2）组装完好立柱及做压力试验

将好立柱缸筒吊入固定座 3，伸出液压缸 7，使机械手握紧立柱缸筒。再将完好下活柱，吊入液压缸大筒内。先收回液压缸 6、5，再伸出液压缸 4，将活柱压入缸体内部。收回下压液压缸 4，伸出液压缸 5、6 安装缸口小件。再将上活柱吊入下活柱内。收回液压缸

6、5，伸出液压缸 4，将上活柱压入下活柱内。收回液压缸 4，伸出液压缸 5、6，安装防尘盖等小件。利用换向阀的油管做压力试验。合格后，伸出液压缸 7，松开液压机械手，将检修好的立柱吊出固定座 3，便可进行下一组装工作。

## 二、旷用可旋转液压拆装机（图 11–2）

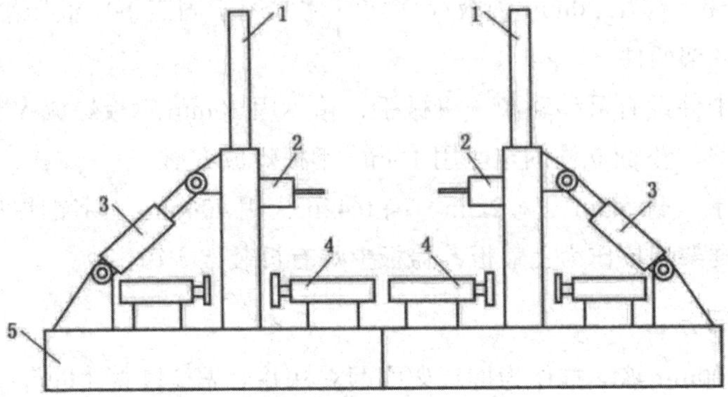


图 11-2　矿用可旋转液压拆装机示意图

1- 压装架；2- 操纵阀；3- 旋转油缸；4- 夹紧油缸；5- 底座

### 1. 简介

综采工作面液压支架在井下使用一段时间后，由于各种原因，造成液压支架的千斤顶损坏，不能起到有效的支撑功能，必须返到井上检修车间进行修理。而上井的千斤顶如没有检修用的拆装设备就无法进行修理，只能找相关修理厂或购置新千斤顶，这样就给矿方造成较大的浪费。矿用可旋转液压拆装机可很好解决上述问题。

### 2. 整体结构部分

该设备长 5m，宽 2.5m，高 3.05m，两部分为框架立式结构，主体以钢板焊接为主，拆装框架两立柱为可旋转形式，框架底部装有液压旋转油缸，在框架中间还有可前后移动的液压夹紧油缸。工作方式主要靠压装架液压缸的伸缩，对需检修千斤顶进行拆装工作。每个油缸均配有单向锁，两旋转油缸还配有同步阀。该拆装机可适用于缸体在 $\phi$200mm 以下的各种千斤顶的检修。使用该设备检修时，操作方便、灵活，动作平稳、易控制，安全性大。并可随时停止在任何所需要的位置，通过使用得到了操作者和各级领导的认可。

### 3. 操作及使用方法

1）拆卸损坏千斤顶步骤

拆装机使用一个底座，两组人员可以同时工作，以提高工作效率。首先，收回旋转油缸 3，使可旋转压装架旋转一定角度。操作手把夹紧油缸 4，收回机械手，将需拆卸液压千斤顶放入机械手中间。操作手把让夹紧油缸 4 伸出，使机械手抓紧千斤顶。拆掉损坏千斤顶缸口小件。伸出旋转油缸 3，将损坏千斤顶的活塞杆与压装架液压缸连接牢固。收回压装架油缸，即可将损坏活塞杆拉出。收回旋转油缸 3、夹紧油缸 4，松开液压机械手。

将拆卸的千斤顶缸筒吊出。然后再伸出旋转油缸 3、压装架油缸、夹紧油缸 4，夹紧活塞杆。拆下活塞杆与液压缸的连接件，收回夹紧油缸 4，松开液压机械手，吊出拆下活柱，拆卸完毕，便可进行下一拆卸工作。

2）组装完好千斤顶及做压力试验

首先，收回旋转油缸 3，将完好的千斤顶缸筒吊入机械手中间，伸出夹紧油缸 4，握紧千斤顶缸筒，再将千斤顶活塞杆吊入缸筒内。伸出旋转油缸 3、压装架 1 的油缸，将活塞杆压入缸体内部。先收回压装架内部油缸，再收回旋转油缸 3，然后安装缸口小件。再利用换向阀的油管做压力试验，合格后，松开液压机械手，将检修好的千斤顶吊出，便可进行下一组装工作。

## 三、矿用立式压力机（图 11–3）

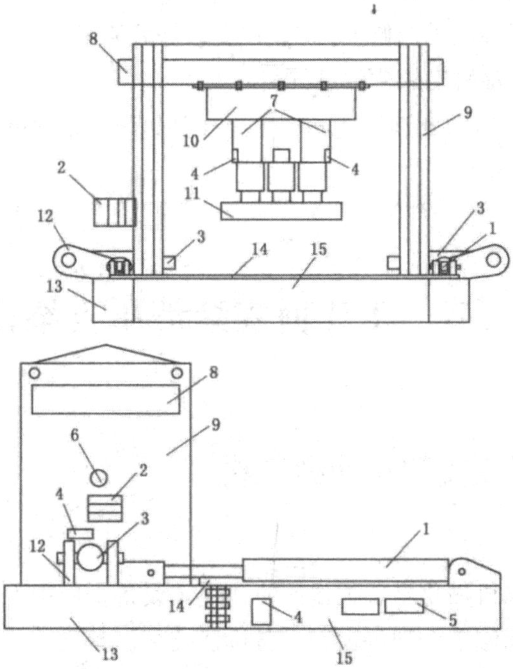


**图 11-3 矿用立式压力机示意图**

1- 加长油缸；2- 换向阀；3- 两侧油缸；4- 单向锁；5- 同步伐；6- 工作观察孔；7- 下压油缸；8- 上横梁；9- 两侧框架；10- 上固定座；11- 下固定座；12- 两例固定座；13- 下横梁；14- 运送板；15- 辅助平台

### 1. 简介

在采掘设备中，综采工作面液压支架、采煤机、运输机，在井下使用一段时间后，由于各方面的原因,从而造成液压支架等结构件的损坏,不能有效地支撑顶板及正常使用,必须返到井上检修车间进行修理。矿用立式压力机是面对液压支架、采煤机、运输机的各种尺寸所设计，对损坏上井的结构件在压力机的配合下进行解体压装工作，解决了靠手工无法检修的难题，降低了劳动强度，提高了安全性能，保证了检修质量，是煤矿检修车间的配套产品。

2. **整体结构部分**

该设备长 5.5m，宽 2.6m，高 4.3m，为三柱立式结构，主体以钢板焊接为主。压力机框架两侧各有两块 40mm 厚的钢板焊接成箱体，上下横梁内部采用 400mm 工字钢，外面用钢板包成箱型结构。在中间上部固定三个大液压缸，下部两侧各有一个可前后移动的液压缸，用于调整需要检修的结构件。外部两侧各有一个加长液压缸可前后移动运送板，压力机的工作主要靠液压缸的伸缩来进行工作。每个液压缸均配有单向锁，两个加长油缸还配有同步阀。使用压力机对结构件整形时，操作方便、灵活，动作平稳、易控制，安全性大，并可随时停在任何所需要的位置。

3. **操作及使用方法**

第一，操作换向阀 2 伸出加长油缸 1，推运送板 14，将需要整形的结构件放在运送板 14 上，然后操作换向阀 2 收回加长油缸 1。

第二，操作换向阀 2 调整两侧油缸 3，位置调好后伸出三个下压油缸 7。通过工作观察孔 6 利用两端和下压油缸对结构件进行整形工作。

第三，工作完成收回两侧油缸 3 和三个下压油缸 7，然后再伸出加长油缸 1 即可换上下一个需要整形的结构件。

## 第二节　工作面安装液压支架设备

### 一、大采高液压支架快速组装机

1. **简介**

该设备是煤矿综采机械化高端工作面快速组装设备，使用大采高及高端液压支架组装，是煤矿采煤工作面液压支架等大型设备拆装配套设备之一，非常适合井筒较小、巷道狭窄的矿井。中小型煤矿的大采高液压支架下井都解体成三件左右（因下井运输线空间因素），液压支架必须解体单件下井，到工作面上出口后再进行组装。之前，在没有专用液压支架快速组装机时，支架组装工作安全隐患多、效率低、员工体力消耗大，还非常容易损坏部件。该设备解决的技术问题是，提供一套能在煤矿综采工作面上出口，对大采高及高端液压支架等设备快速组装。该设备解决了老矿井因井筒小、巷道狭窄，大采高及高端支架等解体后进入工作面不能组装的难题。其结构如图 11-4 所示。

2. **整体结构部分**

大采高液压支架快速组装机，全长 15.5m、宽 4.65m、高 3.5~5.2m 各部件全部靠螺栓连接，所有液压缸全部靠销轴连接，起吊链、吊钩由卸扣与蝴蝶扣连接，组装机结构部分主要由两套导向底座组件、4 个推拉油缸固定装置、6 个液压立柱底座，其中一套立柱配有导向装置、3 套双向可伸缩上横梁，一套配有两个机械手、6 套起吊链与链轮及起吊钩。液压部分由 6 个升降起吊立柱、6 个立柱底座推拉油缸、6 个起吊链收放调整拉紧油缸、6 个起吊钩中心距调节油缸及 4 个机械手动作油缸。快速组装机安装在工作面上出口 30m 处，按照图纸要求先将 6 个液压立柱底座，分别放入两套导向大底座内，其中两套配有导向装置的立柱底座安装在远离出口较远一端，然后将导向底座组件顺着行人的方向摆好，并用螺栓连接紧固好，再将 4 个推拉油缸固定装置，分别用螺栓连接在两套导向底座组件的两端，三套双向可伸缩调整上横梁前后布置，中间上横梁两端配有机械手，6 套起吊链与链轮及起吊钩，分别安装在上横梁调节油缸上面。

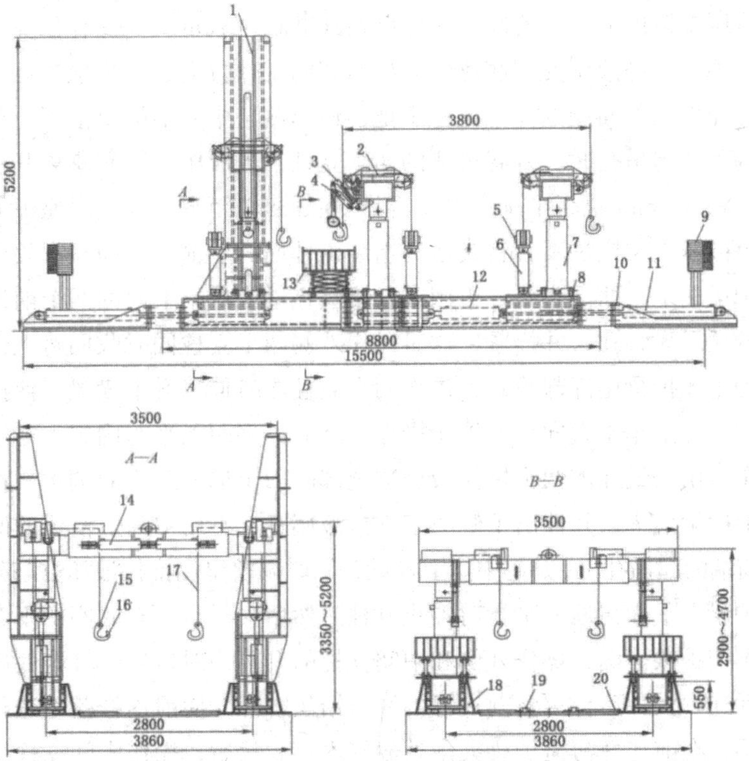


**图 11-4　大采高液压支架快速组装机示意图**

1- 导向装置；2- 上横梁组件；3- 机械手臂；4- 机械手油缸；5- 链轮组件；6- 拉紧油缸；7- 立柱；8- 立柱底座；9- 操作阀组；10- 推校油缸固定框架；11- 推拉油缸；12- 中间调节油缸；13- 液压升降架；14- 上横梁调节油缸；15- 蝴蝶扣；16- 起吊钩；17- 起吊链；18- 导向底座组件；19-24kg 轨道；20- 底座连接件

液压快速组装机工作原理是，利用工作面乳化液泵的压力能，将油缸伸出或收回改变为动能的方式，实现对大部件起和吊移动。首先是 6 个立柱油缸伸缩动作，对液压支架等大部件进行上下移动，距离出口较远一端的两个立柱升降，配有两套上下移动导向装置。6 个立柱底座推拉油缸伸缩，负责起吊后大部件的前后纵向移动。6 个起吊钩中心距调整油缸安装在上横梁中部，可同时左右移动，负责起吊后大部件横向移动。6 个起吊链收放调整油缸，主要用于调整起吊链的位置及对大部件组装的上下微调。4 个机械手动作油缸安装在中间横梁一侧两端，用来抓拿 80kg 大轴并举到 3.5m 或更高，对准大轴孔然后穿入。所有油缸均配有液压锁和安全阀，每个油缸可单独动作也可以同时动作。该组装机主要用于煤矿井下工作面，对大型设备及液压支架进行快速组装，达到了安全生产、减人提效的目的，使用该设备进行组装时，员工操作简单方便、灵活可靠，动作平稳，容易控制，可停留在任何所需位置，大大降低了劳动强度，使组装工作消除了安全隐患。

### 3. 操作使用方法

液压支架在中小型煤矿下井一般都解体成三车左右，进入工作面快速组装机的顺序是，先进入液压支架顶梁，将其运到快速组装机里面约 10m 处（工作面侧），顶梁尖朝向工作面侧。然后，进液压支架底座（立柱窝朝向工作方向），将该车运到工作面侧两个横梁下面。操作工作面侧的 4 个立柱手把，使里侧与中间上横梁落下，当 4 个起吊钩能钩牢底座的 4 个起吊孔时，升起里侧的 4 个立柱，当液压支架底座离开平车后，停止升柱的操作，将 600mm 轨距平车运出，再将 900mm 轨距平车运到底座下面并固定好。最后进入的是液压支架掩护梁，将其运到组装机外面的上横梁下面平车固定处，用大链固定好装掩护梁的平车两端碰头，再用 8 号铅丝穿过掩护梁上面的两个前连杆大轴孔与掩护梁上面的顶梁大轴孔，并拴紧，这时操作外侧两个立柱同时收回将上横梁落下，用两个起吊钩钩牢掩护梁尾部起重孔，操作两个立柱同时伸出升上横梁，使掩护梁吊起，当掩护梁下端离开平车垂直向下时停止操作。然后，将两条平车固定大链解开，再将装掩护梁的平车运出，最外侧两个推拉液压缸全部收回（远离工作面侧），将中间两个立柱收回，使上横梁落下，并伸出里侧两个推拉液尾缸，再用中间上横梁的两个起吊钩，钩在掩护梁前端的起吊孔上，升起中间上横梁并同时调整里侧推拉液压缸与外侧上横梁。当吊起的掩护梁上平面与地面平行时停止升柱。然后，再将装有底座的平车，由里侧上横梁下面推到掩护梁下面，操作外侧和中间立柱的升降，对接后连杆与底座的两个孔，当插好两个后连杆大轴后，再将前连杆的 8 号铅丝解开，使前连杆落下进行对孔，插好前连杆大轴后，在前连杆与掩护梁夹角处放好木垫。然后，操作中间立柱梁下降，摘掉两个中间横梁的钩子，操纵里侧推拉液压缸使之全部收回。最后将装有支架顶梁的平车，运到里侧与中间上横梁下面，这时操作里侧与中间的立柱下降，使其 4 个起吊钩钩在顶梁的起吊孔后升起立柱，当支架顶梁的高度能与掩护梁对接时，停止升立柱，操作里侧的推拉液压缸进行对接，两个顶梁大轴插好后摘下起吊钩将支架运走。并将上横梁等移动到初始位置，等下一组的组装工作即可。

## 二、矿用液压旋转卸车平台

### 1. 简介

目前在井下综采工作面，一些高端支架等大型设备只能人工卸载，工作效率低、劳动强度大，综采设备拆装生产成本高，还存在着较大的安全隐患。该产品是提供一种矿用液压旋转卸车平台，有效与绞车以及液压支架运输车配合，实现液压支架快速安全卸车，整个过程中只需人工操作设备即可，无须直接接触液压支架，确保操作安全，提高效率，降低劳动强度和综采设备拆装成本。

### 2. 整体结构部分

矿用液压旋转卸车平台如图 11-5 所示，包括中部设有凸台的底座、旋转支撑板以及液压缸，旋转支撑板一端与凸台左侧面顶部钗接，铰接轴的轴线与凸台上表面平行，且校接轴的轴线与凸台顶面之间的距离和钗接轴的轴线与旋转支撑板顶面之间的距离相等，液压缸尾端与凸台左侧面下部铰接，且其首端与旋转支撑板下表面铰接。凸台右侧设有导轨，导轨端部与凸台右侧面借助于螺栓固定连接，导轨为并列的两根，采用规格为 30kg/m 的钢轨。旋转支撑板顶面两侧设有与其顶面垂直的挡板，挡板立面、旋转支撑板与凸台之间的铰接轴轴线垂直。液压缸设置三套，沿与凸台皎接的轴线方向均匀布置。底座和旋转支撑板均为箱形结构。通过在底座一端设置与液压支架运输车行走系统配套的导轨，能将底座与液压支架运输车连接起来，同时在凸台左侧设置使用液压缸驱动的旋转支撑板，并与绞车配合，当液压支架运输车将液压支架运送至凸台右侧时，绞车拖拽液压支架滑动至旋转支撑板上表面，然后操作液压缸回退，旋转支撑板绕其与凸台左侧面之间的钗接轴转动，使液压支架完全脱离液压支架运输车，大大提高了作业效率。

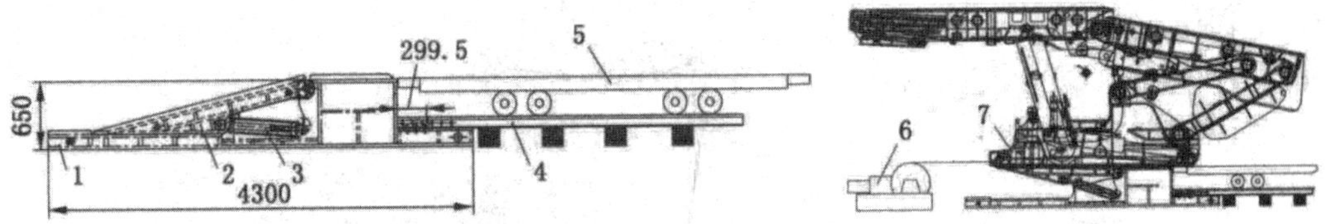


**图 11-5　矿用液压旋转卸车平台**

1- 底座；2- 旋转支撑板；3- 旋转支撑油缸；4-30kg 轨道；5- 运输液压支架平车；6- 绞车；7- 支架

### 3. 操作使用方法

将装有液压支架平车 5 运到平台连接轨道 4 的上面，将绞车 6 的钢丝绳与液压支架 7 连接牢固，伸出旋转液压缸 3，同时旋转支撑板 2 抬起，利用绞车 6 将液压支架 7 拉到旋转支撑板 2 上面，并使支架前端与支撑板前端对齐。然后，缓慢收回旋转液压缸 3 使旋转支撑板 2 慢慢下降，使液压支架 7 滑动到地面，再利用绞车 6 拖拽液压支架 7 到适当位置即可，解开绞车 6 钢丝绳与支架 7 的连接。

# 第三节　工作面拆除液压支架设备

## 一、一种矿用液压支架井下拉轴机

### 1. 简介

由于液压支架长期在井下工作面使用，因此锈蚀比较严重，大部分连接轴拆卸比较困难。拆卸工作效率低、体力消耗大，还直接影响安全生产，该拉轴机可整体上下井，不必解体拆卸，使用方便。设备到达工作面后，利用工作面现有泵站，连接上进回液管路即可使用，操作简单、灵活方便。该设备不但适用于 1.5m 中心距的液压支架，而且还能满足 1.75m 以上中心距的高端液压支架的拆卸要求，此拉轴机主要用于液压支架大销轴的快速拆卸，达到安全、提效的目的。使用该设备拆卸大销轴时，操作方便、灵活，动作平稳，解决了煤矿综采机械化工作面的大型及高端液压支架连接大轴拆卸的难题。

### 2. 整体结构部分（图 11–6）

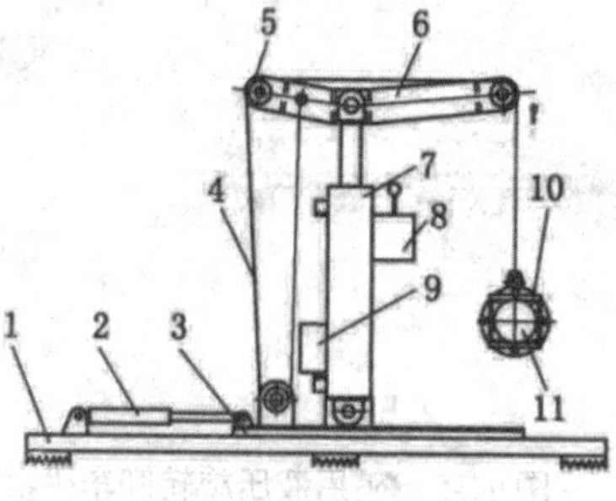


图 11-6　矿用液压支架井下拉轴机示意图

1- 底座；2- 推拉千斤顶；3- 伸缩底座；4- 提拉钢丝绳；5- 钢丝绳滑轮；6- 上横梁；7- 升降千斤顶；8- 操纵阀组；9- 液压锁；10- 拉轴装置；11- 拉轴千斤顶

该拉轴机全长 2.2m、宽 1.5m、高 1.5~2.3m，各部件以销轴连接为主，少部分由螺栓连接，整个拉轴机主要分为四大部分：一是底座部分，用于固定升降油缸和一个定滑轮，以及底座伸缩装置；二是升降装置部分，用于调整升降高度，起吊拉轴装置，固定液压操作阀组；三是上横梁部分，用于固定起吊钢丝绳及固定钢丝绳滑轮；四是拉轴装置部分，用于液压支架大销轴的拉出。

该矿用液压拉轴机包括底座、滑动座、横向千斤顶、竖直千斤顶、横梁、钢丝绳、拉轴装置和三个滑轮，滑动座通过横向的直线滑轨安装在底座上，其上部固定竖直千斤顶。横向千斤顶的两端分别与底座和滑动座连接。横梁位于竖直千斤顶上方，其中部与竖直千斤顶的顶杆连接。第一滑轮安装在滑动座上，第二滑轮和第三滑轮分别安装在横梁的两端。钢丝绳的一端固定在横梁上，另一端依次绕经第一滑轮、第二滑轮和第三滑轮后与拉轴装置相连。横向千斤顶和竖直千斤顶均设置有液压锁，横向千斤顶和竖直千斤顶的液压锁和操纵阀组均固定在竖直千斤顶的侧壁上。拉轴装置内设置有拉轴千斤顶，利用横向千斤顶驱动拉轴装置前后移动，同时利用竖直千斤顶调节拉轴装置的高度，使拉轴装置处于拆卸大销轴的最佳位置，连接每个液压缸均配有液压锁 9，拉轴装置 10 可停留在任何所需位置，使得大销轴拆卸工作安全系数大大提高。横向千斤顶 2 的行程为 900mm，可驱动滑动座 3 前后移动。竖直千斤顶 7 的行程为 1000mm，它作为横梁 6 的支撑，并可驱动横梁 6 上下移动，实现拉轴装置的起吊和高度调节。拉轴机主要靠的行程为 300mm 的千斤顶，安装在拉轴装置 10 内部，用于拉出液压支架的大销轴。该拉轴机利用一组 400L 大流量操纵阀组 8 作为操作系统，每个液压缸都安装 200L 的液压锁，进回液采用高压软管。

**3. 操作使用方法**

首先，操作 400L 大流量操纵阀组 8 使千斤顶 2、7 伸缩动作，并驱动拉轴装置 10 进行上下和前后移动到大轴中心。然后，再操作阀组 8 使拉轴千斤顶 11 伸出，与大轴用螺栓连接牢固，操作阀组 8 使拉轴千斤顶 11 收回，便可使大轴拉出来。再操纵阀组 8 使千斤顶 2、7 伸缩动作，并驱动拉轴装置 10 进行下降和前后移动，直到大轴落地为止。

## 二、一种矿用高端液压支架井下装车平台

**1. 简介**

该矿用高端液压支架井下装车平台，是井下综采工作面液压支架拆除过程中，液压支架装车外运的装车装置。利用回柱绞车和装车平台配合使用，在高端综采设备搬家倒面中得到运用，取得了很好的效果。提高了高端综采液压支架拆除工作的工效，降低员工劳动强度，增加劳动生产效益，降低综采设备安拆生产成本，得到较好的经济效益。随着国内综采工作面设备的大功率、大采高、重型化、高强度的发展趋势，使得综采支架的吨位不断加大，以及综采工作面回采速度的加快，对综采设备的快速拆除提出了新的要求，针对这一现状，特研制此装置。目前，该装置可以解决高端液压支架在井下拆除后无法装车的难题。使用此装置可有效地提高液压支架的装车速度，降低劳动强度，实现安全高效拆除综采设备。可推广到全国中小矿井综采工作面使用，解决中小矿井使用大架型工作面装车的难题，实现在井下工作面进行拆卸装车。

**2. 整体结构部分**

该装车平台全长 5.5m、宽 2m、高 0.55m，各部件以螺栓连接为主，整个装置主要分为两大部分，装车平台部分和绞车部分，如图 11-7 所示。一般安装在工作面上顺槽，安装时平台部分在里侧（采面侧），绞车部分在外侧，其工作方式主要靠平台斜面与绞车的配合，在绞车的拉动下使大型部件移动到矿用平车上面。此装置主要用于大型及高端液压支架部件快速装车，达到安全、减人、提效的目的，使用该设备工作时，操作简单

灵活、方便，易控制，可停留在任何所需位置，使装车工作安全系数大大提高，实现了高端综采设备的快速搬迁倒面工作。

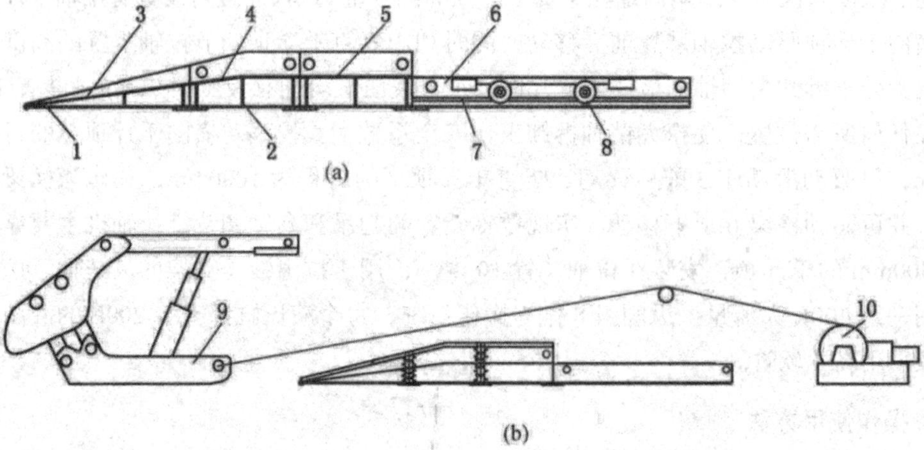


**图 11-7　矿用高端液压支架井下装车平台示意图**

1- 底板；2- 支柱；3- 斜面一；4- 斜面二；5- 平台；6- 簸箕；
7- 铁轨；8- 平车；9- 高端液压支架；10- 绞车

### 3. 操作使用方法

第一，大型液压支架部件在装车平台装车时，采用 JH-14T 或 JH-8T 绞车。必须找好方向，底座前方上好压板，固定螺丝上满扣后方打好摞，打摞采用双股 8 号铅丝或 6 分以上钢丝绳两侧各一道摞好。

第二，平台上顶沿倾向并排打好两趟或两趟以上托板，顶板要用一梁四柱，以备挂轮找向用。

第三，支架在上拉或装车时，如绞车绳不顺线，要挂好 5t 以上平轮找好方向，导向轮要挂在起吊梁或完好的支架上。

第四，支架在装车平台装车时，装车平台两侧严禁站人，同时绞车启动时所有人员必须躲开绞车绳道及三角区，全部躲至绞车护网后的安全地点。

第五，装车人员及绞车司机必须站在 14t 绞车窝后侧，和工作面上口大件后可瞭望的安全地点，同时风道内不准同时运输。

第六，安装好液压支架装车平台装置，将矿用平车 8 提前推入装车平台簸箕 6 内、铁轨 7 上面。然后，将高端液压支架 9 及大型部件，利用绞车 10 迁移至装车平台，经斜面一 3、斜面二 4、平台 5，最后到达平车 8 上面，就完成了整个液压支架装车的工序。

## 三、液压支架在工作面解体后快速装车起吊平台

### 1. 简介

随着我公司综采工作面回采速度的加快，对综采设备的快速装车固定上井提出了新的要求，根据这一现状，特研制此起吊装置。

该设备是根据ZY4800/13/32型、ZY4800/19/40型、ZY6400/21/45型、ZY9200/20/42D型、ZY9200/27/58D型等五种支架的特点设计出来的。为高产高效拆除工作面液压支架的需要，将以往在顺槽装车改为在工作面就地装车，减少中间运输环节，提高工作效率。这套装置不但适用于1.75m高端支架，而且还适用于1.5m普通液压支架的装车固定工作，实现安全、高效、快速起吊装车设备，解决井下工作面支架解体后装车固定的难题。

2. **整体结构部分**

该设备长8m、宽3.0~3.9m、高1.45~2.3m，由结构件与液压件两部分共同构成，结构件之间主要靠螺栓相互连接，液压件与结构件之间主要靠销轴连接。支架部件的起吊及前后移动全部靠液压油缸的动作来实现，液压缸的动作与停止全部靠液压阀来控制。其工作方式是，液压支架在绞车的拉动下使大型部件移动到起吊平台内部。起吊装置是利用4个立柱边起吊，边用推拉油缸移动装车，直到工作面支架全部完成装车为止。该设备主要用于各种液压支架大部件快速起吊装车，达到安全、减人提效的目的，使用该设备工作时，操作简单、灵活、方便、易控制，可停留在任何所需位置。使装车工作安全系数大大提高，实现了大采高综采设备的快速上井工作。快速起吊平台的整体结构如图11-8所示。

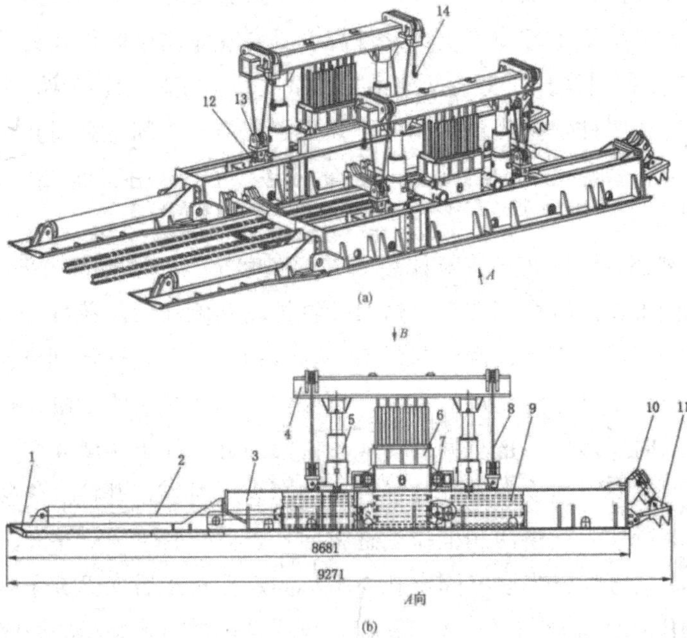


**图11-8　快速起吊平台的整体结构示意图**

1-两侧推拉部分；2-推拉油缸；3-两侧大底导向部分；4-两侧上起吊梁；5-立柱；6-两侧导向部分；7-起吊链轮；8-起吊链；9-两侧前后滑靴部分；10-制动油缸；11-防滑制动部分；12-拉紧油缸；13-拉紧油缸链轮；14-起吊钩

3. **操作使用方法**

在工作面下顺槽液压支架顶梁下面，用绞车将快速起吊平台进行组装。安装时制动部分放在下端（下面），推拉部分放在上端（上面）。操作换向阀手把将两侧制动油缸伸出，使制动部分与地面紧密结合，防止起吊装置下滑。快速装车步骤如下：

第一车是顶梁部分。用绞车将解体后的液压支架顶梁拉入起吊装置内部约 2m 处，操作换向阀手把将两侧推拉油缸全部伸出，这时油缸推动两侧前后滑靴部分；两侧导向侧推部分，并带动两侧起吊梁部分。两侧起吊链、轮、钩部分一起行走到支架顶梁上方。操作换向阀手把将两侧 4 个立柱降到最低高度，再操作手把调整拉紧油缸，使起吊钩钩入支架顶梁起吊孔。这时，操作手把收回两侧 4 个拉紧油缸，伸出两侧 4 个立柱带动起吊钩上升，使支架顶梁吊起并安装连接件，当支架部件高度具备装车高度时停止升柱。将装支架平车推放到轨道末端，同时操作手把将两侧推拉油缸收回，当支架顶梁吊到平车上面时停止收回手把。操作立柱手把降柱，当 5 个连接件插入平车固定孔内部后，摘下起吊钩，用绞车拉出装好车的顶梁，立即将 4 个连接件用销轴与平车固定一起即可。

第二车是掩护梁部分。用绞车将解体后的支架掩护梁拉入起吊装置内部约 2m 处，操作换向阀手把将两侧推拉油缸全部伸出，这时油缸推动两侧前后滑靴部分，两侧导向侧推部分，并带动两侧起吊梁部分。两侧起吊链、轮、钩部分一起行走到支架掩护梁上方。操作阀组手把将两侧 4 个立柱降到最低高度，再操作手把调整拉紧油缸，使起吊钩钩入支架掩护梁起吊孔。这时，操作手把收回两侧 4 个拉紧油缸，伸出两侧 4 个立柱带动起吊钩上升，使支架掩护梁吊起，当支架部件高度具备装车高度时停止升柱。将装支架平车推放到轨道末端，同时操作手把将两侧推拉油缸收回，当支架掩护梁吊到平车上面时，停止收回手把。操作立柱手把降柱，当掩护梁固定孔与平车固定孔对正后摘下起吊钩，立即将前连接件及后固定孔用 M24 螺栓与平车固定一起，再用绞车拉出装好车的掩护梁即可。

第三车是底座部分。用绞车将解体后的支架底座拉入起吊装置内部约 2m 处，操作换向阀手把将两侧推拉油缸全部伸出，这时油缸推动两侧前后滑靴部分；两侧导向侧推部分，并带动两侧起吊梁部分；两侧起吊链、轮、钩部分一起行走到支架底座上方。操作阀组手把将两侧 4 个立柱降到最低高度，再操作手把调整拉紧油缸，使起吊钩钩入支架底座起吊孔。这时，操作手把收回两侧 4 个拉紧油缸，伸出两侧 4 个立柱带动起吊钩上升，使支架底座吊起，当支架部件高度具备装车高度时停止升柱。将装支架平车推放到轨道末端，同时操作手把将两侧推拉油缸收回，当支架底座吊到平车上面时停止收回手把。操作立柱手把降柱，当底座固定孔与平车固定孔对正后摘下起吊钩，立即将前连接件及后固定孔用 M24 螺栓与平车固定一起，再用绞车拉出装好车的底座即可。

以上是一组支架装车的一个循环过程，当三组支架连续装车完成后，拆除中间轨道连接部分两侧的 8 个连接杆。利用 3 个中间伸缩油缸连接两侧前后大底，操作换向阀手把全部收回中间伸缩油缸同时带动两侧大底收回，使大底宽度达到最小。将绞车钢丝绳与两侧大底大链进行连接，操作绞车拉动起吊装置到下一个位置，拆除 3 个中间伸缩油缸与两侧前后大底连接，再安装中间轨道连接部分两侧的 8 个连接杆，进行新一轮的支架装车工作。

## 四、工作面整组液压支架起吊装置

### 1. 简介

工作面整组液压支架起吊装置，安装在综采工作面液压支架的下面，是针对整组液压支架在工作面液压支架下面装车的起吊装置。该设备是根据我公司现有 8 种液压支架的特点而设计。为保我公司安全高效倒装工作面液压支架的需要，领导决定将以往先在工作面解体后再拉到顺槽装车的方法，改为在工作面液压支架下面，将整组支架不用解体就地起吊装车。这套装置不但适用于 1.5m 普通支架，而且还适用于 1.75m 高端液压支架的起吊装车固定工作。以前解体倒装一组同样的支架需 7h 左右，通过该装置，现在装一组支架只用 25min，生产效率大大地提高了。实现了安全、高效、快速起吊装车的设备，使用效果非常好，深受井下一线员工和公司领导的认可。

### 2. 整体结构及工作方式

该设备长 3m、宽 3.5m、高 1.55~1.85m，由结构件与液压件两部分共同构成，结构件之间全部靠销轴相互连接，液压件与结构件之间也靠销轴连接，链轮的固定全部靠螺栓进行连接。整组支架的起吊及左右移动全部靠液压油缸的动作来实现，液压缸的动作与停止全部靠液压阀来控制。其工作方式是，液压支架在绞车的拉动下，使整组支架拉到起吊装置的内部。起吊装置主要是靠 4 个千斤顶伸出，可以将液压支架起吊 400mm 的高度，如果高度不够用可以利用 4 个立柱再起吊 500mm，然后将平车放在液压支架的下面进行装车，并用 2 条 M24 螺栓与 2 条 M30 螺栓将支架和平车进行固定，装车完成后拉到另外一个新工作面，如此这样反复操作，直到工作面支架全部完成装车为止。

### 3. 操作使用方法

首先，在工作面下部液压支架顶梁下面，用绞车先将整组液压支架起吊装置进行组装。安装时中间轨道大底斜面端放在工作面下部，中间轨道大底轨道端放在上面，两侧大底座任意码放在两侧即可，没有左右方向问题，利用大底连接件和连接轴，将两侧大底座与中间轨道大底连接起来即可使用。快速装车步骤如下：

用绞车将整组的液压支架拉入整组起吊装置内部，将两侧 4 个起吊钩挂在底座起吊孔上，操作换向阀手把将两侧 4 个拉紧千斤顶伸出，使千斤顶推动滑轮并带动起吊钩移动，逐步使整组液压支架吊起。当千斤顶全部伸出，起吊高度不够用时，操作换向阀手把将两侧 4 个立柱伸出，带动起吊钩上升，使整组支架高度具备装车高度时停止升柱。将装整组支架平车推放到轨道末端液压支架下面，同时操作手把将侧推油缸伸出，调整支架与平车固定孔，当支架底座固定孔与平车上面固定孔对正时，立即停止操作，然后操作立柱手把降柱，用 4 条螺栓将支架与平车连接固定牢固，再将两侧 4 个起吊钩摘下，用绞车拉出装好车的液压支架即可。以上是一组支架装车的一个循环过程，当五组支架连续装车完成后，拆除中间轨道连接河分。利用拉杠连接两侧大底座，将绞车钢丝绳与拉杠进行连接，操作绞车拉动起吊装置至下一个位置进行新一轮的支架装车工作。

# 第十二章　智能化无人综采建设体系

智能化无人综采技术是推进煤矿安全生产模式变革的重大突破。信息化建设是智能化综采技术成功实践的基础，要实现智能化开采，首先就要依靠信息化技术对矿井安全生产各设备、系统、环节等信息进行采集、传输和处理。在此基础上，通过集成提升、创新突破实现矿井智能化开采。

灾害超前治理是智能化综采技术应用的前提。黄陵矿业公司针对矿井水、火、瓦斯、煤尘、顶板等诸多灾害，树立了"安全至高无上"理念，狠抓灾害超前治理，实施科技兴安战略，扎实推进灾害防治技术研究，夯实了安全生产基础。

精细化管理是智能化综采技术成功应用的保证。将技术转变为现实的生产力不仅取决于先进的技术装备，更取决于企业精细化管理水平，而员工的素质是技术应用成败的决定性因素。黄陵矿业公司通过实施素质提升工程，加强员工技术培训，完善员工成长成才通道，实现了岗位自主管理，增强了员工的主人翁意识，调动了员工的积极性、主动性和创造性。面对全新的生产组织与设备工艺，通过实施精细化与标准化管理，把所有的生产要素合理协调起来，确保各环节安全高效运转，实现"人、机、环、管"的有机统一，保障了智能化无人综采技术的成功实践。

## 第一节　矿用信息化建设

智能化无人综采技术是在综合信息技术、自动化技术、物联网技术、感知技术基础上形成的煤炭开采技术，因此，矿井信息化建设是实现智能化矿井的基础。要实现矿井的智能化开采，就必须利用信息化手段解决矿井环境监测、运输、供电、排水、安全生产管理等方面自动控制、无人值守的问题，进而才能实施智能化无人开采。

黄陵矿业公司在信息化建设方面，按照"统筹规划、资源共享、协同创新、全员参与、绿色发展"的方针，以实现"智慧黄矿"为目标愿景，坚持"统一规划、统一标准、统一设备、统一开发与应用"的原则，实施了统一的网络平台、统一的数据平台、统一的应用平台和统一的信息发布平台，信息化覆盖安全、生产、经营、管理各领域。黄陵矿业公司按照陕煤化集团数字化矿山建设蓝图和规范，编制了《黄陵矿业公司信息化规划方案》《黄陵矿业公司信息化实施方案》和《一号煤矿数字矿山安全生产自动化系统规划》。

三个规划为公司的信息化建设工作明确了任务、指明了方向，建设并完善了安全、生产、经营、管理各领域的单项信息化系统，并且进行了整合集成，建设了矿井一体化管控平台和公司信息化管理应用平台，实现了系统间的信息、资源、数据协同共享。黄陵矿业公司成为“全国首批两化融合管理体系贯标试点企业”，荣获“陕西省两化融合典型示范企业”称号，一号煤矿被授予“全国煤炭工业两化融合示范矿”称号。在信息化管理水平能够为智能化无人综采技术提供坚实的基础保障后，黄陵矿业公司大力推动了智能化无人综采技术的研究与应用。

## 一、网络支撑平台

黄陵矿业公司网络平台按照公司级和矿井级两级网络建设。其中，公司级局域网络按照统一出口、统一接入的原则，网络出口同时以 1000M 接入中国电信与中国移动，网络核心万兆传输、汇聚千兆传输，矿井工业以太网千兆传输。为了适应智能化无人开采，一号煤矿率先将原来的千兆环网升级为万兆环网，优化了网络环境，为智能化无人开采提供了良好的网络环境。公司级网络主干拓扑图如图 12-1 所示。

一号煤矿万兆工业以太网布置了 2 台万兆核心交换机，互为冗余，汇聚层布置了 9 台交换机，如图 12-2 所示。地面、井下分别构成一个环网，设置在指挥控制中心的环网交换机与公司局域网连接，进行数据交换。集成系统、监测系统、工业电视系统以及大屏幕显示系统直接接入核心交换机，综合自动化控制系统全部接入环网，各系统的信息可及时切换到大屏幕显示，便于集中调度管理。另外，局域网络与电信出口、工业以太网间分别配置了专用防火墙设备，并引进了 Web 应用防火墙、行为审计等安全设备，有效保证了网络系统的安全稳定运行。

环网建设完全覆盖矿井井下所有的工作面、变电所、水泵房及地面选煤厂、集控中心、风井瓦斯泵站之后，信息化建设的基础网络平台基本形成。依靠公司级局域网络的互通，实现自动化系统、信息化系统在统一的网络传输平台上进行数据传输，同时也为智能化系统数据传输提供了保障。

## 二、数据中心

建设数据中心是为了实现各项分散信息系统数据的统一集中管理，应用统一的模型、数据源，进而实现数据的快速收集、分析，最终实现数据共享，为企业服务总线提供基础源数据。

黄陵矿业公司在数据中心建设中，为了更好地满足现有要求和企业未来的发展，建设了公司级和矿井级两级数据中心。其中，公司级数据中心设在信息中心，基于对矿井自动化、智能化系统的安全考虑，在一号煤矿率先建立了矿井级数据中心，公司级数据中心以管理信息化系统的数据存储为主，矿井级数据中心以工业控制自动化系统、安全监测监控系统、智能化系统的数据存储为主。两级数据中心引进较为先进的刀片服务器、存储及虚拟化平台，实现了统一存储，并且提供数据共享功能。另外，还安装布置了监控分析软件及 TSM 备份软件，为整个数据中心提供高效、快速的数据备份。

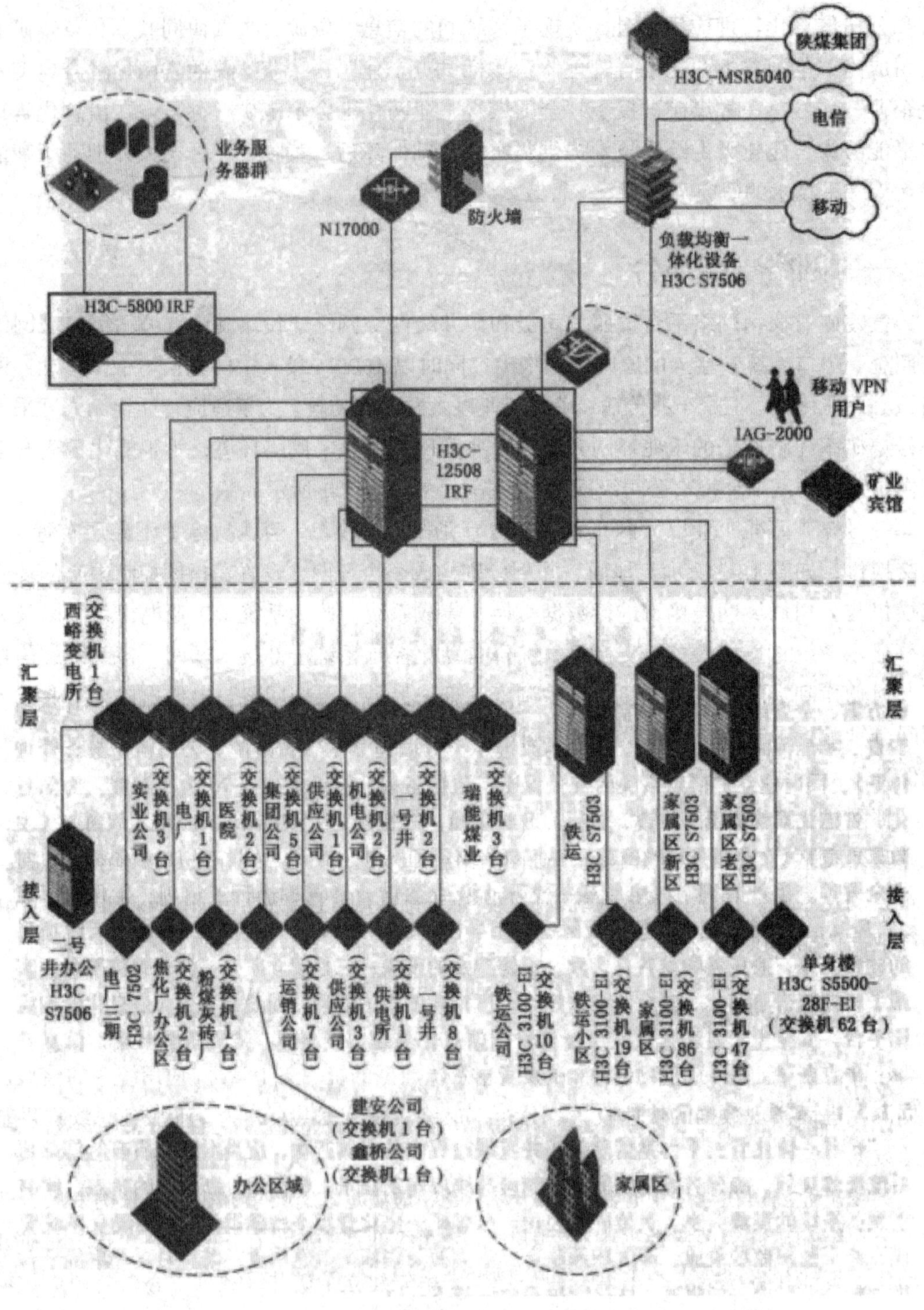

图 12-1　公司级网络主干拓扑图

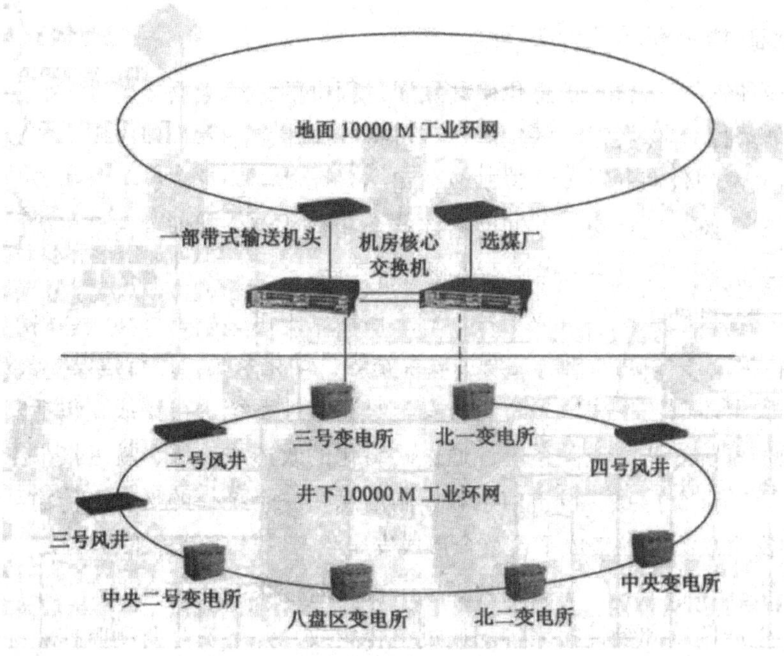


图 12-2　矿井级工业以太网主干拓扑图

## 三、信息集成

在大量单项应用系统形成的基础上，实现系统的集成统一管理是至关重要的，包括异构系统集成，消除信息孤岛，实现信息共享，同时为信息化建设确立标准，指导后续各类单项信息化系统的建设与完善。只有信息化水平达到集成提升阶段，才能更进一步创新突破，落实智能化发展战略。

黄陵矿业公司集成应用方面采取矿井先统一，继而全公司层面再统一的原则。按照统一网络平台、统一数据平台、统一应用平台和统一信息发布平台的“四个统一平台”建设方案，全方位进行信息资源整合。一是按照《信息化和工业化管理体系要求》，从管理职责、基础保障、实施过程、评测与改进 4 个方面建立了《黄陵矿业公司两化融合管理体系》，同时建立了信息系统的安全保密、数据备份、运维管理等 20 余项制度，为信息化、智能化系统提供了建设、运行、升级保障；二是建立了《Portal 门户接入规范》《主数据规范》《企业服务总线规范》等规范，制定了机电、物资、人员等信息编码标准，对安全管理、生产管理、机电管理等十项 150 个关键业务流程进行了梳理、优化，形成《管理流程手册》，统一信息集成标准，指导已建设系统的进一步完善，并规范后续项目的建设工作，避免各领域各自为政、重复建设的现象；三是建立矿井一体化管控平台，实现了矿井综合自动化、安全监测监控、调度指挥的集中管理；四是建立企业信息化管理应用平台，安全生产自动化系统与经营管理信息化系统再度集成，实现资源共享、信息共享、单点登录，统一了应用平台和信息发布平台。

## （一）矿井一体化管控平台

矿井一体化管控平台是信息化矿井发展过程中的必然产物，应当对矿井所有的信息化系统统筹规划，确保各系统的发展达到可持续应用新技术、新应用、新设备的状态，同时实现各系统的资源共享。黄陵矿业公司一号煤矿一体化管控平台建设从综合自动化系统集成、安全监测监控集成、调度指挥整合三个方面分别推进信息集成，最终对三个集成平台再度整合，形成一号煤矿一体化管控平台。

第一，综合自动化系统集成平台。对主运输、主供电、主排水、选煤厂、综采工作面顶板压力监测、主要通风机、瓦斯抽放泵站等自动化系统，进行建设、改造、集成。

第二，安全监测监控集成平台。对安全监测监控系统进行集成，包括安全监测、人员定位、通信系统和紧急避险系统，通过网络化的改造或升级，就近接入工业以太网，使煤矿井上下的安全信息、设备信息和控制信息在一个统一的平台上传输，综合自动化集成平台和安全监测监控集成平台整合形成安全生产一体化管控平台。

第三，指挥控制中心。主要整合集成了视频监控系统、安全生产一体化管控平台、生产计划、生产调度和统计报表等。通过整合集成，井下安全监测监控、综合自动化系统监测监控、井下工业视频、井下通信和应急指挥系统数据在指挥控制中心集中展现，在指挥控制中心就可以全方位对全矿井实现调度指挥，实现了矿井安全生产综合信息网络化、过程控制自动化、安全管理系统化、生产管理集约化的总体目标，实现了以"监控中心控制为主，现场巡检为辅"的控制模式，有效确保了矿井的安全生产。同时，结合应急联动预案，形成了便捷、高效的应急救援措施，为智能化无人开采奠定了坚实的基础。

通过综合自动化系统与安全监测监控信息的高度集成，将井上下各生产环节的生产工况信息、环境监测信息、井下人员信息、视频信息等在一个统一的平台上运行，建成了安全生产一体化管控平台。平台建成后，向下可以集中监测各个子系统设备的运行状态以及所需的生产和安全参数，可以对矿井内各控制系统发布控制命令，在地面指挥控制中心就可以对各自动化系统进行集中监控，实现矿井安全生产集中监视、集中控制、集中指挥，并实现无人值守。向上可以连接公司级局域网，实现矿井安全生产与公司经营管理信息的集成，从而实现安全生产过程控制网络化、管理现代化，避免了重复投资和建设，提高了传输平台的可靠性和传输能力。

## （二）企业信息化管理应用平台

在矿井一体化管控平台形成的基础上，实现安全生产与经营管理的再度集成，是信息化水平上台阶的重要阶段。

黄陵矿业公司为了实现各系统的协同共享，在统一网络平台、统一数据平台的基础上，首先建立了主数据平台，按照主数据管理规范建立统一的管理主数据，进行全生命周期维护，提供丰富的主数据接口供企业服务总线（ESB）调用，做到数据的发布与共享。其次为充分保证系统在安全性、易扩展性、易维护性等方面的需求，引入大数据、云计算、中间件技术、工作流引擎技术、商业智能分析技术建立了企业信息化管理应用平台，集成了人力资源系统、财务管理系统、全面预算系统、公司门户网站、OA 办公自动化系统、生产调度日周月报系统、矿井安全生产一体化管控平台，实现单点登录、统一认证，以及各业务系统间的协同共享。

## （三）关键单项信息化系统

第一，主运输自动化系统。建设主运输自动化系统，形成“地面控制为主，井下巡视为辅、有人巡视、无人值守”的控制模式，实现减员增效、降低成本，提高劳动生产率。系统主要通过监测各带式输送机的保护信号、状态信号、模拟量信号、控制信号，进而实现各设备的远程或就地单机启停控制和远程闭锁联动启停控制及整个系统的急停控制功能，实现远控、自动、手动三种控制模式。

第二，供电监控系统。监控变电所的跳闸信号、闭锁信号、保护信号、电流、电压等模拟信号，监视各变电所的短路、漏电、接地、过流、欠压、缺相等保护装置，利用嵌入式技术、自动控制技术等实现高低压线路遥控功能。通过对数据进行存储、提取、分析，形成紧急预案措施，实现警告管理、自动故障录波等功能，提高供电质量和系统可靠性。

第三，主排水自动化系统。监测控制信号、状态信号、模拟量信号，并以动态图形展示，实现水泵和相应管路的自动启停、多台水泵的“轮班工作”，均衡分布各水泵及其管路的使用率，实现水位的在线监测、欠压保护、超压保护、温度保护、故障的声光报警等，最终达到远程集中控制、现场无人值守的目标。

第四，综采工作面顶板压力监测系统。建设顶板压力监测系统，对综采工作面支护和超前支护工作阻力、掘进与回采巷道顶板离层位移和速度、锚网巷道锚杆或锚杆的载荷应力以及围岩或煤体内部应力进行在线监测和分析，实时显示，对顶板压力异常情况进行报警，为工作面顶板控制提供依据，防止事故发生。

第五，主要通风机监控系统。对主要通风机电流、轴温、正压、振动参数以及风酮的负压、风速等重要数据进行监测，对风门绞车位置、工作状态实时显示，实现风机、绞车的正常启动以及反风、倒机的远程控制，形成主要通风机运行模拟图，实现主要通风机的信息数据异常预警，提高运行效率。

第六，通信联络系统。通信联络系统是矿井应急救援、生产调度的重要工具。一号煤矿利用 IP 电话调度机建设了通信系统，在绞车房、变电所、水泵房、顺槽监控中心等关键区域安装了防爆电话，实现了远距离传输，减少了语音衰减，提高了通话质量；并且部署了基站，实现了无线通信，有效提升了生产调度指挥能力。另外，增加了应急广播系统，确保应急状态下能快速通知人员撤离。

第七，人员定位系统。人员定位系统是提高井下人员动态管理的重要工具。一是在事故状态下能实时掌握井下人员状况，对人员快速进行集中、分流、转移；二是对井下人员进行实时的跟踪管理，形成作业路径，通过地面软件系统实现统一管理；三是服务安全隐患管理，实施干部走动式管理，实现隐患闭环管理，规范干部考勤的同时提高隐患处理效率。

第八，安全监测监控系统。安全监测监控系统是安全管理最直接的数据源获取渠道，实现信息的全方位收集，才能实现矿井环境信息的全方位监控。一是实时监测一氧化碳浓度、甲烷浓度、风速、粉尘、温度、负压、风机启停、风门开关、烟雾等信息，上传至调度大屏，便于实时调度管理；二是对瓦斯数据实时记录，形成历史曲线，及时通过短信、邮件发送至相关人员，实现预警预控，防止瓦斯超限。

第九，视频监控系统。建设视频监控系统，建立大屏幕显示系统，对井下、地面关键位置进行实时监控，实时进行信息搜集、传递、处理、切换、控制、显示，充分利用大屏幕的全屏功能、分屏功能、拼接功能，一方面获取井下的危险源、生产状态，另一方面实时监控人员定位信息、监测监控信息、各自动化系统的运行情况，确保各个参数都能及时掌握，便于及时做出判断和处理，发布调度指令，从而实现实时监控、集中调度的目的。

综上所述，黄陵矿业公司在应用智能化无人开采技术之前，广泛、深入地开展信息化建设工作，利用 RFID、传感器、物联网等技术实现矿井通信、环境信息监测、视频监控、人员定位，利用自动化技术、控制技术、信息技术实现综采工作面管理、供电、排水、通风、运输的自动化，利用互联网技术、数据库技术、计算机技术等实现安全、生产、经营、管理全面信息化，形成了统一整合的信息化管理平台。在信息化已经全面覆盖的基础上，环境管理、人才管理、物资管理、设备管理等矿井各安全生产环节均得以规范化，为智能化无人综采技术研究夯实了基础保障。

## 第二节　安全保障体系

### 一、矿井通风安全技术

一号煤矿采用分区抽出式通风，构建了“五进二回”的通风格局，以主平硐、副一平硐、副二平硐、二号进风斜井、三号进风斜井进风，以二号回风斜井和三号回风斜井回风。二号回风斜井安装了两台 BD-Ⅱ-8-27/2×355kW 型防爆轴流式对旋通风机，配套电机型号为 YBF630-8，电机额定功率为 2×355kW，叶片安装角度为 -5°/0°，总回风量为 9074m³/min，负压为 2800Pa，承担二盘区、三盘区和十盘区的供风；三号回风斜井安装了两台 FBCDZ-8-No.26-02 型防爆轴流式对旋通风机，配套电机型号为 YBF400-8，配套电机额定功率为 2×355kW，叶片安装角度为 0°/0°，总回风量为 10155m³/min，负压为 1680Pa，承担六盘区和北二盘区的供风。全矿井总进风量为 18572m³/min，总回风量为 19126m³/min，等积孔为 8.4m²，矿井有效风量率是 93.2%，矿井外部漏风率在 5% 以下。

虽然矿井通风能力已满足生产需要，但由于一号煤矿开采范围不断扩大，备用风量逐显紧张；通风距离不断延长，职工巡检劳动强度日益增大，管理愈显困难；矿井顶底板条件差，巷道易变形；推采速度快，工作面服务时间短，老巷封闭与新巷掘进引起系统频繁变化。更重要的是由于一号煤矿通风系统复杂、设备繁多，传感器上传了海量数据却并未起到有效指导生产安全的作用。综合以上因素，迫切需要进行更为科学与精细的通风管理，而最重要的手段是借助计算机技术进行应用性综合计算，帮助工程技术人员管理庞大复杂的通风系统。

## （一）通风计算平台软件

煤矿通风安全与日常监测数据相关联的计算应用可分为数据的基础性分析处理和应用性综合计算两类。目前通风计算平台上的设定计算包括以下各项：智能化初始网络解算、通风方案计算、矿井调风计算、风阻与风量关联特征查询分析、预定主要通风机风压或风量条件下的查询分析、通风能耗分析计算等。

为了保证以上计算功能的高效利用与简捷解读，黄陵矿业公司组织研发了相应的通风计算平台软件，提供了强大的图形应用及数据 - 图形关联功能。软件研发了智能化初始网络解算、矿井通风系统立体图与网络图自动生成、风网解算的自平衡等关键技术，丰富了煤矿安全信息化的手段和方法，也为智能化无人综采技术奠定了基础。

1）网络解算

初始网络解算包括以下几个环节：通风调查、通风基础数据组获取、网络平衡解算。系统性获取通风基础数据的流程图如图 12-3 所示。

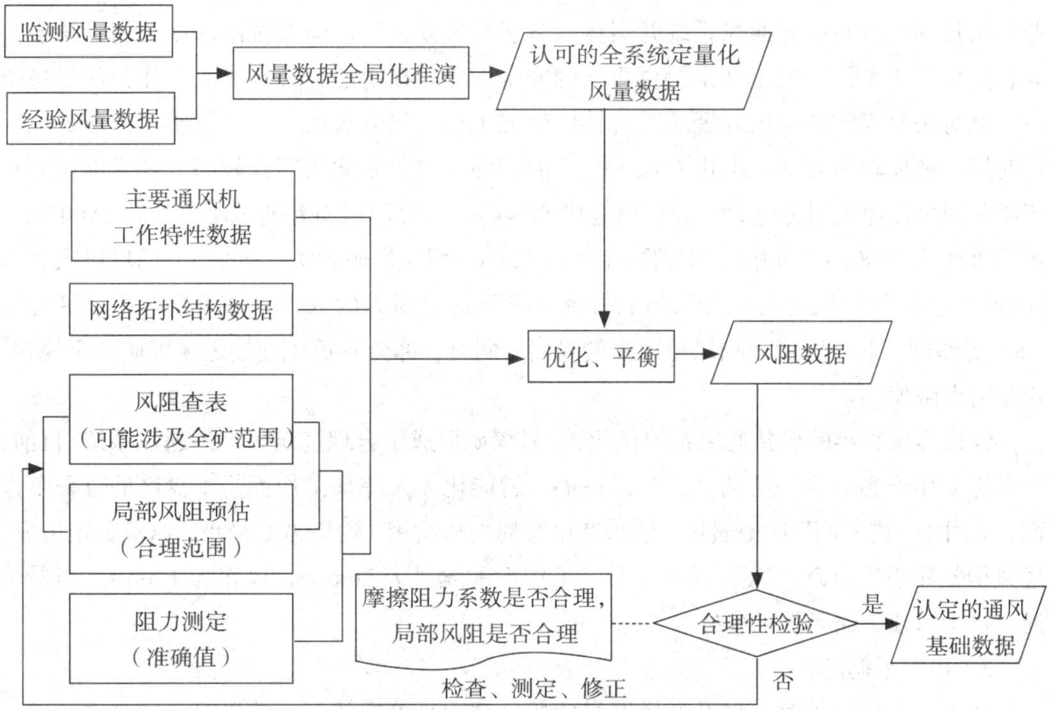


**图 12-3　系统性获取通风基础数据的流程图**

在初始网络解算过程中，部分井巷的风阻数据相对于各自的初值而言是有所调节变化的，其调节变化的目标在于使计算风量与风量检验数据相吻合。

完成初始网络解算之后，可利用平台软件功能自动生成网络图，并整理为拟长期使用的图形布局，用以辅助对于网络解算数据的正确判读。

矿井通风初始网络解算获得了与矿井通风实际相一致的风量、风阻等通风基础数据，构成了矿井通风的基础数据组，其直接应用涉及的领域如图 12-4 所示。

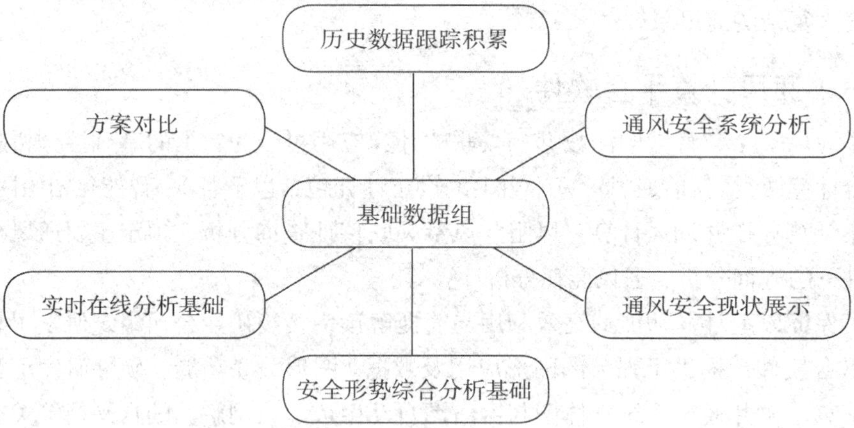


**图 12-4　通风基础数据组的应用**

2）通风方案计算

矿井通风方案计算属于煤矿通风管理的经常性需求，无论是矿井设计、矿井建设，还是矿井生产或改扩建时期，矿井通风系统方案计算都具有基础性的重要地位。黄陵矿业公司长期坚持对矿井通风系统开展深入分析与研究，以通风系统的深度分析为核心，为智能化无人工作面安全开采提供重要的安全保障。在智能化综采无人工作面的筹备阶段，就对一号煤矿的通风开展了系统性的研究工作。研究表明，一号煤矿尚处于通风容易时期，整体较为合理。但也发现了一定的问题，主要是通风能耗较高，其原因主要在于矿井回风段通风阻力过大，总回风巷风速偏高。二号回风斜井通风距离长约 15000m，风机负压为 2800Pa，其中进风段阻力为 797.2Pa，用风段阻力为 238.8Pa，回风段阻力为 1659.1Pa。回风段阻力占二号回风斜井通风子系统总阻力的 62%。如果要在十盘区开采 1001 工作面，北一区域面临风量紧张的局面。同时，部分巷道风速接近《煤矿安全规程》规定的上限值。

经过连续数年的矿井通风系统优化，一号煤矿形成了合理稳定可靠的通风系统。目前，一号煤矿生产布局为一井两区，一区一面。智能化无人综采工作面是十盘区的首采工作面，采用“一进一回”U 型通风，回采巷道布局简洁实用，通风方式简单，风流稳定可靠，通风构筑物设置合理，风量调节方便。工作面配风量为 $20m^3/s$，风速为 1.5m/s，属最优通风排尘风速，通风效果良好。

3）风网平衡解算

在进行调风计算时，矿井通风网络的拓扑结构是确定的，井巷风阻已知，主要通风机工作特性确定，这些构成了调风计算的初始条件。矿井生产布局等需求变化会连带引起对风量分配格局的新的要求，而为若干用风点（井巷）提出新的目标风量，要求以尽可能少的通风构筑物增减变化实现设定的目标，相应确定通风构筑物的变动格局及其参数。调节后的风量分配还须符合法规中有关最高风速等参数的限定。可以看出，在为调风计算所提出的“定风求阻”问题构建数学模型时，现场提出的目标是一个范围，并未设定确定的定解条件，因此有“合理解”，却没有唯一解。从工程控制的角度来说，调风风道的目标风量虽已设定，但在不小于该目标风量，且不超出目标风量 3%~5% 的范围内也是可接受的。在没有附加新的限制条件情况下，调风问题也没有“最佳解”，何为“最佳”或“最合理”，需要综合连带的工程量、通风构筑物分布、对行人运输的影响等因素由通风技术人员自行判断。

以常规的通风网络解算处理调风计算问题对操作者的通风管理经验有较高的要求，通常由通风技术人员依据自身经验提出调风控制方案，确定设置相应控制的风道并预设其风阻值，提交网络解算，然后将计算所得的风量分配数据与调风目标及法规要求相比较，若认可，则调风计算结束，若不认可，则重复该过程，解算并分析下一控风方案，直至得到满意的或认可的控风方案为止。可以看出，以常规网络解算技术为基础的调风计算属于试探性计算，能否得到满足预设调风条件且工程量较小的结果，完全取决于操作计算的人的经验和能力。在个人经验不足的情况下，很难得到可接受的计算结果。

为了改变工程应用不便的局面，通风计算平台软件利用全新的解算方法将传统风网解算分解为两步，分别为风量分配和风网初始化。第一步首先以风量平衡定律为基础，利用通风系统 1/3 的巷道风量数据为输入条件进行求解，得到最优化的通风系统风量分配数据，第二步以第一步的平衡风量为目标，利用 2/3 的风阻数据为输入条件，并依据风压平衡定律和阻力定律，得到最优化的通风系统风阻数据。通过本方法，一方面降低了方程的次数，使求解更加容易和快速；另一方面以不完全的局部数据求解通风系统性数据，更符合现场实际情况，且求解过程由程序统一调整，提高了解算的客观性和准确性。

4）通风能耗优化计算

煤矿的通风能耗在全矿能耗中占据很大比例。煤矿通风风流的质量流量数倍甚至十数倍于矿井产出的煤炭和岩石，而且风流的行程远远大于将煤炭采下后运至地面的行程。一般来说，煤矿的通风能耗占矿井总能耗的 20% 以上。在保证通风安全的前提下降低通风能耗是通风技术管理的重要内容。

通风计算平台对通风能耗的分析计算结果以通风能耗分析图的方式提交，每一风道的通风能耗均以相应的能耗矩形面积表达，能耗矩形面积越大则能耗越高，相应的能耗数据可由列表查得。通过对能耗的分布分析，可直观了解通风系统阻力分布的合理程度，发现不合理的高能耗风道，为系统日常管理与中长期改造提供基础数据。

在多数矿井中，回风系统的通风阻力大于进风系统，其中部分矿井因生产能力不断增加，总风量增加，导致采区或矿井总回风巷内风速增高、阻力增大，造成通风系统内某些井巷的通风能耗大大增加，甚至个别井巷的通风能耗占据全矿通风能耗的显著比例。通风能耗的图示方法较数据表达更为直观和醒目。作为最直接的处理，对通风能耗大的井巷采取扩巷等减阻措施，既可有效降低该井巷的通风能耗，又可降低全矿的通风能耗。

2. 通风系统分析优化

通风系统分析的核心问题在于确定煤矿通风布局的中长期格局及其通风特征。为此，黄陵矿业公司在获取煤矿通风网络可靠数据的基础上，对多风机联合运转时的通风系统进行了深入计算分析，重点研究了各种可能方案下进回风大巷的角联问题，确定了煤矿开采后期的通风系统优化方案，并且确定了矿井不同时期的需风量及相对应的阻力分布格局，明确了智能化无人工作面的通风保障措施。

首先煤矿开展了通风系统可靠性提升工程，对井下所有风门实施自动化改造，升级为具备自动控制、液压开启、电气闭锁、声光报警等功能的不锈钢风门；对井上下所有通风机进行变频改造，实现了风机负荷的线性调节，减少了设备运转产生的噪声，降低了使用成本；建设矿井通风机在线监测系统，井上下所有通风机实现了无人值守。

其次为了对矿井通风开展持续性跟踪与优化分析，黄陵矿业公司组织建设了通风系统持续优化平台，平台以井巷系统模拟展示为基础开展矿井通风跟踪分析与诊断，实现矿井通风安全系统的数字化、立体、实时动态显示，为矿井安全生产管理、调度指挥、安全隐患排查、应急响应、抢险救护等提供有力的信息支持。通风系统持续优化平台以通风系统平面图、通风系统立体图、通风网络图为展示平台，采用图形与数据图表的方式提供矿井通风系统的主要分风点、易受干扰巷道、高风阻巷道、高风压巷道、风速较高或较低巷道、能耗分布、瓦斯流汇集点、构筑物分布等信息，并以数据 - 图形双向关联的方式方便对关键信息的查找。例如：

①主要分风节点分析：对于过风量最大的前 30 个节点，以数据列表方式展示节点所连接分支的风量数据，在图形上按照节点风流大小分三个等级进行渲染，并突出渲染所选择巷道的直连巷道。

②易受干扰巷道分析：对所有巷道进行分析，找出微风巷道，特别是处于角联位置的微风巷道。

③高风阻巷道分布分析：对所有存在显著局部风阻的巷道进行统计。

④高风压巷道分布分析：对所有压差较大的巷道进行统计。

⑤高低风速分布分析：对所有风速很大或者显著偏小的巷道进行统计。

在该通风计算平台上，可以查看以任意井巷为参照的通风参数分布信息。参数信息从风量、风速、控风点、瓦斯等多角度提交经过筛选的关键数据，并以图形渲染、多图形的交互、图形与列表数据的交互、对相关井巷的参考查询等技术作支撑，使得在任意具体井巷的数据查询过程中均能同时建立起全局性的正确概念。下面以主干风路分析为例说明上述问题：

主干风路分析：以选定的风道为“种子”风道，经风量相对最大的巷道向进风井和回风井延伸所形成的通路即为该选定风道的主干风路。主干风路以选定的“种子”风道为界划分为上游风路和下游风路。双击一条巷道就可打开对该巷道的主干风路分析。界面图形以分色渲染的方式突出主干风路的上、下游，并以列表方式提供与该选定风道相关的所有重要数据。

在提供当前关注风道详细信息的同时，分级提供其主干风路和上下游风道的主要参数。为避免展示数据过多，主要对上下游主干风路的两端风道参数做出列表，并对相应风道的全列表按照某一特定参数的显著程度予以排序。按照瓦斯浓度排序的列表可快捷指示风路上的瓦斯分布格局；按照风阻排序的列表可有效指示风路上的通风控制点；按照能耗排序的列表可指示风路上的通风能耗分布。进、回风侧的特征数据中，风量构成数据表达了各风道与当前关注风道间的风流重叠比例。

通过应用相关工具深化通风安全技术及管理人员对矿井通风的理解与掌控，实现对通风系统潜在薄弱环节的跟进式诊断，积淀对可能灾变后果预估及应对策略的技术储备，提升通风安全管理的全局意识，将智能化无人综采工作面的通风安全管理与全矿的通风安全实时关联起来，有效提高工作面通风安全的信息化管理水平。

## 二、矿井瓦斯防治技术

煤矿煤层瓦斯含量较低，瓦斯压力也普遍较小，但是随着采掘向纵深推进和开采强度的增加，瓦斯涌出量有不断增大的趋势，近五年瓦斯等级鉴定结果也证明确实如此，具体见表 12-1。目前煤矿绝对瓦斯涌出量已接近 150m³/min，安全风险很大。并且由于煤矿采用综合机械化采煤，在生产过程中瞬时瓦斯涌出量会有较大波动。采用全部垮落法控制顶板，采空区空间较大，易在采空区尤其上隅角积存大量瓦斯。同时煤矿采用抽出式通风，工作面处于负压状态，有利于采空区积存的瓦斯向工作空间扩散。再加之煤矿推采速度快、回采巷道服务周期短、顶板条件差，不便于给瓦斯防治预留充足的时间和空间，影响了瓦斯防治效果。

**表 12-1　煤矿近五年瓦斯等级鉴定结果**

| 序号 | 年份 | 绝对涌出量 / ( $m^3 \cdot min^{-1}$ ) | | 相对涌出量 / ( $m^3 \cdot t^{-1}$ ) | |
|---|---|---|---|---|---|
| | | $CH_4$ | $CO_2$ | $CH_4$ | $CO_2$ |
| 1 | 2013 | 125.9 | 15.36 | 10.88 | 7.53 |
| 2 | 2014 | 115.64 | 15.26 | 10 | 7.6 |
| 3 | 2015 | 117.93 | 14.78 | 10.19 | 1.28 |
| 4 | 2016 | 130.38 | 17.9 | 11.33 | 1.55 |
| 5 | 2017 | 149.07 | 15.24 | 12.93 | 1.32 |

### （一）瓦斯基础参数

长期以来，黄陵矿业公司联合相关科研院所对一号煤矿瓦斯赋存规律及防治技术进行综合研究，目的是通过地面、井下参数测试，系统完善黄陵矿区瓦斯基础数据体系，总结煤层瓦斯赋存规律。在瓦斯赋存规律研究基础上，探寻适合黄陵矿区的瓦斯治理和开发技术，实现矿井瓦斯抽采达标，保障矿井安全高效生产。

通过系统研究，黄陵矿业公司获取了黄陵矿区煤层瓦斯基本参数与煤层物理指标，完善了煤矿瓦斯数据体系；依据参数测试结果，结合矿区历史资料的收集、整理与分析，明确了煤层瓦斯生、储、保等控制地质条件；在总结煤层瓦斯赋存分布规律和采掘工作面瓦斯涌出规律的基础上，完成了矿井瓦斯涌出量预测和瓦斯灾害危险性评价；采用SF6示踪法现场测试了煤层顺煤层钻孔瓦斯抽放有效影响半径，并在现场考察的基础上对现有顶板走向高位钻孔的抽放参数进行了优化；在FLUNET模拟和现场验证的基础上，分析了采空区的瓦斯分布规律，确定了采空区的“瓦斯三带”，为黄陵矿区瓦斯治理提供了理论支撑。

研究通过地面和井下参数孔测试及采样分析，在黄陵矿区取得了一批反映主采煤层及邻近煤层的瓦斯基础参数。

黄陵矿业公司组织研发并成功应用了瓦斯监测数据实时在线分析与预警系统。系统以矿井安全监控系统测取的海量通风瓦斯监测数据为基础，在通风网络分析及数理统计等基础理论的指引下，对矿井瓦斯涌出分布及瓦斯流动分布状况建立起统计分析意义上的定量分析模型，将矿井散布测点所取得的局域数据推演出通风瓦斯分布与变化的全局性格局，并使仅以当前测值判断安全状况的常规方法得以拓展，升华为以实时在线跟踪分析为手段、以科学辨识矿井所有地点瓦斯显现的“正常”与“异常”为基础的安全预警体系，为智能化无人综采工作面的安全运行提供了有力保障。

瓦斯监测数据实时在线分析与预警系统从矿井安全监控系统实时取得通风瓦斯等监测数据并完成在线分析，分析指标包括测值变化特征和测值波动特征两组共6项。在全时段跟踪分析的过程中，提取出分传感器（测点）、分检验指标的瓦斯显现规律，以此为主要依据并根据需要自动形成各测点、各局域瓦斯波动合理范围的判据及分级预警标准，实现实时的瓦斯预警发布。在此基础上，进而以“班”为基本时间段，逐班、逐日提供瓦斯安全分析报告，发布分区域瓦斯安全风险预警及建议的警戒级别。

系统对各监测点数据展开多角度的实时分析，进而实现对其发展变化趋势的预测。每一分析均依据一定时段的历史数据形成该测点瓦斯状况的某种历史规律，或依据历史数据分析得到对其发展变化趋势的预测，在相应的曲线图上以背景出现，而将实时监测数据作为前景点线展现出来，使矿井生产条件下（相对安全的情况下）监测数据通常遵从的规律以及当前检测数据的实际走向一目了然，为瓦斯安全预警提供重要依据。

系统以实时跟踪方式完成瓦斯监测数据分析。以海量监测数据的实时在线分析与以安全预警为核心的深度分析为基础提取各测点瓦斯显现规律，寻求预定地点瓦斯显现的波动规律，依据规程和在监测数据实时跟踪分析过程中提取的判据，早期甄别通风瓦斯异常，并区分情况发布预警或报警。

第一，测点瓦斯浓度分析曲线图。测点瓦斯浓度分析曲线图分瓦斯浓度变化预测分析、瓦斯浓度移动平均值变化预测分析、瓦斯浓度连续超限频次统计3种方式展开，每个分析展示的都是最近2h内的数据，均各由一幅双坐标且渲染了分级背景色的矩形展示图组成，分级背景渲染区域由相应的分析计算确定并定时更新（每30min更新一次），在其上标识实时数据形成的点和线。

实测数据及分析数据以折线图方式在双坐标且渲染了安全分级背景色的矩形图内加以展示，分级背景渲染区域及预测参数由相应的分析计算确定并随时更新，折线图对应的数据可通过操作鼠标直接读取，使矿井正常生产条件下（即相对安全的情况下）的监测数据通常遵从的规律以及当前检测数据的实际走向一目了然。各分析均有安全状态指示灯相对应，指示当前监测数据经分析所对应的警戒级别，并在评判各分项分析结果的基础上给出综合评价，为瓦斯安全预警提供重要的分析依据。

第二，测点瓦斯浓度实时监测数据值和异常数据展示。以数据列表的方式展示当前选中测点的实时监测数据和移动平均值；以数据列表的方式展示当前测点2h内超出其95%置信区间上限的实时监测数据。

第三，测点瓦斯历史数据综合分析。以数据列表的方式展示当前测点选定时间范围内的安全预警类型和详细的安全预警状态描述。

第四，测点瓦斯三级动态综合评价体系。以瓦斯监测值、瓦斯移动平均值、瓦斯监测值越界频度、瓦斯波动次数、瓦斯波动幅度和瓦斯波动速率等6个指标为基础，形成单点分项预警指标、单点综合预警指标和全矿瓦斯安全预警的三级动态综合评价体系，不同的颜色代表传感器控制区域的相应安全预警状态，深入分析矿井瓦斯显现规律和发展态势。

第五，全局展现测点上下游关系。根据矿井的通风网络拓扑结构和测点部署控制区域，自动分析全矿井瓦斯测点间的上下游关系，以量化方式直观展示测点间的瓦斯流动状况。

该系统在智能化无人综采工作面投入工业化试验之前已经启用，运行正常，即时性预警直接发布于系统显示屏。系统具有自动提交瓦斯安全形势分析班报、日报、随机报告等内容，并且均包括全矿在相应时段内的特征瓦斯数据和重要统计数据。瓦斯安全形势分析报告既是对最近时段内瓦斯显现特征的总结，又包括对下一时段安全风险的预估，对于安全管理有着重要的参考价值和现实的指导意义。

## （三）矿井瓦斯抽采系统

1）矿井瓦斯抽采系统建设

按照瓦斯灾害分源分压治理要求，一号煤矿加快了抽采系统建设进度。近年来，一号煤矿集中建设了三个地面固定抽放泵站及三个井下移动泵站，矿井瓦斯抽采能力达到4000m³/min，抽采能力充足。井下三个移动瓦斯抽放泵分别安装在北一、北二、八盘区，每个泵站设有3台移动瓦斯抽放泵，负责综采工作面上隅角埋管抽放。地面固定瓦斯抽放泵站分别设在二号、三号、四号风井，其中二号风井安装2台2BEC72型瓦斯抽放泵和2台2BEC67型瓦斯抽放泵，2用2备，主要负责十盘区的瓦斯治理任务。三号风井安装6台2BEC72型瓦斯抽放泵，3用3备，主要负责北二盘区、八盘区的瓦斯治理任务。四号风井安装6台2BEC72型瓦斯抽放泵，3用3备，主要用于北一系统的瓦斯治理任务。

为了满足瓦斯灾害区域超前治理的要求，一号煤矿装备了12台矿用普通钻机和2台千米定向钻机。改变了之前因普通钻机功率小、钻孔孔径细、覆盖面积小、钻场搬家频繁，无法实现超前区域治理瓦斯的状况。同时也克服了因矿区地质构造、煤层赋存条件较复杂，采用非导向钻进法的普通钻孔施工过程全凭经验无法定位，钻孔施工容易穿顶板或底板，造成抽采空白带的状况。

2）瓦斯实验室建设

为了使瓦斯防治更具有针对性，进行区域单元精准防治，日常的瓦斯参数测定意义重大，黄陵矿业公司为此建设了高标准的瓦斯实验室，进行瓦斯赋存规律分析，及时掌握瓦斯分布动态，制定针对性的安全技术措施，指导煤矿合理安排采掘布置，从而避免瓦斯事故发生。

瓦斯实验室主要进行直接和间接法测试煤层瓦斯含量、煤层瓦斯压力、瓦斯放散初速度、煤的坚固性系数及配套测试煤质工业成分。

第一，DGC 型瓦斯含量直接测定装置。DGC 型瓦斯含量直接测定装置是一套实验室结合井下使用的成套测定设备，由井下测定装置和地面测定装置组成，分为井下取芯与井下解吸系统、地面瓦斯解吸系统、称重系统、煤样粉碎解吸系统、水分测定系统和数据处理系统，是目前精度最高、速度最快的煤层瓦斯含量及可解吸瓦斯含量测定设备。该装置具有测定工程量小、操作简单、维护量小、使用安全等特点。

第二，HCA-1 型高压容量法瓦斯吸附装置。瓦斯吸附装置主要由称量系统、真空烘干系统、脱气系统、充气系统、吸附系统、数据采集监测系统等组成，目的是测定煤的瓦斯吸附常数。

第三，瓦斯压力测定装置。采用胶囊 - 压力黏液封孔测定煤层瓦斯压力技术，利用黏液能够在压力作用下渗入钻孔周边裂隙的原理，能够有效解决针对松软岩层的封孔测压中瓦斯泄漏的问题，从而使测出的瓦斯压力值等于煤层真实的瓦斯压力。

## （四）瓦斯综合防治技术

针对黄陵矿区出现的瓦斯灾害，黄陵矿业公司确立了区域超前治理的理念，制定了《“十三五”瓦斯治理规划》《根治瓦斯三年规划》，出台了《“一通三防”精细化管理规定》《瓦斯抽采精细化管理规定》《瓦斯抽采达标评判细则》等文件。坚持“先探先抽、先抽后掘、先治后采”的原则，对黄陵矿区瓦斯赋存规律及涌出机理进行研究，形成了瓦斯综合防治技术体系。十盘区区域预抽钻孔布置如图 12-6 所示。

1）掘前定向长钻孔区域预抽（图 12-7）

定向长钻孔工艺不仅可以提高钻孔的抽放量和抽放效率，而且可以降低抽放成本，是抽放技术的发展方向。经过近几年的技术攻关，黄陵矿业公司获取了适合于黄陵矿区高瓦斯中厚煤层实际条件的定向长钻孔间距、钻孔直径、抽采负压、抽采半径、预抽期、封孔工艺等布置与抽采参数，形成了适合于黄陵矿区实际地质条件的定向钻孔施工工艺，成功实现了在中厚煤层中施工千米定向长钻孔，单孔最深达到 1114m，并通过优化钻机，使钻孔施工进尺最高达到 284m/d。

黄陵矿业公司采用了两种区域预抽方式：一种方式是利用千米定向钻机在大巷向未

开采区域施工定向钻孔进行抽放，煤矿智能化综采工作面采用的就是此种方式；另一种方式是利用瓦斯治理专用巷向相邻未开采区域施工定向钻孔。

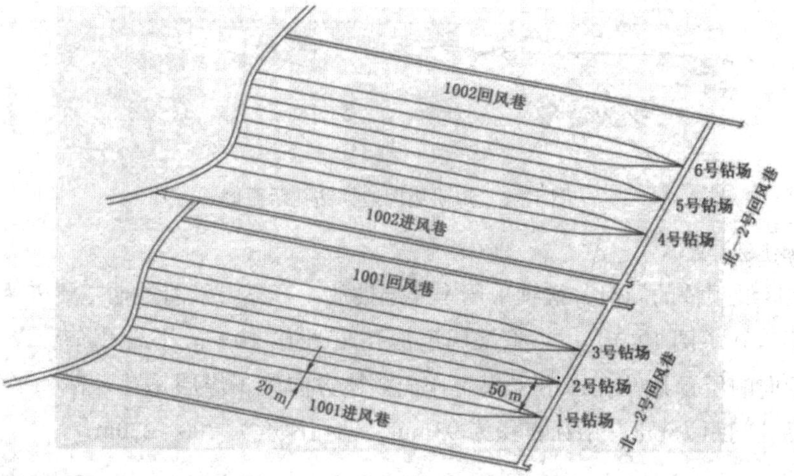


图 12-6　十盘区区域预抽钻孔布置示意图

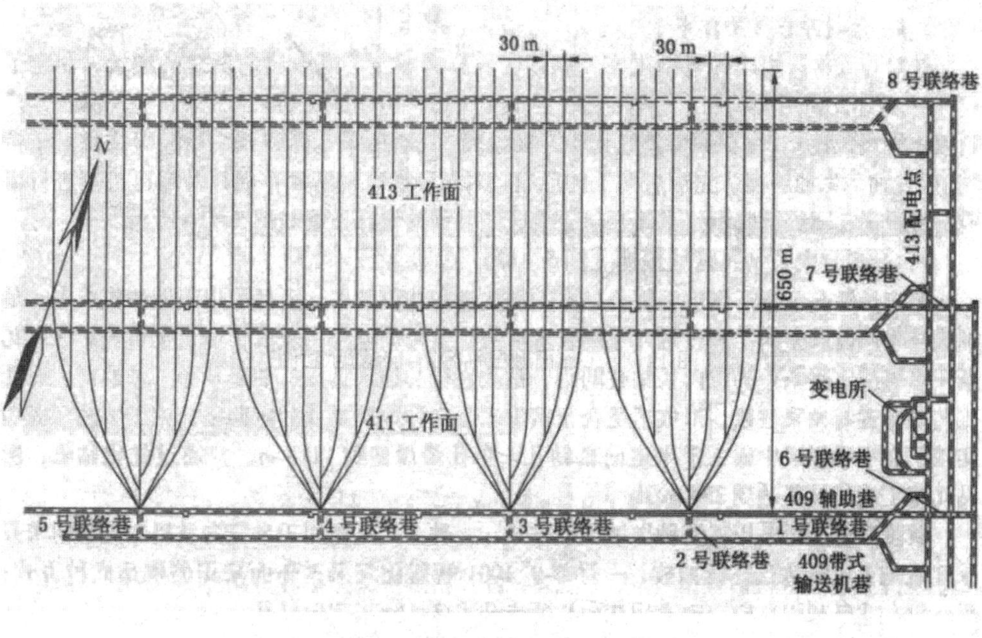


图 12-7　掘前定向预抽长钻孔布置示意图

2）掘进工作面边掘边抽（图 12-8）

边掘边抽主要是针对煤巷和半煤巷瓦斯涌出异常区与构造区进行瓦斯抽采。一号煤矿边掘边抽作业是在掘进巷道两侧施工钻场，在钻场内向工作面及前方施工钻孔。钻场间距为 60m，每个钻场设计 6~7 个钻孔。其中，向掘进工作面前方施工的钻孔为边掘边抽孔，向工作面方向施工的钻孔为采前本煤层预抽孔。

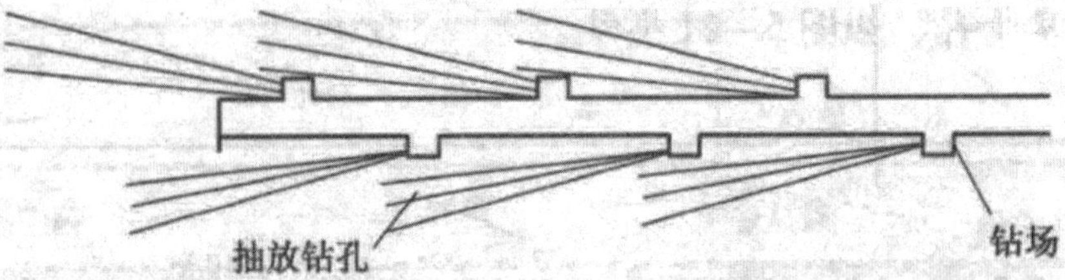


图 12-8　煤矿边掘边抽钻孔示意图

3）本煤层抽放

在实施区域预抽的同时，继续采用本煤层抽放。本煤层采前预抽主要采用两种方式：一是采用平行孔（图 12-9），二是采用扇形孔（图 12-10）。平行孔布置方式如下：施工备采面倾向顺层预抽钻孔，沿采煤工作面顺槽方向施工煤层钻孔，钻孔平行布置，仰角为 3°，钻孔间距为 6m，钻孔直径为 93mm，钻孔深度为 200～230m。

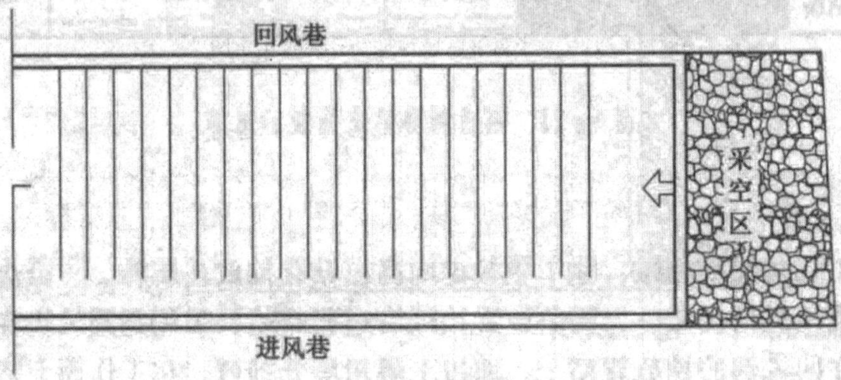


图 12-9　工作面顺层平行钻孔布置示意图

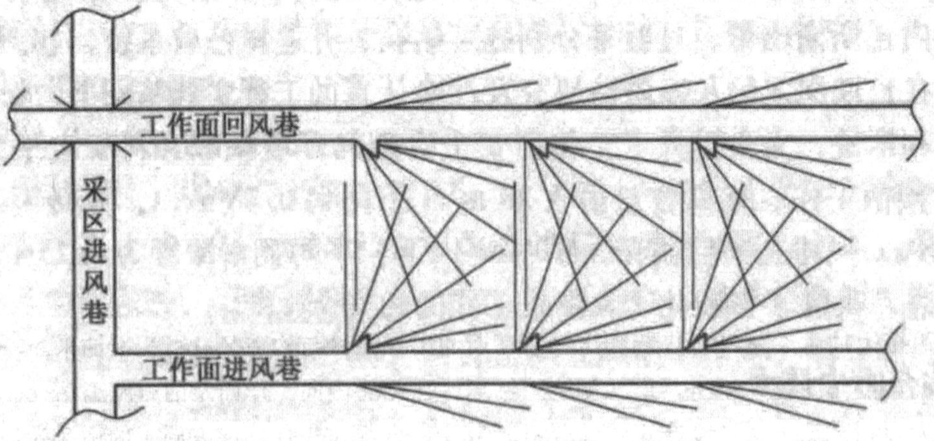


图 12-10　工作面顺层扇形钻孔布置示意图

4）顶板走向高位裂隙抽放

一号煤矿在相邻巷道施工高位裂隙钻孔抽采，即在与本工作面回风巷相邻的下一个工作面进风巷向本工作面施工高位钻孔，抽采采空区裂隙带的瓦斯，高位钻场间距为45m，每个钻场布置7~9个孔，如图12-11所示。

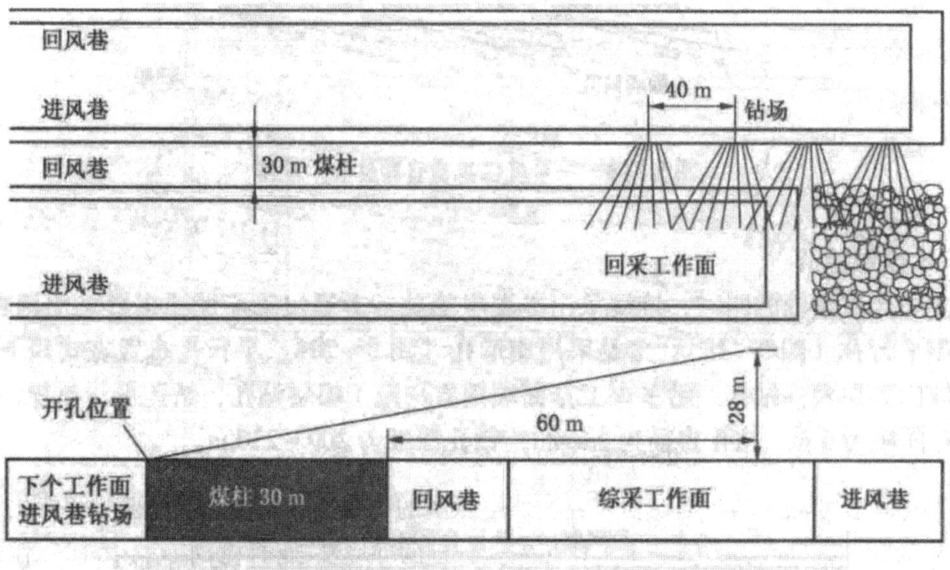


图12-11 高位裂隙瓦斯抽放示意图

5）上隅角抽放

为了避免上隅角瓦斯超限，除了顶板走向高位钻孔抽放瓦斯外，一号煤矿瓦斯治理还采用工作面上隅角瓦斯抽放。上隅角设置挡风墙进行封堵，采用钢圈风筒穿过挡风墙伸进上隅角，连接在回风巷的抽放管路上，通过上隅角埋管抽放，在工作面上隅角形成一个负压区，使该区域的瓦斯通过抽放管路抽走，随着工作面的推进，每割两刀煤收缩一次负压风筒，重新封堵，并逐节拆除、回收回风巷抽放管路，如图12-12所示。

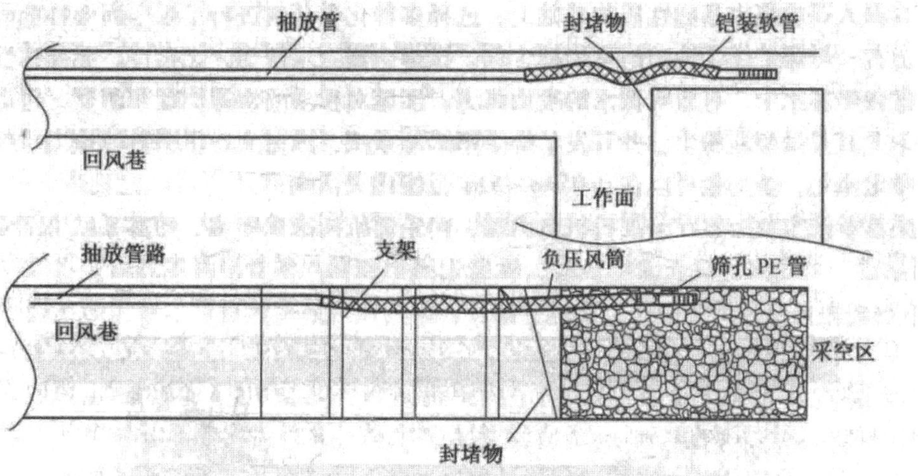


图12-12 上隅角抽放布置示意图

6）采空区卸压抽放

根据采空区瓦斯浓度分布规律，当采空区瓦斯压力较大时，直接从工作面相邻巷道向工作面采空区内瓦斯涌出带、过渡带分别施工钻孔，并连接抽放系统，如图 12-13 所示。

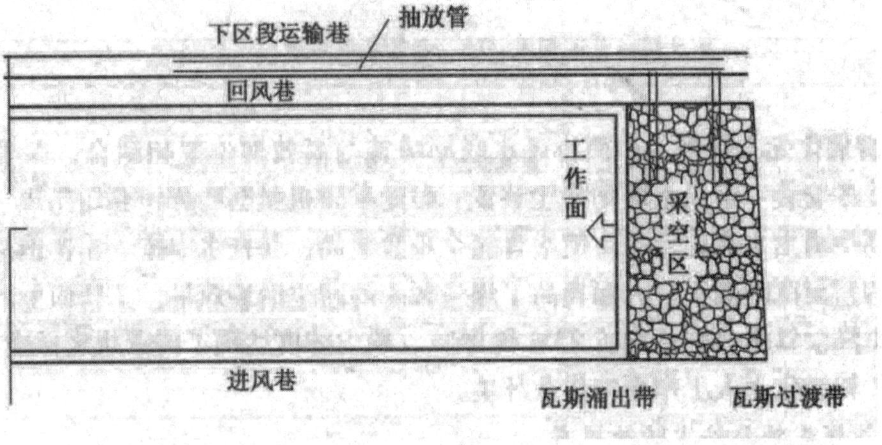


图 12-13　相邻巷道向采空区内直接施工卸压抽放钻孔布置示意图

煤矿在长期深入的瓦斯防治研究及严格认真的工程实践基础上，保证了智能化无人工作面的顺利推进，大大提升了工作面安全管理的环境基础和科学水平。1001 工作面经过采前瓦斯预抽工作，瓦斯含量由 3.25m³/t 下降到 0.83m³/t，瓦斯压力由 1.26MPa 下降到 0.39MPa。风排瓦斯控制在 3m³/min 以下，平均瓦斯浓度为 0.25%，瓦斯预警系统工作稳定可靠，确保了智能化无人综采工作面的安全生产。

## 三、矿井综合防尘技术

煤矿主采的煤层节理发育，且脆性较大，硬度较高，在相同的采掘工艺条件下产尘量大且分散度高。同时由于采掘机械化程度高、开采强度大，产尘量极大。更加之煤层的煤尘爆炸性指数为 35.59，具有爆炸性，对矿井正常生产带来了极大威胁。

煤矿智能化无人综采工作面的技术路线是“可视化远程干预型智能化无人综采”，其可视化也是建立在高清晰视频监控的基础上。因此，必须要保证摄像仪的清晰度，必须加强矿井粉尘防治。

### （一）综采工作面粉尘防治技术

黄陵矿业公司开展了煤矿开采抑尘技术研究，重点关注粉尘基础性质特别是润湿性质研究，研制开发了高效抑尘剂。同时开发了配套的抑尘剂自动添加系统，能够方便、定量地将抑尘剂加入喷雾系统，有效抑制工作面的高浓度粉尘，尤其是呼吸性粉尘。

为了研究煤矿煤尘的基础性质，对井下部分综采工作面、部分掘进工作面和回风巷的煤尘样进行了系统的基础性质研究。包括进行煤尘的工业分析、元素分析、红外光谱分析、煤灰成分分析、激光粒度分析、扫描电镜及能谱分析、毛细管上向渗透分析，实现了对煤尘基础性质的全面认识和了解。

在深入研究煤尘基础性质的基础上，选择多种化学药剂进行煤尘润湿性能研究，开发了适宜一号煤矿煤尘性质的系列抑尘剂。该抑尘剂为水剂型，无毒性，无腐蚀性，能迅速分散在喷雾水中，有效降低水的表面张力，实施对粉尘的快速润湿和团聚，进而有效抑制粉尘尤其是微细粒粉尘。并开发了抑尘剂添加系统，通过文丘里引射原理实现抑尘剂的微量稳定添加，添加量可以在 0.05%~5% 范围内灵活调节。

喷雾系统主要布置在采煤机机身两端，向采煤机两滚筒喷雾，喷雾系统布置如图 12-14 所示。

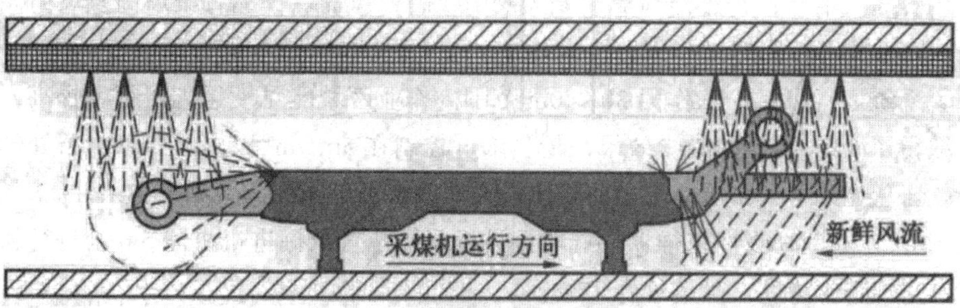


图 12-14　喷雾系统布置

智能化无人综采工作面将风水联动喷雾与高效抑尘剂相结合，在采煤机前后摇臂靠滚筒处各安装一组风水联动除尘装置，跟随采煤机强制喷雾，利用压风与供水的联动作用，提高喷嘴出水雾化效果，使水雾完全覆盖滚筒，并在水中按一定比例加入抑尘剂以提高煤尘的絮凝沉降效率，大幅提高了煤尘源头的粉尘治理效果。工作面生产期间总尘和呼吸性粉尘降尘效率分别达到了 93% 和 96%，粉尘浓度达到了国家规定标准容许值以内，有效改善了智能化无人工作面的作业环境。

## （二）综掘工作面粉尘防治技术

针对综掘工作面的工艺技术条件，黄陵矿业公司研发了综掘工作面高效控除尘装置。该装置可便捷地对高浓度含尘气流进行高效抽尘净化。装置主要由除尘器、分布式集尘装置、多点分段式控尘装置、轻型移动轨道、负压风筒及连接管路等组成，如图 12-15 所示。

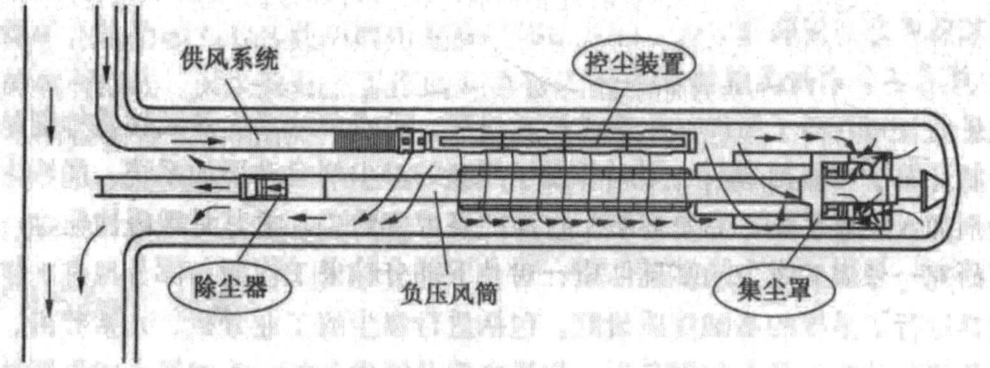


图 12-15　高效控除尘技术系统布置示意图

除尘器主要技术参数如下：

①综掘工作面压入风量与除尘器吸风量匹配：$Q_{吸}$为 350~400m³/min。

②压入式风筒口距综掘工作面迎头的距离：$L_{压}$为 8~10m。

③除尘器吸捕罩口距综掘工作面迎头的距离：$L_{吸}< 2.5$。

④除尘器排放口与压入式风筒重合段距离：$L\geqslant 10$m。

针对掘进工作面，为了控制工作面前方风流扰动影响，采用了能适应掘进的分布立体式控降尘技术。该技术利用骨架风筒制作控尘装置，通过侧面开口实现分风，简易轻便。同时采用轻质吊滑轨，与整流风筒、调风阀门、附壁风筒、伸缩骨架风筒及风筒储存器等部件共同形成了一套掘进工作面控尘装置。

该套系统运行可靠，工作面 30~40m 范围内作业区域能见度得到了很大提高，视野清晰，取得了 95% 以上的降尘效果，粉尘浓度控制在 5mg/m³ 以内。经除尘器处理后的污水对软岩巷道无不利影响，与之前相比极大地改善了工作面的劳动卫生条件。

使用 CCZ20 型呼吸性采样器，选取掘进机司机位置及掘进机机尾 5m 处进行粉尘采样称量，得出粉尘浓度，具体见表 12-2。

**表 12-2　621 回风巷掘进工作面粉尘浓度测试结果**

| 采样地点 | 8h 时间加权平均粉尘浓度 /（mg·m⁻³） | | | | 粉尘类型 | 喷雾降尘效率 % | 控降尘效率 % | 综合降尘效率 % |
|---|---|---|---|---|---|---|---|---|
| | 原始粉尘 | 开启外喷雾关闭控除尘 | 关闭外喷雾开启控除尘 | 开启外喷雾开启控除尘 | | | | |
| 司机位置 | 855 | 256 | 23.5 | 3.5 | 总尘 | 66.5 | 97.2 | 99.6 |
| | 286 | 125 | 11.2 | 2.1 | 呼尘 | 21.2 | 96.1 | 99.3 |
| 机尾 5m | 725 | 238 | 18.4 | 3.2 | 总尘 | 66.2 | 97.5 | 99.5 |
| | 245 | 117 | 10.5 | 2.0 | 呼尘 | 50.5 | 95.7 | 99.2 |

司机位置与掘进机机尾 5m 处的 8h 时间加权平均粉尘浓度都达到了国家规定标准容许值以内，其中控降尘效率达到 95% 以上，总体降尘效率都达 99% 以上，降尘效果明显。使用控风系统后，沿迎头方向的轴向出风大大减少，直接减少了供风风流射流的影响，减小了射流形成的负压区范围，不易卷吸迎头前方的粉尘，使司机处于新鲜风流中，减少了高浓度粉尘对司机及作业人员的危害。

同时对掘进机机尾 5m 处的样品进行粒度分析，得出不同粒径的粉尘浓度及相应的降尘效率，见表 12-3。使用控除尘系统前后测试的滤膜如图 12-26 所示。

表 12-3　分级除尘效率

| 序号 | 粒径范围 μm | 8h 时间加权平均粉尘浓度 / ( mg · $m^{-3}$ ) | | 降尘效率 % |
|---|---|---|---|---|
| | | 未使用控除尘系统 | 正常使用控除尘系统 | |
| 1 | ≤ | 286 | 2.1 | 99.2 |
| 2 | ≤ | 158 | 0.5 | 99.7 |
| 3 | 10~20 | 302 | 0.6 | 99.8 |
| 4 | 20~50 | 109 | 0.3 | 99.7 |
| 5 | 50~100 | 286 | 2.1 | 99.2 |

掘进机司机位置处使用控除尘系统前后 7.07μm 以下粒径粉尘（呼吸性粉尘）的浓度从 286mg/m³ 下降到 2.1mg/m³，对应的呼吸性粉尘降尘效率为 99.2%，呼吸性粉尘浓度已经达到国家卫生标准以下，说明该套技术能够有效解决综掘工作面的粉尘危害。

### （三）井巷系统防尘技术

煤矿将井巷系统采用的自动喷雾和净化水幕升级改造为风水联动喷雾装置。该装置是利用专用雾化喷嘴将高速的空气流和高压水进行气水混合雾化，形成比传统喷雾更细小的水雾。这种水雾是一种可以飘浮移动的薄雾团，薄雾团在空气中的滞留时间比传统的喷雾大大增加，增加了水雾的降尘面积，对粉尘具有更好的吸附作用，从而可以达到更佳的降尘效果。其主要特点是喷雾距离远，降尘范围大，水雾滞留时间长，降尘效率高，用水量少，因此是一种高效节能的高压远程自动喷雾降尘装置。

同时，一号煤矿在所有与带式输送机巷相连的联络巷全部安装捕尘网，防止带式输送机运转产生的扬尘进入进风大巷，污染新鲜风流；在带式输送机大巷所有转载点安装全封闭式防尘网，实现转载点前后 20m 全覆盖，落煤产生的扬尘在捕尘网内通过高压喷雾集中处理；在带式输送机大巷应用自主研发的底皮带喷雾装置；带式输送机大巷与回风大巷每隔 1000m 建设一处集中消尘区，密集安装 5 道喷雾；在矿井所有采掘工作面及系统大巷的风水联动喷雾上使用了高效抑尘剂，同时在部分区域试验推广泡沫除尘装置，并利用报废的瓦斯抽放钻孔进行煤层注水降尘。

通过采取一系列的粉尘综合防治措施，一号煤矿实现了“割煤不飞尘，掘进不扬尘，运输不带尘，巷道不积尘”的粉尘防治“四不”作业模式，改善了工作面的能见度，提高了智能化无人工作面的遥控精度及应急处置能力，为智能化工作面的进一步推广应用奠定了重要基础。

## 四、矿井火灾防治技术

煤矿主采的煤层属自燃煤层，这增加了采空区自燃危险，对矿井安全生产威胁很大。

研究发现煤层煤体温度超过 180℃时，在供风充足的情况下，不超过 1 天时间煤温即可超过燃点，而且此煤的导热性较差，当高温点煤温为 185℃时，距其 15cm 的煤体温度约为 130℃，温差达 50℃以上。因此，经常出现煤层内部温度已达到着火点，但在煤体暴露表面却察觉不到温度异常，从而容易造成误判断。并且一号煤矿位于鄂尔多斯盆地南缘，属于典型的煤油气共生区域，油气会对自燃监测产生干扰，而且油浸煤也导致煤的自燃规律发生了很大变化，造成自燃早期预警和自燃防治困难。为确保智能化无人工作面的安全，黄陵矿业公司开展了煤矿煤层自然发火隐患识别及控制技术研究，定量揭示了煤层自然发火的规律、特征及重要参数，进而科学制定智能化无人工作面的防灭火保障措施。一号煤矿实施了“提高采出率控制遗煤量、阻化剂防灭火”等技术措施，制定了以注凝胶为主的应急灭火措施，形成了矿井防灭火技术体系，如图 12-16 所示。

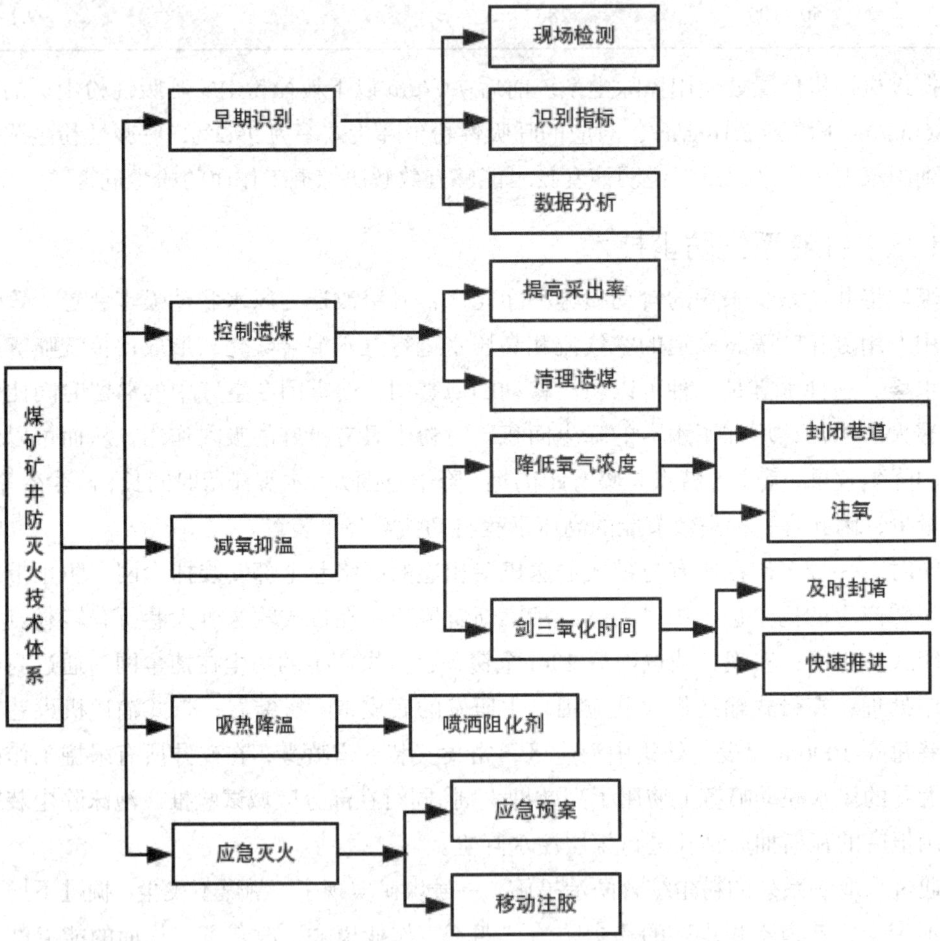


图 12-16　矿井防灭火技术体系

## （一）监测监控与预测预报

煤矿建设了煤矿自然发火光纤综合在线监测系统。该系统主要包括采空区分布式温度监测子系统、煤柱分布式温度监测子系统及采空区多种气体监测子系统。

该系统采用基于光纤拉曼散射原理的分布式温度监测技术实现温度测定，利用光时域反射技术实现距离测定。根据窄带光谱吸收技术制成了光纤多气体传感器，光纤多气体传感器通过光信号进行传输和测量，一个光纤多气体传感器即可完成 $CO$、$CO_2$、$O_2$、$C_2H_4$、$CH_4$ 等多种特征气体的浓度实时在线监测，结合束管及取样控制装置，可测试多个检测点的多种气体浓度数据。

将光纤分布式测温技术以及激光多种气体监测技术应用于回采工作面、密闭采空区和巷道，对工作面进风巷、回风巷、联络巷、开切眼位置及巷道煤柱进行温度与自然发火指标气体在线监测，及时发现温度、气体异常，并准确定位高温点，将煤的自燃抑制在早期阶段，对控制预防采空区（工作面）自然发火、提高防灭火效率具有重要意义。

相比传统的束管监测方法，该系统具有数据准确、远程传输、多参数、大容量、实时在线、抗干扰、本质安全、运行稳定、维护简单等优点，便于实时采集、综合分析采空区关键信息，有助于提高矿井自然发火的监测预警水平。

1）安全监控系统

安装 KJ95 型安全监控系统对采掘工作面 $CO$ 浓度、$O_2$ 浓度、温度、烟雾等数据等进行监测。在工作面上隅角、回风巷口向里 10~15m 处各设置一台 $CO$ 传感器，在工作面回风巷设置温度、烟雾传感器，实现重点区域实时监测。

2）人工监测

由瓦检员测定工作面上隅角与高位裂隙抽放管路内 $CO$ 等指标气体，并采集相关气样送色谱分析，进行自燃预测预报。同时每天安排专人对所有系统密闭墙内外的 $CH_4$、$CO$、$CO_2$、温度、压差进行观测；对密闭墙的完好程度进行检查，发现异常及时注浆并修复。当每月平均推进度小于 100m 时，对工作面架后、上下隅角、进回风密闭墙处每班取样分析其 $CH_4$ 及 $CO$ 含量。根据需要送公司瓦斯实验室检测。

## （二）综采工作面防灭火技术

一号煤矿的回采巷道布置十分简洁，工作面开采薄、中厚煤层，一次采全高，采空区遗煤量小；工作面之间均预留煤柱，回采期间顶板垮落情况较好，采空区封闭工程质量高，因此工作面采空区之间的漏风联系较弱；工作面采用智能化无人综采，推进度较高且稳定，能够保证采空区遗煤在远小于最短发火期的时限内进入窒息带。因此，工作面的防灭火措施以确保合理的推进度为主，要求在保证正规循环的前提下保持每月 80m 的最低推进度。

分析一号煤矿煤层自燃的特点，黄陵矿业公司进行了适合一号煤矿的高分子胶体材料与无机膨胀充填防灭火材料研究，确定并优化了材料的配方和合成工艺。同时，在开展材料研究的基础上，辅以工作面气雾阻化剂喷洒系统、采空区注氮系统、注凝胶系统、粉煤灰注浆系统以延缓和阻滞采空区遗煤的发热、发火进程。每循环后对上、下隅角采用珍珠岩进行封堵，最大限度地减少采空区漏风。在工作面上隅角安设 $CO$ 传感器，保证及时发现采空区自燃征兆。

## （三）漏风防治

采空区及巷道漏风是煤层自燃的重要原因。因生产需要，一号煤矿工作面运输巷通常要跨过回风大巷形成交叉巷道，两条交叉巷道一个为进风巷，另一个为回风巷，巷道间压差很大。并且两巷间垂直距离普遍较近，由于生产过程中产生的动压使两交叉巷道之间的煤岩体破坏，产生漏风裂隙。当巷道间的煤体长时间氧化后，易引起温度升高而自燃。

此外，工作面之间的煤柱容易压裂，造成采空区密闭后会产生漏风裂隙，采空区漏风供氧也会造成采空区遗煤不同程度的温度升高，引起 CO 浓度升高，出现自燃迹象。

1）均压减少漏风

漏风是煤层自燃的重要原因，漏风风流的存在，必有漏风风压的作用。据漏风探测结果，对漏风较大的有自燃危险的区域采取封堵漏风措施处理。当工作面推进度减慢，工作面绝对瓦斯涌出量减少时，在满足排瓦斯等工作需要的前提下，适当降低工作面风量，减少采空区漏风，预防煤层自燃。

采煤工作面封闭后，工作面一侧位于进风大巷，另一侧位于回风大巷导致采空区两侧压差较大，漏风量也比较大。通过增加密闭，使通往采空区的两个密闭均处于进风侧，密闭两端压差减小，有效降低采空区漏风，预防煤层自燃。

2）封堵漏风通道

进风端头是工作面向采空区漏风的主要通道，氧气浓度较高，氧化带宽度大，浮煤在采空区内的氧化时间长；回风隅角是工作面负压最大的地点，由于巷道支护强度增大，回风巷进入采空区很长一段距离后不垮落，造成漏风增加。必须对两端头进行封堵和充填，防止自燃发生。

工作面每推进 50~100m，在工作面两端头用珍珠岩形成隔离墙，一方面阻塞向采空区的漏风通道，另一方面可以形成隔离带，隔断连续的松散煤体，防止采空区形成的高温向工作面持续发展。

3）采空区注氮

工作面采空区推进度小于 3m/d 时实施注氮。采用采空区开放式注氮，注氮口位置为工作面进风侧，距离工作面 15~50m 处。在封堵墙后预埋注氮管，当工作面推进到注氮管进入采空区 10m 以上时，开始注氮，直至施工下一个封堵墙，并开始下一个位置注氮。

4）喷洒阻化剂

工作面进、回风巷道处采空区遗煤比较多，漏风相对较大，是自燃危险性大的区域。向该区域喷洒气雾阻化剂，尤其是进风侧隅角处，阻化剂随风飘散到采空区深部，预防煤层自燃。

## （四）重点区域自燃防治

煤矿工作面回风巷一般设计跨过运输大巷通往回风大巷，形成垂直立交巷道。两垂直立交巷道下部的运输巷一般为煤巷，沿底板掘进，顶部为岩巷或半煤岩巷，两巷之间通常有一部分厚达 1m 以上的煤层。由于地应力较大，并且开采过程中受动压扰动，两巷之间煤层易产生裂隙，并且由于两巷之间压差较大，容易产生较大漏风，煤层长期通风氧化就有可能自燃。煤矿目前采用以下技术手段防止煤自燃：

第一，垂直立交巷道之间尽量不留煤。在需要施工垂直立交巷道的位置，将煤巷顶部的煤层清理干净并用混凝土加固，防止煤自燃。

第二，可能的条件下，降低两巷之间的压差。垂直立交巷道自燃有可能发生在上部半煤岩巷或封闭后，因此可以在封闭上部巷道时采取均压措施，降低两巷之间压差，以减少漏风。

第三，降低垂直立交巷道顶部封闭巷道内的氧气浓度。监测顶部封闭巷道内的氧气浓度，如果氧气浓度高于 7%，向内部注氮。

第四，对垂直立交巷道巷帮裂隙注浆充填加固。

第五，应用红外热成像装置定期监测垂直立交巷道可能漏风易自燃区域，日常监测每周一次，如有情况应每天监测，并及时采取措施。主要措施是向局部温度升高区域注胶（图 12-17）、注水泥浆或无机发泡材料等防止自燃。

通过综合采用多种防灭火技术及装备，一号煤矿杜绝了煤层自燃现象，确保了智能化无人综采技术顺利实施。

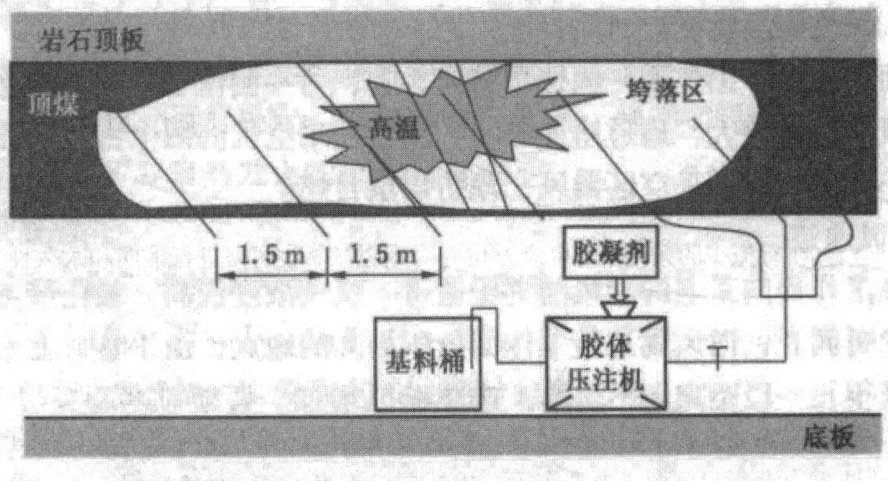


**图 12-17　巷道顶部为采空区时注胶钻孔布置及胶体充填示意图**

## 五、矿井顶板灾害防治技术

随着智能化综采技术的研究与应用，综采工作面装备与技术水平不断进步，通过对工作面液压支架与超前支架的自动化控制，顶板控制已达到较为先进的水平。而煤巷掘进仍应用的传统综掘装备与工艺，已不能适应智能化综采发展的需要。尤其是掘进临时支护工艺，依靠手工作业，操作过程复杂，临时支护效率低，操作人员可能进入空顶区作业，存在极大的安全隐患。综掘机机载临时支护装置实现不了全断面支护，在进行锚杆支护和铺网时，不能杜绝空顶作业。另外，机载支护装置结构强度不够，易出现断裂、开焊等问题，严重影响生产。因此，煤巷掘进尤其是掘进临时支护成为制约矿井安全发展的主要因素。黄陵矿业公司正在实施复杂条件下快速掘进技术的科技攻关，预期可顺利解决煤巷掘进临时支护难题，并实现煤巷锚网索梁联合支护改革。

## （一）掘进巷道临时支护技术

为了确保掘进工作面安全生产，实现快速掘进，黄陵矿业公司把“综掘工作面围岩控制支护技术与装备”列为科研项目，组织研发了适合黄陵矿区围岩应力的综掘工作面围岩控制支护装备，实现了掘进工作面临时支护作业自动化，杜绝了空顶作业，降低了掘进临时支护的劳动强度，提高了掘进效率。

装备采用了两组横梁加顺梁的复合顶梁，通过立柱支撑的框架迈步式结构。两组复合顶梁互为支撑，通过位于顶梁内的移架千斤顶相互推拉行走。在移架过程中，两组顶梁交替支撑顶板，始终有一组处于接顶支护状态，同时也为降架的一组提供行走滑道和推移动力。

装备主要由顺梁、横梁、推移机构、辅助支护机构、立柱、移架千斤顶、前梁千斤顶、液压系统等八个机构组成，具有下列优点：

第一，围岩控制技术先进，装备结构合理，性能可靠，双组整体框架式结构能够对掘进新暴露的巷道顶板及时支护，解决巷道掘进临时支护安全性差等问题，实现了掘进工作面临时支护全覆盖、无间隔的目的。

第二，能够有效地控制顶板，维护顶板的完整性，保证巷道的永久支护质量。

第三，改变了传统的临时支护工艺，实现掘进工作面临时支护作业自动化，有效降低掘进临时支护的劳动强度。

第四，通过合理布置两组顺梁，在满足支护的同时，留设了施工锚杆支护的顺梁间隙。锚杆作业人员在有掩护的条件下，可全方位地对巷道顶板、两帮进行铺网和永久性支护，杜绝空顶作业。

结合综掘工作面围岩控制支护装备的特点，利用综掘机的优势，对瓦斯抽放钻场、水仓、移变硐室、移动救生舱、皮带中间驱动硐室施工方法进行了优化，改变了之前这些巷道、硐室需要炮掘施工的落后状态。在满足使用的前提下，将原来垂直巷道方向的硐室设计调整为沿着巷道掘进方向布置，用综掘机施工硐室，杜绝了煤巷施工硐室使用火工用品，提高了单班掘进进度。

同时由于综掘工作面围岩控制支护装备为整体框架式结构，综掘机司机在装备下方进行掘进，锚杆机司机在装备下方进行支护作业。顶板平整、稳定（无掉砰或有少量掉砰）的情况下，将掘进循环进度由 3m 提高至 5m，每班完成 2 个循环，掘进进度突破 10m，日进度提升至 20m，实现了巷道的快速掘进。

## （二）掘进巷道永久支护技术

智能化工作面进、回风巷顶板均采用锚杆、锚索梁、塑钢网联合支护。顶锚杆间排距为 800mm×800mm，“六 - 六”矩形布置，使用 $\phi$20mm×2500mm 左旋无纵筋螺纹钢锚杆，树脂端锚，每孔 3 节 $L$=350mm 树脂。锚索梁采用 T140 钢带加工，进风巷锚索梁间距为 800mm，回风巷锚索梁间距为 1600mm，梁长 4200mm，一梁四索，采用 $\phi$17.8mm × 10300mm 钢绞线，锚深 10000mm，每孔 3 节 $L$=700mm 树脂。两帮均采用锚杆、塑钢网支护，副帮侧锚杆采用 $\phi$20mm × 2500mm 左旋无纵筋螺纹钢锚杆，主帮侧锚杆采用 $\phi$20mm × 2500mm 玻璃钢锚杆，帮锚杆“四 - 四”布置，间排距均为 700mm × 1000mm，每孔 3 节 $L$=350mm 树脂，帮锚除使用配套托板外另增加木托板，木托板规格为 350mm × 200mm × 50mm。帮网采用塑钢网，网孔为 50mm × 55mm。

工作面开切眼顶板采用锚杆、锚索梁、塑钢网联合支护，顶锚杆间排距为 800mm × 800mm，“七 - 八”菱形布置，使用 $\phi$20mm × 2500mm 左旋无纵筋螺纹钢锚杆，树脂端锚，每孔 3 节 $L$=350mm 树脂。锚索梁采用 16 号槽钢加工，间距为 800mm，3000mm（一梁三索）与 4200mm（一梁四索）锚索梁联合使用，钢绞线规格为 $\phi$17.8mm × 10300mm，锚深 10000mm，每孔 3 节 $L$=700mm 树脂。两帮均采用锚杆、塑钢网支护，副帮侧锚杆采用 $\phi$20mm × 2100mm 左旋无纵筋螺纹钢锚杆，树脂端锚。主帮侧锚杆采用 $\phi$20mm × 2100mm 玻璃钢锚杆支护，帮锚杆均为“三 - 三”布置，间排距为 1000mm × 1000mm，两帮每根帮锚杆增加 350mm × 200mm × 50mm 木托板一块，每孔 2 节 $L$=350mm 树脂。1001 工作面巷道断面及支护形式见表 12-4。

**表 12-4　工作面巷道断面及支护形式**

| 巷道名称 | 巷道用途 | 断面形式 | 断面积 /m³ | 支护形式 | 巷道长度 /m |
|---|---|---|---|---|---|
| 进风巷 | 辅助运输、进风 | 矩形 | 12.88 | 锚杆 + 锚索梁 + 塑钢网 | 2271 |
| 回风巷 | 主运输、回风 | 矩形 | 14.56 | 锚杆 + 锚索梁 + 塑钢网 | 2291 |
| 开切眼 | 回采 | 矩形 | 17.82 | 锚杆 + 锚索梁 + 塑钢网 | 235 |
| 辅助巷 | 辅助运输、瓦斯治理 | 矩形 | 12.88 | 锚杆 + 锚索梁 + 塑钢网 | 2271 |

## （三）掘进工作面离层监测

智能化工作面进、回风巷道顶板离层观测采用 KGD-150 型数显顶板离层仪进行在线监测。在工作面两巷道每 100m 安设 1 个顶板离层仪，安装孔直径为 28mm、深度为 6m，与顶板垂直，位于巷道中间，并在局部顶板破碎、顶板压力大的区域增设顶板离层仪。根据离层报表显示读数，以不超过报警值为准。若出现报警，及时查明原因，采取加强顶板支护措施。

通过应用综掘工作面围岩控制支护装备，解决了巷道掘进过程中空顶作业的问题，有效保持了煤层顶板的完整性，保证了永久支护的效果，为巷道掘进与支护提供了安全便利的作业环境，实现了巷道快速掘进。通过深度应用顶板离层监测，不断优化巷道支护参数、调整巷道支护顺序，提高了巷道支护强度，确保了矿井安全生产。

## 六、矿井水害防治技术

煤矿水文地质类型为极复杂型。矿井正常涌水量为 346m³/h，最大涌水量为 370m³/h。工作面正常涌水量为 5m³/h，最大涌水量为 8m³/h。

### （一）水害预测预报

为避免发生水害事故，黄陵矿业公司坚持“预测预报、有掘必探、先探后掘、先治后采”的原则。实施地质补充勘探及二、三维地震勘探，探明盘区水文地质条件、地质构造和煤层赋存情况；开展矿井隐蔽致灾因素探查，根据不同灾害类型制定治理规划，消除隐蔽致灾隐患，确保安全生产。在采空区（特别是小煤窑采空区）附近实施采煤作业时，坚持物探、化探与钻探等多手段相结合，以钻探为主的原则，保证采煤作业始终在查清了水文地质条件的范围内进行。掘进过程中，严格遵循“先探查—后掘进—再探查—再掘进”的施工生产流程，进行巷道超前直流电法物探，探查富水异常区。然后对富水异常区用钻探方法进行探放水验证，超前治理灾害。在回采时，先用槽波地震勘探和直流电法物探技术对工作面顶板的含水情况实施探测，并进行钻孔验证和探放水工作。施工泄水孔工程，将工作面采空区积水通过泄水孔疏放至邻近巷道，有效治理采空区积水。针对黄陵矿区采空区水害威胁特征，在井下已回采工作面实施防水闸墙改造，在工作面回采结束后立即施工防水闸墙，留设排水管，做到疏堵结合，防止回采后长期积水造成矿井突水。

第一，开展水文地质勘查，提高地质保障。为保障矿井安全生产，近年来黄陵矿业公司在煤矿井田范围内大力开展水文地质探查和地质补充勘探工程，共计完成地质钻孔 67 个，二维地震勘探 35km²、三维地震勘探 17km²，瞬变电磁物探 0.15km²。查明了矿井水文地质条件，准确圈定了老窑开采和积水范围，为矿井安全生产提供了可靠的地质资料。

第二，物探先行、钻探跟进，确保安全生产。在日常安全生产中，公司始终坚持“预测预报、有疑必探、先探后掘、先治后采”防治水原则，严格制度落实，在巷道掘进中和工作面圈定形成后，广泛应用直流电法物探和钻探进行超前探查，科学预判灾害威胁程度。自开展物探、钻探探查工作以来，煤矿已安全回采 24 个工作面。

第三，坚持水害排查和水情监测预测预报并重。公司定期开展井田范围内及周边小煤矿现状调查，对已查明关闭的老窑进行填埋和加固。煤矿每月积极开展井上下水情水患排查工作，对发现的隐患及时制定措施限期整改。同时一号煤矿建设了 KJ117 型矿井水情在线监测预警系统，安装 5 个监测分站，对井下主要涌水点出水量实施 24h 在线预警监测，提升了矿井水情预测预报水平。

### （二）掘进工作面水害防治

在掘进过程中，采用矿井全方位探测仪和专用定向钻机，运用直流电法物探、钻探、掘进循环钻探等手段对存在的可疑区域进行掘进超前探查工作。

掘进前，首先采用矿井全方位探测仪查明前方 100m 范围内水文地质条件。根据物探成果进行钻探验证，每 60m 布置施工一个钻场，每个钻场布设一组 3 个钻孔，呈半扇形布置，孔深不小于 100m，规定超前距、侧帮距不小于 30m。钻探工作结束后，经过灾害程度评估确认无危险后，下达恢复掘进通知书。钻探验证钻孔基本参数见表 12-5。

**表 12-5 钻探验证钻孔基本参数**

| 孔号 | 夹角 /（°） | 仰角 /（°） | 深度 /m | 开孔直径 /mm | 终孔直径 /mm |
|---|---|---|---|---|---|
| 1 号 | 0 | 沿煤层走向调整钻孔仰俯角 | 240 | 113 | 73 |
| 2 号 | 9 | | 243 | | |
| 3 号 | 16 | | 248 | | |
| 副 1 号 | 0 | | 240 | | |
| 副 2 号 | 9 | | 243 | | |

探巷超前探测成果：

第一，四盘区回风探巷超前探测实测深度 100m，第一个供电电极距离迎头 14m。

第二，本次探测的前方发现 5 处异常区，分别位于迎头前方 32~39m、44~49m、51~56m、59~62m、79~61m 附近，均为重点异常区。

第三，本次探测发现的 5 处异常区中，1 号异常区为低阻异常区，异常区宽度在 7m 左右，相对视电阻率介于 8484 之间，推断该异常区为水文地质异常区。2 号异常区为低阻异常区，异常区宽度在 5m 左右，相对视电阻率介于 78~88 之间，推断该异常区为水文地质异常区。3 号异常区为高阻异常区，异常区宽度在 4m 左右，相对视电阻率介于 122~132 之间，推断该异常区为构造地质异常区，可能为地质构造或不含水老巷。4 号异常区为低温异常区，异常区宽度在 3m 左右，相对视电阻率介于 76~84 之间，推断该异常区为水文地质异常区。5 号异常区为低阻异常区，异常区宽度在 2m 左右，相对视电阻率介于 80~84 之间，推断该异常区为水文地质异常区。

第四，由于物探异常具有相对性和多解性，要求对异常区进行钻探验证，加强掘进超前探查工作。掘进过程中发现异常情况时，应及时汇报以便采取相应措施。

在掘进中，按照作业规程中的防治水措施严格落实掘进循环钻探探查工作，即每循环掘进前，在工作面运用探水钻机施工一组超前探查钻孔，每组 4 个钻孔，分别为 2 个直深平行孔、2 个外延孔，孔深不小于 2 倍掘进循环进尺。掘进作业中采用“循环钻探—掘进—再循环钻探—再掘进”的方式进行掘进施工，确保掘进安全。

### （三）回采工作面回采前顶板水害防治

在工作面圈定形成后，首先施工顶板探查孔，应用直流电法物探在回采工作面进、回风巷开展直罗组下段砂岩含水层富水性纵深 105m 探查（图 12-18），查明工作面顶板富水异常区之后，根据物探技术成果编制探放水设计，严格按程序审批。探放水措施执行到位后，对查明的富水异常区实施钻探验证和探放水工作，提前进行预疏放，排除顶板水害隐患；探放水工作完成后，及时评估水害程度，制定防治方案和措施，准确指导安全生产。

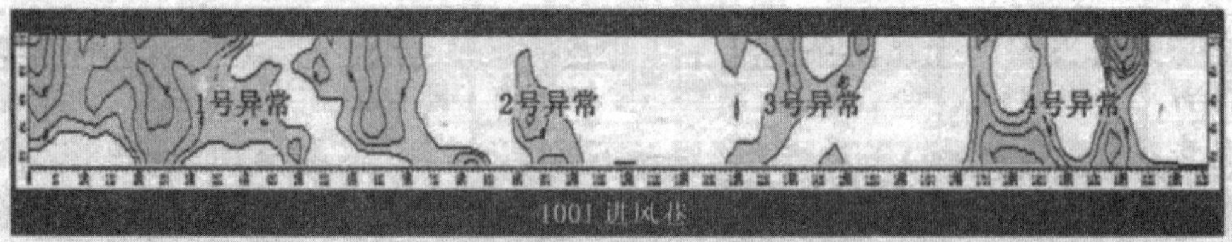


图 12-18　顶板防治水直流电法物探剖面图

为防止在回采过程中发生突水淹面事故，快速有效排放积水，在工作面相邻巷道掘进形成以后，根据巷道坡度情况，从邻近巷道向回采工作面巷道低洼点施工泄水孔（图 12-19），利用定向钻孔与邻近巷道和工作面排水系统联合疏放工作面积水。泄水孔疏放水防治技术已在矿井多个工作面广泛应用，其水害防治效果显著，提升了工作面水害防治能力，有效解决了采空区积水对相邻备采工作面回采时造成的水患威胁。

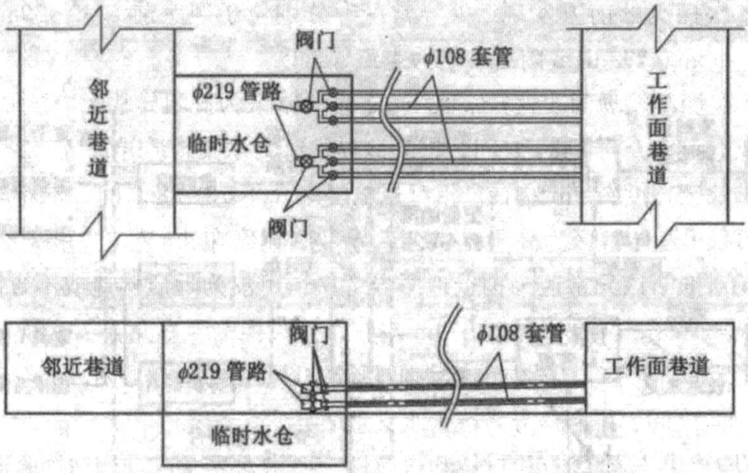


图 12-19　泄水孔施工示意图

## （四）回采工作面回采及闭采期间水害防治

一是加强工作面水情监测，严格落实防治水管理制度和岗位安全生产责任制。一号煤矿不定期安排人员进行监督检查，强化班前、班中、班后水情排查到位，杜绝水害事故发生。二是加强区队防治水工作管理，定岗定人，制度措施落实到位、责任到人，加强排水系统设备运行安全管理，保证排水管路、设备运行完好。同时认真吸取矿井突水事故教训，对所有已回采结束的工作面全部实施防水闸墙封闭工程施工，严格实行挂牌管理，提升矿井抗灾能力。

通过综合采用多种水害勘探与防治技术，矿井水害预测预报及时可靠，水害隐患治理到位，保障了智能化综采无人工作面实现“水害零威胁”的安全目标。

### 七、智能化无人综采安全跟踪分析系统

黄陵矿业公司组织开发了智能化无人综采安全跟踪分析系统，将矿端和远端（矿外专家团队端）通过网络相联系，以智能化无人工作面的安全保障为目标，实现了瓦斯预警信息平台运行保障、实时监测与检测数据深度分析、通风安全专题研讨等远程技术服务功能。系统构建起了工作面、企业管理层以及远端之间信息传递与利用的软硬件系统，可依据工作面布局与动态演化构造工作面区域跟踪展示的演化模型，实现多参数动态监测数据与分析数据的接入共享。该系统同时也是技术协作系统，能够在有效连通矿端与远端安全信息的基础上，确保远端专家团队技术支持能力的有效发挥。

该技术支撑系统的核心为瓦斯监测数据实时在线分析与预警系统的强大分析能力，矿端和矿外专家团队端能够以不同的深度要求展开监测数据分析，远端还可进一步借助更为复杂而精确的分析手段为矿端提供重要的技术支持。该技术支撑系统同时能够在软硬件环境与信息传输能力的支持下演变为可扩展分析平台。

智能化无人工作面安全保障技术支撑系统全程跟踪智能化无人工作面的安全生产过程及数据监测，建立了统一、完整的数据记录，通过矿外专家团队指导下的总结专题会诊、系统分析、验证性观测、模拟计算等方式，跟踪分析并探求工作面生产过程中的安全规律，为工作面安全生产及采空区管理提供优化管理方案。在对智能化无人工作面安全生产数据进行 16 个月全程跟踪的基础上，取得完整的安全生产与监测数据，总结工作面生产过程中通风、瓦斯及自然发火规律，提高了采空区“透明化”程度，建立起有效的预警机制，提高工作面安全管理水平，实现安全高效生产，取得良好的社会效益和经济效益。

## 第三节　管理保障体系

管理是企业永恒的主题，管理到位是智能化无人综采技术推广应用的重要保证。面对新的生产组织方式、新的设备工艺、新的安全形势，如何顺利实现人与设备、技术、环境的有机融合，把所有的生产要素合理调动起来，使每一个环节都能够安全高效顺畅地运转，是管理的核心。根据智能化无人综采工作面的实际情况，一号煤矿以精细化管理六要素和岗位管理七体系为抓手，认真落实精细化管理；通过推行生产作业标准化、机电设备与安全生产标准化，扎实开展标准化管理；通过“机环双检”和“双险双控”排查工作面隐患，夯实安全管理基础；强化员工理论和现场培训，创新员工培养方式，提升员工综合素质；在实践中总结提炼出智能化无人综采工作面精优作业法、卓越管理法、职工创新成果，实现了“人、机、管、环”的有机统一，有力地促进智能化无人综采技术在现场的工程实践。

# 一、精细化管理

## （一）精细化管理要素修炼

精细化管理是智能化无人综采技术成功应用的重要保证。一号煤矿大力实施以人为本的精细化管理，对工作面现场每一个岗位、每一个细节都制定了明确的规范和要求，包括“123456”六个要素。

“1”就是以岗位现场无缝隙管控为目标的干部走动式管理。智能化无人综采技术在提高生产力和解放人力的同时，由于工作面点多、线长、面广、人少，增加了现场管控的难度。为了实现现场无缝隙管控，煤矿按照无漏洞、无缝隙、无盲点、无盲时的原则，根据工作面不同地点的管理重点，以24h为一个周期，把智能化工作面的作业现场划分为若干个重点巡检区域，绘制干部走动管理图；管理人员按照走动图定区域、定时间、定重点、查隐患、补漏洞，记录带班任务单、带班井下交接班记录和带班下井记录；通过登记、处置、分析调控、考核、讲评5个环节，建立走动式管理的调控考核体系；利用现场定位技术和信息化手段，跟踪考核干部的走动状态，通过网络信息平台考核安全隐患排查治理情况，实现了对作业现场安全全天候管控。把干部跟班上岗提升为严密闭环的精细走动管理，依托信息化手段的强力支持，促使所有管理人员都能尽职尽责，思考现状，研究对策，提出思路，最大限度地实现了工作面现场零缺陷、零漏洞、零空白的全过程全天候流程控制。

“2”就是以岗位自主培训和自主保安为目标的“双述”活动。“双述”即岗位描述和手指口述。由于综采队人员结构复杂、职工素质参差不齐，而智能化无人综采技术对员工素质提出了更高的要求，传统的填鸭式培训、强制性灌输，职工难以接受、效果不明显。综采队在大力开展“双述”活动的背景下，让职工用自己的语言来讲自己的工作。根据岗位变化调整、编制了监控中心岗等新增岗位的岗位描述，结合工作面设备及工艺变化情况完善更新原有岗位的岗位描述，形成了涵盖18个岗位、合计15万字的智能化综采岗位描述汇编，为职工快速适应岗位提供了学习教材。通过开展班组岗位描述竞赛等形式，使职工对自己的岗位职责、作业流程、操作标准、避灾路线、事故案例等情况能够系统掌握。在作业现场实行手指口述安全确认，让职工通过心想、眼看、口述、手指的指向性集中联动，提醒和确认现场安全状态，保证操作程序无差错、安全无隐患、质量无瑕疵。“双述”活动提高了职工的自主培训、安全自保、互保能力，有效提升了职工的技能水平和安全作业能力，使职工成为本岗位的行家里手和安全管家。

“3”就是以提升全员素质为目标的“三功两素”修炼。为了增强综采队职工的整体素质，培养一批高、中级技能型人才，更好地适应智能化无人综采技术的需要，煤矿实施了职工“三功两素”修炼，即强化员工知识功底、专业功力、技能功夫、身心素质和职业素养“五要素”修炼。通过每日一题、每月一考等培训形式，培养职工从事岗位作业应该具备的基础知识，提高职工的知识功底；通过井下实训基地、矿井模拟实验室等训练平台组织职工实施修炼和竞赛，提升职工的专业功力；通过开展绝活、绝技、绝招修炼和“精优作业法”的精炼、“卓越管理法”的历练、“创新成果”的锤炼、“精英品牌”的提炼等行动，提高职工的技能功夫；通过培养职工的敬业精神和合作态度，培养职工的身心素质和职业素养。综采队练就了“监控中心远程操控采煤机穿针引线”“蒙眼组装电磁先导阀”等100余项绝活。一大批员工通过“三功两素”修炼成长为业务骨干和技术明星，满足了工作面的技术要求，提高了员工的专业技能水平，推动了员工成长成才。

“4”就是以岗位规范化建设为内容的“四项技术”应用。综采队大力实施定置、编码、标识、看板“四项技术”，按照取用方便、精优协调的原则，把岗位使用的所有设备、设施、工器具以及作业材料固定放置，利用条形码技术进行科学编码，结合职工的认知习惯，利用图形、标志、色彩对所有设备、设施、区域进行操作应用和安全提示性的标注，利用固定牌板对主要岗位操作流程和需要周知公示的内容予以全流程提示，方便岗位操作确认与管理。比如环网传输和电液控制是智能化综采工作面的神经中枢，面对185台电液控制设备、3000余根通信缆线、640个传感器，如果没有合理布局会使得这些设备、缆线在狭窄有限的空间显得非常凌乱。因此，智能化工作面安装、调试过程中，通过充分应用编码、定置、标识、看板“四项技术”，对工作面管路、缆线及感测设备等进行编号，做到一一对应，确保了设备安装过程的有序对接和各种缆线、接头的无缝衔接。再比如智能化远程操控技术依靠远程视频监控，通过对工作面液压支架进行编码标识，使得职工远程操控时能够从视频画面中清晰地看到所选中的支架，放心地操控该支架。“四项技术”中编码技术的普遍应用，有效避免了缺陷、消除了缺失；定置管理的推广，现场作业标识化，作业看板的普及，使现场井然有序，极大地提高了岗位作业效率。

“5”就是以岗位设备、工器具、环境为重点的“5E”全生命周期管理。对生产要素实施每时、每处、每物、每事、每人的全过程、全生命周期跟踪和管理。智能化综采设备的维护是确保智能化无人综采技术稳定实施的保障，设备的全生命周期管理使得每一件设备从使用到寿命结束的全过程都有记录，方便检修工从中总结经验，可以使得职工超前预判设备的故障时间点，确保检修过程中将设备故障消除在萌芽状态。另外配合四检制（日检、班检、旬检、月检）全方位地确保设备完好，提高了智能化无人综采效率。比如对智能化综采设备来说，从它进入矿区的第一刻开始就建立生命档案，不间断地跟踪它的安装、调试和运行，定期维护保养直至报废，确保“人、机、环、管”始终处于可控和在控状态，实现人机系统的优化，保证岗位作业的安全和质量，使智能化综采工作面达到无事不精细、无人不文明、无处不精彩、无时不完美。

“6”就是以人的行为规范为主要内容的“6S”管理。“6S”即整理、清洁、准时、标准化、素养、安全。为了在智能化综采工作面规范每一名员工的行为养成，提高职工素质，强化企业形象，煤矿推进了以人的行为规范为主要内容的“6S”管理。通过整理、清洁智能化工作面，作业现场的设施、设备、工具、材料等生产要素保持了整体干净整洁；通过制度规范，使职工在确定的时间内完成工序作业和工作任务，提升了整体效率；作业前技术人员制定严密可行的标准，让职工学习标准，严格按照标准作业，作业结果达到标准要求，实现了过程和结果的标准化，保障了综采队的执行力；督促职工语言文明，服饰合规，举止得体，人际交往和谐，遵守职业道德规范，增强职工综合素质，塑造企业良好形象；坚决杜绝职工违反标准、章程、规定的行为，确保安全才能生产，生产必须安全。

## （二）岗位管理体系建设

黄陵矿业公司多年来不断传承和弘扬矿区优秀文化，坚持以岗位为载体，以精细化管理为核心，以信息化、制度化为手段，紧紧围绕打造“四个示范”（循环经济的示范、精细化管理的示范、企业文化的示范、和谐发展的示范）、实现绿色强企的目标，在继承中创新，在创新中发展，系统探索和实践了在智能化无人综采技术背景下的岗位精细化管理模式，建设了岗位管理七大体系：

第一，大力推行岗位精细化管理，丰富区队文化理念体系。

综采队在企业文化建设过程中，为了实现文化和管理的有效融合，全面推行质量管理、安全管理、精细化现场管理，使管理从区队、班组延伸到岗位，形成具有特色的岗位精细化管理模式。把每个岗位都打造成员工发展的舞台，让员工在岗位上展示才华、成就事业、实现价值，丰富了区队文化理念体系。

第二，认真推广精细化管理六要素，形成岗位标准管理体系。

综采队在标准化的基础上，大力实施以人为本的安全生产精细化管理，推进精细化管理与质量标准化管理的融合提升。以智能化无人综采工作面为基础，推行全覆盖式的干部走动式管理，强化现场精细管控；坚持开展“双述”活动，夯实岗位安全精细作业基础；开展“三功两素”修炼，提升岗位操作技能水平；应用“四项技术”，打造岗位精细管理环境；落实“5E”全生命周期管理，推进精细管理升级；实施“6S”管理，规范岗位职工行为和现场环境。以精细管理、精准确认、精确操作、精益经营、精美环境为目标，督促员工养成“细处着眼、小事着手”的习惯，把小事做精做细，使细节完美，成就安全生产这件大事。把精细化管理要素落实到现场、岗位，对每一个岗位、每一处细节都制定了明确的规范和要求，形成了岗位标准管理体系。

第三，构建自主管理、人人负责的安全生产管理体系。

管理深处是文化，素质高处是自律，自主管理是安全管理的最高境界。综采队树立“安全至高无上”的核心理念，通过开展“安全为了谁、依靠谁、谁负责”主题教育、征文演讲、事故案例讲评等活动，解决了员工不想自主管理、不敢自主管理的问题。通过加强智能化工作面现场管理和过程管控，提升职工安全自保互保联保能力。发动家属协管员开展家访座谈，“三违”帮教，柔情感化，筑牢安全管理第二道防线。通过大力推行岗位自律、班组自主、区队自治，使每个员工都能做到立足岗位，自主成才、自主创新、自主经营、自主安全管理，达到零事故、零“三违”、零隐患。

第四，开展全员创新、激发创造活力，形成岗位自主创新体系。

综采队大力开展全员创新活动，在智能化工作面管理实践中提炼卓越管理法；专业技术人员主要针对智能化工作面技术和安全管理的瓶颈，开展课题研究，破解技术难题；岗位操作人员主要针对作业中存在的问题，提炼出能够节能增效、保障安全、提升效率的精优作业法以及“五小”创新成果。煤矿在首个智能化无人综采工作面建设期间完成科技创新成果 82 项，获得专利 8 项，其中发明专利 6 项、实用新型专利 2 项。

第五，实施岗位价值精细管理，形成岗位自主经营体系。

煤矿把岗位作为最小的核算单元，将精细化管理的各项要素融入岗位，形成了以岗位增值、企业增效、员工增收、保证安全为目标的岗位价值精细管理体系。一是以全面预算为纲，将预算指标分解到班组、岗位，使岗位成为经营的主体；二是建立科学的定额体系，确立岗位交易规则，形成以岗位为主体的市场体系；三是引入“人单合一”理念，构建以岗位订单合同为纽带的内部市场链和价值链，形成企业内部市场；四是创新员工绩效考核和收入分配机制，将岗位技能工资制改革为岗位效益工资制，依据岗位经营效果决定效益工资，使员工由原来的劳动者转变为自己岗位的经营者，激发了职工修旧利废、节支降耗、节约成本的主动性，实现了人人都是经营者、岗位就是利润源。

第六，推行“5+5”岗位管理，形成岗位成长成才体系。

煤矿大力开展“5+5”岗位管理，第一个“5”是“五精”，即精细、精准、精确、精益和精美；第二个“5”是“五星岗位”，分别指以安全诚信和安全素养为核心内容的本质安全诚信岗，以质量和现场作业为核心内容的质量标准规范岗，以管理、技术和经营为核心内容的创新创效增值岗，以学习力和自我提升为核心内容的学习成长成才岗，以快乐工作、文明生活为核心内容的快乐和美文明岗。煤矿严格施行“月考核、季授星、半年一表彰”的管理模式，每月对职工进行一次星级考核，每季度根据考核结果对职工进行授星，每半年对星级逐级攀升到达五星的员工进行一次表彰奖励。通过岗位管理文化和竞争氛围的熏陶，在职工队伍中建立起一套科学、合理、规范、人性化的管理机制和激励机制，形成了“比、学、赶、超”的竞争氛围，让员工自觉把心思和精力放在工作学习上，放在争当五星员工上，自觉把工作变成爱好，把职业当作事业，把在工作中不断成长进步作为最大收获。

第七，打造“五精”岗位（现场），形成岗位自主管理体系。

综采队按照“试点先行、典型引路、全面推进”的原则，以“六零”（零三违、零隐患、零事故、零丢失、零浪费、零损毁）、“六菜单”（菜单式的岗位 A 卡考核考评，岗前危险因素的菜单式排查，菜单式交接班，每次操作前对风险危险的全要素菜单式排查预控确认，指挥、监控、联保的菜单式确认，成本定额消耗与当班任务工作量的菜单式确认考核）为基本要求，以“五创”（创新出成果、作业创精优、管理创卓越、工作创快乐、对标创纪录）、“五优化”（优化技术、优化流程、优化标准、优化行为、优化环境）为考核重点，以“安排严谨、运转高效、考核严密、奖罚分明”为运行机制，扎实开展了“五精”岗位（现场）创建工作。将智能化无人综采工作面关键技术岗位均打造成为“五精”岗位，提炼出“建军监控中心百分考核卓越管理法”“耀轩快速更换行走轮精优作业法”等一批以人名命名的先进管理作业法，改变了岗位中存在的标准不明确、工作不规范、管理不严格、方法不科学等问题，使岗位操作精准精确，岗位经营精打细算，岗位技能精益求精，岗位管理精雕细琢。

## 二、标准化管理

### （一）生产作业标准化管理

标准化管理是黄陵矿业公司智能化无人综采技术管理保障的重要组成部分，对于提高生产效率、提高工作面质量、提高区队执行力具有重要意义。智能化无人综采工作面生产工艺、设备、环境发生了变化，生产作业方式也相应做出调整，形成了新的生产作业标准。工作面生产工序由原来的 3 名采煤机司机跟机操作、5 名支架工分段跟机拉架推溜，1 名输送机司机现场看护，变为 1 人在工作面安全巡视；端头支架工由进、回风巷各 4 人操作变为各 2 人操作超前支架；同时有 2 人在顺槽监控中心或地面指挥控制中心远程操控。针对新的生产组织模式，及时调整管理思路和工作重点，形成了三个转变，制定了三类标准。

一是从井下向地面转变。完善顺槽（地面）监控中心操控工艺规程，制定了《监控中心岗位操作标准》等制度，建立起适应智能化生产需要的生产工序、流程和管理规范，形成了智能化综采工作面岗位操作标准。

二是管理重心由劳动组织管理、现场管理向设备管理、系统维护转变。智能化生产系统上的每台设备、每个环节都是牵一发而动全身，综采队在全生命周期管理和四检制的基础上，根据岗位建立了检修台账，检修工必须在班后记录当班检修项目，注明设备的安全隐患，确保隐患及时排除。按照“重在检修、严在生产、精在管理”的整体思路，提高检修质量，保证设备完好率、生产开机率，形成了智能化综采设备检修标准。

三是从现场人工操控向智能化远程操控转变。重新修订综采工作面各岗位操作规程，制定《智能化综采工作面操作规程》《智能化综采工作面安装回撤安全技术措施》等制度，保证职工安全正规操作。要求智能化系统功能范围内的动作禁止手动操作，对系统操作不到位的动作进行人工远程干预。同时在使用过程中及时发现问题，完善系统，提高系统稳定性。培养了职工在智能化生产模式下的良好习惯，形成了智能化远程操作标准。

### （二）机电设备标准化管理

为了适应智能化生产的需要，综采队规范了智能化相关设备的维护标准，加强了检修班机电设备检修质量管理，保证各类设备得到及时有效的维护保养。

一是制定《智能化无人开采技术手册》，对智能化综采工作面的设计、安装、验收、维护、管理标准进行了详细阐述，在电气完好、自动化功能、缆线布置、安拆编码等方面制定符合一号煤矿实际的建设和管理标准，保障了智能化综采工作面各项功能稳定可靠。

二是制定《智能化综采维护保养手册》，重点对自动化控制系统、传感器件的日常检查维修内容进行了明确规定；同时对常见的故障检查方法进行了详细阐述，为智能化设备的日常维护提供了参考和依据。

三是制定《机电设备操作流程汇编》，规范职工设备操作是提高员工安全操作技能和自主保安能力的有效途径。综采队将安全操控的着力点集中到提升人的安全心态和操作行为上，使职工由“知”到“会”再到“准”，实现了“上标准岗、干标准活”的目标。

四是制定《机电岗位作业标准》，在智能化综采工作面重新规范岗位作业标准，以智能化综采岗位为依托，指导岗位职工依据作业标准规范操作机电设备。

## （三）安全生产标准化管理

1）工作面断面标准

第一，进风巷：矩形巷道，掘宽 4.6m，掘高 2.8m，掘进断面 12.88m$^2$；顶板采用金属锚杆 +T140 钢带锚索梁 + 塑钢网支护，两帮采用金属锚杆 +T140 钢带 + 塑钢网支护。

第二，回风巷：矩形巷道，掘宽 5.2m，掘高 2.8m，掘进断面 14.56m$^2$；顶板采用金属锚杆 +T140 钢带锚索梁 + 塑钢网支护，两帮采用金属锚杆 + 塑钢网支护。

第三，开切眼：矩形巷道，掘宽 6m 或 7.2m，掘高 2.7m，掘进断面 16.2m$^2$ 或 19.44m$^2$；顶板均采用锚杆 +16 号槽钢锚索梁 + 塑钢网支护，副帮采用金属锚杆 + 塑钢网支护，主帮采用玻璃钢锚杆支护。

第四，瓦斯防治专用巷的支护方式与进风巷的支护方式一致。

2）工作面设备配置标准

进风巷主要用于辅助运输，综采工作面设备列车放置于进风巷；回风巷主要用于主运输，综采带式输送机放置于回风巷，工作面开切眼配置采煤机、刮板输送机和液压支架。灾害治理专用巷主要用于本采煤工作面掘进、安装期间的辅助运输通道和回采期间的瓦斯治理巷道。

3）支护质量验收标准

工作面液压支架初撑力不低于额定值的 80%（25.2MPa），中心距误差不超过 80mm，架间间隙不超过 200mm，端面距不超过 340mm；支架接顶严实，相邻支架顶梁平齐，不挤不咬，不应有明显错茬（错茬不超过顶梁侧护板高的 1/3）；支架不超高使用，控顶距符合规定，侧护板使用正常；支架须排成一条直线，其偏差不超过 50mm，底板松软时支架钻底不小于 100mm。

工作面达到“三直两平”，液压支架（支柱）排成一条直线，每个测量段偏差不超过 30mm。工作面伞檐长度大于 1m 时，其最大突出部分薄煤层不超过 100mm，中厚以上煤层不超过 150mm；伞檐长度在 1m 以下时，其最大突出部分薄煤层不超过 150mm，中厚以上煤层不超过 200mm。

两端头支架必须达到初撑力，安全出口畅通，巷道高度不低于 1.8m，人行宽度不低于 0.8m，支架接顶严实，不挤不咬。

巷道超前支护液压支架必须达到初撑力，支架中部人行通道畅通，巷道高度不低于 1.8m，人行宽度不低于 0.8m，支架顶梁接顶严实，钻底小于 100mm。

4）工作面文明生产标准

第一，工作面外环境：泵站、远程供液站、油脂库、机头硐室、休息地点等场所有照明设施、各类图牌板齐全，清晰整洁；巷道交叉口有避灾标识牌；两巷支护完整，作业范围内无失修巷道；安全距离符合规定，设备上方与顶板距离应大于或等于 0.3m；巷道及硐室底板平整，无浮踏及杂物、无淤泥、无积水，管路、设备无积尘；物料分类码放整齐，有标志牌，设备、物料放置地点与通风设施距离大于5m。

第二，工作面内环境：工作面内管路敷设整齐，支架内无浮煤、积矸，照明符合规定；瓦斯等有毒有害气体浓度不超限，工作面温度超过26℃应采取降温措施。

## 三、安全管理

安全责任重于泰山。黄陵矿业公司井田范围内煤层厚度变化较大，开采技术条件复杂，水、火、瓦斯、煤尘、顶板“五害”俱全，且一号煤矿为高瓦斯矿井，在这样的背景下探索智能化无人综采技术，难度可想而知。在智能化无人综采工作面安装、调试、生产的过程中，综采队牢固树立“隐患就是事故”的理念，坚持“安全才能生产，生产必须安全”的原则，推行“强化红线意识、坚守底线思维、加强一线管控、确保防线牢固”的安全“四线”管理，构建起全方位、立体化的安全网络和具有黄陵矿业公司特色的安全文化和安全生产管理体系。在智能化无人综采工作面强化“双险双控”安全管理体系和“机环双检”安全管理机制，形成了智能化无人综采工作面安全质量标准化管理“369”工作法，推动高危行业向本质安全型转变。

### （一）“双险双控”安全管理体系

“双险双控”安全管理体系是黄陵矿业公司在继承既有的安全管理手段基础上系统总结提炼而成，由系统风险预控和岗位危险管控两部分组成，即以各级管理干部、相关业务部门为主体的生产系统风险预控体系和以岗位自主管理为主导的操作岗位危险管控体系。

为做实“双险双控”安全管理体系，综采队将工作面生产过程中的人、机、环、管各环节的安全要素全部纳入“双险双控”安全管理体系，编制了智能化综采工作面系统风险预控和岗位危险源管控卡。同时结合矿井安全生产精细化管理和安全质量标准化建设的要求，将“双险双控”安全管理融入生产作业的全过程。岗位风险管控以岗位操作人员为主，系统风险防控以管理人员为主。综采队从班前、班中、班后人的精神状态、设备的工况、环境的变化入手，针对岗位划分制作成“双险双控”管理牌板，职工根据牌板内容在班前、班中、班后对系统风险进行安全预控，对岗位危险进行超前管控，确保系统、设备安全稳定运行。严格考核奖罚，将“双险双控”落实情况与安全结构工资挂钩，由安监员、瓦检员监督，跟班队干对职工落实情况进行现场打分，计入岗位价值管理系统进行考核兑现，确保制度落到实处，建立了横向到边、纵向到底的“双险双控”考核体系。狠抓责任落实，实现对每一名员工、每一处工作场所、每一套系统的实时管控，确保人无不安全行为、机无不安全状态、环境无隐患、管理无漏洞。

### （二）“机环双检”安全管理机制

机环双检制是点检制和巡检制的有机集成，是对企业生产作业现场的设备、装置、工器具、物料、环境五大要素在使用运行阶段实施的超前式辨识确认、前瞻式辨析研判、动态式预防预控的机环管理方式，是以全员、全要素、全时空、全过程、全方位、全天候、立体式的一体化点检巡查为核心的管理机制。针对智能化无人综采工作面设备种类繁多、远程视频操控等情况，对智能化工作面开机前安全确认提出了更高的要求。综采队严格执行“机环双检”安全确认，通过“两牌一卡一手册”的对照执行，确保远程操控启动前系统环境安全可靠，关键设备安全稳定。

两牌，即“机环双检对照图”“机环双检作业标准”牌板。通过现场悬挂两牌，明确检查内容及检查依据，让职工对“机环双检”检查线路、检查位置、检查标准、检查周期、检查工具等内容有清晰的了解，规范职工现场操作行为。

一卡，即检查记录卡。检查记录卡是“机环双检”工作执行情况的最直观体现。记录卡内包含设备点检部位、点检内容、双检标准、存在问题及整改情况。通过对当班设备运行情况记录和点检标准进行对照检查，对于存在的问题现场整改，并记录整改情况，由检查人员和隐患整改审核人员现场签名，确保“机环双检”工作落实到位。

一手册，即“机环双检”作业指导书。作业指导书是系统介绍“机环双检”安全管理的手册，包含“机环双检”实施背景、概念、目的、内容、标准等内容，可帮助职工了解“机环双检”安全管理的理论体系和实施方法。

综采队通过实施“机环双检”安全管理，降低了设备故障率，机电质量标准化水平明显提升，精细化管理和现场安全监管程度不断加强，保证了智能化开采顺利实施。

### （三）安全生产标准化“369”工作法

综采队基于《煤矿安全生产标准化基本要求及评分方法（试行）》，结合工作面实际情况，总结提炼出安全生产标准化“369”工作法。“369”工作法是指在智能化无人综采工作面安全生产标准化建设中坚持“三利”原则、执行“六定”流程、注重“九策”应用。

“三利”原则：智能化无人综采工作面安全生产标准化建设必须有利于职工规范操作行为养成，必须有利于工程施工质量达到优良，必须有利于矿井安全目标的实现。

“六定”流程：定目标（每年综采队制定不断螺旋上升的质量标准化、建设目标）、定标准（依据考核标准制定智能化无人综采工作面各岗位技能考核评分细则）、定责任（区队长管全局、副队长包班组、技术员包岗位，打造各具特色的本质安全型区队）、定监管（实施干部走动式管理，全覆盖动态监督，开展技术人员送技术、送服务日常管理）、定考核（实施量化考核、现场打分、评优评差）、定效果（岗位达“五精”、工作面达精品）。

“九策”应用：“四项技术”应用法、“亮点工程”示范法、“争优评差”激励法、“五关（文明生产关、工程质量关、设备完好关、规范操作关、隐患治理关）控制联合验收”工作法、“区域负责”包队法、“英雄行动”创新法、“安全隐患编码分析”防控法、“双述双练”素质提升法、“五四”岗位作业风险预控工作法。

通过“369”工作法的实施，明确了智能化无人综采工作面安全生产标准化各项工作建设的原则、管理的流程、实施的措施，促进了智能化无人综采技术在工作面的安全生产保障，构建起安全生产长效机制。

## 四、员工素质提升工程

### （一）加强员工技术培训教育

人是智能化无人综采技术应用成败的决定性因素，智能化综采设备必须由一支安全技术素质高、掌握信息化知识的职工队伍来驾驭。面对新的设备和工艺，职工没有相关基础知识，更没有现场经验，一号煤矿创造条件开展职工培训工作，做到理论、实操、系统培训三到位。

一是在设备安装前加强理论培训。面对新的知识，一号煤矿邀请专家和厂家工程技术人员对智能化综采队开展专题培训 22 次，让职工提前掌握智能化无人综采技术的理论知识和技术要点，选派主要岗位骨干员工及新分大学生前往设备和软件厂家进行理论学习，开展关键设备部件现场拆分组装练习，为第一套智能化综采设备的安装打牢了基础，把建设智能化无人综采工作面当成学习新知识、掌握新技术的“大课堂”。

二是在设备安装过程中加强实操培训。采取厂家技术人员现场辅导、高级技师现场授课、小组技术攻关、组织专题知识竞赛和设备安装、故障判断技术比武等多种形式强化现场培训。综采队全部职工参与到智能化无人综采工作面安装调试工作中，职工亲自动手参与，管理人员现场跟班，做到理论和实践相融合，把工作面安装过程当成了实操技能培训的“练兵场”。

三是在设备调试过程中加强系统培训。综采队详细记录每台设备、每个系统的运行履历，对设备调试中出现的问题及时登记，建立设备调试日志，对存在的问题进行集中攻关，提出解决方案、改进建议和完善措施。对智能化无人综采技术进行系统认识，遇到问题做到能分析、能排查、能解决。通过培训，职工素质明显提高，取得科技创新成果 82 项，真正把工作面调试过程变成了技术会诊的“研究所”。

三个层次的培训工作有效促进了智能化综采队人员素质的提升，涌现出一批技术骨干，为智能化无人综采技术的探索提供了新鲜血液。

### （二）完善员工成长成才通道

煤矿把工作面现场当成人才培养的摇篮，坚持在使用中培养，在培养中提升，形成人人皆可成才、人人尽展其才的局面，让想干事的人有机会，能干事的人有舞台，干成事的人有地位，使人人都有出彩机会。努力建设三支人才队伍，一是坚持德才兼备、以德为先的标准，建设一支善经营、会管理、适应技术革命的经营管理人才队伍；二是营造自觉学习、全员创新的氛围，打造一支科学素养高、创新能力强的专业技术人才队伍；三是形成自主管理、岗位成才的通道，锤炼一支技能超群、独当一面、能解决生产技术“疑难杂症”的高技能操作人才队伍。通过实施全员素质提升工程，教育职工把学习作为一种追求、一种爱好、一种责任、一种健康的生活方式，建立不同层次、不同岗位的学习型组织，培养学习型员工，使职工岗位自主、学习自觉、生活自信、人生自豪。

在人才管理方面，一号煤矿畅通人才成才渠道，为各类人才展示才华、脱颖而出搭建平台。根据人才自身特点，为不同人才搭建不同成长平台，畅通人才成长渠道。专业技术人员可选择技术员、助理级职称、中级职称、高级职称（首席专家）、正高级职称成才通道，培养了一批技术业务精湛的工程技术人员；技能型职工可选择普工、初级工、中级工、高级工、技师、高级技师、首席技师成才通道，锻炼出一支高水平的技师队伍；操作型职工可选择一星、二星、三星、四星、五星、首席员工成才通道，一大批员工在智能化无人综采工作面的建设学习中成长为业务骨干和技术明星，打通了职工成长成才渠道，为优秀人才脱颖而出、充分施展才能搭建了平台，让职工有奔头、有希望，静下心来立足岗位成长成才。一号煤矿还设立了劳模和技师工作室，定期组织相关技术人员开展学习研讨、科研攻关、技术创新和经验交流，大力营造“比、学、赶、帮、超”的浓厚氛围，为智能化无人综采技术的持续应用提供了人才保障。

### （三）努力实现岗位自主管理

岗位自主管理是管理的最高境界。综采队在黄陵矿业公司大力推行岗位管理文化的背景下，通过理念渗透、行为养成、监督检查、激励约束机制，培养职工的主人翁意识，主动履行岗位职责，做到自主安全管理、自主经营、自主创新、自主成才，促进职工和区队共同成长、共同进步，在实现综采队自主管理的同时，实现员工的人生理想和人生价值。

员工素质提升是岗位自主管理的先决条件。综采队通过加强职工技能培训教育，强化安装前基础培训、安装过程中实操培训和调试过程中系统培训，促使职工尽快掌握智能化无人综采技术的关键核心，熟悉智能化无人综采工作面的现场环境，解决职工不能岗位自主管理的问题。通过完善职工成长成才通道，为职工指明职业生涯晋升的方向，激发职工的积极性和主观能动性，解决职工不愿岗位自主管理的问题。

通过提升员工素质，让所有员工都能自觉履行职责，降低了管理成本，提升了管理效率，调动了员工的积极性、主动性和创造性，实现了从要我干到我要干的转变，为智能化无人综采技术的发展奠定了坚实的人才基础。

## 五、“261”工作法

“五精”岗位（现场）管理是黄陵矿业公司近年来在岗位管理文化发展基础上形成的特有的岗位管理体系。综采队将工作面6个岗位都打造成为“五精”岗位作为管理重点，促使岗位精细化管理在继承中创新、在创新中突破，助推智能化无人综采技术在区队、在岗位中快速落地生根、成功应用。综采队在精细化管理、标准化管理、安全管理创新和员

工素质提升的基础上，结合智能化无人综采工作面现场实际，总结出了“以两结合为重点，以六融入为内涵、以一示范为引领”的智能化无人综采工作面“五精”岗位（现场）管理“261”工作法。

“两结合”：就是将安全生产精细化管理和质量标准化精品工程创建相结合，着重对“人、机、环、管”要素中的“机、环”两要素进行消缺提升，以精美的环境影响人、

以“两化”标准规范人，使职工养成高标准的作业习惯，打造设备无缺陷、环境无隐患的精品工作面，作为智能化工作面“五精”岗位（现场）管理的硬环境。

“六融入”：就是把“5+5”岗位管理、岗位价值精细管理、“三功两素”修炼、双险双控、机环双检、人文建设等六项管理作为管理软件融入管理工作，使员工在岗位上操作精准精确、经营精打细算、技能精益求精，区队现场管理精雕细琢。通过融入六项管理，从员工综合素质提升、挖掘管理内涵、构建完善的安全管理体系三方面精准发力，全面推进“五精”岗位（现场）管理。

“一示范”：就是有效发挥党员先锋模范作用和党支部战斗堡垒作用，在区队打造一批党员“五精”示范岗和党支部“五精”示范现场，为“五精”岗位（现场）管理工作做表率、探路子、树典型。综采队以打造党员“五精”示范岗、党支部“五精”示范现场为引导，共打造出9个“五精”岗位，总结提炼出9种卓越管理法和9种精优作业法，使职工有技术、岗位能安全，为智能化无人综采技术在区队顺利实施提供了人才基础。

在创建过程中，综采队通过安全学习型区队品牌创建，以安全“三零”管理、六菜单确认为抓手，强化超前管理、过程管控、目标考核。以事业成就为追求，大力开展高级技师党员示范授课及师带徒微课堂活动，促进青年职工的快速成长，打造高素质的职工队伍，熟练驾驭智能化无人综采设备，使鼠标采煤成为现实，圆了煤炭人地面采煤的梦想。

黄陵矿业公司在精细化管理、标准化管理、安全管理、员工素质提升方面的探索和实践，为智能化无人综采技术的推广应用提供了可靠的管理保障，形成了先进的管理文化，同时智能化无人综采技术带来的新的变革又倒逼员工素质全面提升和公司技术管理全方位进步，推动了企业健康发展和升级转型。

# 参考文献


[1] 胡晓旭主编 . 液压支架及泵站操作与维护 [M]. 徐州：中国矿业大学出版社，2015.

[2] 本书编写组编 . 模板工操作技能快学快用 [M]. 北京：中国建材工业出版社，2015.

[3]《架子工操作技能快学快用》编写组编 . 架子工操作技能快学快用 [M]. 北京：中国建材工业出版社，2015.

[4] 曹连民主编 . 采掘机械 [M]. 北京：煤炭工业出版社，2015.

[5] 刘玉华主编 . 井下电钳工 [M]. 北京：煤炭工业出版社，2015.

[6] 杨宝贵 . 煤矿高浓度胶结充填开采技术 [M]. 北京：煤炭工业出版社，2015.

[7] 中国重型机械工业协会编 . 中国重型机械选型手册矿山机械 [M]. 北京：冶金工业出版社，2015.

[8] 华林编著 . 精冲技术与装备 [M]. 武汉：武汉理工大学出版社，2015.

[9] 国家知识产权局专利复审委员会编 . 专利复审和无效审查决定汇编 2007 外观设计第 6 卷 [M]. 北京：知识产权出版社，2015.

[10] 卢圣春编著 . 汽车装配与调整 [M]. 北京：北京理工大学出版社，2015.

[11] 国家知识产权局专利复审委员会编 . 专利复审和无效审查决定汇编 2007 外观设计第 1 卷 [M]. 北京：知识产权出版社，2015.

[12] 张利平编著 . 现代液压技术应用 220 例 [M]. 北京：化学工业出版社，2015.

[13] 黄志坚编著 . 工业设备密封及泄漏防治 [M]. 北京：机械工业出版社，2015.

[14] 土木在线组编 . 图解安全文明现场施工 [M]. 北京：机械工业出版社，2015.

[15] 本书编委会主编 . 采掘设备维修技师、高级技师 [M]. 徐州：中国矿业大学出版社，2015.

[16] 程瑞珍编著 . 煤矿工程设备防护 [M]. 北京：化学工业出版社，2015.

[17] 赵环帅主编 . 煤矿机电设备管理与维修细节详解 [M]. 北京：化学工业出版社，2015.

[18] 王京主编 . 煤矿机电设备的操作与检修 [M]. 北京：化学工业出版社，2015.

[19]（美）布里特森著 .55 种提升团队创造力的创新活动 [M]. 北京：电子工业出版社，2015.

[20] 中国公路建设行业协会编 . 公路工程工法汇编 2014 中桥梁篇 [M]. 北京：人民交

通出版社，2015.

[21] 韩凤麟编著 . 铁基粉末冶金结构零件制造·设计·应用 [M]. 北京：化学工业出版社，2015.

[22] 国振喜著 . 混凝土结构工程施工及验收手册 [M]. 北京：中国建筑工业出版社，2015.

[23] 王学义编 . 工业汽轮机检修技术问答 [M]. 北京：中国石化出版社，2015.

[24] 赵莹主编 . 起重装卸机械操作工岗位手册 [M]. 北京：机械工业出版社，2015.

[25] 张吉雄，缪协兴，郭广礼著 . 固体密实充填采煤方法与实践 [M]. 北京：科学出版社，2015.

[26] 北京兆迪科技有限公司编著 .AutoCAD 机械设计实例精解 2015 中文版 [M]. 北京：机械工业出版社，2015.

[27] 中国公路建设行业协会编 . 公路工程工法汇编 2014 下隧道篇交通工程与养护篇 [M]. 北京：人民交通出版社，2015.

[28] 郭文兵，（美）彭赐灯，周英主编 . 煤矿岩层控制理论与技术新进展 34 届国际采矿岩层控制会议（中国·2015）论文集 [M]. 北京：科学出版社，2015.

[29]（美）彭赐灯编著 . 神东和准格尔矿区岩层控制研究 [M]. 北京：科学出版社，2015.

[30] 中国公路建设行业协会编 . 公路工程工法汇编 2014 上路基篇路面篇 [M]. 北京：人民交通出版社，2015.

[31] 闵玉辉主编 . 图解建筑水暖电工程现场细部施工做法 [M]. 北京：化学工业出版社，2015.

[32] 李志刚主编 .99 个关键词学会模板工技能 [M]. 北京：化学工业出版社，2015.

[33] 工业和信息化部电子工业标准化研究院 . 电子建设工程预算定额 HYD41-2015 第 5 册洁净厂房数据中心及电子环境工程 [M]. 北京：中国计划出版社，2015.

[34] 王兴，刘宝林主编 . 中国口腔种植临床精粹 2015 年卷 [M]. 北京：人民军医出版社，2015.

[35] 中国公路学会桥梁和结构工程分会，贵州省交通运输厅，贵州省公路学会主办；贵州中交贵瓮高速公路有限公司，中交第二公路工程局有限公司，中交二公局第三工程有限公司协办 . 中国公路学会桥梁和结构工程分会 2015 年全国桥梁学术会议论文集 [M]. 北京：人民交通出版社，2015.

[36] 庞德新主编 . 超深井连续油管测试技术 [M]. 北京：石油工业出版社，2015.

[37] 江树基编著 . 常用机械名词术语释义大全 [M]. 北京：化学工业出版社，2015.

[38] 戴明月主编 . 建筑施工现场安全细节详解 [M]. 北京：化学工业出版社，2015.

[39] 栾海明编 . 建筑工程施工现场实用技术问答 500 例安全员超值版 [M]. 北京：机械工业出版社，2015.

[40] 李世华，刘赞勋主编 . 市政工程施工图集 2 桥梁工程第 2 版 [M]. 北京：中国建筑工业出版社，2015.

[41] 崔志刚编 . 煤矿液压支架与泵站的维修及故障处理 [M]. 北京：煤炭工业出版社，2016.

[42] 尹水云主编 . 内蒙古自治区煤矿特种作业人员安全培训补充教材煤矿液压支架操作工 [M]. 徐州：中国矿业大学出版社，2016.

[43] 曹连民主编 . 大倾角工作面综放液压支架控制系统技术 [M]. 徐州：中国矿业大学出版社，2016.

[44] 刘建功，赵庆彪著 . 煤矿充填开采理论与技术 [M]. 北京：煤炭工业出版社，2016.

[45] 李锋 . 现代采掘机械第 3 版 [M]. 北京：煤炭工业出版社，2016.

[46] 中国航空学会直升机分会 .2016 年第三十二届全国直升机年会学术论文集上 [M].2016.

[47] 殷帅峰，何富连著 . 大采高综放工作面煤壁片帮机理与控制 [M]. 北京：冶金工业出版社，2016.

[48] 李清民主编 . 汽车使用与维护系列汽车钣金工 [M]. 北京：国防工业出版社，2016.

[49] 王国法 . 综采成套技术与装备系统集成 [M]. 北京：煤炭工业出版社，2016.

[50] 葛晓东编 . 高等职业教育规划系列教材垂直电梯构造及原理 [M]. 北京：中国轻工业出版社，2016.

[51] 潘俊锋，毛德兵著 . 冲击地压启动理论与成套技术 [M]. 徐州：中国矿业大学出版社，2016.

[52]（德）温纳等主编 . 驾驶员辅助系统手册 [M]. 北京：北京理工大学出版社，2016.

[53] 段军，李宏杰著 . 高原坝区高速公路施工实用新技术 [M]. 成都：西南交通大学出版社，2016.

[54] 国家知识产权局专利复审委员会编 . 专利复审和无效审查决定汇编 2008 材料第 1 卷 [M]. 北京：知识产权出版社，2016.

[55] 中铁建工集团有限公司汇编 . 最新工程建设标准规范强制性条文汇编 [M]. 北京：中国铁道出版社，2016.

[56] 刘忠，赵根林主编；管建峰，马文斌，刘军军，曹昌勇副主编；杨襄璧主审 . 流体传动与控制技术 [M]. 西安：西安电子科技大学出版社，2016.

[57] 黄志坚编著 . 实用液压气动回路 800 例 [M]. 北京：化学工业出版社，2016.

[58] 全国科学技术名词审定委员会，煤炭科技名词审定委员会审定 . 科学技术名词工程技术卷 33 煤炭科技名词全藏版 [M]. 北京：科学出版社，2016.

[59] 筑・匠编 . 建筑水、暖、电工程施工常见问题与解决办法 [M]. 北京：化学工业出版社，2016.

[60] 本书编委会编 . 建设工程监理实务建筑安装工程 [M]. 北京：中国建筑工业出版社，2016.

[61] 陈炎嗣 . 冲压模具实用结构图册 [M]. 北京：机械工业出版社，2016.

[62] 米俊杰 .UG NX10.0 技术大全 [M]. 北京：电子工业出版社，2016.

[63] 袁明，杨小刚，邵德让主编 . 汽轮机设备安装与检修问答 [M]. 北京：化学工业出版社，2016.

[64] 刘汉涛编 . 陪你“升”级每一天汽车维修工等级考试 1234 问 [M]. 北京：电子工业出版社，2016.

[65] 程一凡 . 电梯结构与原理 [M]. 北京：化学工业出版社，2016.

[66] 北京兆迪科技有限公司编著 .AutoCAD 机械设计实例精解 2016 版中文版 [M]. 北京：机械工业出版社，2016.

[67] 贾瑞清，刘欢著 . 机械创新设计案例与评论 [M]. 北京：清华大学出版社，2016.

[68]EPTC《带电作业工器具手册》编写组编 . 带电作业工器具手册 [M]. 北京：中国水利水电出版社，2016.

[69] 陈建华 . 菜鸟入职与快速提升系列建筑水暖电施工快速上手与提升 [M]. 北京：中国电力出版社，2016.

[70]CAD/CAM/CAE 技术联盟编 .Solid Works 2014 中文版机械设计从入门到精通 [M]. 北京：清华大学出版社，2016.

[71] 煤炭工业职业技能鉴定指导中心编写 . 煤炭行业特有工种职业技能鉴定培训教材液压支架工初级、中级、高级修订本 [M]. 北京：煤炭工业出版社，2017.

[72] 劳动社会保障 . 液压支架与泵站 [M]. 北京：中国劳动社会保障出版社，2017.

[73] 职业技能鉴定指导中心 . 液压支架工初级、中级、高级 [M]. 北京: 煤炭工业出版社，2017.

[74] 范京道著 . 智能化无人综采技术 [M]. 北京：煤炭工业出版社，2017.

[75] 闫少宏 . 综放开采组合短悬臂梁铰接岩梁结构形成机理与应用 [M]. 北京：煤炭工业出版社，2017.

[76] 胡戈，王贵宝，杨晶主编 . 建筑工程安全管理 [M]. 北京：北京理工大学出版社，2017.

[77] 程敬义，万志军著 . 综采工作面顶板安全智能监测与预警技术 [M]. 徐州：中国矿业大学出版社，2017.

[78] 谢添 . 采掘机械 [M]. 北京：煤炭工业出版社，2017.

[79] 马维绪 . 中小型现代化煤矿实用生产技术手册第 5 分册综采机器机电技术 [M]. 北京：煤炭工业出版社，2017.

[80] 中国钢铁工业协会编 .2017 中国钢铁工业发展报告 [M]. 中国钢铁工业协会 .2017.

[81] 程红伟 . 液压支架与泵站第 2 版 [M]. 北京：中国劳动社会保障出版社，2018.

[82] 毋虎城，王国文 . 煤炭职业教育课程改革规划教材煤矿采掘运机械使用与维护 [M]. 北京：煤炭工业出版社，2018.